教育部高等学校
化工类专业教学指导委员会推荐教材

表面活性剂化学

（第三版）

王世荣　李祥高　郭俊杰　编著

化学工业出版社

·北京·

内容简介

《表面活性剂化学》（第三版）全面介绍了表面活性和表面活性剂的概念，表面活性剂的基本特征、分类、作用原理、功能与应用，阴离子、阳离子、两性和非离子表面活性剂等重要类型表面活性剂的典型品种和合成方法，特殊类型的表面活性剂，以及表面活性剂的复配理论和相关研究成果。

《表面活性剂化学》（第三版）可作为普通高等学校化学、化工与制药、应用化学、材料化学以及轻化工等相关专业本科生教材，也可供工程技术人员参考。

图书在版编目（CIP）数据

表面活性剂化学/王世荣，李祥高，郭俊杰编著. —3 版. —北京：化学工业出版社，2021.8（2025.1 重印）

教育部高等学校化工类专业教学指导委员会推荐教材

ISBN 978-7-122-39318-0

Ⅰ. ①表…　Ⅱ. ①王…②李…③郭…　Ⅲ. ①表面活性剂-表面化学-高等学校-教材　Ⅳ. ①O647.2

中国版本图书馆 CIP 数据核字（2021）第 110606 号

责任编辑：徐雅妮　孙凤英　　　装帧设计：关　飞

责任校对：张雨彤

出版发行：化学工业出版社（北京市东城区青年湖南街 13 号　邮政编码 100011）

印　　装：大厂回族自治县聚鑫印刷有限责任公司

787mm×1092mm　1/16　印张 16¼　字数 400 千字　2025 年 1 月北京第 3 版第 3 次印刷

购书咨询：010-64518888　　　售后服务：010-64518899

网　　址：http：//www.cip.com.cn

凡购买本书，如有缺损质量问题，本社销售中心负责调换。

定　　价：49.00 元

教育部高等学校化工类专业教学指导委员会推荐教材编审委员会

序

化工是工程学科的一个分支，是研究如何运用化学、物理、数学和经济学原理，对化学品、材料、生物质、能源等资源进行有效利用、生产、转化和运输的学科。化学工业是美好生活的缔造者，是支撑国民经济发展的基础性产业，在全球经济中扮演着重要角色，处在制造业的前端，提供基础的制造业材料，是所有技术进步的“物质基础”，几乎所有的行业都依赖于化工行业提供的产品支撑。化学工业由于规模体量大、产业链条长、资本技术密集、带动作用广、与人民生活息息相关等特征，受到世界各国的高度重视。化学工业的发达程度已经成为衡量国家工业化和现代化的重要标志。

我国于2010年成为世界第一化工大国，主要基础大宗产品产量长期位居世界首位或前列。近些年，科技发生了深刻的变化，经济、社会、产业正在经历巨大的调整和变革，我国化工行业发展正面临高端化、智能化、绿色化等多方面的挑战，提升科技创新能力，推动高质量发展迫在眉睫。

党的二十大报告提出要坚持教育优先发展、科技自立自强、人才引领驱动，加快建设教育强国、科技强国、人才强国，坚持为党育人、为国育才。建设教育强国，龙头是高等教育。高等教育是社会可持续发展的强大动力。培养经济社会发展需要的拔尖创新人才是高等教育的使命和战略任务。建设教育强国，要加强教材建设和管理，牢牢把握正确政治方向和价值导向，用心打造培根铸魂、启智增慧的精品教材。教材建设是国家事权，是事关未来的战略工程、基础工程，是教育教学的关键要素、立德树人的基本载体，直接关系到党的教育方针的有效落实和教育目标的全面实现。为推动我国化学工业高质量发展，通过技术创新提升国际竞争力，化工高等教育必须进一步深化专业改革、全面提高课程和教材质量、提升人才自主培养能力。

教育部高等学校化工类专业教学指导委员会（简称“化工教指委”）主要职责是以人才培养为本，开展高等学校本科化工类专业教学的研究、咨询、指导、评估、服务等工作。高等学校本科化工类专业包括化学工程与工艺、资源循环科学与工程、能源化学工程、化学工程与工业生物工程、精细化工等，培养化工、能源、信息、材料、环保、生物、轻工、制药、食品、冶金和军工等领域从事科学研究、技术开发、工程设计和生产管理等方面的专业人才，对国民经济的发展具有重要的支撑作用。

2008年起“化工教指委”与化学工业出版社共同组织编写出版面向应用型人才培养、突出工程特色的“教育部高等学校化学工程与工艺专业教学指导分委员会推荐教材”，包括国家级精品课程、省级精品课程的配套教材，出版后被全国高校广泛选用，并获得中国石油和化学工业优秀教材一等奖。

2018年以来，新一届“化工教指委”组织学校与作者根据新时代学科发展与教学改革，持续对教材品种与内容进行完善、更新，全面准确阐述学科的基本理论、基础知识、基本方法和学术体系，全面反映化工学科领域最新发展与重大成果，有机融入课程思政元素，对接国家战略需求，厚植家国情怀，培养责任意识和工匠精神，并充分运用信息技术创新教材呈现形式，使教材更富有启发性、拓展性，激发学生学习兴趣与创新潜能。

希望“教育部高等学校化工类专业教学指导委员会推荐教材”能够为培养理论基础扎实、工程意识完备、综合素质高、创新能力强的化工类人才，发挥培根铸魂、启智增慧的作用。

教育部高等学校化工类专业教学指导委员会

2023年6月

前　言

《表面活性剂化学》教材于 2005 年出版，2010 年进行第一次修订。该教材始终得到高校师生、科研院所和企业技术人员的认可，并获得 2012 年中国石油和化学工业优秀出版物奖（教材奖）一等奖。

此次修订在保持整体框架的基础上，结合领域发展对部分实例和数据进行了更新，并重点强化了基础理论，补充了新的知识。在第 2 章表面活性剂的作用原理中，增加了表面活性剂在液体表面、液-液界面和固-液界面的吸附相关理论，以及囊泡这种表面活性剂的聚集形态。在第 3 章表面活性剂的功能与应用中，增加了表面活性剂在新领域的应用，如在新型分离技术、催化、生物、医药和纳米材料制备等领域中的应用。在第 8 章特殊类型的表面活性剂中，增加了吉米奇（Gemini）双子表面活性剂和绿色表面活性剂。

此次修订工作分工如下，第 1～3 章和第 9 章由王世荣、李祥高负责修订，第 4～8 章由郭俊杰负责修订，王世荣、李祥高负责全书统稿。

本书内容和编排难免有不妥之处，恳请读者批评指正。

编著者

2022.1.10

第一版前言

表面活性剂是一类重要的精细化学品，用途十分广泛，在洗涤、纺织、石油、建筑、涂料、农药和医药等各行业中发挥着重要的作用，其应用范围几乎覆盖了精细化工的所有领域。近年来，随着高新技术的不断发展，表面活性剂的需求量和年产量持续增长，也为其基础理论的研究和新品种的开发提出了更高的要求。

目前，关于表面活性剂的专著和研究论文很多，从不同的角度论述了表面活性剂的特性、应用和新品种的开发。本教材力图全面介绍表面活性剂的有关概念、性质、应用原理、重要类型表面活性剂的典型合成方法等，适用于普通高等学校本科生学习使用，对工程技术人员了解、应用和开发表面活性剂也有帮助。

教材共分9章，第1章为概述；第2章介绍表面活性剂的有关基本概念和理论；第3章重点介绍表面活性剂的应用原理；第4～7章分别讲述了阴离子、阳离子、两性和非离子表面活性剂的典型品种和合成方法；第8章简要介绍了碳氟、含硅、高分子等特殊类型的表面活性剂；第9章介绍表面活性剂的复配理论和相关研究成果。

本书第1～3章和第9章由王世荣、刘东志编写；第4～6章由李祥高、刘东志编写；第7、8章由何莉莉编写。

由于编者水平有限，时间仓促，教材涉及内容较为广泛，错误和不妥之处恳请读者批评指正。

编　者

2005年5月

第二版前言

《表面活性剂化学》教材自2005年出版以来，得到广大化工类院校师生的认可，并选作高等学校教学用书，本书同时也为相关企业、研究院所的生产和科研人员参考选用。本书此次修订，保持了一版教材的各章节内容，全面介绍表面活性剂的概念、性质、应用原理及典型品种的合成方法，对部分内容进行了补充、修改和删减。

限于水平有限，书中不妥之处恳请读者批评指正。

编　者

2010年1月

目　　录

第 1 章　表面活性剂概述　/ 1

第 2 章　表面活性剂的作用原理　/ 11

第 3 章　表面活性剂的功能与应用　/ 33

第 4 章 阴离子表面活性剂 / 91

第 5 章 阳离子表面活性剂 / 130

第6章 两性表面活性剂 / 154

第7章 非离子表面活性剂 / 175

第 8 章　特殊类型的表面活性剂　/ 204

第 9 章　表面活性剂的复配　/ 238

第1章

表面活性剂概述

表面活性剂（surface active agent；surfactant）是一类重要的精细化学品，早期主要应用于洗涤、纺织等行业，现在广泛应用于化工、医药、生物、材料等领域。表面活性剂从其名称上看应包括三方面的含义，即“表（界）面”（surface/interface）、“活性”（acitive）和“剂”（agent）。具体地讲，表面活性剂应当是这样一类物质，在加入量很少时即能明显降低溶剂（通常为水）的表面（或界面）张力，改变物系的界面状态，能够产生润湿、乳化、起泡、增溶及分散等一系列作用，从而达到实际应用的要求。

1.1 表面张力与表面活性 >>>

在自然界中任何物质主要以气体、液体或固体三种状态存在，它们之间不可避免地会发生相互接触，两相接触便会产生接触面。通常把液体或固体与气体的接触面称为液体或固体的表面，而把液体与液体、固体与固体或液体与固体的接触面称为界面。

由于两相接触面上的分子与其体相内部的分子所处的状态不同，因此会产生很多特殊的现象。例如，在没有外力的影响或影响不大时，液体总是趋向于成为球状，如水银珠和植物叶子上的露珠。即使施加外力后能将水银珠压瘪，一旦外力消失，其便会自动恢复原状。可见液体总是有自动收缩而减少表面积，从而降低表面自由能的趋势。体积一定的各种形状中，球形的表面积最小，这一表面现象可以从表面张力和表面自由能两个角度来解释。

1.1.1 表面张力和表面自由能

任何分子都会受到来自周围分子的吸引力，图 1-1 显示了液体内部和表面分子的受力情况。mm'横线表示气相与液相的接触面，A 和 A′分别表示处于液相不同位置的分子。分析其受力情况发现，液相内部的分子 A′从各个方向所受的引力相互平衡，合力为零。而 A 则不同，由于气相中分子浓度低于液相，使其从上面受到的引力作用比从下面所受到的引力作用小，因此所受合力不为零，有一个向下的力。可见液体表面的分子总是处在向液体内部拉入的引力作用之下，因此液滴总要自动收缩。

如果如图 1-2 所示将液体做成液膜，宽度为 l，为保持表面平衡不收缩，就必须在 cd 边上施加一个与液面相切的力 f 于液膜上。在达到平衡时必然存在一个与 f 大小相等、方向相反的力，这个力来自液体本身，是其所固有的，即表面张力。

不难看出 l 越长，f 值越大，即 f 与 l 成正比例关系，由于液膜有两个平面，因此有

$$f=2\gamma l \tag{1-1}$$

式中，γ 为比例系数，表示垂直通过液面上任一单位长度、与液面相切的收缩表面的力，简称为表面张力，其单位为 mN/m。

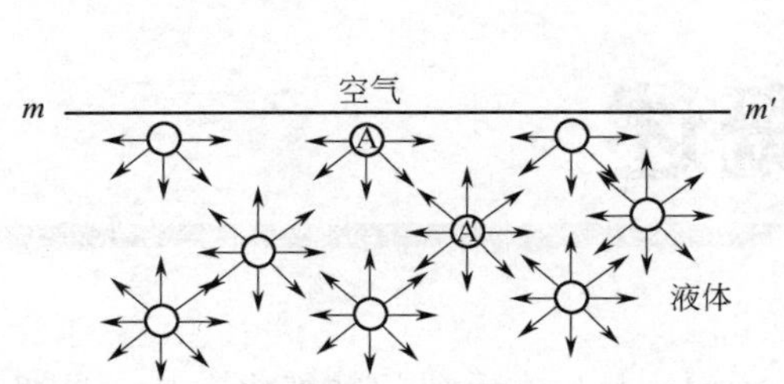

图 1-1　液体内部和表面分子的受力情况

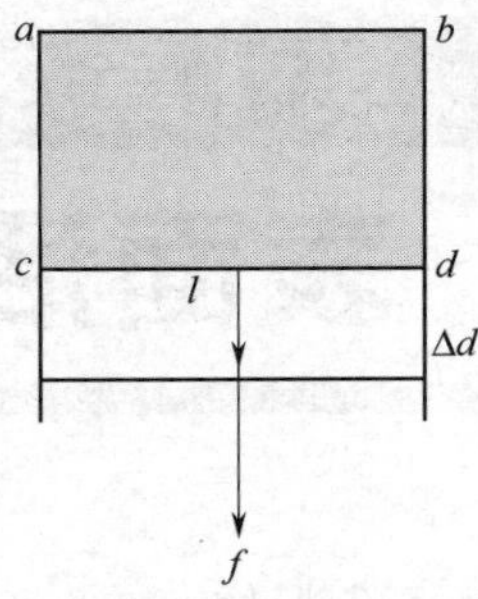

图 1-2　液体的表面张力

如前所述，液体自动收缩的表面现象还可以从能量的角度来理解。液体表面自发地缩小，则会减少自由能，如按相反的过程，使液体产生新表面 dA，则需要一定的功 dG，二者之间的关系可表示为

$$\mathrm{d}G=\gamma \mathrm{d}A \tag{1-2}$$

式中，γ 为单位液体表面的表面自由能，单位为 J/m^2。此自由能单位也可用力的单位表示，因为 J＝N·m；所以 $J/m^2=N/m$。

可见 γ 从力的角度讲是作用于表面单位长度边缘上的力，叫表面张力；从能量角度讲是单位表面的表面自由能，是增加单位表面积液体时自由能的增值，也就是单位表面上的液体分子比处于液体内部的同量分子的自由能过剩值，是液体本身固有的基本物理性质之一。一些常见液体的表面张力如表 1-1 所示。

表 1-1　常见液体的表面张力

液　体	温度/℃	表面张力/(mN/m)	液　体	温度/℃	表面张力/(mN/m)
全氟戊烷	20	9.9	三氯甲烷	25	26.7
全氟庚烷	20	13.2	乙醚	25	20.1
全氟环己烷	20	15.7	甲醇	20	22.5
正己烷	20	18.4	乙醇	20	22.4
正庚烷	20	20.3	硝基苯	20	43.4
正辛烷	20	21.8	环己烷	20	25.0
水	20	72.8	二甲基亚砜	20	43.5
丙酮	20	23.3	汞	20	486.5
异丁酸	20	25.2	铁	熔点	1880
苯	20	28.9	铂	熔点	1800
苯乙酮	20	39.8	铜	熔点	1300
甲苯	20	28.5	银	1100	878.5
四氯化碳	22	26.7	硝酸钠	308	116.6

表面张力现象和表面自由能不仅存在于液体表面，也存在于一切相界面上，特别是在互不混溶的两种液体的界面上更为普遍。例如油水两相分子间的相互作用存在一定的差异，但小于气相和水相的差异，因此油水界面的表面张力一般小于水的表面张力。常见油水界面的表面张力如表 1-2 所示。

表 1-2 常见油水界面的表面张力

液 体	温度 /℃	表面张力 /(mN/m)	液 体	温度 /℃	表面张力 /(mN/m)
苯-水	20	35.0	正辛醇-水	20	8.5
四氯化碳-水	20	45.1	正丁醇-水	20	1.8
正己烷-水	20	51.1	庚酸-水	20	7.0
正辛烷-水	20	50.8	硝基苯-水	20	25.2

通常液体的表面张力可以从手册中查到，这些数值一般是通过实验方法测得的。表面张力的测定方法主要有以下几种。

（1）滴重法 也叫做滴体积法，这种方法比较精确而且简便。其基本原理是：自一毛细管滴头滴下液体时，液滴的大小与液体的表面张力有关，即表面张力越大，滴下的液滴也越大，二者存在关系式

$$W=2\pi R\gamma f \tag{1-3}$$

$$\gamma=\frac{W}{2\pi Rf} \tag{1-4}$$

式中，W 为液滴的重量；R 为毛细管的滴头半径，其值的大小由测量仪器决定；f 为校正系数。

一般实验室中测定液滴体积更为方便，因此式(1-4) 又可写为

$$\gamma=\frac{V\rho g}{R}\times\frac{1}{2\pi f} \tag{1-5}$$

式中，V 为液滴的体积；ρ 为液体的密度。令校正因子 $F=\frac{1}{2\pi f}$，则 γ 又可写为

$$\gamma=\frac{V\rho g}{R}F \tag{1-6}$$

式(1-6) 中的校正因子 F 可在手册中查到。对于特定的测量仪器和被测液体，R 和 ρ 是固定的，在测量过程中，由刻度移液管（图 1-3）读出液滴体积 V，查出校正因子 F 即可计算出该液体的表面张力 γ。

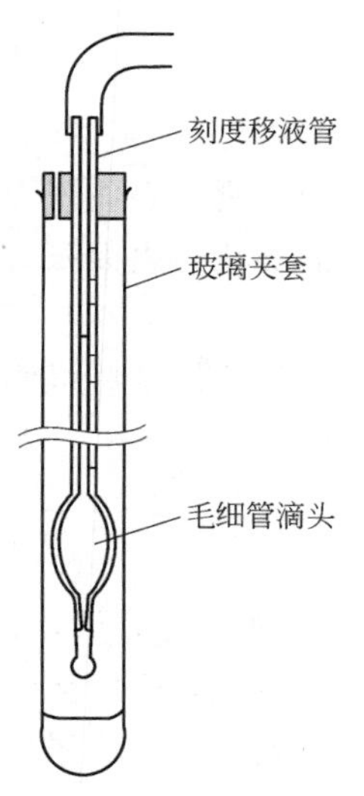

图 1-3 滴重法测定表面张力

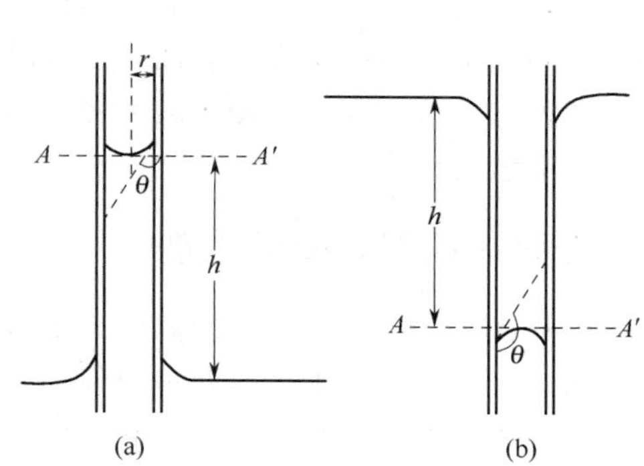

图 1-4 毛细管上升法测定表面张力

（2）毛细管上升法　其原理是当毛细管插入液体时（图 1-4），管中的弯液面会上升或下降一定的高度 h，测定 h 并按照式(1-7) 计算表面张力 γ。

$$\gamma=\frac{\Delta\rho g r}{2\cos\theta}h \tag{1-7}$$

式中，r 为毛细管半径；$\Delta\rho$ 为界面两相的密度差；g 为重力加速度。

当 $\theta=0°$，即弯月面为半球形时，有

$$\gamma=\frac{\Delta\rho g r}{2}h \tag{1-8}$$

这种方法理论上比较成熟，测定精度较高，是最常用的表面张力测定方法之一。

（3）环法　是把一圆环平置于液面上，测量将环拉离液面所需的最大力，并由此计算表面张力。因为当环向上拉时，环上就会带起一些液体，当提起液体的质量与沿环液体交界处的表面张力相等时，液体质量最大，再提升则液环断开，环脱离液面。表面张力 γ 的计算方法为

$$\gamma=\frac{P}{4\pi R}F \tag{1-9}$$

式中，R 为环的平均半径；P 为由环法测定的拉力；F 为校正因子，可由手册查出。

（4）吊片法　将一个薄片如铂金片、云母片或盖玻片等悬于液面之上，使其刚好与液面接触，为维持此位置，就必须施加向上的拉力 P，此力与表面张力大小相同、方向相反，则可由式(1-10) 计算表面张力：

$$\gamma=\frac{P}{2(l+d)} \tag{1-10}$$

式中，l 和 d 分别是吊片的宽度和厚度，由于吊片很薄，d 可忽略不计，因此式(1-10) 又可写为式(1-11)。

$$\gamma=\frac{P}{2l} \tag{1-11}$$

（5）最大气泡压力法　将一毛细管端与液面接触，然后在管内逐渐加压，直至一最大值时，管端突然吹出气泡后压力降低，这个最大值是刚好克服毛细压力的最大压力，由测得的最大压力即可计算液体的表面张力。若毛细管孔足够小，则可按下面公式计算 γ。

$$\gamma=\frac{p_{\mathrm{m}}}{2R} \tag{1-12}$$

式中，p_{m} 为最大压力；R 为毛细管孔半径。

（6）滴外形法　对于表面吸附速率很慢的溶液，上述五种常用的测定表面张力的方法则均不适用。只能采用滴外形法，所谓滴外形法是利用液滴或气泡的形状与表面张力存在一定关系的特点，测定平衡表面张力及表面张力随时间变化的关系。

从以上各种方法可以看出，测定表面张力主要是根据表面张力与液体某些可测变量的对应关系，经过测量后计算得到。

1.1.2　表面活性与表面活性剂

纯液体中只含有一种分子，在恒温恒压下，其表面张力是一个恒定的数值，正如表 1-1 中所列的数据。而溶液中通常含有两种或两种以上的分子，这使得溶液表面的化学组成不同于纯溶剂表面的化学组成。溶质的性质和浓度不同，产生单位溶液表面积时体系所需要的能量不同，溶液的表面张力也因此有所差异。

根据大量的实验结果人们发现，各种物质的水溶液的表面张力与浓度的关系主要可以分为图 1-5 中所示的三种情况。第一类如图中的曲线 1，溶液的表面张力随溶质浓度的增加而稍有上升，这类溶质包括氯化钠（NaCl）、硫酸钠（Na_2SO_4）、氯化铵（NH_4Cl）、硝酸钾（KNO_3）、氢氧化钾（KOH）等无机盐和蔗糖、甘露醇等多羟基有机物等。第二类是溶液的表面张力随溶质浓度的增加而逐渐降低，如图中的曲线 2，属于这类物质的主要是低分子量的极性有机物，如醇、醛、酮、羧酸、酯和醚等。第三类物质（曲线 3）在浓度较低时，溶液的表面张力随溶质浓度的增加急剧降低，当溶液的浓度增加到一定值后，溶液的表面张力随溶质浓度的变化很小，这类物质通常是带有 8 个碳以上的碳氢链的羧酸盐、磺酸盐、硫酸酯盐、季铵盐等。

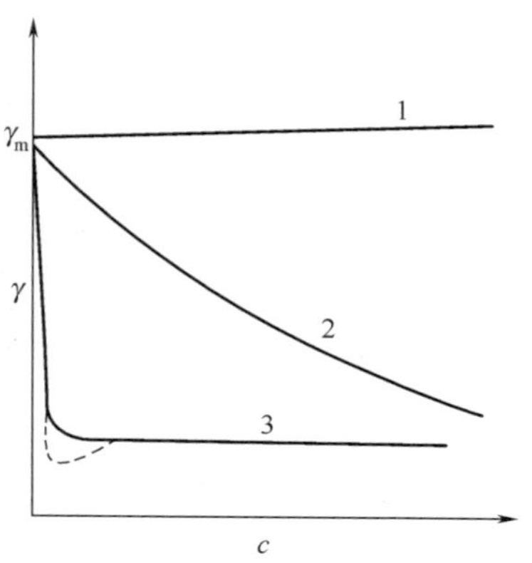

图 1-5　溶液表面张力随溶质性质和浓度的变化曲线

不同类型的物质在溶液中的状态不同。当物质加入液体中后，其在液体表面层的浓度与液体内部的浓度不同，这种改变浓度的现象称为吸附现象。使表面层的浓度大于液体内部浓度的作用称为正吸附作用，相反则为负吸附作用，通常人们也习惯将正吸附称为吸附。因溶质在表面发生吸附（正吸附）而使溶液表面张力降低的性质被称为表面活性，这类物质被称为表面活性物质。从图 1-5 可以看到，第二、三类物质使溶液的表面张力降低，具有表面活性，属于表面活性物质，而第一类物质则不具有表面活性，被称为非表面活性物质。

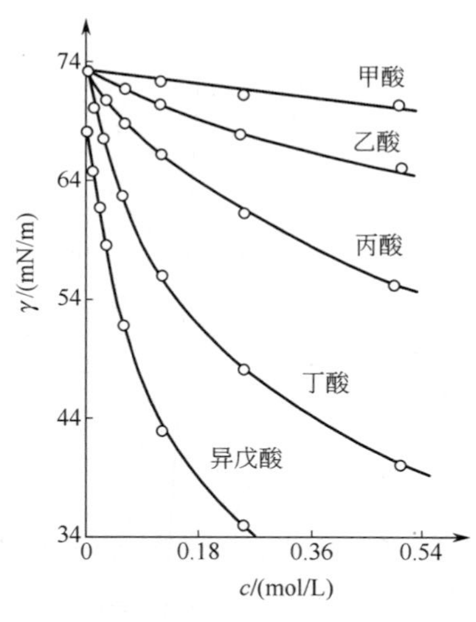

图 1-6　脂肪酸水溶液的 γ-c 曲线

应当注意的是第二类物质，如乙醇、丁醇、乙酸等，虽然溶液的表面张力随其浓度的增加有所降低，但其并不具有表面活性剂的性质，只有具有图中曲线 3 性质的物质才能称为表面活性剂，即在浓度极低时就能明显地降低溶液的表面张力，这是其他物质所不具备的，也是表面活性剂最根本的性质。

假如 γ_0 是水或溶剂的表面张力，γ 为加入表面活性剂后溶液的表面张力，则表面张力降低值 π 可表示为

$$\pi=\gamma_0-\gamma \tag{1-13}$$

特劳贝研究发现，在稀水溶液中可以用表面张力降低值与溶液浓度的比值 π/c 来衡量溶质的表面活性。如图 1-6 所示，当物质的浓度 c 很小时，γ-c 略成直线，且乙酸、丙酸、丁酸和异戊酸的负斜率 π/c 分别为 250、730、2150 和 6000，即每增加一个亚甲基（$-CH_2-$）基团，π/c 便增加为原来的 3 倍，这就是著名的特劳贝规则。脂肪醇水溶液的 γ-c 曲线也具有相同的规律。

1.2 表面活性剂的基本特征 >>>

表面活性剂之所以能够在极低的浓度下显著降低溶液的表面张力是与其分子的结构特点

密不可分的。表面活性剂分子通常由两部分构成：一部分是疏水基团（hydrophobic group），它是由疏水、亲油的非极性碳氢链构成，也可以是硅烷基、硅氧烷基或碳氟链；另一部分是亲水基团（hydrophilic group），通常由亲水、疏油的极性基团构成。这两部分分处于表面活性剂分子的两端，形成不对称的结构，因此，表面活性剂分子是一种双亲分子，具有既亲油、又亲水的双亲性质。

图 1-7 是阴离子、阳离子、非离子和两性表面活性剂典型品种的两亲分子结构示意图。它们的亲油基皆为长碳链的烷基，而亲水基则分别为—SO_4^-、—$N^+(CH_3)_3$、—$O(C_2H_4O)_nH$ 和—COO^- 等。

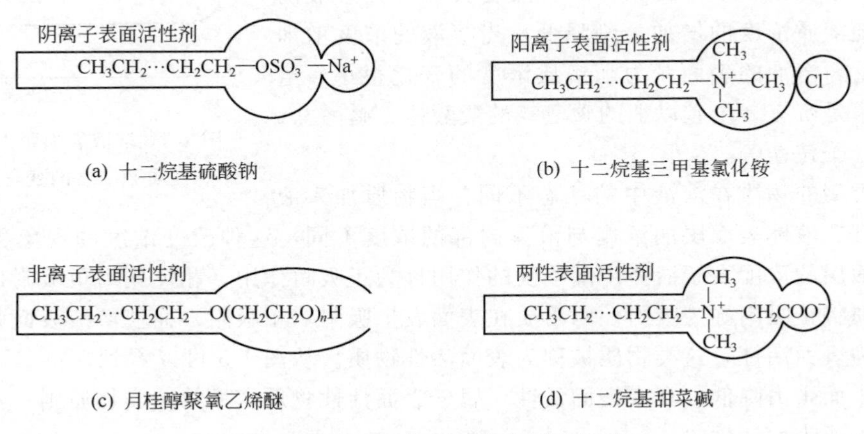

图 1-7 表面活性剂两亲分子示意图

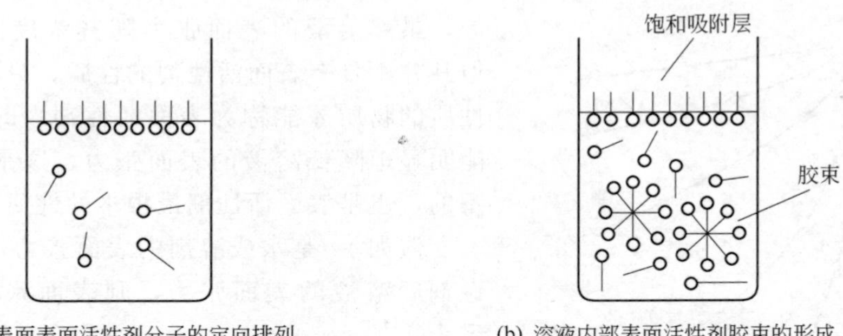

图 1-8 表面活性剂分子在表面的吸附和胶束形成示意图

这样的分子结构使其一部分与水分子具有很强的亲和力，赋予表面活性剂分子的水溶性。而另一部分因疏水有自水中逃离的性质，因此表面活性剂分子会在水溶液体系中（包括表面、界面）发生定向排列，从溶液的内部转移至表面，以疏水基朝向气相（或油相），亲水基插入水中，形成紧密排列的单分子吸附层，见图 1-8(a)，满足疏水基逃离水包围的要求，这个溶液表面富集表面活性剂分子的过程就是使溶液的表面张力急剧下降的过程。因为非极性物质往往具有较低的表面自由能，表面活性剂分子吸附于液体表面，用表面自由能低的分子覆盖了表面自由能高的溶剂分子，因此溶液的表面张力降低。

随着表面活性剂浓度的增加，水表面逐渐被覆盖。当溶液浓度增加到一定值后，水表面全部被活性剂分子占据，达到吸附饱和，表面张力不再继续明显降低，而是维持基本稳定。

此时表面活性剂的浓度再增加，其分子会在溶液内部采取另外一种排列方式，即形成胶束（又称胶团），如图 1-8(b) 所示。

1.3 表面活性剂的分类 >>>

表面活性剂的品种很多，可以从不同角度进行分类，例如按照离子类型分类、按照亲水基的结构分类，按照疏水基的种类分类、按照表面活性剂结构的特殊性分类等，此外还有其他分类方法。

1.3.1 按离子类型分类

这是表面活性剂研究与应用过程中最常用的分类方法。大多数表面活性剂是水溶性的，根据它们在水溶液中的状态和离子类型可以将其分为非离子型表面活性剂和离子型表面活性剂。非离子型表面活性剂在水中不能离解产生任何形式的离子，如脂肪醇聚氧乙烯醚，其结构式为

$$RO(CH_2CH_2O)_nH$$

离子型表面活性剂在水溶液中能够发生电离，并产生带正电或带负电的离子。根据离子的类型，该类表面活性剂又可分为阴离子表面活性剂、阳离子表面活性剂和两性表面活性剂三种。

表面活性剂
- 非离子型表面活性剂
- 离子型表面活性剂
  - 阴离子表面活性剂
  - 阳离子表面活性剂
  - 两性表面活性剂

例如十二烷基苯磺酸钠在水中可以电离出磺酸根离子，属于阴离子表面活性剂；苄基三甲基氯化铵电离产生季铵阳离子，属于阳离子表面活性剂。

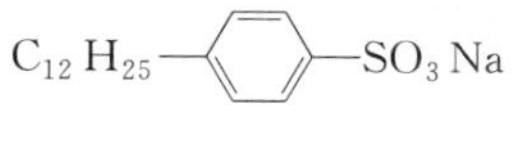

$$C_{12}H_{25}-C_6H_4-SO_3Na$$

十二烷基苯磺酸钠

$$C_6H_5-CH_2-\overset{+}{N}(CH_3)_3\cdot Cl^-$$

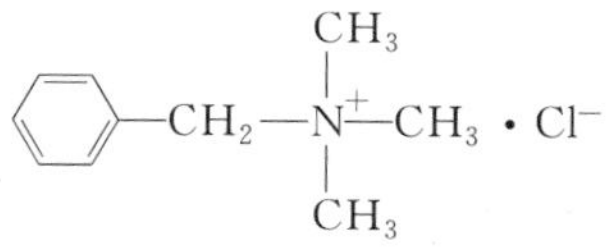

苄基三甲基氯化铵

两性表面活性剂分子中同时存在酸性和碱性基团，如十二烷基甜菜碱。这类表面活性剂在水中的离子性质通常与溶液的 pH 值有关。

$$C_{12}H_{25}-\overset{+}{N}(CH_3)_2-CH_2COO^-$$

十二烷基甜菜碱

1.3.2 按亲水基的种类分类

表面活性剂分子主要由亲水基团和疏水基团两部分构成，其中亲水基团的结构对表面活性剂的性质影响很大，因此人们也常常按亲水基团对表面活性剂进行分类。主要亲水基团的名称、结构及相关表面活性剂的实例如表 1-3 所示。

表 1-3　按亲水基结构分类的表面活性剂类型

亲水基团类型		亲水基团结构	表面活性剂实例
羧酸盐型		$-COO^- M^+$	$C_{17}H_{35}COONa$
磺酸盐型		$-SO_3^- M^+$	$C_{12}H_{25}-C_6H_4-SO_3Na$
硫酸酯盐型		$-OSO_3^- M^+$	$C_{18}H_{37}OSO_3Na$
磷酸酯盐型	单酯	$-O-P(=O)(O^- M^+)-O^- M^+$	$C_{12}H_{25}OPO_3Na_2$
	双酯	$(-O)_2P(=O)-O^- M^+$	$(C_{12}H_{25}O)_2PO_2Na$
胺盐型	伯胺盐	$-NH_2 \cdot HX$	$C_{18}H_{37}NH_2 \cdot HCl$
	仲胺盐	$>NH \cdot HX$	$C_{12}H_{25}-NH(CH_3) \cdot HCl$
	叔胺盐	$-N< \cdot HX$	$C_{12}H_{25}-N(CH_3)-CH_3 \cdot HCl$
季铵盐		$-N^+< \cdot X^-$	$C_{12}H_{25}-N^+(CH_3)_2-CH_3 \cdot Cl^-$
鎓盐型	鏻化合物	$-P^+< \cdot X^-$	$C_{12}H_{25}-P^+(CH_3)_2-C_6H_5 \cdot Br^-$
	钾化合物	$-As^+< \cdot X^-$	$C_8H_{17}-As^+(CH_3)_2-CH_2-C_6H_5 \cdot Br^-$
	硫化合物	$-S^+(-) \cdot X^-$	$C_{12}H_{25}-S^+(CH_3)-CH_3 \cdot {}^-OSO_3CH_3$
	碘鎓化合物	$-I^+- \cdot X^-$	$[(C_6H_4)_2I^+] \cdot HSO_4^-$
多羟基型		$-OH$	$C_{15}H_{31}COOCH_2-C(CH_2OH)_2-CH_2OH$
聚氧乙烯型		$-(CH_2CH_2O)_n-$	$C_9H_{19}-C_6H_4-O(CH_2CH_2O)_nH$

注：M^+ 为碱金属离子或铵离子；X 为 Cl、Br、I、CH_3COO 或 HSO_4 等。

在上述各种亲水基团中，羧酸盐、磺酸盐、硫酸酯盐和磷酸酯盐溶于水电离产生负离子，从离子类型上讲属于阴离子型亲水基团；胺盐、季铵盐和𬭸盐为阳离子型亲水基团；而羟基和聚氧乙烯基不发生离解，属于非离子型亲水基团。

1.3.3 按疏水基的结构分类

疏水基是表面活性剂的另一个重要组成部分，通常由烃基构成，其结构不同主要表现在碳氢链结构的差异上。重要的疏水基类型有以下几种：

① 直链烷基，$-C_nH_{2n+1}$，$n=8\sim20$；

② 支链烷基，$-C_nH_{2n+1}$，$n=8\sim20$；

③ 烷基苯基，R—⟨苯环⟩—，$R=C_nH_{2n+1}$，$n=8\sim16$；

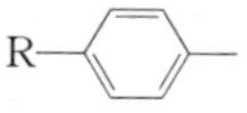

④ 烷基萘基，R—⟨萘环⟩—，$R=C_nH_{2n+1}$，$n>3$；

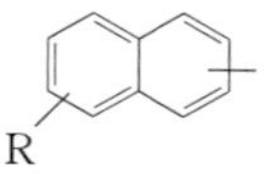

⑤ 高分子量聚氧丙烯基，$\leftarrow\!(OC_3H_7)_n$；

⑥ 全氟代烷基，$-C_nF_{2n+1}$，$n=6\sim10$；

⑦ 聚硅氧烷基，$H_3C-\underset{CH_3}{\overset{CH_3}{Si}}-O-\left[\underset{CH_3}{\overset{CH_3}{Si}}-O\right]_n-\underset{CH_3}{\overset{CH_3}{Si}}-$。

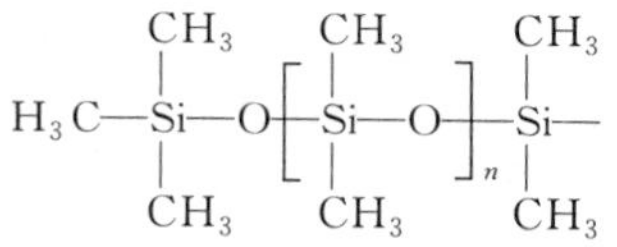

1.3.4 按表面活性剂的特殊性分类

新型表面活性剂显示出十分优异的应用性能，它们的结构与传统表面活性剂不同，这些特殊类型的表面活性剂主要有以下几类。

（1）碳氟表面活性剂　是指疏水基碳氢链中的氢原子部分或全部被氟原子取代的表面活性剂。该类活性剂表面活性很高，既具有疏水性，又具有疏油性，碳原子数一般不超过 10。例如全氟代辛酸钠：

$$CF_3(CF_2)_6COONa$$

（2）含硅表面活性剂　其活性介于碳氟表面活性剂和传统碳氢表面活性剂之间，通常以硅烷基和硅氧烷基为疏水基，例如

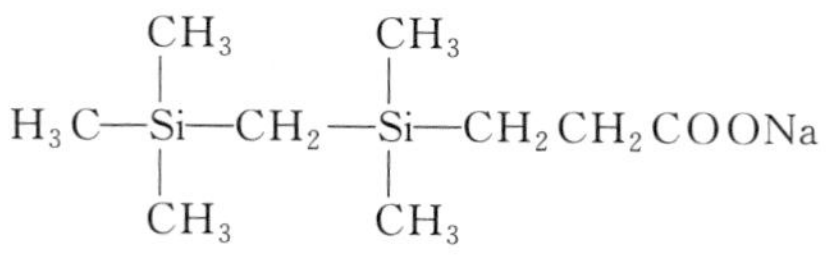

$$H_3C-\underset{CH_3}{\overset{CH_3}{Si}}-CH_2-\underset{CH_3}{\overset{CH_3}{Si}}-CH_2CH_2COONa$$

（3）高分子表面活性剂　通常将分子量高于 1000 的表面活性剂称为高分子表面活性剂。高分子表面活性剂根据来源可以分为天然、合成和半合成三类；根据离子类型可以分为阴离子、阳离子、两性和非离子型四类。高分子表面活性剂起泡性小，洗涤效果差，但分散性、增溶性、絮凝性好，多用作乳化剂或分散剂等。例如聚乙烯醇、聚丙烯酰胺、聚丙烯酸酯等是其主要品种。

（4）生物表面活性剂　是细菌、酵母和真菌等微生物代谢过程中产生的具有表面活性的化合物，其疏水基多为烃基，亲水基可以是羧基、磷酸酯基及多羟基等。

（5）冠醚型表面活性剂　冠醚是以氧乙烯基为结构单元构成的大环状化合物，能够与金

属离子络合，在某些方面的性质与非离子表面活性剂类似，例如

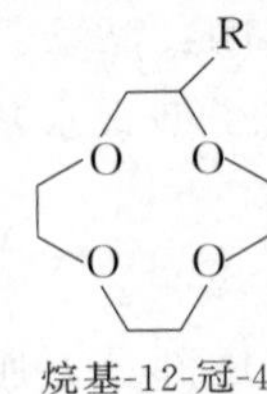

烷基-12-冠-4

1.3.5 其他分类方法

除上述分类方法外，按照表面活性剂的溶解性能可将其分为水溶性和油溶性表面活性剂；按照分子量可分为低分子和高分子表面活性剂；按照应用功能可分为乳化剂、洗涤剂、润湿剂、发泡剂、消泡剂、分散剂、絮凝剂、渗透剂及增溶剂等。

参考文献

[1] 黄洪周，周怡平，姚增硕．我国表面活性剂工业发展展望．精细石油化工，2000（1）：1-3.

[2] 黄惠琴．表面活性剂的应用与发展趋势．现代化工，2001，21（5）：6-8.

[3] 李大庆．浅谈我国表面活性剂工业的发展．辽宁省交通高等专科学校学报，2001，3（2）：46-48.

[4] 张高勇，罗希权．表面活性剂市场动态与发展建议．日用化学品科学，2000，23（1）：11-14.

[5] 罗希权，张晓冬．中国表面活性剂市场的现状与发展趋势．日用化学品科学，2004，27（1）：2-4.

[6] 郭春伟．“绿色”清洗之路．日用化学品科学，2006，29（8）：4-7.

[7] 裴鸿，赵永杰，张利国．2016 年中国表面活性剂产品及原料统计分析．日用化学品科学，2017（5）：1-5.

[8] 王浩．表面活性剂研究进展及其应用现状．石油化工技术与经济，2018（4）：55-58.

[9] 赵永杰．全球表面活性剂原料及产品最新发展现状（一）．中国洗涤用品工业，2018（12）：74-82.

[10] 赵永杰．全球表面活性剂原料及产品最新发展现状（二）．中国洗涤用品工业，2019（2）：68-74.

第2章 表面活性剂的作用原理

表面活性剂与人们的日常生活密不可分，也在工业各个领域的发展中起着重要的作用，这类物质具有良好的增溶、润湿、乳化、去污、分散和渗透等功能。如前所述，表面活性剂产生的特殊作用主要来源于两个方面：一方面是由于其在表面和界面上的吸附从而降低了体系的表面和界面张力；另一方面是胶束的形成。

2.1 表面活性剂在表面和界面上的吸附 >>>

表面活性剂在表面和界面上的吸附量和聚集状态是影响表面和界面的张力以及性质的重要因素。吸附作为一种界面现象，可以发生在各种界面上，其中以气体与液体接触形成的液体表面、不相溶的两种液体接触形成的液-液界面，以及液体与固体接触形成的液-固界面上的吸附应用最多。

2.1.1 表面活性剂在液体表面的吸附

通常采用表面过剩来定量描述表面活性剂在表面上的浓度与体相内部浓度的差异，其计算公式是吉布斯（Gibbs）吸附公式。

所谓表面过剩，也称为表面吸附量，是指单位面积上溶质的过剩量，其意义是指，若自 $1cm^2$ 的溶液表面和内部各取一部分，其中溶剂的数目一样多，则表面部分比内部所多出的表面活性剂的物质的量。表面过剩（吸附量）以 Γ 表示，单位为 mol/m^2，可由下式表示

$$\Gamma = n^s / A \tag{2-1}$$

式中，n^s 为溶质的过剩量；A 为表面面积。可见，Γ 的单位与浓度的单位不同；对于在表面上发生负吸附的溶质，Γ 为负。

Gibbs 吸附通式如式(2-2) 所示，其中，γ 为表面张力；Γ_i 为组分 i 的吸附量；c_i 是 i 组分的浓度，由于表面活性剂溶液的浓度普遍很小，因此这里浓度 c_i 代替了活度 α_i。

$$-\frac{d\gamma}{RT} = \sum \Gamma_i \, d\ln c_i \tag{2-2}$$

由式(2-2) 可以推导出各类单一或混合表面活性剂的 Gibbs 吸附公式，并计算出表面吸附量 Γ。例如，对于单一的非离子表面活性剂，其 Gibbs 吸附公式可表示为

$$\Gamma = -\frac{1}{RT}\left(\frac{d\gamma}{d\ln c}\right) \tag{2-3}$$

测定不同浓度 c 时表面活性剂溶液的表面张力 γ，由 γ-ln$c$ 曲线得到某一浓度 c 时曲线的斜率 $\mathrm{d}\gamma/\mathrm{d}\ln c$，再由公式(2-3) 即可求出该浓度下的表面吸附量 Γ。

对于单一的离子型表面活性剂，有无外加的无机盐、离子强度的大小、表面活性剂在水中是否容易水解等；对于混合表面活性剂，表面活性剂的离子类型、有无外加的无机盐等，都会使 Gibbs 公式的形式发生改变，具体可参见相关专著或文献。

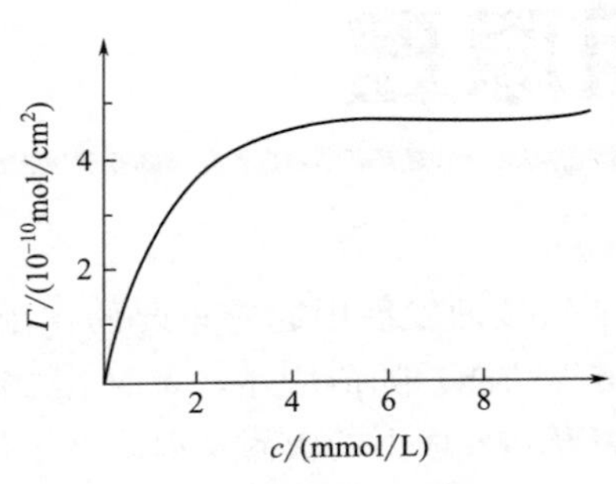

图 2-1 SDS 的表面吸附等温线（0.1mol/L NaCl 溶液）

利用 Gibbs 公式求出不同浓度下吸附量 Γ，作 Γ-c 曲线，即得到表面吸附等温线。图 2-1 是十二烷基硫酸钠（SDS）的表面吸附等温线。可以看出，当表面活性剂的浓度较低时，其在溶液表面的吸附量随浓度的增大呈直线上升；当浓度达到一定数值时，吸附量保持恒定不再上升。这种特性属于 Langmuir 型等温线，可以由如下公式表达

$$\frac{c}{\Gamma}=\frac{1}{\Gamma_{\mathrm{m}}k}+\frac{c}{\Gamma_{\mathrm{m}}} \tag{2-4}$$

式中，c 为表面活性剂溶液的本体浓度；Γ_{m} 为饱和吸附量；k 为吸附常数。

由 c/Γ 对 c 作图可以得到一条直线，由其斜率的倒数可以计算出饱和吸附量 Γ_{m}，再由直线的截距可以计算出吸附常数 k。k 可认为是吸附平衡常数，则可以由式(2-5)～式(2-7) 分别计算出标准吸附自由能 $\Delta G^{\ominus}$、吸附标准熵 $\Delta S^{\ominus}$ 和吸附标准焓变 $\Delta H^{\ominus}$。

$$-\Delta G^{\ominus}=RT\ln k \tag{2-5}$$

$$-\Delta S^{\ominus}=\frac{\mathrm{d}\Delta G^{\ominus}}{\mathrm{d}T} \tag{2-6}$$

$$-\Delta H^{\ominus}=\frac{T^2\mathrm{d}\left(\frac{\Delta G^{\ominus}}{T}\right)}{\mathrm{d}T} \tag{2-7}$$

由表面吸附量 Γ 还可计算出液体表面每个吸附分子所占的平均面积 A，即

$$A=1/(N_0\Gamma) \tag{2-8}$$

式中，N_0 为阿伏伽德罗常数。由饱和吸附量 Γ_{m} 计算出的分子平均面积是吸附分子所占的最小面积，即分子极限面积，用 A_{m} 表示。

将计算出的平均面积与通过分子结构计算出的表面活性剂分子大小比较，即可推测吸附分子在液体表面上的排列形式、紧密程度、定向情形以及表面吸附层的结构。例如，通过前面所述方法计算出，25℃下 SDS 在 0.1mol/LNaCl 溶液中的浓度为 3.2×10^{-5} mol/L 和 8.0×10^{-4} mol/L 时，其分子面积分别为 1.0nm^2 和 0.34nm^2。而分子结构计算的结果显示，SDS 分子平躺时占有的面积在 1nm^2 以上，直立时则约 0.25nm^2。由此可以推测，在溶液浓度大于 3.2×10^{-5} mol/L 时，吸附分子不再可能以平躺状态排列于表面上；而当浓度达到 8×10^{-4} mol/L 时，吸附分子则主要以直立状态紧密地定向排列于溶液表面。此外，对于离子型表面活性剂，反离子也会在电场的作用下被吸引，一部分进入吸附层（固定层）而富集于表面，另一部分以扩散形式分布形成双电层。

通过饱和吸附量的数据可以归纳出影响表面吸附的主要物理化学因素如下。

(1) 表面活性剂亲水基团　亲水基越小，分子的横截面积越小，饱和吸附量越大。例如，聚氧乙烯型非离子表面活性剂的饱和吸附量通常随聚氧乙烯链长，也就是极性基的增加

而减小；阳离子表面活性剂十四烷基三甲基溴化铵的饱和吸附量明显大于十四烷基三丙基溴化铵。此外，非离子型表面活性剂的饱和吸附量通常大于离子型，这是由于离子型表面活性剂亲水基团之间存在电荷斥力，导致其吸附层较为疏松。

（2）表面活性剂疏水基团　由于疏水基团不存在电荷作用，因此其对表面活性剂吸附量的影响主要产生于所占的分子截面积。疏水基横截面积小，饱和吸附量大。例如，具有分支型疏水基的表面活性剂，其饱和吸附量一般小于同类型的直链型疏水基的表面活性剂。疏水基为碳氟链的表面活性剂的饱和吸附量通常小于具有相同碳原子数的碳氢链表面活性剂。

（3）同系物　同系物的饱和吸附量差别不太大，但一般会随碳链的增长而有所增加，但疏水链过长时，活性剂分子在表面的排列受阻反而使饱和吸附量减小。

（4）温度　对于离子型表面活性剂，温度升高，其在水中的溶解度增大，饱和吸附量减小。对于非离子表面活性剂，如聚氧乙烯型非离子表面活性剂，在低浓度时其吸附量往往随温度上升而增加，这是因为温度升高导致亲水基团与水分子的氢键作用遭到破坏，在水中的溶解性降低，且水合程度的降低，也使定向吸附所占的面积减小。

（5）无机电解质　在离子型表面活性剂的溶液中加入无机电解质，会对吸附产生明显的增强作用。这由于电解质浓度的增加一方面增加了表面活性离子的浓度，使吸附量增加；另一方面会导致更多的反离子进入吸附层而削弱表面活性离子间的电性排斥，使吸附分子排列更紧密。无机电解质对非离子型表面活性剂的吸附影响不明显，但也有利于吸附，例如，在聚氧乙烯型非离子表面活性剂溶液中加入氯化钠可使吸附量稍有增加，这是盐溶作用使水对表面活性剂分子的溶剂化作用降低、使其活度增加造成的。

2.1.2　表面活性剂在液-液界面的吸附

表面活性剂在液-液界面上发生吸附时，通常将其疏水基插入极性小的一相（如油相），亲水基留在极性大的一相中（如水相）。液-液界面的吸附量与界面张力的关系服从 Gibbs 吸附公式，即

$$\Gamma_i = -\frac{\alpha}{RT}\left(\frac{\partial \gamma_i}{\partial \alpha}\right)_T = -\frac{1}{RT}\left(\frac{\partial \gamma_i}{\partial \ln\alpha}\right)_T \tag{2-9}$$

式中，Γ_i 为表面活性剂 i 在界面上的吸附量；γ_i 为界面张力；α 为表面活性剂的活度，对于稀溶液可近似认为是浓度 c。根据式(2-9)，测出不同表面活性剂浓度 c 下的界面张力 γ_i，绘制 γ_i-$\ln c$ 关系曲线，由直线的斜率便可计算出吸附量 Γ_i。使用上述方法计算吸附量适用于非离子型表面活性剂，对于离子型表面活性剂则需要适当修正。此外，使用上述方法的前提是构成液-液界面的两种液体完全互不溶解；表面活性剂只溶解于第一液相中，第二液相无表面活性；表面活性剂的浓度低于临界胶束浓度 cmc。

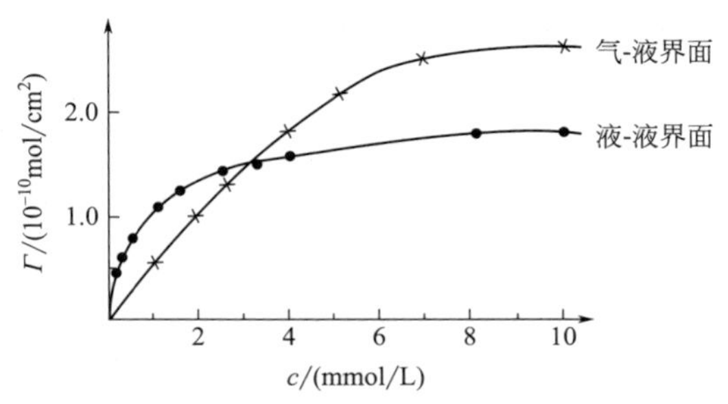

图 2-2　辛基硫酸钠在气-液界面和液-液界面的吸附等温线

表面活性剂在液-液界面的吸附等温线与溶液表面上的相似，也属于 Langmuir 型。如图 2-2 所示，在吸附达到饱和时，相同表面活性剂在液-液界面上的饱和吸附量小于其

在气-液界面上的饱和吸附量；在低浓度区，液-液界面上的吸附量随浓度增加而上升的速度比较快。

同时，每个表面活性剂分子所占的极限面积大于气-液界面。例如，辛基硫酸钠和辛基三甲基溴化铵在空气-水界面上吸附的极限面积分别为 $0.50nm^2$ 和 $0.56nm^2$，而相同条件下，在庚烷-水界面上的极限面积则分别为 $0.64nm^2$ 和 $0.69nm^2$。这说明即使在极限吸附时，表面活性剂分子也并非垂直定向紧密排列，而是以倾斜甚至部分链节平躺的方式吸附于界面上。

以油-水界面为例，这是由于表面活性剂分子的疏水基团与油相分子间的相互作用与疏水基间之间的相互作用强度较为接近，明显大于其在气-液界面上与气相分子之间的相互作用，因此界面吸附层的表面活性剂疏水链之间会含有油相分子，使吸附的表面活性剂分子的平均占有面积增大，吸附分子之间的作用力减弱。

此外，对于直链离子型表面活性剂同系物，当疏水链碳原子数为 10～16 时，在液-液界面上饱和吸附量 Γ_m 和极限分子面积 A_m 与碳链长短关系不大；当疏水链碳原子数大于 18 时，Γ_m 明显减小，A_m 增大，这可能是由于碳链过长、吸附分子发生弯曲所致。如前所述，表面活性剂分子在液-液界面上并非垂直定向排列，给支链留有足够的空间，因此碳氢链的支链化通常对 Γ_m 没有明显影响。

含有聚氧乙烯基的非离子表面活性剂在液-液界面吸附时，其聚氧乙烯链可伸向水相；若分子中同时含有聚氧丙烯基时，伸向水相中的聚氧乙烯链节的多少与分子中聚氧乙烯和聚氧丙烯的比例及温度有关。

2.1.3 表面活性剂在固-液界面的吸附

表面活性剂在固-液界面上吸附量的大小和吸附作用的强弱，受到固体表面性质、液相性质、表面活性剂的分子结构、表面活性剂的浓度以及温度、添加物等因素的影响。表面活性剂分子在固-液界面发生吸附的原因主要包括以下几种。

（1）疏水作用　表面活性剂疏水基的憎溶剂作用使其具有逃离溶剂分子包围的趋势。此外，在低浓度时已被吸附在界面的表面活性剂分子的疏水基与在液相中的表面活性剂分子的疏水基相互作用，从而在固-液界面上形成多种结构形式的吸附胶束，使吸附量急剧增加。

（2）色散力作用　固体表面与表面活性剂分子或离子的非电离部分间存在色散力作用，从而导致吸附。因色散力而引起的吸附量与表面活性剂的分子大小有关，分子量越大，吸附量越大。

（3）静电作用　固体表面在水中可能因多种原因而带有某种电荷，离子型表面活性剂在水中解离后，活性大的离子可吸附在带相反电荷的固体表面上。例如，带正电的固体表面易吸附带负电的表面活性剂阴离子，带负电的固体表面易吸附带正电的表面活性剂阳离子。

（4）离子交换作用　即固体表面的反离子被同种电荷的表面活性剂离子取代而引起的吸附，此类吸附发生在较低浓度时，固体表面的电势不会因吸附量的增加而变化。

（5）氢键作用　固体表面的某些基团有时可与表面活性剂中的一些原子形成氢键而使其吸附，例如硅胶表面的羟基可与聚氧乙烯型非离子表面活性剂分子中的氧原子形成氢键。

（6）π 电子极化作用　含有苯环的表面活性剂分子，因苯核的富电子性可在带正电的固体表面上吸附。这种吸附常使表面活性剂分子平躺于固-液界面，因此吸附层较薄。

在上述各种作用中，疏水作用和色散力作用普遍存在于各类表面活性剂在各种固-液界面的吸附，而其余 4 种仅发生在特定的表面活性剂和固-液界面上。

表面活性剂在固-液界面上的吸附量可以通过仪器分析和化学分析的方法得到。例如，利用紫外吸收光谱法、荧光分析法、干涉仪法和两相滴定法等，测定溶液中表面活性剂浓度的变化，并进一步计算得到表面活性剂在界面上的吸附量。

上述各种方法中，紫外吸收光谱法要求表面活性剂分子中有芳环基团；荧光分析法要求表面活性剂分子能够产生荧光；干涉仪法适用于分子量较大，且折射率变化大的体系。两相滴定法适用于离子型表面活性剂溶液浓度的测定，常用阳离子表面活性剂溶液滴定阴离子表面活性剂溶液，以阴离子染料（如溴酚蓝、百里酚蓝等）为指示剂，滴定终点的确定是影响此法准确性的关键。

表面活性剂在固-液界面的吸附等温线以 L 型、S 型及复合 LS 型最为多见，如图 2-3 所示。当表面活性剂与固体表面的相互作用较强时，常出现 L 型和 LS 型等温线，例如离子型表面活性剂在与其带相反电荷的固体表面上的吸附，非离子型表面活性剂在某些极性固体上的吸附等。当表面活性剂与固体表面的作用较弱时，在低浓度下难以发生明显的吸附，则出现 S 型等温线。无论哪类等温线，在吸附量急剧上升区域的浓度都接近或略低于表面活性剂的临界胶束浓度，这表明只有当体相溶液有足够多的表面活性剂单体，或者说当体相溶液中将要大量形成胶束时，在固-液界面上的吸附量才可能明显升高，形成二维的表面活性剂聚集结构。

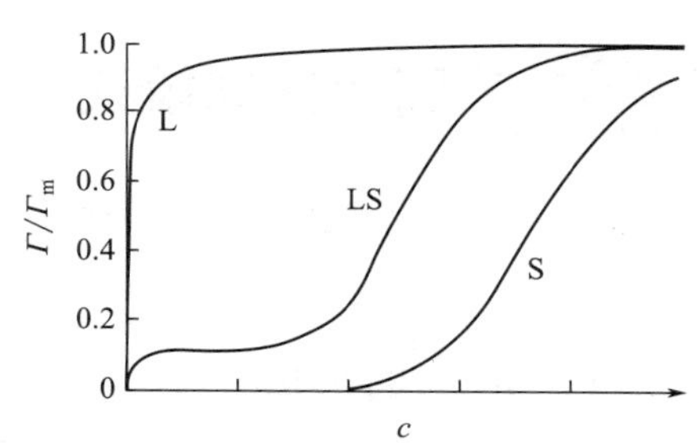

图 2-3　表面活性剂在固-液界面的吸附等温线

影响表面活性剂在固-液界面上吸附的因素主要有以下几个。

（1）表面活性剂的性质　离子型表面活性剂的亲水基带有电荷，易于在与其带相反电荷的固体表面吸附。例如，在中性水中硅胶表面带负电，易吸附阳离子型表面活性剂；氧化铝表面带正电，易吸附阴离子型表面活性剂。表面活性剂离子与固体表面带相同电荷时，也可通过范德华力的作用发生吸附。对各种类型的表面活性剂同系物，通常随碳原子数的增加，吸附量增加。含聚氧乙烯基的非离子型表面活性剂，聚氧乙烯基数目越大，在水中的溶解度越大，在固-液界面的吸附量越小。

（2）介质的 pH　大多数金属、不溶性氧化物和高分子纤维等都具有等电点。在 pH 较高时，固体表面带负电荷，易于吸附阳离子表面活性剂；在 pH 较低时，固体表面带正电荷，易于吸附阴离子表面活性剂。对于非离子表面活性剂，其固体表面带电的性质对吸附影响不大。

（3）固体表面性质　对于表面具有较高电位的固体，如硅酸盐、氧化铝、二氧化钛、聚酰胺、离子交换树脂、硫酸钡、碳酸钙等，表面活性剂在固-液界面的吸附可以通过离子交换、离子对的形成以及疏水链间的疏水吸附等方式进行。对于不存在带电吸附位的极性固体，如中性聚酰胺、棉纤维等，其表面存在—OH、—NH—等能够形成氢键的基团，表面活性剂在固-液界面上的吸附主要以氢键和色散力的形式进行，而不能形成氢键的聚丙烯腈、聚酯等，主要通过色散力发生吸附。对于不存在带电吸附位的非极性固体，如石蜡、聚四氟乙烯、聚乙烯、聚丙烯等，表面活性剂的吸附主要通过色散力实现，其吸附等温线往往是 L 型，在临界胶束浓度附近达到吸附饱和。

（4）温度　一方面，吸附往往是放热过程，温度升高不利于吸附；另一方面，温度也会影响表面活性剂在液相的溶解度。大多数离子型表面活性剂在固-液界面上的吸附量随温度的升高而降低，而非离子型表面活性剂的吸附量随温度升高而增加。

（5）无机盐　无机盐的加入通常能增加离子型表面活性剂的吸附量。这是由于无机盐的加入和反离子的增加，不仅使固体表面的双电层受到压缩，也使吸附在固-液界面上的离子型表面活性剂相互间的静电斥力减弱，在固-液界面所占面积减少，可以容纳更多的表面活性离子，从而增加吸附量。

表面活性剂在固-液界面上的吸附是润湿、洗涤和去污、分散和絮凝等作用的前提，将在第 3 章做进一步详细的介绍。

2.2 表面活性剂胶束 >>>

形成胶束是表面活性剂的重要性质之一，也是产生增溶、乳化、洗涤、分散和絮凝等作用的根本原因。

2.2.1　胶束的形成

表面活性剂分子的亲油基团之间因疏水性存在显著的吸引作用，易于相互靠拢、缔合，从而逃离水的包围。当表面活性剂在溶液表面的吸附达到饱和后，它们便在溶液内部由分子或离子分散状态缔合成由数个乃至数百个离子或分子所组成的稳定胶束。此时，再提高表面活性剂的浓度已不能显著增加溶液中单个分子或离子的浓度，而主要形成更多的胶束。

在水介质中，表面活性剂将极性的亲水基团朝外形成与水接触的外壳，将朝内排列的非极性基包在其中，使它们不与水接触。可见，胶束的形成实际是表面活性剂分子为缓解水和疏水基之间的排斥作用而采取的另一种稳定化方式，疏水作用导致表面活性剂在界面上的吸附和在溶液内部胶束的生成，其根本的决定因素是活性剂分子的双亲结构。

胶束的结构主要由内核和外壳两部分构成，对于离子型表面活性剂，外壳的外侧还有扩散双电层，如图 2-4 所示。

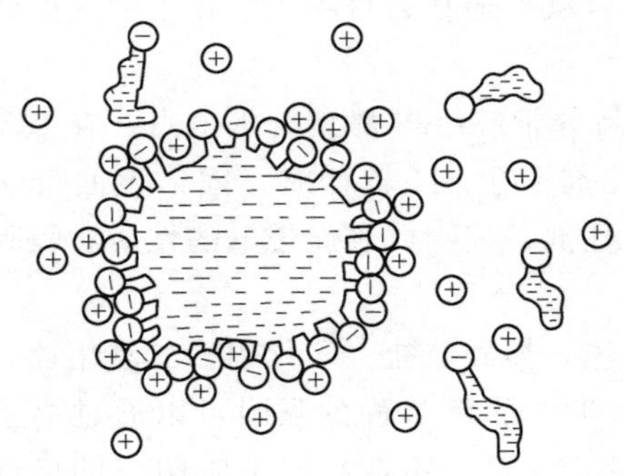

(a) 离子型表面活性剂的胶束结构示意图

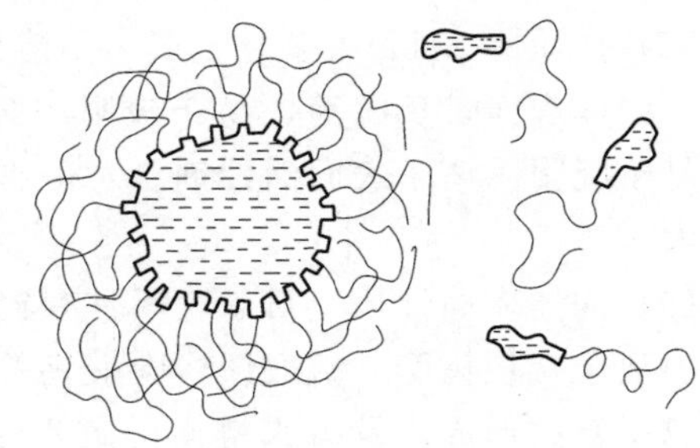

(b) 聚氧乙烯型非离子型表面活性剂的胶束结构示意图

图 2-4　胶束的结构示意图

表面活性剂胶束的内核由疏水的碳氢链构成，类似于液态烃，研究表明内核中还有部分水分子渗入。胶束的外壳也被称为胶束-水“界面”，该“界面”并非一般宏观的界面，而是指胶束与单体水溶液之间的一层区域。此部分主要由表面活性剂的极性基团构成，粗糙不平，变化不定。对于离子型表面活性剂，该界面由胶束双电层的最内层（Stern 层）组成，其中不仅包含表面活性剂的极性头，还固定有一部分与极性头结合的反离子和不足以铺满一单分子层的水化层。对于聚氧乙烯型非离子表面活性剂，胶束的外壳是一层相当厚的、柔顺的聚氧乙烯层，还包括大量与醚键相结合的水分子。在胶束-水“界面”区域之外，离子胶束有一反离子扩散层，即双电层外围的扩散层部分，由未与极性头离子结合的其余反离子组成，非离子胶束没有双电层结构。

在非水介质中，胶束有相似的结构，但内核由极性头构成，外壳则由憎水基与溶剂分子构成。

在表面活性剂的溶液中，胶束与分子或离子处于平衡状态，它起着表面活性剂分子仓库的作用，在其被消耗时释放出单个分子或离子。另外，胶束自身能够产生乳化、分散及增溶等作用，因此表面活性剂通常在一定的浓度以上，即形成胶束时使用。

2.2.2　临界胶束浓度

临界胶束浓度是衡量表面活性剂的表面活性和表面活性剂应用中的一个重要物理量。如前所述，表面活性剂溶液的表面张力随着活性剂浓度的增加而降低，当浓度增加到一定值后，即使浓度再增加，其表面张力变化不大，此时表面活性剂从离子或分子分散状态缔合成稳定的胶束，从而引起溶液的高频电导、渗透压、电导率等各种性能发生明显的突变。例如，图 2-5 是十二烷基硫酸钠水溶液的主要物理化学性质随其浓度的变化关系曲线，这些性质均在阴影所示的狭窄的浓度范围内存在转折点。这个开始形成胶束的最低浓度被称为临界胶束浓度（critical micelle concentration，简写为 cmc）。

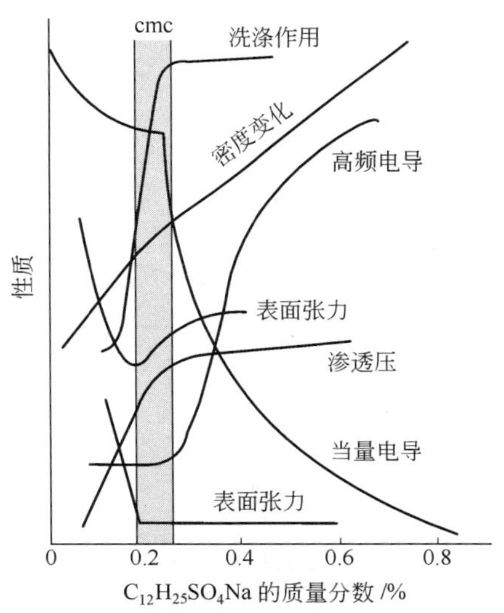

图 2-5　十二烷基硫酸钠水溶液的物理化学性质与浓度的关系曲线

临界胶束浓度越小，表明此种表面活性剂形成胶束和达到表面（界面）吸附饱和所需的浓度越低，从而改变表面（界面）性质，产生润湿、乳化、起泡和增溶等作用所需的浓度也越低。可见，临界胶束浓度是表面活性剂溶液性质发生显著变化的“分水岭”。

2.2.2.1　临界胶束浓度的测定方法

在临界胶束浓度附近，表面活性剂溶液的表面张力、渗透压、电导率、折射率和黏度等很多性质均发生明显的变化。根据这一特点，找到表面张力、电导率等性质随表面活性剂浓度的变化规律，其值发生突变时的浓度即为该种表面活性剂的临界胶束浓度。原则上讲，这些性质的突变皆可利用来测定临界胶束浓度，但不同性质随浓度的变化有不同的灵敏度和不同的环境、条件，因而，利用不同性质和方法测定出的临界胶束浓度存在一定的差异。目前测定临界胶束浓度的方法主要有表面张力法、电导法、增溶作用法、染料法和光散射法等。

（1）表面张力法　表面活性剂水溶液的表面张力开始时随溶液浓度的增加急剧下降，到达一定浓度（即cmc）后则变化缓慢或不再变化，以表面张力 γ 对浓度的对数 $\lg c$ 作图得到 γ-$\lg c$ 曲线，如图 2-6 所示，曲线的转折点所对应的表面活性剂的浓度即为临界胶束浓度。这种方法简单方便，对不同活性表面活性剂临界胶束浓度的测定具有相似的灵敏度，不受无机盐存在的干扰。但微量极性有机杂质的存在会使 γ-$\lg c$ 曲线出现最低点，不易确定转折点和临界胶束浓度，因此需要对表面活性剂提纯后方可进行测定。

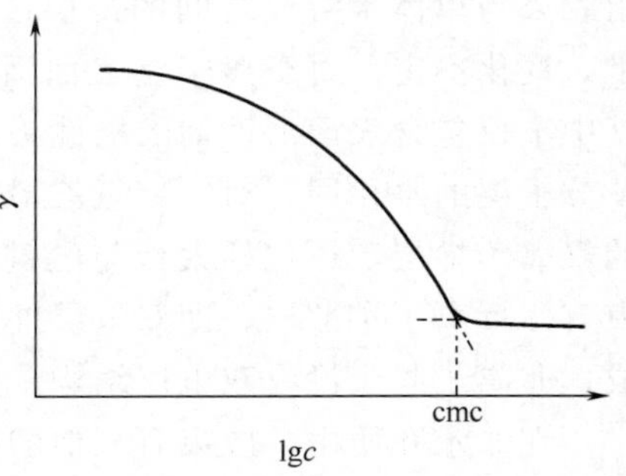

图 2-6　表面活性剂的 γ-$\lg c$ 曲线

（2）电导法　是适用于测定离子型表面活性剂临界胶束浓度的方法。测定表面活性剂溶液不同浓度时的电阻，计算出的电导率或摩尔电导率，作电导率或摩尔电导率对浓度 c 的关系曲线，其转折点的浓度即为表面活性剂的临界胶束浓度。例如图 2-7 是十二烷基硫酸钠水溶液的电导率与浓度的关系曲线，由该图确定其临界胶束浓度为 9mmol/L。通常由电导率曲线能够直接得到临界胶束浓度，当转折点不明确时，可使用摩尔电导率与浓度平方根的关系曲线，例如十二烷基胺盐酸盐水溶液的摩尔电导率与浓度平方根关系曲线（图 2-8）有明显的转折点，可以清楚地确定其临界胶束浓度为 1.4mmol/L。

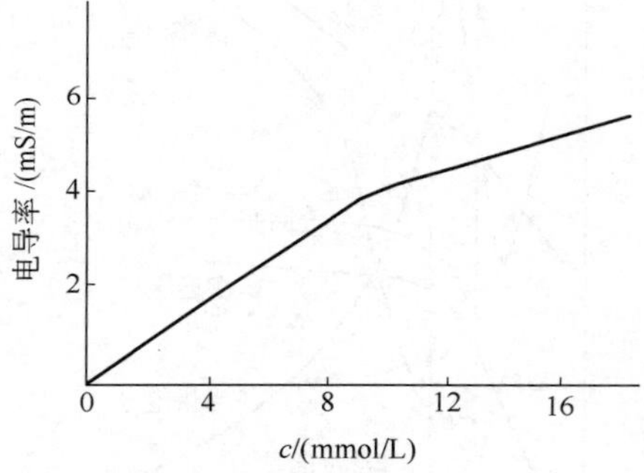

图 2-7　十二烷基硫酸钠水溶液的电导率与浓度关系曲线（30℃）

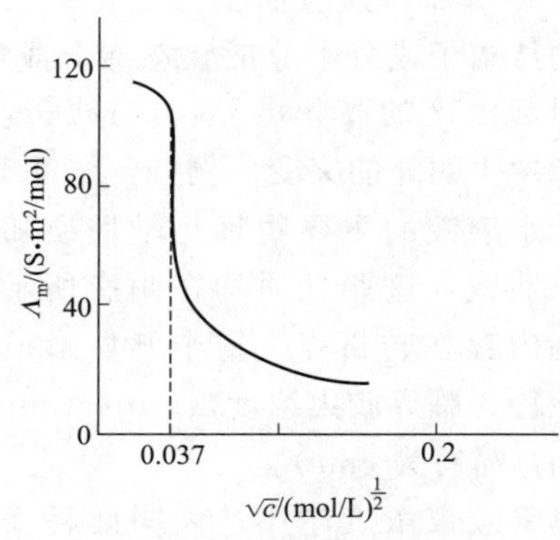

图 2-8　十二烷基胺盐酸盐水溶液的摩尔电导率与浓度平方根关系曲线（30℃）

电导法测定离子型表面活性剂的临界胶束浓度方便、有效，准确度高，但由于电导受溶液中盐类的影响，因此盐的浓度越大，测定的准确度越低。

（3）增溶作用法　是利用烃类或某些染料等不溶或低溶解度的物质在表面活性剂溶液中溶解度的变化测定临界胶束浓度的方法。当表面活性剂的浓度超过临界胶束浓度并形成胶束时，烃类或不溶性染料的溶解度急剧增加，根据溶液浊度的变化即可比较容易地测定出临界胶束浓度。

（4）染料法　这种方法是利用某些染料的颜色或荧光在水中和在胶束中具有明显的差别。例如氯化频哪氰醇在低浓度月桂酸钠水溶液中为红色，当月桂酸钠的浓度增加到临界胶束浓度以上时，染料在胶束中呈现蓝色。再如，曙红荧光染料在阳离子表面活性剂的胶束中显示强烈的荧光，而活性剂浓度较低时则没有荧光。

测定时先配制一浓度确定且高于临界胶束浓度的表面活性剂溶液，向其中加入很少量的染料，此时染料即被增溶于胶束中而呈现某种颜色。然后采用滴定的方法以水稀释此溶液，直至颜色发生显著的变化，此时溶液中表面活性剂的浓度即为其临界胶束浓度。

染料法的关键是根据表面活性剂的性质选择颜色或荧光变化明显的染料，以提高测定的精确性，一般要求染料离子与表面活性剂离子的电荷相反。

（5）光散射法　通常表面活性剂在溶液中缔合成胶束时，溶液的散射光强度增加，由此可从溶液光散射-浓度图中的突变点求出临界胶束浓度。

表面活性剂临界胶束浓度的测定方法很多，上述五种比较简单准确，特别是表面张力法和电导法最为常用。此外，常见表面活性剂的临界胶束浓度可以从有关手册中查到，表 2-1 列举了其中的一些，可见大部分表面活性剂的临界胶束浓度在 $10^{-6}\sim10^{-1}$ mol/L 的范围内。

表 2-1　部分表面活性剂的临界胶束浓度

表面活性剂	温度/℃	cmc/(mol/L)	表面活性剂	温度/℃	cmc/(mol/L)
$C_8H_{17}SO_4Na$	40	1.4×10^{-1}	$C_{18}H_{37}N(C_2H_5)_3Cl$	25	2.4×10^{-4}
$C_{10}H_{21}SO_4Na$	40	3.3×10^{-2}	$C_8H_{17}N^+(CH_3)_2CH_2COO^-$	27	2.5×10^{-1}
$C_{12}H_{25}SO_4Na$	40	8.7×10^{-3}	$C_8H_{17}CH(COO^-)N^+(CH_3)_3$	27	9.7×10^{-2}
$C_{14}H_{29}SO_4Na$	40	2.4×10^{-3}	$C_{10}H_{21}CH(COO^-)N^+(CH_3)_3$	27	1.3×10^{-2}
$C_{16}H_{33}SO_4Na$	40	5.8×10^{-4}	$C_{12}H_{25}CH(COO^-)N^+(CH_3)_3$	27	1.3×10^{-3}
$C_8H_{17}SO_3Na$	40	1.6×10^{-1}	$C_6H_{13}(OC_2H_4)_6OH$	40	5.2×10^{-2}
$C_{10}H_{21}SO_3Na$	40	4.1×10^{-2}	$C_6H_{13}(OC_2H_4)_6OH$	20	7.4×10^{-2}
$C_{12}H_{25}SO_3Na$	40	9.7×10^{-3}	$C_8H_{17}(OC_2H_4)_6OH$	25	9.9×10^{-3}
$C_{14}H_{29}SO_3Na$	40	2.5×10^{-3}	$C_{10}H_{21}(OC_2H_4)_6OH$	25	9×10^{-4}
$C_{16}H_{33}SO_3Na$	40	7×10^{-4}	$C_{12}H_{25}(OC_2H_4)_6OH$	25	8.7×10^{-5}
p-n-$C_6H_{13}C_6H_4SO_3Na$	75	3.7×10^{-2}	$C_{12}H_{25}(OC_2H_4)_{14}OH$	25	5.5×10^{-5}
p-n-$C_8H_{17}C_6H_4SO_3Na$	35	1.5×10^{-2}	$C_{12}H_{25}(OC_2H_4)_{23}OH$	25	6.0×10^{-5}
p-n-$C_{10}H_{21}C_6H_4SO_3Na$	50	3.1×10^{-3}	$C_{12}H_{25}(OC_2H_4)_{31}OH$	25	8.0×10^{-5}
p-n-$C_{12}H_{25}C_6H_4SO_3Na$	60	1.2×10^{-3}	$C_{16}H_{33}(OC_2H_4)_{15}OH$	25	3.1×10^{-6}
p-n-$C_{14}H_{29}C_6H_4SO_3Na$	75	6.6×10^{-4}	$C_{16}H_{33}(OC_2H_4)_{21}OH$	25	3.9×10^{-6}
$C_{12}H_{25}NH_2\cdot HCl$	30	1.4×10^{-2}	p-t-$C_8H_{17}C_6H_4(OC_2H_4)_2OH$	25	1.3×10^{-4}
$C_{14}H_{29}NH_2\cdot HCl$	55	8.5×10^{-4}	p-t-$C_8H_{17}C_6H_4(OC_2H_4)_4OH$	25	1.3×10^{-4}
$C_{18}H_{37}NH_2\cdot HCl$	60	5.5×10^{-4}	p-t-$C_8H_{17}C_6H_4(OC_2H_4)_6OH$	25	2.1×10^{-4}
$C_8H_{17}N(CH_3)_3Br$	25	2.6×10^{-1}	p-t-$C_8H_{17}C_6H_4(OC_2H_4)_8OH$	25	2.8×10^{-4}
$C_{10}H_{21}N(CH_3)_3Br$	25	6.8×10^{-2}	p-t-$C_8H_{17}C_6H_4(OC_2H_4)_{10}OH$	25	3.3×10^{-4}
$C_{12}H_{25}N(CH_3)_3Br$	25	1.6×10^{-2}	$C_9H_{19}C_6H_4(OC_2H_4)_{9.5}OH$	25	$(7.8\sim9.2)\times10^{-5}$
$C_{14}H_{29}N(CH_3)_3Br$	30	2.1×10^{-3}	$C_9H_{19}C_6H_4(OC_2H_4)_{15}OH$	25	$(1.1\sim1.3)\times10^{-4}$
$C_{16}H_{33}N(CH_3)_3Br$	25	9.2×10^{-4}	$C_9H_{19}C_6H_4(OC_2H_4)_{20}OH$	25	$(1.4\sim1.8)\times10^{-4}$
$C_{12}H_{25}N(C_2H_5)_3Cl$	25	1.5×10^{-2}	$C_9H_{19}C_6H_4(OC_2H_4)_{30}OH$	25	$(2.5\sim3.0)\times10^{-4}$
$C_{16}H_{33}N(C_2H_5)_3Cl$	25	9.0×10^{-4}	$C_9H_{19}C_6H_4(OC_2H_4)_{100}OH$	25	1.0×10^{-3}

注：商品未经分子蒸馏提纯。

2.2.2.2　影响临界胶束浓度的因素

由于临界胶束浓度是表面活性剂的表面活性的一种量度，人们针对其影响因素进行了大量的研究工作。影响表面活性剂临界胶束浓度的内在因素主要是其分子结构，包括疏水基团碳氢链的长度、碳氢链的分支、极性基团的位置、碳氢链上的取代基、疏水链的性质以及亲水基团的种类等。此外，临界胶束浓度的大小还与温度、外加无机盐和有机添加剂等外界因素有关。

（1）碳氢链的长度　离子型表面活性剂碳氢链的碳原子数通常在8～16的范围内，其水溶液的临界胶束浓度随碳原子数的增加而降低。一般在同系物中，每增加一个碳原子，临界胶束浓度即下降约一半。例如，表2-1中列举了不同碳原子数的烷基硫酸钠和烷基磺酸钠两类重要阴离子表面活性剂的临界胶束浓度，可以看出基本符合上述规律。

对于非离子表面活性剂，增加疏水基中碳原子的个数，临界胶束浓度降低得更为明显，即每增加两个碳原子，临界胶束浓度下降至原来的1/10。这一点也可以由表2-1中脂肪醇聚氧乙烯醚的临界胶束浓度得以证实。

可见，表面活性剂疏水基中碳原子数增加，碳链加长，其临界胶束浓度降低，这种规律可由下述经验公式表示

$$\lg(\mathrm{cmc})=A-Bm$$

式中，m 为碳氢链的碳原子数；A 和 B 为经验常数，可由手册或书中查到。

（2）碳氢链的分支　通常情况下，疏水基团碳氢链带有分支的表面活性剂，比相同碳原子（CH_2 基团）数的直链化合物的临界胶束浓度大得多。表2-2是部分二烷基琥珀酸酯磺酸钠的临界胶束浓度，其中二正丁基琥珀酸酯磺酸钠为 2.0×10^{-1} mol/L，而含有相同 CH_2 基团数（10个）的癸烷基磺酸钠的临界胶束浓度要小得多，只有 4.1×10^{-2} mol/L（表2-1）。此外，二正辛基琥珀酸酯磺酸钠的临界胶束浓度（6.8×10^{-4} mol/L）小于烷基带有支链的二(2-乙基己基)琥珀酸酯磺酸钠（2.5×10^{-3} mol/L）。

表2-2　部分二烷基琥珀酸酯磺酸钠的临界胶束浓度

<table>
<tr><th>表面活性剂</th><th>cmc /(mol/L)</th><th>表面活性剂</th><th>cmc /(mol/L)</th></tr>
<tr><td>n-$C_4H_9OCOCH_2$
|
n-$C_4H_9OCOCHSO_3Na$</td><td>2.0×10^{-1}</td><td>n-$C_8H_{17}OCOCH_2$
|
n-$C_8H_{17}OCOCHSO_3Na$</td><td>6.8×10^{-4}</td></tr>
<tr><td>n-$C_5H_{11}OCOCH_2$
|
n-$C_5H_{11}OCOCHSO_3Na$</td><td>5.3×10^{-2}</td><td>$CH_3(CH_2)_3CH(C_2H_5)CH_2OCOCH_2$
|
$CH_3(CH_2)_3CH(C_2H_5)CH_2OCOCHSO_3Na$</td><td>$2.5\times10^{-3}$</td></tr>
</table>

（3）极性基团的位置　从表2-3可以看出，极性基团越靠近碳氢链的中间位置，临界胶束浓度越大。

表2-3　硫酸基位置不同的烷基硫酸钠的临界胶束浓度（40℃）

<table>
<tr><th>碳氢链碳原子数</th><th>硫酸基在碳氢链上的位置</th><th>cmc /(mol/L)</th><th>碳氢链碳原子数</th><th>硫酸基在碳氢链上的位置</th><th>cmc /(mol/L)</th></tr>
<tr><td rowspan="2">8</td><td>1</td><td>1.4×10^{-1}</td><td rowspan="4">16</td><td>1</td><td>5.8×10^{-4}</td></tr>
<tr><td>2</td><td>1.8×10^{-1}</td><td>4</td><td>1.7×10^{-3}</td></tr>
<tr><td rowspan="6">14</td><td>1</td><td>2.4×10^{-3}</td><td>6</td><td>2.4×10^{-3}</td></tr>
<tr><td>2</td><td>3.3×10^{-3}</td><td>8</td><td>4.3×10^{-3}</td></tr>
<tr><td>3</td><td>4.3×10^{-3}</td><td rowspan="4">18</td><td>1</td><td>1.7×10^{-4}</td></tr>
<tr><td>4</td><td>5.2×10^{-3}</td><td>2</td><td>2.6×10^{-4}</td></tr>
<tr><td>5</td><td>6.8×10^{-3}</td><td>4</td><td>4.5×10^{-4}</td></tr>
<tr><td>7</td><td>9.7×10^{-3}</td><td>6</td><td>7.2×10^{-4}</td></tr>
</table>

(4) 碳氢链中其他取代基的影响　在疏水基团中除饱和碳氢链外含有其他基团时，表面活性剂的疏水性发生变化，从而影响其临界胶束浓度。例如，油酸钾与硬脂酸钾相比，碳氢链中带有一个不饱和双键，其临界胶束浓度为 1.2×10^{-3} mol/L，而后者为 4.5×10^{-4} mol/L。此外，在表面活性剂碳氢链中引入极性基团，也会使临界胶束浓度增大。如 9,10-二羟基硬脂酸钾的临界胶束浓度为 8×10^{-3} mol/L，比硬脂酸钾高出很多。因此，随碳氢链中极性基团数量的增加、亲水性的提高，表面活性剂的临界胶束浓度增大。

(5) 疏水链的性质　在前面曾经介绍过表面活性剂疏水基团的种类，疏水基团结构不同，表面活性剂的表面活性不同，临界胶束浓度亦不相同。例如以长链氟代烷基为疏水基团的表面活性剂，特别是全氟代化合物，具有很高的表面活性，与相同碳原子数的普通表面活性剂相比，临界胶束浓度低得多，其水溶液所能达到的表面张力也低得多。

例如，辛基磺酸钠（$C_8H_{17}SO_3Na$）的临界胶束浓度为 1.6×10^{-1} mol/L，而全氟代辛基磺酸钠（$C_8F_{17}SO_3Na$）则只有 8.5×10^{-3} mol/L，这是由于后者疏水性很强，胶束容易生成引起的。

(6) 亲水基团的种类　在水溶液中，离子型表面活性剂的临界胶束浓度远比非离子型的大。当疏水基相同时，离子型表面活性剂的临界胶束浓度约为聚氧乙烯型非离子表面活性剂的 100 倍，两性型表面活性剂的临界胶束浓度则与相同碳数疏水基的离子型表面活性剂相近。

离子型表面活性剂亲水基团的种类对其临界胶束浓度影响不大。在疏水基相同时，聚氧乙烯型非离子表面活性剂的临界胶束浓度随氧乙烯单元数目的增加而有所提高（表 2-1）。

(7) 温度对胶束形成的影响　温度高低会影响表面活性剂的溶解度，从而与胶束的形成有密不可分的关系。对于离子型表面活性剂，在温度较低时，表面活性剂的溶解度一般都较小，当达到某一温度时，表面活性剂的溶解度突然增大，这一温度被称为 Krafft 点（详见第 4 章）。溶解度的突然增加，是因为胶束的形成造成的，因此可以认为表面活性剂在 Krafft 点时的溶解度与其临界胶束浓度相当。温度高于 Krafft 点时，因胶束的大量形成而使增溶作用显著，低于 Krafft 点时，则没有增溶作用。

非离子表面活性剂则不同，其存在浊点（cloud point），即一定浓度的表面活性剂溶液在加热过程中，表面活性剂突然析出使溶液浑浊的温度点。所以，非离子表面活性剂通常在其浊点以下使用（详见 2.3.6）。

除上述各种影响因素外，无机强电解质和有机物质的添加对表面活性剂的临界胶束浓度也有不同程度的影响。例如无机盐的添加会使离子型表面活性剂的临界胶束浓度降低，而对非离子型表面活性剂则影响不大。

2.2.3　胶束的形状和大小

胶束的形状从表观上是看不到的，通过光散射法对胶束的研究，发现胶束主要有图 2-9 所示的几种形式。

应当说明的是并非某一种表面活性剂的胶束以某种特定的形状出现，事实上在一个表面活性剂溶液体系中往往是几种形状的胶束共存，并且胶束的主要形态与表面活性剂的浓度有很大关系。科学家多年的研究表明，当表面活性剂的浓度不很大时，胶束大多呈球状。当浓度在 10 倍于临界胶束浓度或更大时，会形成棒状胶束，其表面由亲水基构成，内核由疏水基构成，这种形式使碳氢链与水接触的面积更小。随着表面活性剂浓度的继续增加，棒状胶

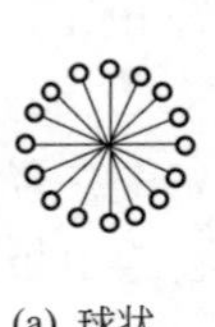
(a) 球状

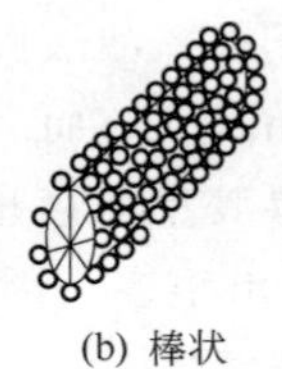
(b) 棒状

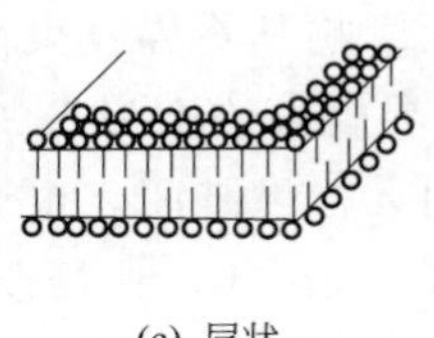
(c) 层状

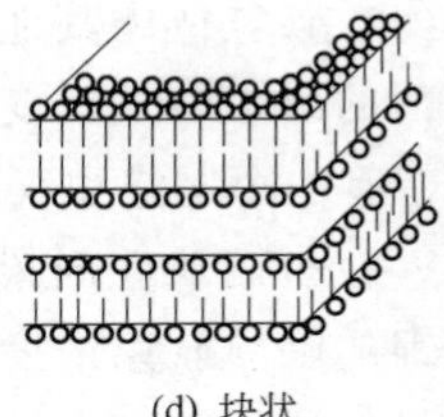
(d) 块状

图 2-9 表面活性剂胶束的结构

束聚集成束，甚至形成巨大的层状和块状胶束。

胶束的形状受无机盐和有机添加剂的影响，并与胶束的大小有着密切的关系。胶束的大小一般由胶束聚集数来度量。所谓胶束聚集数是指缔合成胶束的表面活性剂分子或离子的数量，可以通过光散射法、扩散法、X 射线衍射法、核磁共振法、渗透压法和超离心法等测得。其中最常用的是光散射法，这种方法是测出胶束的“分子量”即胶束量，再通过计算求得胶束聚集数。

$$胶束聚集数=\frac{胶束量}{表面活性剂的分子量} \tag{2-10}$$

通常亲油基碳原子数增加，表面活性剂在水介质中的聚集数增大。非离子表面活性剂亲水基团的极性较小，增加碳氢链长度引起的胶束聚集数的增加更为明显；亲油基相同时，聚氧乙烯基团数越大，胶束聚集数越小。总的来讲，无论是离子型还是非离子型表面活性剂，在水介质中，表面活性剂与溶剂水之间的不相似性（即疏水性）越大，则聚集数越大。表 2-4 列举了部分表面活性剂的胶束聚集数。

表 2-4 部分表面活性剂的胶束聚集数（水介质，光散射法）

表面活性剂	温度/℃	胶束聚集数	表面活性剂	温度/℃	胶束聚集数
$C_8H_{17}SO_4Na$	室温	20	$C_8H_{17}(OC_2H_4)_6OH$	30	41
$C_{10}H_{21}SO_4Na$	室温	50	$C_8H_{17}(OC_2H_4)_6OH$	40	51
$C_{10}H_{21}SO_4Na$	23	50	$C_{10}H_{21}(OC_2H_4)_6OH$	35	260
$C_{12}H_{25}SO_4Na$	23	71	$C_{12}H_{25}(OC_2H_4)_6OH$	35	1400
$C_8H_{17}SO_3Na$	23	40	$C_{14}H_{29}(OC_2H_4)_6OH$	35	7500
$C_{10}H_{21}SO_3Na$	30	54	$C_{16}H_{33}(OC_2H_4)_6OH$	34	16600
$C_{12}H_{25}SO_3Na$	40	54	$C_{16}H_{33}(OC_2H_4)_6OH$	25	2430
$C_{14}H_{29}SO_3Na$	60	80	$C_{16}H_{33}(OC_2H_4)_7OH$	25	594
$C_{10}H_{21}N(CH_3)_3Br$	—	36.4	$C_{16}H_{33}(OC_2H_4)_9OH$	25	219
$C_{12}H_{25}N(CH_3)_3Br$	—	50	$C_{16}H_{33}(OC_2H_4)_{12}OH$	25	152
$C_{14}H_{29}N(CH_3)_3Br$	—	75	$C_{16}H_{33}(OC_2H_4)_{21}OH$	25	70

2.2.4 胶束作用简介

当表面活性剂在溶液中的浓度达到临界胶束浓度以后，便会在溶液内部由分子或离子分散状态聚集成胶束，改变了物系的界面状态，并产生乳化、起泡、分散、增溶及催化等作用。

(1) 乳化作用 所谓乳化是指将一种液体的细小颗粒分散于另一种不相溶的液体中，所得到的分散体系称为乳液。乳化剂是为增加乳液稳定性而添加的表面活性剂，在乳液中可以起到降低表面张力，使乳液容易生成并稳定的作用。乳化剂既可在被分散小颗粒上形成吸附层，使之不易因相互碰撞合并变大而发生破乳，还可使分散粒子的静电性质发生变化，有利于双电层的形成，依靠静电斥力的作用使乳液保持稳定。

(2) 泡沫作用 泡沫实际是气体分散于液体中的分散体系，泡沫的形成涉及起泡和稳泡两个因素。起泡是指泡沫形成的难易，稳泡则是指生成泡沫的持久性。低的表面张力和高强度表面膜的形成是形成泡沫的基本条件。表面活性剂既可作为起泡剂，又可作为稳泡剂。例如肥皂、洗衣粉中的主要成分烷基苯磺酸钠、烷基硫酸钠是良好的起泡剂，月桂酰二乙醇胺则是良好的稳泡剂。

(3) 分散作用 固体粒子在溶液中的分散也同样存在分散和分散稳定性问题。分散过程中，固体粒子体积变小，表面积增大，体系的自由能增大，处于不稳定状态。表面活性剂的加入，可在固-液界面上形成吸附层，降低界面自由能，改变固体粒子的表面性质，使之容易分散。同时表面活性剂有利于粒子周围双电层的形成，通过静电斥力阻碍粒子聚集。

(4) 增溶作用 指水溶液中表面活性剂的存在能使不溶或微溶于水的有机化合物的溶解度显著增加的现象，这种作用只有在表面活性剂的浓度超过临界胶束浓度后才显现出来。

(5) 催化作用 表面活性剂胶束的直径通常为 3～5nm，其大小、结构和性质与含酶球状蛋白相似，因此具有与酶类似的催化作用，合理选择表面活性剂可以使化学反应速率显著提高。多数实验结果表明，阳离子表面活性剂胶束能够增加亲核阴离子与未带电基质的反应速率，阴离子胶束则会使此类反应速率降低，而非离子和两性离子胶束对该反应速率的作用效果很小或没有作用。

总之，表面活性剂的很多应用均与胶束的形成有关，详细内容将在第 3 章中介绍。

表面活性剂结构不同，应用性能和应用领域不同，因此掌握其结构与性能的关系，对于深入理解和有效地应用表面活性剂具有十分重要的意义。

2.2.5 囊泡

囊泡是表面活性剂分子的另一种聚集形式，是由双层层状胶束排列成的近乎同心球状的结构，如图 2-10 所示。囊泡由内腔和双分子层组成。双分子层一般是闭合的球形结构，其内壁和外壁均为亲水基，外壁与体相水溶液接触，内腔充满水相。表面活性剂分子的疏水链由于疏水作用被包裹在双分子层内部，因此，双分子之间的区域为疏水区域。

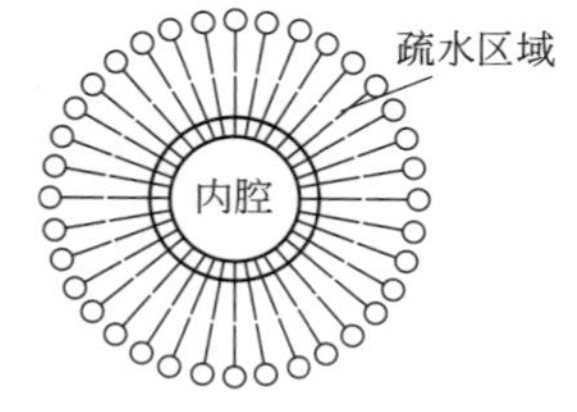

图 2-10 囊泡结构示意图

囊泡的形成大多是在阴/阳离子表面活性剂混合体系中形成的，这是由于阴离子和阳离子极性头基正负电荷间的静电相互作用，大大促进了两种不同电荷表面活性剂分子间的缔合，使其在溶液中更容易形成胶束。通常认为，阴离子表面活性剂和阳离子表面活性剂在溶液中混合时，会生成电中性的难溶盐沉淀。但事实上，通过调整阴、阳离子表面活性剂的组成，可以获得囊泡或表面活性剂的层状聚集体。Israelachvili 和 Mitchell 等人提出了通过临界堆积参数 p 来预测表面活性剂分子在水溶液的聚集状态，即当 $p<1/3$ 时会形成球状胶束或不连续的立方相；当 $1/3<p<1/2$ 时，容易形成椭球形或棒状胶束；当 $1/2<p<1$ 时，容易形成囊泡或层状相等不同曲率的双分子层状结构；而当 $p>1$ 时则会形成反相结构。

p 是与表面活性剂分子的几何形状密切相关参数，可以通过式(2-11）计算得到。

$$p=\frac{v}{al} \tag{2-11}$$

式中，v 是疏水链的体积；a 是亲水基在紧密排列的单分子层中占据的平均横截面积；l 是疏水链的平均链长。

对于碳氢链为直链的表面活性剂分子，v 和 l 可以通过 Tanford 方程获得

$$v=27.4+26.9n \tag{2-12}$$

$$l=1.5+1.265n \tag{2-13}$$

式中，n 为表面活性剂分子疏水链中碳原子的个数。

由于单链表面活性剂的亲水基所占的截面积 a 相对其疏水链的体积 v 较大，p 值较小，难以形成囊泡。而阴离子和阳离子表面活性剂亲水基间的静电相互作用，使亲水基所占的有效截面积 a 大大降低，p 变大，使囊泡的形成成为可能。

与胶束相比，囊泡具有更大的比表面积，表面电荷更多，电场更强，可以吸附更多的反应物，而且由双层两亲性分子构成的囊泡膜刚性更强，可以增溶大的药物分子或酶。由于与细胞膜的结构相似，囊泡在模拟生物膜以进行物质输送、人工光合作用以及作为药物载体等方面具有重要的作用。由于独特的空间结构，囊泡可以为一些化学反应或生化反应提供适宜的微环境，包括囊泡内腔的水相环境、双分子层之间的疏水区域以及囊泡外表面双分子层与溶剂的界面上。利用囊泡对特定反应物或产物的增溶作用，还可以催化或抑制特定的反应。

2.3 表面活性剂结构与性能的关系

表面活性剂分子的结构由亲水基团和亲油基团两部分组成，除此之外，分子的亲水性、分子的形态以及分子量都直接影响表面活性剂的性质，从而决定其应用领域和应用性能。

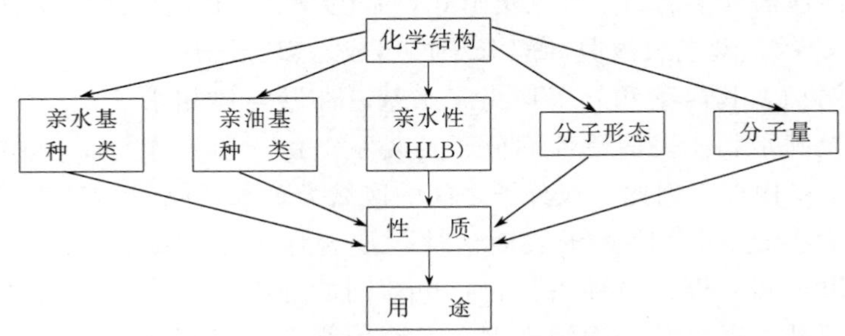

2.3.1 表面活性剂的亲水性

表面活性剂活性的强弱和临界胶束浓度的大小，与其亲水性密切相关。而表面活性剂的亲水性是由亲水、亲油基团相互作用、共同决定的性质，为此 Griffin 提出了用亲水-亲油平衡值（hydrophile-lipophile balance，简写为 HLB）来表示表面活性剂的亲水性，它是亲水基和疏水基之间在大小和力量上的平衡程度的量度。

2.3.1.1 HLB 的确定

当亲水基相同时，亲油基的链越长，即碳氢链的碳原子数越多，表面活性剂的亲油性越大，因此亲油基的亲油（疏水）性可以用亲油基的质量表示。由于亲水基团种类较多，亲水性能差别较大，很难简单地用基团的质量来概括表面活性剂的亲水性。

但聚氧乙烯型非离子型表面活性剂的亲水基为不同长度的聚氧乙烯链 $[(OCH_2CH_2)_n]$，亲油基相同时，分子量越大，聚氧乙烯链越长（n 越大），亲水性也越强。因此这类表面活性剂的亲水性大小可以用分子量来表示，其亲水-亲油平衡值即 HLB 可由下式计算

$$\begin{aligned}\text{HLB} &= \frac{\text{亲水基团质量}}{\text{表面活性剂质量}} \times \frac{100}{5} \\ &= \frac{\text{亲水基质量}}{\text{亲油基质量}+\text{亲水基质量}} \times \frac{100}{5}\end{aligned} \tag{2-14}$$

该计算公式可以进一步简化为

$$\text{HLB} = E/5 \tag{2-15}$$

式中，E 代表合成表面活性剂时加入的环氧乙烷的质量分数。根据式(2-14) 看出以下三点。

① 聚氧乙烯型非离子表面活性剂的 HLB 通常介于 0～20 之间。

② 只有亲水基，没有亲油基的化合物分子 HLB＝20，如不同分子量的聚乙二醇。

③ 只有亲油部分，没有聚氧乙烯亲水基的石蜡烃等化合物，HLB＝0。

由此可以进一步深入理解 HLB 的实际含义：HLB 代表亲水基和亲油基的平衡值，用来衡量亲水与亲油能力的强弱，实际上主要表征了表面活性剂的亲水性；HLB 越高，亲水性越强；HLB 越低，亲水性越弱。

大部分多元醇脂肪酸酯型非离子表面活性剂的 HLB 可以采用下面的公式计算

$$\text{HLB} = 20(1 - S/A) \tag{2-16}$$

式中，S 为多元醇酯表面活性剂的皂化值（saponification value），是指 1g 酯完全皂化时所需氢氧化钾的量，mg；A 为脂肪酸原料的酸值（acid value），是中和 1g 有机酸所需氢氧化钾的量，mg。测定酸值和皂化值时采用氢氧化钾标准溶液滴定样品。

对于皂化值不易测得的非离子表面活性剂可以用公式(2-17) 计算。

$$\text{HLB} = (E+P)/5 \tag{2-17}$$

式中，P 为多元醇的质量分数。

对于离子型表面活性剂，随亲水基团种类的不同，亲水性差别较大，且单位质量亲水基的亲水性大小亦不相同，不成正比例，所以很难有统一的公式进行计算。总体上讲，HLB 主要描述表面活性剂亲水性的强弱，而亲水性的大小可以用亲水基的亲水性与疏水基的亲油性的差值表示，即

$$\text{表面活性剂的亲水性} = \sum \text{亲水基亲水性} - \sum \text{疏水基亲油性} \tag{2-18}$$

经过反复研究，Davies 将 HLB 作为亲水基和亲油基各原子团的 HLB 的代数和表示。他采用分割计算法，将表面活性剂结构分解为一些基团，每一个基团对 HLB 均有确定的贡献。通过实验可以得到各种基团的 HLB，将其称为 HLB 基团数，并用式(2-19) 计算表面活性剂的 HLB

$$\text{HLB} = \sum \text{亲水基基团数} - \sum \text{亲油基基团数} + 7 \tag{2-19}$$

各原子团的 HLB 基团数可以从手册或书中查到，将查到的数值代入上式即可求得表面

活性剂的 HLB 值。表 2-5 列举了部分基团的 HLB 基团数。

表 2-5　部分基团的 HLB 基团数

亲水基		亲油基	
亲水基团	基团数	亲油基团	基团数
$—SO_4Na$	38.7	$—\overset{\vert}{C}H—$	0.475
—COOK	21.1		
—COONa	19.1	$—CH_2—$	0.475
$—SO_3Na$	11	$—CH_3$	0.475
$—N\langle$	9.4	$=CH—$	0.475
—COOH	2.1	$—CH_2CH(CH_3)O—$	0.15
—OH	1.9	$—CF_2—$	0.870
—O—	1.3	$—CF_3$	0.870
$—CH_2CH_2O—$	0.33		

从表 2-5 中数据可以看出，$—CH_2—$、$—\overset{\vert}{C}H—$、$=CH—$ 和 $—CH_3$ 的 HLB 基团数均为 0.475，由于一般表面活性剂的亲油基为碳氢链，所以 $\sum$ 亲油基基团数可用 0.475 与亲油基碳原子数的乘积表示，则亲水基相同的表面活性剂同系物的 HLB 计算方法为

$$\mathrm{HLB}=a-0.475m \tag{2-20}$$

式中，m 为亲油基的碳原子数；a 为常数。在已知某种表面活性剂的 HLB 时，利用式 (2-20) 可以计算出不同碳链长度的同类表面活性剂的 HLB。

通过公式计算 HLB 的方法比较简单，而实验测量则时间长且操作复杂。常用表面活性剂品种的 HLB 可以在手册和有关书籍上查到，表 2-6 给出了部分表面活性剂品种的 HLB。

表 2-6　部分表面活性剂品种的 HLB

表面活性剂	商品名称	表面活性剂类型	HLB
烷基芳基磺酸盐	Atlas G-3300	阴离子	11.7
油酸钠		阴离子	18
油酸钾		阴离子	20
十二烷基硫酸钠	（纯化合物）	阴离子	40
N-十六烷基-*N*-乙基吗啉基乙基硫酸盐	Atlas G-263	阳离子	25～30
失水山梨醇三油酸酯	Span 85	非离子	1.8
失水山梨醇三硬脂酸酯	Span 65	非离子	2.1
失水山梨醇单油酸酯	Span 80	非离子	4.3
失水山梨醇单硬脂酸酯	Span 60	非离子	4.7
失水山梨醇单棕榈酸酯	Span 40	非离子	6.7
失水山梨醇单月桂酸酯	Span 20	非离子	8.6
聚氧乙烯失水山梨醇三硬脂酸酯	Tween 65	非离子	10.5
聚氧乙烯失水山梨醇三油酸酯	Tween 85	非离子	11

续表

表面活性剂	商品名称	表面活性剂类型	HLB
聚氧乙烯失水山梨醇单硬脂酸酯	Tween 60	非离子	14.9
聚氧乙烯失水山梨醇单油酸酯	Tween 80	非离子	15
聚氧乙烯失水山梨醇单棕榈酸酯	Tween 40	非离子	15.6
聚氧乙烯失水山梨醇单月桂酸酯	Tween 20	非离子	16.7
聚醚 L31	Pluronic L31	非离子	3.5
聚醚 F68	Pluronic F68	非离子	29

为了获得良好的应用效果，常常需要根据特定的要求将两种或更多种表面活性剂混合复配使用。根据表面活性剂 HLB 具有加和性的性质，可以预测混合表面活性剂的 $HLB_{混}$，具体计算方法为

$$HLB_{混}=\sum(HLB_i \times q_i) \tag{2-21}$$

式中，HLB_i 为混合体系中某种表面活性剂的 HLB；q_i 为该种表面活性剂在混合体系中的质量分数。例如，63%Span 20 和 37%Tween 20 混合得到的表面活性剂的 HLB 应当为

$$HLB=8.6\times0.63+16.7\times0.37=11.6 \tag{2-22}$$

2.3.1.2　HLB 与表面活性剂应用性能的关系

引入和确定 HLB 的根本目的是在表面活性剂的结构与应用之间建立一定的对应关系。从 HLB 的计算方法可以看出，它与表面活性剂的化学结构有着紧密的关系，从一个方面体现了表面活性剂的性质。经过大量的研究和应用实验，发现 HLB 与表面活性剂的用途有表 2-7 所示的对应关系。

表 2-7　表面活性剂 HLB 与用途的关系

HLB 范围	表面活性剂的用途	HLB 范围	表面活性剂的用途
1～3	消泡作用	12～15	润湿作用
3～6	乳化作用(W/O)	13～15	去污作用
7～15	渗透作用	15～18	增溶作用
8～18	乳化作用(W/O)		

根据上述对应关系，已知某种表面活性剂的 HLB，即可粗略地估计出该种表面活性剂的性质和主要应用领域。例如，1mol 月桂醇与 10mol 环氧乙烷（EO）通过加成反应可以制得非离子表面活性剂月桂醇聚氧乙烯醚，要确定该品种的主要用途，首先应当计算其 HLB。月桂醇的分子量为 186，环氧乙烷的分子量为 44，则根据公式(2-14)，月桂醇聚氧乙烯醚的 HLB 应当为

$$HLB=\frac{44\times10}{186+44\times10}\times\frac{100}{5}=14.1 \tag{2-23}$$

根据表 2-7 可知，该种表面活性剂具有乳化、去污、润湿和渗透等作用。

可见，HLB 是确定表面活性剂应用的重要依据，但仅靠这一方法来表征表面活性剂的性质是不够的，它不是衡量表面活性剂性质的唯一标准。因为 HLB 相同的表面活性剂可以是不同离子类型、不同分子量的品种，甚至同一分子式的表面活性剂还会因是否带有支链、

亲水基的位置等分子形态的不同，而使其性质有所差异。因此单独考虑 HLB，对于有效地使用表面活性剂是不充分的。正确的方法是在其基础上，综合考虑亲油基团、亲水基团、分子形态和分子量等其他因素。

2.3.2 亲油基团的影响

如前所述，表面活性剂的两个重要性质——降低表面张力和胶束的生成均是由于亲油基的疏水作用产生的，因此亲油基团对其分子的性质有着重要的影响作用，是在表面活性剂应用时需要考虑的仅次于 HLB 的重要因素之一。

根据一般的实际应用情况，可以把亲油基分为以下几种类型。

(1) 氟代烃基　含氟表面活性剂的亲油基为氟代烷基，其中全氟烷基疏水性最好，表面活性也最高。

(2) 硅氧烃基　是有机硅表面活性剂的亲油基。

(3) 脂肪族烃基　包括脂肪族烷基和脂肪族烯基，如十二烷基、十六烷基、十八烯基（油基）等。

(4) 芳香族烃基　如苯基、萘基、苯酚基等。

(5) 脂肪基芳香烃基　如十二烷基苯基、二丁基萘基、辛基苯酚基等。

(6) 环烷烃基　主要指环烷酸皂类中的环烷烃基。

(7) 含弱亲水基的亲油基　如蓖麻油酸分子中除含有羧基外，还含有一个羟基，再如聚氧丙烯基团中带有一个醚键。

上述七类亲油基的疏水性大小的顺序为：

氟代烃基＞硅氧烃基＞脂肪族烷基≥环烷烃基＞脂肪族烃基＞脂肪基芳香烃基＞芳香族烃基＞含弱亲水基的亲油基

亲油基种类不同，表面活性剂的疏水性不同。此外在应用时还应考虑其他因素。例如，选择乳化剂时应使疏水基与油相分子的结构相近，二者的相容性和亲和性越强，乳液的稳定性越高。对于染料和颜料的分散，应以带芳香族烃基较多的或带弱亲水基的表面活性剂为宜，这主要是考虑结构上的近似，因为染料、颜料分子中有较多的芳环和极性取代基。

2.3.3 亲水基团的影响

阴离子型表面活性剂的亲水基团种类较多，主要有磺酸基（$—SO_3—$）、硫酸基（$—SO_4—$）、羧酸基（—COO—）和磷酸基（$—PO_4—$）等；阳离子型表面活性剂的亲水基团主要是季铵阳离子（氮鎓离子，$\gt N^+—$）；非离子表面活性剂则是主要是醚基（—O—）和羟基（—OH）。从它们的极性和 HLB 基团数看，其亲水性有如下规律，即

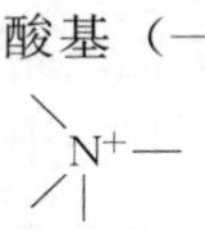

$$—SO_3—,\ —SO_4—,\ \gt N^+— \ > \ —PO_4—,\ —COO— \ \gg \ —O—,\ —OH$$

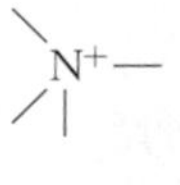

表面活性剂的亲水基团会影响其溶解度，从而进一步影响形成胶束的难易，即临界胶束浓度。溶解度越大，临界胶束浓度越高；溶解度越小，该值越低。因此，亲水基团会对表面活性带来影响。同时亲水基种类不同，活性剂对温度的敏感程度和受温度影响性质产生的变

化也不同。例如，离子型表面活性剂随温度的升高，溶解度增加。而聚氧乙烯型非离子表面活性剂温度越高，越难溶于水，而且当达到某一温度时会很快变得不溶于水。这是由于不同类型的表面活性剂溶于水的方式不同，前者是以离子形式溶在水中，而后者是以聚氧乙烯基中的氧原子与水形成的氢键方式溶于水，温度升高，氢键遭到破坏，于是表面活性剂从水中析出，可见非离子表面活性剂对温度要敏感得多。

2.3.4　分子形态的影响

在这里表面活性剂的分子形态有两方面的含义，即亲水基团的相对位置和亲油基团的分支情况。

2.3.4.1　亲水基团的相对位置对表面活性剂性能的影响

表面活性剂分子中，亲水基所在位置对表面活性剂的性能具有不可忽视的影响作用，它对临界胶束浓度的影响已在前面介绍过（见 2.2.2.2）。研究结果表明，一般情况下，亲水基位于分子中间时，表面活性剂的润湿性能比位于分子末端的强；而亲水基在末端的，则去污力较强。例如，琥珀酸二异辛酯磺酸钠是一种效果非常好的润湿、渗透剂，其分子结构为

$$C_4H_9\underset{\displaystyle C_2H_5}{\underset{|}{C}}HCH_2OCOCH_2\underset{\displaystyle SO_3Na}{\underset{|}{C}}HCOOCH_2\underset{\displaystyle C_2H_5}{\underset{|}{C}}HC_4H_9$$

琥珀酸二异辛酯磺酸钠

而分子量与之相近的单酯琥珀酸十六烷基酯磺酸钠和十八烯醇硫酸酯钠盐，因亲水基团位于分子的端部，润湿和渗透性能较差，但去污能力优于琥珀酸二异辛酯磺酸钠。

$$C_{16}H_{33}OCOCH_2\underset{\displaystyle SO_3Na}{\underset{|}{C}}HCOOH$$

琥珀酸十六烷基酯磺酸钠

$$CH_3(CH_2)_7CH{=}CH(CH_2)_7CH_2OSO_3Na$$

十八烯醇硫酸酯钠盐

再如，硫酸酯基在分子不同位置的十五烷基硫酸钠表面活性剂的润湿时间与浓度变化的关系如图 2-11 所示。可以看出，亲水基（$—SO_4Na$）位于中间的 15-8 化合物润湿时间最低，润湿能力最好，随着硫酸钠基团向碳氢链端部移动，润湿力逐渐下降。

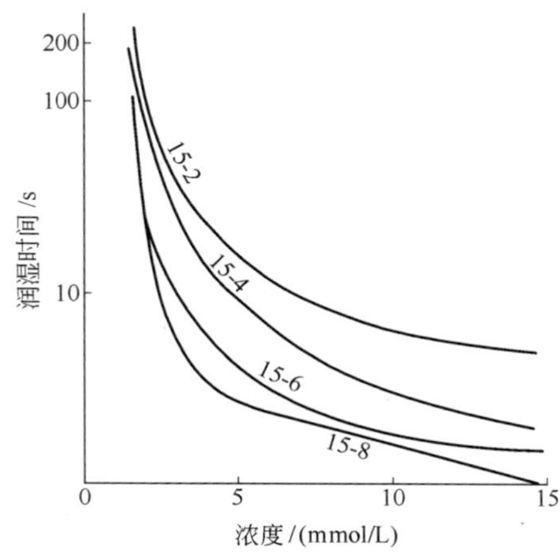

图 2-11　亲水基位于不同位置的十五烷基硫酸钠水溶液的润湿性能（43.3～46.7℃）

2.3.4.2　亲油基团结构中分支的影响

在表面活性剂类型和分子大小相同的情况下，带有分支结构的表面活性剂通常具有较好的润湿和渗透性能，但去污力较小。例如洗衣粉中的主要表面活性剂成分为十二烷基苯磺酸钠，具有相同碳原子数的正十二烷基和四聚丙烯基苯磺酸钠的性能却有较大差别，后者因有分支结构，虽然润湿、渗透能力较好，但去污能力较差。

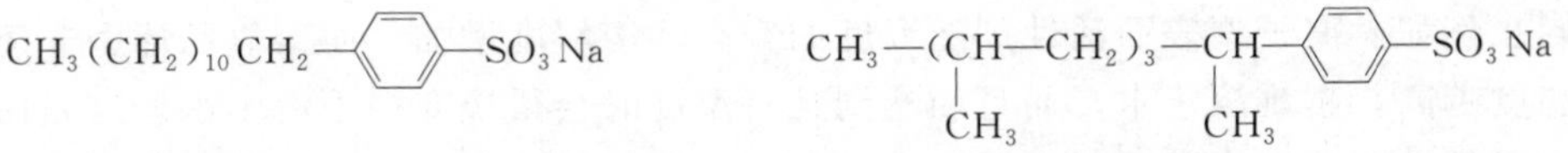

$CH_3(CH_2)_{10}CH_2-C_6H_4-SO_3Na$

正十二烷基苯磺酸钠

$CH_3-(CH(CH_3)-CH_2)_3-CH(CH_3)-C_6H_4-SO_3Na$

四聚丙烯基苯磺酸钠

又如琥珀酸二正辛酯磺酸钠和琥珀酸二(2-乙基己基)酯磺酸钠具有相同的分子量、亲水基的种类及数目，以及相同的 HLB，但其性质却有明显差别。后者有分支的，润湿和渗透力好，其临界胶束浓度（2.5×10^{-3}mol/L）也高于无分支的琥珀酸二正辛酯磺酸钠（6.8×10^{-4}mol/L)，因不易形成胶束，故其去污性能较差。

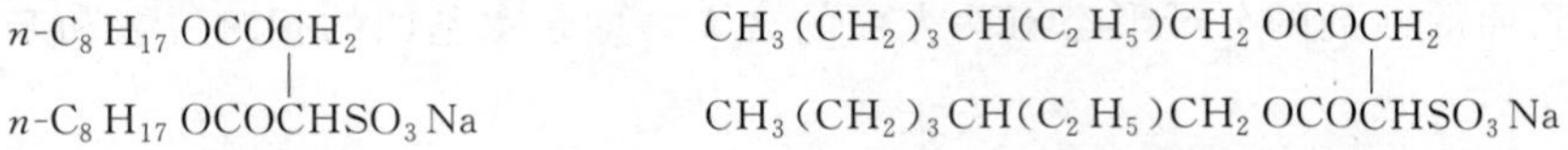

$n\text{-}C_8H_{17}OCOCH_2$
$n\text{-}C_8H_{17}OCOCHSO_3Na$

琥珀酸二正辛酯磺酸钠

$CH_3(CH_2)_3CH(C_2H_5)CH_2OCOCH_2$
$CH_3(CH_2)_3CH(C_2H_5)CH_2OCOCHSO_3Na$

琥珀酸二(2-乙基己基)酯磺酸钠

2.3.5 分子量的影响

表面活性剂分子的大小对其性质的影响比较显著，一般分子量较大的表面活性剂的洗涤、分散、乳化性能较好，而分子量较小的表面活性剂润湿、渗透作用比较好。

例如在烷基硫酸钠阴离子表面活性剂中，洗涤性能有如下规律

$$C_{16}H_{33}SO_4Na>C_{14}H_{29}SO_4Na>C_{12}H_{25}SO_4Na$$

而在润湿性能方面，则是 $C_{12}H_{25}SO_4Na$ 为最好。

2.3.6 表面活性剂的溶解度

表面活性剂的溶解行为与一般有机化合物不同，有两种特殊的现象。

（1）Krafft 点　对离子型和部分非离子型表面活性剂存在着 Krafft 点，它是指 1%的表面活性剂溶液在加热时由浑浊忽然变澄清时相应的温度。Krafft 点越低，说明该表面活性剂的低温水溶性越好；Krafft 点越高，其溶解度越低。在 Krafft 点时，表面活性剂单分子溶液和胶束平衡共存，此时活性剂的浓度等于临界胶束浓度。表面活性剂在低于 Krafft 点温度下使用时不可能形成胶束，因而也不可能存在由胶束派生的一系列胶体性质和应用性能。

（2）浊点　对于大部分非离子表面活性剂（聚氧乙烯型）存在浊点，所谓浊点是指 1%的聚氧乙烯醚型非离子表面活性剂溶液加热时由澄清变浑浊时的温度。温度高于浊点时，表面活性剂将发生分相，许多性质和效能均下降。非离子表面活性剂存在浊点的原因是其在水中的氢键被破坏所致。通常情况下聚氧乙烯醚分子以锯齿形存在，当其溶于水时，则转变为蜿曲形，将氧原子排在外侧与水分子形成氢键从而使自身溶解在水中。

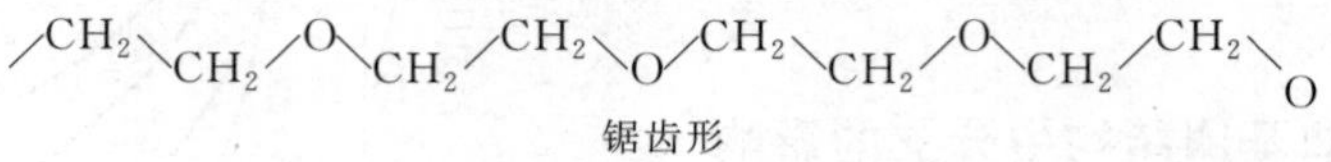

$-CH_2-CH_2-O-CH_2-CH_2-O-CH_2-CH_2-O-CH_2-CH_2-O$

锯齿形

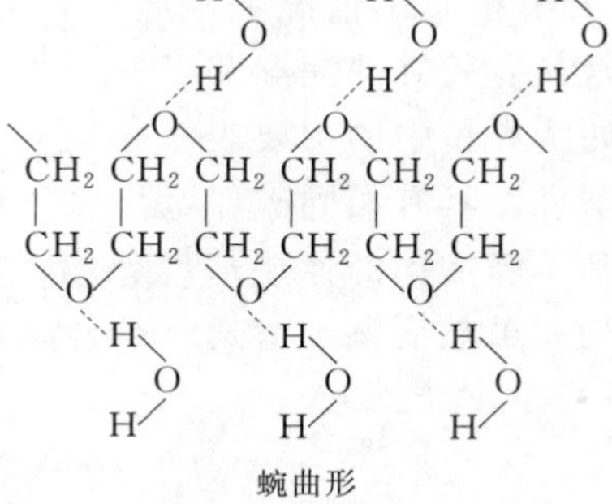

蜿曲形

当温度升高时，分子热运动加剧，氢键被破坏，使表面活性剂从溶液中析出，因此非离子表面活性剂通常在低于浊点温度下使用。表面活性剂的溶解度越高，浊点越高，其使用范围越广。

2.3.7　表面活性剂的安全性和温和性

表面活性剂的安全性和温和性是表面活性剂的自然属性，是人们对其使用性能的一般要求。表面活性剂的安全性主要包含如下三个方面：

① 表面活性剂的毒性，如急性、亚急性或慢性毒性，溶血性；

② 对生育繁殖的影响，如胚胎毒性和致畸性等；

③ 致突变性，主要是致癌性和致过敏性等。

实验表明，不同类型的表面活性剂的毒性大小顺序为

非离子和两性型＜阴离子型＜阳离子型。

表面活性剂的温和性主要指对皮肤、眼睛等黏膜组织的刺激性和致敏性。通常情况下，表面活性剂因渗入皮肤、溶出黏膜中有效成分或与蛋白质发生反应等引发刺激和致敏性。与安全性一致，两性型和非离子型表面活性剂的温和性最好，其次是阴离子型，阳离子表面活性剂的温和性最差，刺激性最强，一般只用作外用消毒杀菌剂。

为了提高表面活性剂在洗涤和化妆等日用品中使用的安全性，需要不断开发低刺激性的温和型新品种，也可以在使用前尽量脱除表面活性剂中的杂质或采用与低刺激性的品种复配的方式。

2.3.8　表面活性剂的生物降解性

生物降解性是指含碳有机化合物在微生物作用下转化为可供细胞代谢使用的碳源，分解成二氧化碳和水的现象。根据微生物作用的方式和作用阶段的差异，生物降解主要包含以下几方面。

(1) 初级生物降解　指改变物质特性所需最低程度的生物降解作用，例如直链烷基苯磺酸钠分子中长链烷基的 ω-位氧化。

(2) 达到环境能接受程度的生物降解　指含碳有机化合物被分解到对环境无不良影响程度的中级生物降解作用，如初级氧化产物的 β-位氧化过程。

(3) 最终生物降解　指转化为无机质的生物降解作用，如分解为二氧化碳和水的过程。通过研究发现，表面活性剂的结构与其生物降解性之间存在一定的关系。

首先，对于疏水基碳氢链，直链比带有支链的易于生物降解。例如，烷基苯磺酸钠苯环上所带的烷基不同，生物降解性不同。如图 2-12 所示，四聚丙烯基苯磺酸钠（曲线 2）不易生物降解，已被生物降解性很好的直链十二烷基苯磺酸钠（曲线 3）所替代，2,2-二甲基壬基苯磺酸钠（曲线 1）的生物降解性最差，经过几十天后在溶液中仍然保持较高的浓度。

其次，对于非离子表面活性剂的亲水基，环氧乙烷加成数越大，聚氧乙烯链越长，越不易生物降解。从图 2-13 可以看出，环氧乙烷加成数 n 在 10 以下的表面活性剂，生物降解性普遍较好，无明显差别；超过 10 以后，降解速度随聚氧乙烯链长的增加明显减慢。

最后，含有芳香基的表面活性剂较仅有脂肪基的表面活性剂更难于生物降解。例如，十六烷基硫酸钠（$C_{16}H_{33}SO_4Na$）和十六醇聚氧乙烯醚硫酸钠［$C_{16}H_{33}(OC_2H_4)_nSO_4Na$］的完全生物降解只需 2～3d，而十二烷基苯磺酸钠（n-$C_{12}H_{25}C_6H_4SO_3Na$）的降解则需要 9d。

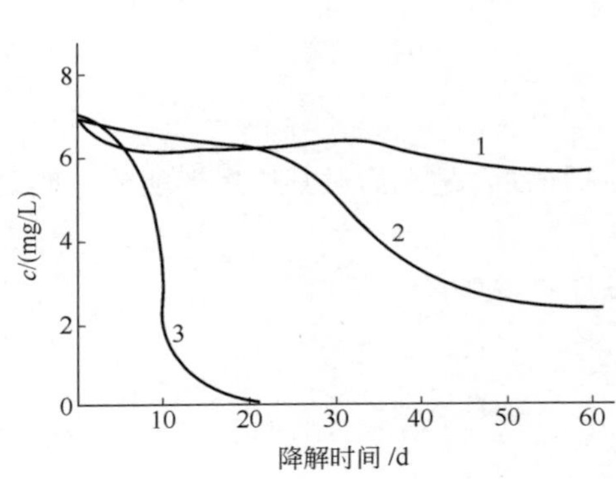

图 2-12 烷基苯磺酸钠的生物降解性曲线

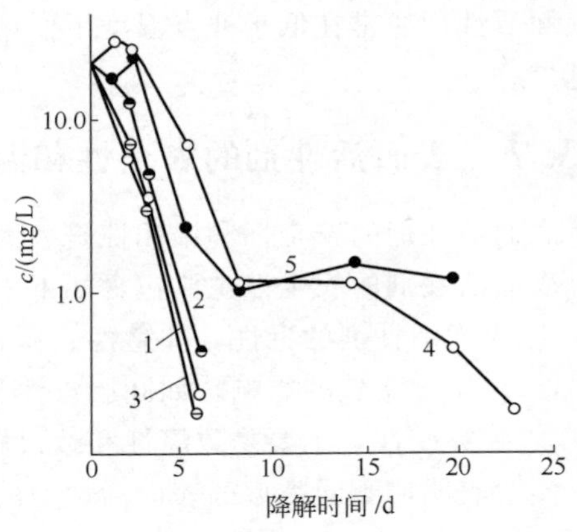

图 2-13 正十二醇聚氧乙烯醚的生物降解性曲线

1—n=6；2—n=8；3—n=10；

4—n=20；5—n=30

表面活性剂使用后经下水道排放时会在水域里蓄积，造成泡沫堆积或对水生物造成毒害，因此表面活性剂的生物降解性对减轻环境污染十分重要。一般若在法定试验时间（19d）内，初级生物降解达不到80%的表面活性剂是被禁用或限制使用的，如四聚丙烯基苯磺酸盐和烷基酚聚氧乙烯醚等就属于此类。几种常用的表面活性剂的初级生物降解性列于表2-8中。

表 2-8 常用表面活性剂的初级生物降解性

表面活性剂	直链烷基苯磺酸盐（LAS）	α-烯基磺酸盐（AOS）	烷基磺酸盐（SAS）	脂肪醇聚氧乙烯醚硫酸盐（AES）
初级生物降解性/%	95	99	96	98

从以上内容可以看出，表面活性剂的性质不仅仅是由一方面因素决定的，它是多种因素综合作用的结果，因此在应用时应该全面地考虑各方面因素的影响。

参考文献

[1] 赵国玺．表面活性剂物理化学．2版．北京：北京大学出版社，1993.

[2] 赵国玺，朱玚瑶．表面活性剂作用原理．北京：中国轻工业出版社，2003.

[3] 徐燕莉．表面活性剂的功能．北京：化学工业出版社，2000.

[4] 刘程，米裕民．表面活性剂性质理论与应用．北京：北京工业大学出版社，2003.

[5] 北原文雄，玉井康腾，等．表面活性剂——物性·应用·化学生态学．孙绍曾，等译．北京：化学工业出版社，1984.

[6] 宋昭峥，王军，蒋庆哲，等．表面活性剂科学与应用．2版．北京：中国石化出版社，2015.

[7] 肖进新，赵振国．表面活性剂应用原理．北京：化学工业出版社，2019.

[8] 刘洪国，孙德军，郝京诚．新编胶体与界面化学．北京：化学工业出版社，2016.

第3章

表面活性剂的功能与应用

表面活性剂能够显著降低体系的表面或表面张力，当浓度超过临界胶束浓度（cmc）时，在溶液内部形成胶束，从而产生增溶、润湿、乳化、分散、起泡和洗涤等多方面的功能。随着科学技术的发展和高新技术领域的不断开拓，表面活性剂的发展十分迅速，其应用领域从肥皂、洗涤剂和化妆品等日用化学工业逐步拓展到国民经济的各个部门，如食品、制药、纺织、金属加工、石油、建筑等行业。

3.1 增溶作用 >>>

3.1.1 增溶作用的定义和特点

所谓增溶作用是指由于表面活性剂胶束的存在，使得在溶剂中难溶乃至不溶的物质溶解度显著增加的作用。例如室温下苯在水中的溶解度很小，每100g水只能溶解0.07g苯，但在10%的油酸钠水溶液中，苯的溶解度达到7g/100g，增加了100倍，这是通过油酸钠胶束的增溶作用实现的。

增溶作用的基础是胶束的形成，表面活性剂浓度越大，形成的胶束越多，难溶物或不溶物溶解得越多，增溶量越大。例如乙苯基本不溶于水，但在100mL、0.3mol/L的十六酸钾（$cmc=2.2\times10^{-3}mol/L$）溶液中可溶解3g之多。表面活性剂的浓度明显高于其临界胶束浓度，形成大量的胶束，对乙苯产生增溶作用，使其溶解度增加。图3-1是2-硝基二苯胺在月桂酸钾水溶液中的溶解度随月桂酸钾浓度的变化曲线。可以看出当表面活性剂浓度小于临界胶束浓度时，溶质2-硝基二苯胺的溶解度很小，而且不随表面活性剂浓度发生改变。达到临界胶束浓度以后，溶质的溶解度显著提高，并随表面活性剂浓度的增加而增大。

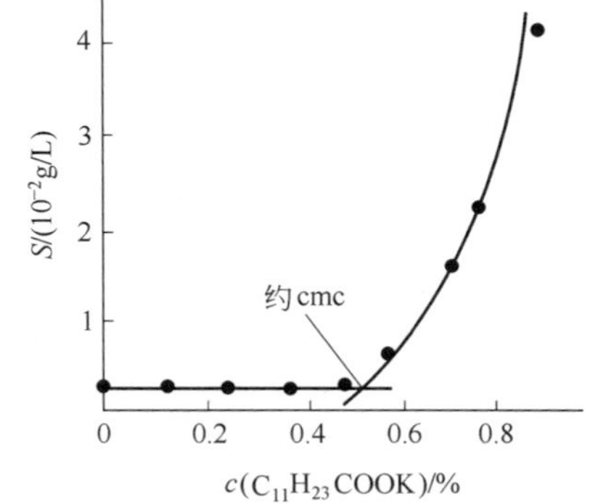

图3-1　2-硝基二苯胺在月桂酸钾水溶液中的溶解度

增溶作用可使被增溶物的化学势降低，使体系更加稳定，是自发进行的过程。与普通的溶解过程不同的是，增溶后溶液的沸点、凝固点和渗透压等没有明显改变，说明溶质并非以分子或离子形式存在，而是以分子团簇分散在表面活性剂的溶液中。此外，由于表面活性剂的用量很少，没有改变溶剂的性质，因此增溶作用与使用混合溶剂提高溶解度不同；增溶后没有两相界面存在，属热力学稳定体系，与乳化作用不同。

3.1.2 增溶作用的方式

增溶作用是与胶束密切相关的现象，了解增溶的方式，掌握被增溶物与胶束之间的相互作用，对有效地应用增溶作用具有十分重要的意义。通过运用 X 射线衍射、紫外光谱及核磁共振等分析方法，研究发现增溶作用主要有四种方式。

（1）非极性分子在胶束内核的增溶　饱和脂肪烃、环烷烃以及苯等不易极化的非极性有机化合物，通常被增溶于胶束内核中，就像溶于非极性碳氢化合物液体中一样，如图 3-2(a) 所示。紫外光谱或核磁共振谱分析表明，被增溶的物质完全处于一个非极性环境中。X 射线衍射分析发现增溶后胶束体积变大。

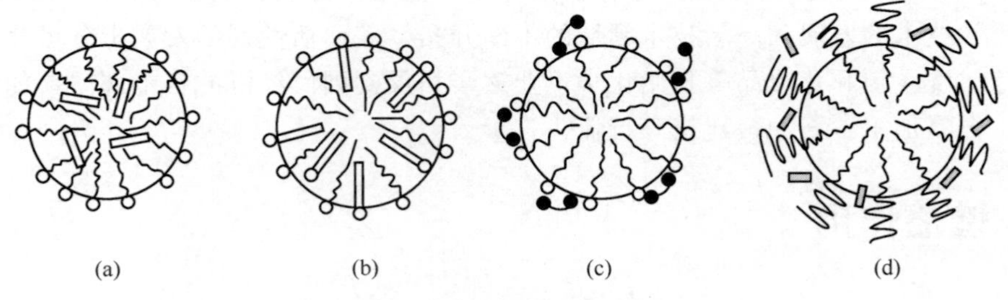

图 3-2　表面活性剂的增溶方式

（2）表面活性剂分子间的增溶　对于分子结构与表面活性剂相似的极性有机化合物，如长链的醇、胺、脂肪酸和极性染料等两亲分子，则是增溶于胶束的“栅栏”之间，如图 3-2(b) 所示。被增溶物的非极性碳氢链插入胶束内部，其极性头插入表面活性剂极性基之间，通过氢键或偶极子相互作用联系起来。当极性有机物的碳氢链较长时，其分子插入胶束的程度增大，甚至将极性基也拉入胶束内核。这种方式增溶后胶束并不变大。

（3）胶束表面的吸附增溶　图 3-2(c) 所示是苯二甲酸二甲酯等既不溶于水、也不溶于油的小分子极性有机化合物在胶束表面的增溶。这些化合物被吸附于胶束表面区域或是分子“栅栏”靠近胶束表面的区域，光谱研究表明它们处于完全或接近完全极性的环境中。一些高分子物质、甘油、蔗糖以及某些染料也采用此种增溶方式。

（4）聚氧乙烯链间的增溶　以聚氧乙烯基为亲水基团的非离子表面活性剂，通常将被增溶物包藏在胶束外层的聚氧乙烯链中，如图 3-2(d) 所示。以这种方式被增溶的物质主要是较易极化的碳氢化合物，如苯、乙苯、苯酚等短链芳香烃类化合物。

在表面活性剂溶液中，上述四种形式的胶束增溶作用对被增溶物的增溶量是不相同的，递减顺序为

$$(4)>(2)>(1)>(3)$$

表面活性剂增溶量的测定方法与溶解度的测定方法相同，向 100mL 已标定浓度的表面活性剂溶液中由滴定管滴加被增溶物，当达到饱和时被增溶物析出，溶液变浑浊，此时已滴入溶液中的被增溶物的物质的量（mol）即为增溶量。增溶量除以表面活性剂的物质的量（mol）即得到增溶力，表面活性剂的增溶力表示其对难溶或不溶物增溶的能力，是衡量表面活性剂性能的重要指标之一。

3.1.3　增溶作用的主要影响因素

3.1.3.1　表面活性剂的化学结构

表面活性剂的化学结构不同，增溶能力不同，主要体现在以下几方面。

① 具有相同亲油基的表面活性剂，对烃类及极性有机物的增溶作用大小顺序一般为：非离子型＞阳离子型＞阴离子型。这是由于非离子表面活性剂临界胶束浓度较小，胶束易生成，因此胶束聚集数较大，增溶作用较强。阳离子表面活性剂的胶束比阴离子表面活性剂有较为疏松的结构，因此增溶作用比后者强。

② 胶束越大，对于增溶到胶束内部的物质增溶量越大。如烃类、长链极性有机物，它们是被增溶于胶束内部，增溶量与胶束大小有关，形成的胶束越大，增溶量越大。在表面活性剂同系物中，胶束的大小随碳原子数增加而增大，因此碳原子数越大，临界胶束浓度越低，聚集数增加，增溶作用加强。例如表 3-1 中，羧酸钾溶液的浓度同为 0.5mol/L，但随碳氢链长度的增加，对乙苯增溶力逐渐增加。

表 3-1　乙苯在羧酸钾溶液（0.5mol/L）中的增溶作用（25℃）

表面活性剂	$C_9H_{19}COOK$	$C_{11}H_{23}COOK$	$C_{13}C_{27}COOK$
增溶力	0.174	0.424	0.855

③ 亲油基部分带有分支结构的表面活性剂增溶作用较直链的小。这是因为直链型表面活性剂临界胶束浓度比支链型低，胶束易形成，胶束聚集数较大。

④ 带有不饱和结构的表面活性剂，或在活性剂分子上引入第二极性基团时，对烃类的增溶作用减小，而对长链极性物增溶作用增加。这是由于该类表面活性剂的亲水性增加，临界胶束浓度变大，胶束不易形成且聚集数减小，因此对增溶于胶束内部的烃类的增溶能力降低。但由于极性基团之间的电斥力作用，使胶束“栅栏”的表面活性剂分子排斥力增加，分子间距增大，有更大的空间使极性物分子插入，因此对其增溶量增加。

3.1.3.2　被增溶物的化学结构

脂肪烃与烷基芳烃被增溶的程度随其链长的增加而减小，随不饱和度及环化程度的增加而增大，带支链的饱和化合物与相应的直链异构体增溶量大致相同。例如，通常情况下萘的增溶量小于碳原子数相同的正丁基苯和正癸烷。图 3-3 是烷烃和烷基芳烃在 15％的月桂酸钾溶液中的增溶量，可以看出，烃类的分子越大，增溶程度越小。

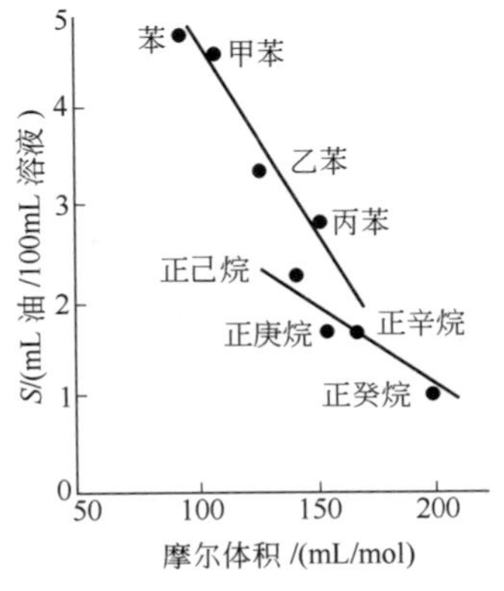

图 3-3　烷烃和烷基芳烃在月桂酸钾溶液（15％）中的增溶量

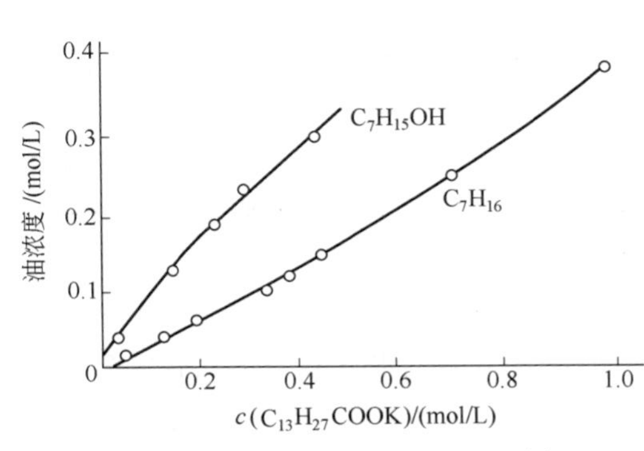

图 3-4　正庚烷和正庚醇在十四酸钾溶液中的增溶作用

烷烃的氢原子被羟基、氨基等极性基团取代后，其被表面活性剂增溶的程度明显增加。从正庚烷与正庚醇在十四酸钾溶液中的增溶量随表面活性剂浓度的变化曲线（图 3-4）可以看出，正庚烷的一个氢原子被羟基（—OH）取代成为正庚醇后，在十四酸钾溶液中的增溶量明显增加。

3.1.3.3 温度的影响

温度对增溶作用的影响，随表面活性剂类型和被增溶物结构的不同而不同。多数情况下，温度升高，增溶作用加大。对于离子型表面活性剂，升高温度一般会引起分子热运动的加剧，使胶束中能发生增溶的空间加大，对极性和非极性化合物的增溶程度增加。

对于含有聚氧乙烯基的非离子表面活性剂，温度升高，聚氧乙烯基与水分子之间的氢键遭到破坏，水化作用减小，胶束容易生成，聚集数增加。特别是温度升至接近表面活性剂的浊点时，胶束聚集数急剧增加，对非极性碳氢化合物以及卤代烷烃等的增溶作用有很大提高。

3.1.3.4 添加无机电解质的影响

在离子型表面活性剂溶液中添加少量无机电解质，可增加烃类化合物的增溶程度，但却使极性有机物的增溶程度减少。

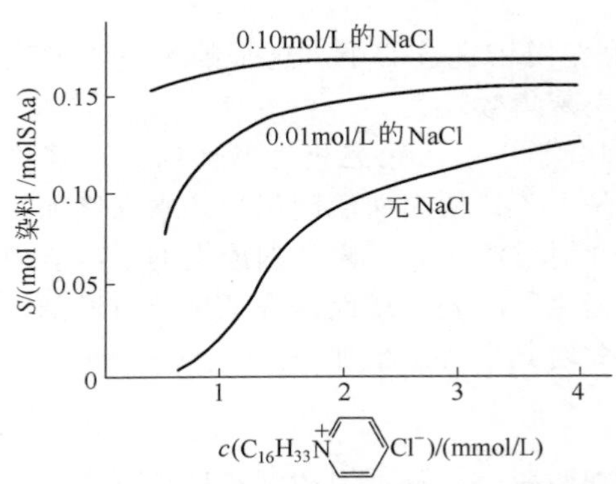

图 3-5 氯化钠对偶氮苯增溶作用的影响

无机电解质的添加使离子型表面活性剂的临界胶束浓度大为降低，胶束聚集数增加，胶束变大，使得增溶于胶束内部的烃类化合物的增溶程度增加。另外，电解质使胶束“栅栏”分子间的电斥力减弱，于是形成胶束的表面活性剂分子排列得更加紧密，从而减少了极性有机化合物在“栅栏”中增溶的空间，使其增溶量减少。

从图 3-5 可以看出，添加电解质氯化钠后，阳离子表面活性剂十六烷基氯化吡啶对油溶性染料偶氮苯的增溶能力提高，且随氯化钠浓度的增加而增加。当水溶液中表面活性剂的浓度为 0.001mol/L、氯化钠的浓度为 0.10mol/L 时，偶氮苯在该溶液中的增溶程度比无氯化钠时增加了 10 倍左右。电解质对烃类化合物增溶作用的影响一般与油溶性染料相似，也使增溶作用加大。

3.1.3.5 有机物添加剂的影响

向表面活性剂溶液中添加烃类等非极性化合物，会使其增溶于表面活性剂胶束内部，使胶束胀大，有利于极性有机物插入胶束的“栅栏”中，即提高了极性有机物的增溶程度。反之，添加极性有机物后，增溶于胶束的“栅栏”中，使非极性碳氢化合物增溶的空间变大，增溶量增加。

增溶了一种极性有机物后，会使表面活性剂对另一种极性有机物的增溶程度降低。例如，在十二烷基硫酸钠水溶液中加入长链醇以后，对油酸的增溶程度降低。这可能是两种极性有机物争夺胶束“栅栏”位置的结果。

3.1.4　增溶作用的应用

表面活性剂的增溶作用主要应用在乳液聚合、石油开采、胶片生产及洗涤等方面。

乳液聚合是使原料分散于水中形成乳状液，在催化剂的作用下进行聚合的过程。在表面活性剂水溶液中，大部分单体原料存在于乳状液的液滴中，少部分溶于水相成为真溶液，还有一部分增溶于胶束内。乳液聚合通常使用水溶性的引发剂，在水相中起引发作用，聚合反应在胶束中进行，分散于水相的单体乳状液滴不断向胶束提供反应原料。随聚合反应的进行，胶束中的单体逐渐聚合为高分子产物，脱离胶束形成分散于水相中的高聚物液滴，最终成为乳胶粒，直至单体消失。

在石油工业中，增溶作用被利用来“驱油”以提高石油的开采率。利用表面活性剂在溶液中形成胶束的性质，将表面活性剂、助剂和油混合在一起搅动，使之形成均匀的“胶束溶液”。这种溶液能溶解原油，且具有足够的黏度，能很好地润湿岩层，遇水不分层，当流过岩层时能有效地洗下黏附于砂石上的原油，达到提高开采率的目的。

在胶片生产过程中，胶片上常常出现微小油脂杂质造成的斑点，在乳化剂中加入适当的表面活性剂，利用胶束的增溶作用可以使斑点消除。此外，增溶作用在洗涤去污中也发挥着重要作用。

3.2　乳化与破乳作用 >>>

乳状液是指一种或多种液体以液珠形式分散在与之不相混溶的液体中构成的分散体系，由于体系呈现乳白色而被称为乳状液，形成乳状液的过程叫做乳化。乳状液的颜色和外观与体系中液滴的大小有关（表3-2），通常情况下乳状液的液珠直径在0.1μm以上，属于粗分散体。

表3-2　液滴大小对分散体系外观的影响

液滴大小	大　滴	＞1μm	0.1～1μm	0.05～0.1μm	＜0.05μm
外观	可分辨的两相	白色乳状液	蓝白色乳状液	灰色半透明液	透明液

在乳状液体系中，以液珠形式存在的一相称为内相，由于其不连续性又称为不连续相或分散相。另一相连成一片，叫做外相或连续相或分散介质。由于大部分乳状液有一相是水或水溶液，另一相是与水不互溶的有机相，固乳液的两相也分别被称为水相和油相。

3.2.1　乳状液的类型及形成

3.2.1.1　乳状液的类型和鉴别

乳状液的类型通常有以下三种。

（1）水包油型（O/W）　内相为油，外相为水，如人乳、牛奶等。

（2）油包水型（W/O）　内相为水，外相为油，如原油、油性化妆品等。

（3）套圈型　由水相和油相一层一层交替分散形成的乳状液，主要有油包水再包油（O/W/O）和水包油再包水（W/O/W）两种形式。这种类型的乳液较为少见，一般存在于原油中，套圈型乳状液的存在，给原油的破乳带来很大困难。

乳状液类型的鉴别主要有稀释法、染料法、电导法和滤纸润湿法四种。

（1）稀释法　利用乳状液能够与其外相液体混溶的特点，以水或油性液体稀释乳状液便可确定其类型。例如牛奶能够被水稀释，但不能与植物油混溶，可见牛奶是 O/W 型乳液。

（2）染料法　将少量水溶性染料加入乳状液中，若整体被染上颜色，表明乳状液是 O/W 型；若只有分散的液滴带色，表明乳液是 W/O 型。如果使用油溶性染料，则情况相反。

（3）电导法　O/W 型乳状液的导电性好，W/O 型乳状液导电性差，测定分散体系的导电性即可判断乳状液的类型。

（4）滤纸润湿法　将一滴乳状液滴于滤纸上，若液体迅速铺展，在中心留下油滴，则表明该乳状液为 O/W 型；若不能铺展，则该乳状液为 W/O 型。此法主要应用于某些重油与水形成的乳状液的鉴定，对苯、甲苯和环己烷等易在滤纸上铺展的油性物质形成的乳状液不适用。

两种不相混溶的液体在乳化过程中形成乳状液的类型，与多种因素有关，如两种液体的体积、乳化剂的结构和性质以及乳化器的材质等。下面就影响乳状液类型的主要因素进行简要介绍。

3.2.1.2　影响乳状液类型的主要因素

（1）相体积　Ostwald 从纯几何学出发，假设乳状液不连续相的液珠是大小均匀的刚性圆球，如图 3-6(a) 所示，于是可以计算出液珠最紧密堆积时，液珠相（分散相）的体积占总体积的 74.02%，连续相的体积占总体积的 25.98%。当液珠相的体积分数大于 74.02% 时，乳状液就会被破坏或发生转型。如果油的相体积分数大于 74.02%时，只能形成 W/O 型乳状液；如果少于 25.98%，则只能形成 O/W 型乳状液；当其相体积分数在 25.98%～74.02%之间时，则 O/W 型和 W/O 型乳状液均有可能生成。

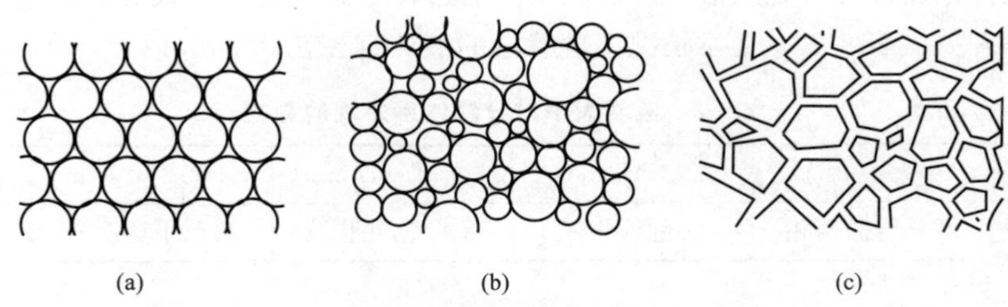

图 3-6　乳状液液珠的堆积方式

但事实上分散相的液珠并非大小相等，也并不是刚性圆球，而多数情况下大小不均匀，且在高浓度时可能发生形变而呈多面体型，如图 3-6(b) 和图 3-6(c) 所示，其体积分数有可能大大超过 74.02%。例如，石蜡油-水体系中，石蜡油的液珠被一层薄薄的水膜隔开，油相体积分数可高达 99%，而仍保持 O/W 型乳状液。

（2）乳化剂的分子结构和性质　乳化剂是为促进乳状液的形成、维持乳状液稳定而使用的表面活性剂，其分子亲水的极性头伸入水相，亲油的碳氢链伸入油相，在分散相液滴和分散介质之间的界面上形成定向的吸附层。通常乳化剂分子中的亲水基和疏水基的横截面积不相等，其分子犹如一头大一头小的楔子，小的一头可以插入液滴表面。

一价的金属盐极性头的横截面积大于非极性碳氢链的横截面积，在该类乳化剂的作用下容易生成 O/W 型乳状液，亲水的极性头向外伸进水相使其成为分散介质，亲油的碳氢链向内伸入油相使其成为分散相，如图 3-7(a) 所示。而以二价的金属盐为乳化剂时容易生成 W/O 型乳状液。这是由于二价金属盐的亲油基由两个碳氢链组成，亲油基的截面积大于极性头的截面积，于是亲油基向外伸入油相，极性基向内伸入水相，如图 3-7(b) 所示。

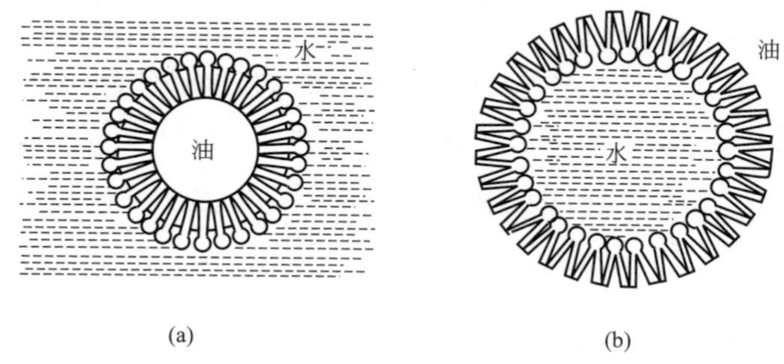

图 3-7　乳化剂分子在乳状液液滴表面定向吸附示意图

(a) 一价金属皂对 O/W 型乳状液的稳定作用；(b) 二价金属皂对 W/O 型乳状液的稳定作用

这种理论形象地说明了乳化剂的分子形态对形成乳状液类型的影响，但它仍有局限性。因为在液滴界面上定向排列的乳化剂分子比乳状液液滴小得多，对它而言，液滴的曲面近乎于平面，这使得乳化剂分子亲油基和亲水基的大小与乳状液类型之间的对应关系显得不十分充分。而且，该理论也存在与实际不符之处，例如以一价的银盐为乳化剂形成的是 W/O 型乳状液，而不是 O/W 型；羧酸钠（—COONa）和羧酸钾（—COOK）极性头的截面积比碳氢链的截面积小，作为乳化剂却能够形成 O/W 型乳状液。

经过进一步研究发现，除分子形态外，乳化剂的亲水性和溶解度的影响也是不可忽视的。通常易溶于水的乳化剂有助于形成 O/W 型乳状液，易溶于油的乳化剂有助于形成 W/O 型乳状液。Bancroft 提出，油、水两相中对乳化剂溶解度大的一相将成为外相，即分散介质。乳化剂在某相中的溶解度越大，表示二者的相容性越好，表面张力越低，体系的稳定性也较好。

这一原则被实践证明具有比较大的普遍性，钠盐和钾盐在水中的溶解度较大，是良好的 O/W 型乳状液的乳化剂；银盐乳化剂虽然极性头截面积比碳氢链大，但因水溶性较小，通常只能形成 W/O 型乳状液。

(3) 乳化器的材质　乳化过程中器壁的亲水亲油性对形成的乳状液的类型有一定的影响，通常情况下，器壁的亲水性强容易得到 O/W 型乳状液，而器壁的亲油性强则容易得到 W/O 型乳状液。这是因为润湿器壁的液体容易在器壁上附着，形成一层连续层，在乳化搅拌过程中很难分散成内相液滴。例如用石油、煤油和变压器油为油相，以蒸馏水和表面活性剂的水溶液为水相，在塑料和玻璃容器中得到乳状液的类型如表 3-3 所示。可以看出，在亲水性较强的玻璃容器中得到的都是 O/W 型乳状液，而在亲水性较弱的塑料容器中形成的 W/O 型乳状液更多。

表 3-3　不同器壁对乳状液类型的影响

水　相	石　油		煤　油		变压器油	
	玻璃	塑料	玻璃	塑料	玻璃	塑料
蒸馏水	O/W	W/O	O/W	W/O	O/W	W/O
0.1mol/L 油酸钠	—	—	O/W	O/W 或 W/O	O/W	W/O
0.1%环烷酸钠	O/W	W/O	O/W	O/W	O/W	W/O
2%环烷酸钠	O/W	O/W	O/W	O/W	O/W	O/W

（4）两相的聚结速度　1957 年 Davies 经过研究提出，在乳化剂、油和水一起摇荡时，油相与水相都破裂成液滴，最终形成的乳状液的类型取决于两种液滴的聚结速度。液滴的聚结速度与乳化剂的亲水亲油性质有很大关系，当乳化剂的亲水性较强时，亲水部分对油滴的聚集有较大的阻碍作用，使油滴的聚结速度减慢，而水滴的聚结速度大于油滴的聚结速度，最终使水成为连续相，形成 O/W 型乳状液。反之则形成 W/O 型乳状液。

3.2.2　影响乳状液稳定性的因素

乳状液的稳定性是指防止相同液滴聚结在一起导致两个液相分离的能力。在乳状液中油水界面很大，体系具有很大的自由能，是热力学不稳定体系。影响乳状液稳定性的因素主要有以下几个方面。

3.2.2.1　表面张力

乳状液是热力学不稳定体系，分散相液滴总有自发聚结、减少界面面积，从而降低体系能量的倾向，因此低的油-水表面张力有助于体系的稳定。

例如石蜡油-水体系的表面张力 γ_{OW} 为 41mN/m，由于表面张力较高，所以得到的乳状液极不稳定。在水相中加入少量油酸（浓度单位为 mmol/L），可使表面张力降至 31mN/m，仍然较高，乳状液不稳定。用氢氧化钠溶液将油酸中和成 HLB 为 18.0 的油酸钠后，表面张力大幅度降低，只有 7.2mN/m，此时 O/W 型乳状液的稳定性也明显提高。

3.2.2.2　界面膜的性质

较低的表面张力主要表明乳状液容易生成，但并非是影响乳状液稳定的唯一因素。例如戊醇与水的表面张力只有 4.8mN/m，却不能形成稳定的乳状液；而羧甲基纤维素钠盐作为高分子化合物虽不能有效地降低油-水表面张力，但却有很强的乳化力，能使油和水形成稳定的乳状液。这是由于高分子化合物能吸附于油-水界面，形成结实的界面膜而阻止了液滴间聚结的结果。

在乳状液中，乳化剂以亲水基伸进水中，亲油基伸进油中，定向排列在油-水界面上形成界面吸附膜，对乳液起保护作用，防止液滴聚结。当乳化剂的浓度较低时，在界面上的吸附量较少，形成的界面膜强度较低，乳状液的稳定性较差；当乳化剂的浓度较高时，在界面上排列紧密，膜的强度增加，乳液的稳定性较高。可见，界面膜的强度和紧密程度是决定乳状液稳定性的重要因素之一。

为了得到高强度的界面膜和稳定的乳状液，应当注意以下两个方面。

（1）使用足量的乳化剂　保证有足够的乳化剂分子吸附于油-水界面上，形成高强度的界面膜。

（2）选择适宜分子结构的乳化剂　通常直链型乳化剂分子在界面上的排列比带有支链的乳化剂更为紧密，界面膜更加致密，有利于乳状液的稳定。

3.2.2.3　界面电荷

分散相液滴表面的电荷对乳液的稳定性起十分重要的作用。大部分稳定的乳状液液滴表面都带有电荷，其来源主要有三条途径。

① 使用离子型表面活性剂作为乳化剂时，乳化剂分子吸附于油-水界面，极性基团伸入水相发生解离而使液滴带电。如果乳化剂是阴离子表面活性剂，液滴表面带负电，如果是阳离子表面活性剂，液滴表面带正电。

② 使用不能发生解离的非离子表面活性剂为乳化剂时，液滴主要通过从水相中吸附离子使自身表面带电。

③ 液滴与分散介质发生摩擦，也可以使液滴表面带电。所带电荷的符号与两相的介电常数有关，介电常数大的一相带正电荷，介电常数小的带负电荷。例如纯水比油的介电常数大很多，因此 O/W 型乳状液中的油滴带负电荷（图 3-8），而 W/O 型乳状液中的水滴带正电。

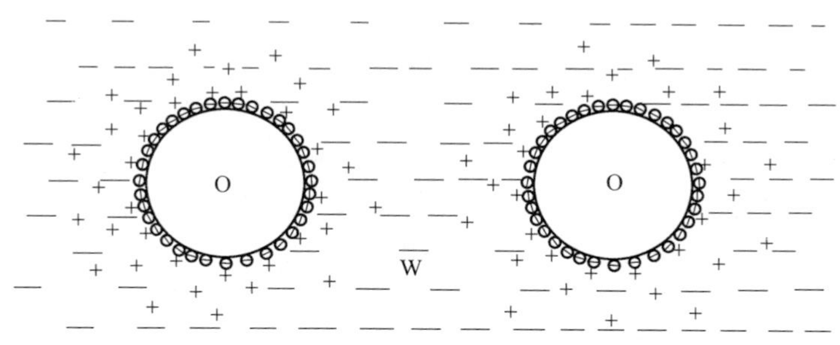

图 3-8　O/W 型乳状液中油滴表面带电示意图

液滴表面带电后，在其周围会形成类似 Stern 模型的扩散双电层，当两个液滴互相靠近时，由于双电层之间的相互作用，阻止了液滴之间的聚结。因此，液滴表面的电荷密度越大，乳状液的稳定性越高。

3.2.2.4　乳状液分散介质的黏度

根据 Stocks 的沉降速度公式，液滴的运动速度 v 可以表示为

$$v=\frac{2r^2(\rho_1-\rho_2)}{9\eta} \tag{3-1}$$

式中，r 为分散相液滴的半径；ρ_1 和 ρ_2 分别为分散相和分散介质的密度；η 是分散介质的黏度。

可见，分散介质的黏度 η 越大，液滴布朗运动的速度越慢，减少了液滴之间相互碰撞的概率，有利于乳状液的稳定。因此，常常在乳状液中加入高分子化合物或其他能溶于分散介质的增稠剂，以提高乳液的稳定性。

3.2.2.5　固体粉末的加入

在乳状液中加入适当的固体粉末，对乳状液也能起到稳定作用。如图 3-9 所示，聚集于油-水界面的固体粉末增加了界面膜的机械强度，而且，固体粉末排列得越紧密，乳状液越稳定。

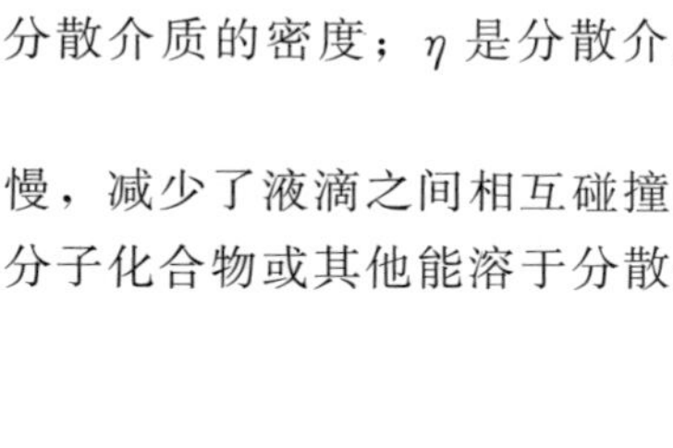

图 3-9　固体粉末对乳状液的稳定作用

固体粉末只有处于油-水界面时才能起到稳定乳状液的作用，这要求它既能被水润湿，又能被油润湿，否则不能排列在液滴表面，而是会完全处于水相或油相。在苯与水的乳化过程中，碳酸钙、二氧化硅和氢氧化铁等对 O/W 型乳状液有稳定作用，而炭黑、松香等对 W/O 型乳液有稳定作用。

3.2.3 乳化剂及其选择依据

如前所述，乳化剂在乳状液的形成和稳定中起着十分重要的作用，乳化剂的品种很多，主要分为表面活性剂、高分子化合物、天然化合物和固体粉末四大类。其中表面活性剂类乳化剂主要是阴离子型和非离子型表面活性剂，阴离子表面活性剂包括羧酸盐、磺酸盐、硫酸盐及磷酸酯盐型，非离子表面活性剂包括聚醚型和 Span、Tween 等聚酯型表面活性剂。

将指定的两种液体乳化制成稳定的乳状液，关键在于选择适宜的乳化剂。目前乳化剂的选择最常用的方法是 HLB 法和 PIT（phase inversion temperature，相转变温度）法。

（1）HLB 法　每一个乳化体系都可以通过实验确定其最为适宜的乳化剂的 HLB，根据此 HLB 可以确定乳化剂的种类和比例。如果单一表面活性剂不能满足要求，可以根据 HLB 的加和性，选择两种或多种表面活性剂混合使用。

此种方法容易掌握且使用方便，但存在一定的缺陷，即不能表明表面活性剂的乳化效率和能力，同时没有考虑分散介质及温度等其他因素对乳状液稳定性的影响。

（2）PIT 法　所谓相转变温度（PIT）是指在某一特定的体系中，表面活性剂的亲水、亲油性质达到平衡时的温度。它的确定方法是，在等量的油和水中加入 3%～5%的表面活性剂，配制成 O/W 型乳状液。在不断搅拌和振荡下缓慢加热升温，当乳状液由 O/W 型转变为 W/O 型时的温度即为此体系的相转变温度，即 PIT。PIT 与乳化剂的分子结构和性质密切相关，与 HLB 也有一定关系。用 PIT 确定乳化剂的方法充分考虑了温度对乳状液的影响。

3.2.4 乳状液的破乳

乳状液存在巨大的相界面，是热力学不稳定的体系，最终要破坏。乳液的破坏有分层、变型和破乳三种方式。

乳状液的分层是指由于分散相和分散介质的密度不同，在重力或其他外力的作用下，分散相液滴上升或下降的现象。变型是指乳状液从一种类型转变为另一种类型。

所谓破乳是指乳状液完全被破坏，发生油水分层的现象。破乳在原油开采上具有十分重要的意义，概括地讲，破乳的方法有机械法、物理法和化学法。

（1）机械法　是利用外力使乳液破乳的方法，如离心分离法。

（2）物理法　常用的方法有电沉积法、超声波法和过滤法。电沉积法利用高压静电场使分散相聚集，主要用于 W/O 型乳状液的破乳，如原油的破乳脱水。超声波破乳法使用的超声波强度不宜过大，否则会产生相反的效果。过滤法是使乳状液通过多孔性材料达到破乳的目的。

（3）化学法　化学法破乳主要是通过改变乳状液的类型或界面性质，降低乳液的稳定性从而使其破乳。例如在 W/O 型乳状液中加入有利于 O/W 型乳状液生成的乳化剂，使乳液发生变型从而破乳。

能够使乳状液破乳的表面活性剂被称为破乳剂，使用破乳剂是重要的破乳方法之一，其基本原理可以从以下几个方面说明。

（1）顶替作用　破乳剂本身具有较低的表面张力和很高的表面活性，容易吸附于油-水界面上，将原来的乳化剂从界面上顶替下来，而破乳剂不能形成高强度的界面膜，在加热或机械搅拌下，界面膜被破坏而破乳。

（2）润湿作用　在以固体粉末为乳化剂的乳状液中，加入润湿性能良好的润湿剂，改变固体粉末的亲水亲油性，使固体粉末从两相界面上进入水相或油相，降低乳状液的稳定性。

（3）絮凝-聚结作用　分子量较大的非离子表面活性剂，在加热和搅拌下能够引起细小的液滴絮凝、聚结，最终导致两相分离。

（4）破坏界面膜　在加热或搅拌条件下，破乳剂可能吸附于两相界面上，使界面膜发生褶皱和变形，也可能因碰撞将界面膜击破，使乳状液稳定性大大降低，发生絮凝。

破乳剂的种类主要包括阴离子型、非离子型和阳离子型。其中阴离子型使用最早，品种较多，但用量较大，污水带油严重，已逐渐被淘汰。阳离子和非离子型破乳剂的应用越来越广泛。

3.2.5 乳化和破乳的应用

乳状液在工农业生产及人们的日常生活中具有十分广泛的应用，如农药配剂、原油开采、纺织制革、食品、医药及日常用品等方面。

3.2.5.1 在农药中的应用

农药的制剂加工和应用中常遇到分散问题，在农药制剂中应用最广的一种体系就是乳状液。在田间使用农药时，一般要求经过简单搅拌，而且在短时间内能制成喷洒液。为了得到良好的使用效果，需要根据使用季节和地点、水温和水质以及喷洒方式（地面喷洒或飞机喷洒）等对浓度的不同要求，制成适于不同条件使用的乳状液。目前常遇到的农药乳状液主要有三类。

（1）可溶解性乳状液　通常是由亲水性较大由原药组成的可溶解性乳油兑水而得，如敌百虫、敌敌畏、乐果、久效磷等。由于原药能与水混溶，形成类似真溶液的乳状液。乳化时加入适当的乳化剂，主要功能是稳定乳液，并赋予乳状液的铺展、润湿和渗透性能。

（2）水包油型乳状液　由所谓增溶型乳油兑水而得，外观是透明或半透明呈蓝色或其他色，油滴粒径较小，一般是 0.1μm 或更小。此类乳状液乳化稳定性好，对水质、温度及稀释倍数有好的适应能力，乳化剂用量较高，一般在 10%以上。

（3）浓乳状液　通常由乳化性乳油或浓乳剂兑水而得。油滴粒径分布在 0.1～1.0μm 之间，乳状液乳化稳定性较好。

3.2.5.2 在金属加工中的应用

在金属切削加工中，刀具切削金属时会发生变形，同时刀具与工件之间不断摩擦而产生的切削力及切削温度，严重影响刀具的寿命、切削效率及工作的质量。使用合适的金属切削液可以起到降低切削温度的冷却作用、减少切削力的润湿作用和去除切屑的清洗作用。在切削液中加入油溶性缓蚀剂还可对工件起防锈作用，如石油磺酸钡、十八胺等都是常用的缓蚀剂。

切削液的种类很多，其中应用最广的是 O/W 型乳状液。其组成成分主要有矿物油、表面活性剂、防锈剂、防蚀剂和其他添加剂。其中表面活性剂主要起乳化剂作用，常用的是阴离子和非离子型表面活性剂，阴离子表面活性剂如脂肪酸钠、硫化油、硫酸酯、环烷酸钠和石油磺酸盐等，非离子表面活性剂如烷基酚聚氧乙烯醚等。

3.2.5.3 在化妆品中的应用

化妆品有多种剂型，但以乳状液为主。这主要是因为：

① 将油性原料与水性原料混合使用，在感觉和外观上优于单独使用油性原料；

② 可以将互不混溶的原料配于同一配方中；

③ 可以调节对皮肤作用的成分；

④ 改变乳化状态，制成满足使用要求的制品；

⑤ 可使微量成分在皮肤上均匀涂敷。

例如，护肤乳液（亦称液态膏霜）涂于皮肤上能铺展成一层薄而均匀的油脂膜，不仅能滋润皮肤，还能起到保持皮肤水分、防止水分蒸发的作用，是颇受消费者喜爱的一类化妆品。

化妆品使用的乳化剂有合成乳化剂、天然乳化剂和固体粉末乳化剂。合成乳化剂包括阴离子、阳离子和非离子型。非离子乳化剂对水的硬度不敏感，不受介质 pH 值的限制，使用方便，因此是化妆品中应用最广泛的一类乳化剂。阴离子乳化剂主要有油酸及其钠盐和钾盐、烷基芳磺酸盐、三乙醇胺油酸酯和月桂基硫酸钠等。阳离子乳化剂则使用很少。

3.2.5.4 乳化沥青

沥青是一种用途广泛的重要材料，如道路养护、铁道路面处理、木材防腐、油毡、防潮沥青纸等。它是由多种极其复杂的高分子碳氢化合物及其衍生物组成的混合物，常温下为固体或半固体，使用时必须进行预处理，使其成为沥青液，早期使用的方法是加热。

乳化沥青是将沥青机械粉碎成细微颗粒，分散在含有表面活性剂的水溶液中，乳化剂吸附于沥青-水界面上，以非极性疏水基吸附于沥青颗粒表面，以极性亲水基伸入水中定向排列，防止沥青颗粒的絮凝和聚结。乳化沥青可以在常温下使用，凝固时间短，设备简单，无臭气。

用于制备乳化沥青的乳化剂如硬脂酸钠、烷基芳磺酸盐等阴离子型表面活性剂，椰子油丙烯二胺和烷基丙烯二胺二盐酸盐等阳离子型表面活性剂。

3.2.5.5 在原油开采中的应用

表面活性剂在石油开采中的应用十分广泛，在开发、钻采、集输等各个环节起着至关重要的作用，如堵水、破乳、发泡和降凝降黏等。

例如乳化钻井液是钻井中必须使用的，有 W/O 型和 O/W 型两类。W/O 型乳化钻井液的基本组成为乳化剂、水和亲油胶体，这类钻井液润滑效果好，热稳定性高，可用于钻复杂的页岩层，深的高温井，以及水平井、生产层的钻进和取心。钻井液的功能包括从井中清除岩屑、清洁井底、控制地下压力、冷却与润滑钻头和钻杆以及防止地层坍塌等。在钻井液中常用的表面活性剂如木质素磺酸盐、羧酸盐、环烷酸钠及多元醇烷基醚等。

破乳在原油开采中也有重要应用。一次采油和二次采油采出的原油多是 W/O 型乳状液，而三次采油获得的主要是 O/W 型乳状液。原油中含水会增加泵、输油管线和储油罐的负荷，引起金属表面的腐蚀和结垢，增加原油的黏度，使集输能耗增大。因此原油外输前要进行破乳脱水，使用破乳剂是最主要的破乳方法。早期的破乳剂以羧酸盐、硫酸酯盐和磺酸盐等三类低分子阴离子表面活性剂为主，价格便宜，但用量大（1000mg/L）、效果差、易受电解质影响。低分子非离子表面活性剂是第二代 W/O 型乳化原油的破乳剂，它们耐酸、耐碱，受电解质影响很小，但用量仍然很大（300～500mg/L），破乳效果也不十分理想。20

世纪 60 年代以后开发了高分子型非离子表面活性剂，主要是聚氧乙烯聚氧丙烯醚嵌段共聚物。这类破乳剂用量很少（5～50mg/L），破乳效果好，但专一性较强。为了进一步提高破乳效果和原油脱水效率，目前复配型破乳剂在油田中得到广泛的应用。

对于三次采油开采的 O/W 型乳化原油，主要采用电解质、低分子醇、聚合物和表面活性剂作为破乳剂。其中表面活性剂破乳剂主要是阳离子表面活性剂，如十二烷基二甲基苄基氯化铵、十四烷基三甲基氯化铵、双十烷基二甲基氯化铵等。

3.3 润湿功能 >>>

所谓润湿是指一种流体被另一种流体从固体表面或固-液界面所取代的过程。可见，润湿过程往往涉及三相，其中至少两相为流体。润湿是广泛存在于自然界的一种现象，最为普遍的润湿过程是固体表面的气体被液体取代，或是固-液界面上的一种液体被另一种液体所取代。例如洗涤、印染、润滑、农药的喷洒、胶片的涂布、原油的开采与集输以及颜料的分散等很多过程的顺利完成均以润湿为基础。也有一些场合往往不希望润湿的发生，例如防水、防油、泡沫选矿、防锈和防蚀等。

3.3.1 润湿过程

润湿过程主要分为三类：沾湿、浸湿和铺展，产生不同润湿过程条件不同。

（1）沾湿　主要指液-气界面和固-气界面上的气体被液体取代的过程，如喷洒农药时农药附着于植物的枝叶上。沾湿现象发生的条件为

$$\gamma_{SG}-\gamma_{SL}+\gamma_{LG}\geqslant 0 \qquad (3-2)$$

式中，γ_{SG}、γ_{SL}和 γ_{LG}分别为固-气、固-液和液-气界面的表面张力。

（2）浸湿　浸湿是指固体浸入液体的过程，例如洗衣时将衣物泡在水中、织物染色前预先用水浸泡等过程。产生浸湿的条件是

$$\gamma_{SG}-\gamma_{SL}\geqslant 0 \qquad (3-3)$$

（3）铺展　液体取代固体表面上的气体，将固-气界面用固-液界面代替的同时，液体表面能够扩展的现象即为铺展。农药要能够在植物枝叶上铺展，以覆盖最大的表面积。铺展的条件为

$$\gamma_{SG}-\gamma_{SL}-\gamma_{LG}\geqslant 0 \qquad (3-4)$$

从三种润湿过程产生的条件可以看出，对于同一体系，如果液体能够在固体表面铺展，则沾湿和浸湿现象必然能够发生。从润湿方程可以看出，固体表面自由能 γ_{SG}越大，液体表面张力 γ_{LG}越低，对润湿越有利。

将液体滴于固体表面，液体有可能铺展，也可能形成液滴停留在固体表面。如果把固、液和气三相交界处，自固-液界面经过液体内部到气-液界面的夹角叫做接触角（以 θ 表示），则接触角与固-液、固-气和液-气表面张力的关系可表示为（图 3-10）

$$\gamma_{SG}-\gamma_{SL}=\gamma_{LG}\cos\theta \qquad (3-5)$$

式(3-5) 是由 T. Young 提出的润湿方程，也叫做杨氏方程。

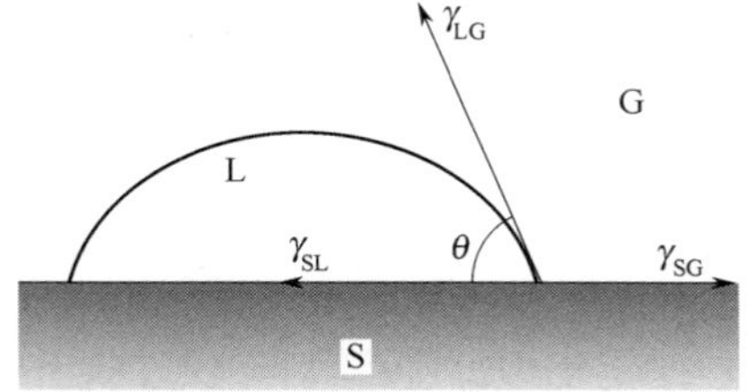

图 3-10　液滴的接触角

通常人们习惯将润湿角 $\theta>90°$叫做不润湿，将 $\theta<$

90°叫做润湿，θ 越小润湿性能越好，当 θ 为零或不存在时则叫做铺展。

3.3.2 表面活性剂的润湿作用

表面活性剂具有双亲分子结构，能够在界面发生定向吸附，降低液体的表面张力，因此常被用来改变体系的润湿性质，以满足实际应用的需要。表面活性剂的润湿作用具体表现在两个方面。

（1）在固体表面发生定向吸附　表面活性剂以极性基团朝向固体，非极性基团朝向气体吸附于固体表面，形成定向排列的吸附层，使自由能较高的固体表面被碳氢链覆盖而转化为低能表面，达到改变润湿性能的目的。这种吸附通常发生在高能表面。例如，云母为硅酸盐矿物，表面自由能较高，水可以在其上铺展。把云母片浸入月桂酸钾溶液中，当溶液浓度增加到接近临界胶束浓度时，云母片表面变为疏水表面。这是由于月桂酸负离子（$C_{11}H_{23}COO^-$）以亲水的极性头吸附于云母的表面上，而以疏水的碳氢链伸入水中，以单分子层覆盖了云母的高能表面，使其自由能和与水的相容性降低，水不能在其上铺展，润湿性变差，如图 3-11(a) 所示。

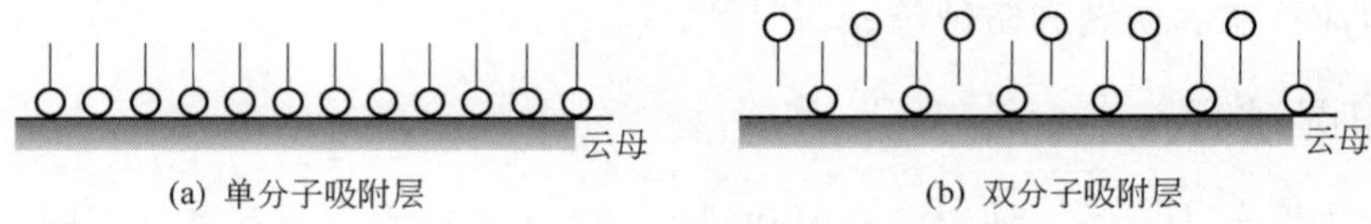

图 3-11　月桂酸钾在云母表面的吸附

但当月桂酸钾的浓度大于临界胶束浓度以后，表面又变得亲水，水可在其上铺展。这是因为月桂酸钾的浓度进一步增大时，月桂酸负离子的碳氢链可通过疏水基之间的相互作用（分子间力），在云母表面形成双分子吸附层，月桂酸的负离子极性头伸入水中，构成亲水表面，能够被水润湿，如图 3-11(b) 所示。

可见，表面活性剂在固体表面的吸附状态是影响固体表面润湿性的重要因素。

（2）提高水的润湿能力　水在低能固体表面不能铺展，为改善体系的润湿性质，常在水中加入表面活性剂，降低水的表面张力 γ_{LG}，使其能润湿固体的表面。

3.3.3 润湿剂

所谓润湿剂是指能使液体润湿或加速固体表面润湿的表面活性剂。为了获得良好的润湿效果，作为润湿剂的表面活性剂在结构和性质上应当满足如下要求。

（1）分子结构　如前面表面活性剂分子结构与性能的关系一节中所述，一种好的润湿剂碳氢链中应具有分支结构，且亲水基位于长碳链的中部，如琥珀酸二异辛基酯磺酸钠是性能优异的润湿剂，它的亲水基磺酸基位于分子的中部，且疏水基为异辛基。

$$
\begin{array}{l}
\quad\quad\ C_2H_5 \quad\quad\quad\ \ O \\
\quad\quad\quad | \quad\quad\quad\quad\ \ \| \\
C_4H_9CHCH_2O—C—CH—SO_3Na \\
\quad\quad\quad\quad\quad\quad\quad\quad\quad\quad\ | \\
C_4H_9CHCH_2O—C—CH_2 \\
\quad\quad\quad | \quad\quad\quad\quad\ \ \| \\
\quad\quad\ C_2H_5 \quad\quad\quad\ \ O
\end{array}
$$

琥珀酸二异辛基酯磺酸钠

（2）性质　润湿剂不仅应具有较高的表面活性，还应当拥有良好的扩散和渗透性，能迅速地渗入固体颗粒的缝隙间或孔性固体的内表面并发生吸附。

目前作为润湿剂的主要是阴离子和非离子型表面活性剂。

（1）阴离子型润湿剂

① 磺酸盐型

a. 烷基苯磺酸盐　通式为 $R-C_6H_4-SO_3M$ 。

b. α-烯烃磺酸盐　由 α-烯烃经磺化制得，产品以双键位于不同碳原子的烯基磺酸盐为主，并含有一部分羟基磺酸盐。

c. 琥珀酸酯磺酸盐　包括琥珀酸单酯磺酸盐和琥珀酸双酯磺酸盐，前者如琥珀酸二异辛基酯磺酸钠，后者主要有脂肪醇聚氧乙烯醚琥珀酸酯磺酸钠和烷基酚聚氧乙烯醚琥珀酸酯磺酸钠，它们的结构式如下：

$$RO(CH_2CH_2O)_n-\overset{O}{\overset{\|}{C}}-CH_2-\underset{SO_3Na}{CH}-\overset{O}{\overset{\|}{C}}-ONa$$

脂肪醇聚氧乙烯醚琥珀酸酯磺酸钠

$$R-C_6H_4-O(CH_2CH_2O)_n-\overset{O}{\overset{\|}{C}}-CH_2-\underset{SO_3Na}{CH}-\overset{O}{\overset{\|}{C}}-ONa$$

烷基酚聚氧乙烯醚琥珀酸酯磺酸钠

d. 高级脂肪酰胺磺酸盐　如 *N*-甲基-*N*-油酰基牛磺酸钠

$$C_{17}H_{33}-\overset{O}{\overset{\|}{C}}-\overset{CH_3}{\overset{|}{N}}-CH_2CH_2SO_3Na$$

e. 烷基萘磺酸盐　通式和品种实例如下。

$$R^1-C_{10}H_5(R^2)-SO_3Na$$

通式

$$(C_4H_9)_2C_{10}H_5SO_3Na$$

4,8-二丁基萘磺酸钠

② 硫酸酯盐　通式为 $R-OSO_3M$，具体品种如下。

$$C_{12}H_{25}OSO_3Na$$

月桂醇硫酸钠

$$CH_3(CH_2)_5-\underset{OH}{\underset{|}{CH}}-CH_2CH_2-\underset{OSO_3Na}{\underset{|}{CH}}-(CH_2)_7COOC_4H_9$$

蓖麻油酸丁酯硫酸钠

③ 羧酸盐　通式为 RCOOM，如硬脂酸钠、月桂酸钠等。

④ 磷酸酯　以磷酸单酯为主，如壬基酚聚氧乙烯醚磷酸酯，结构式为

$$C_9H_{19}-C_6H_4-O(CH_2CH_2O)_{12}-\overset{O}{\overset{\|}{\underset{OH}{\underset{|}{P}}}}-OH$$

（2）非离子型润湿剂

① 烷基酚聚氧乙烯醚　结构通式为

$$R-C_6H_4-O(C_2H_4O)_nH$$

② 脂肪醇聚氧乙烯醚　结构通式为 $RO(C_2H_4O)_nH$。

③ 失水山梨醇聚氧乙烯醚单硬脂酸酯　结构通式为

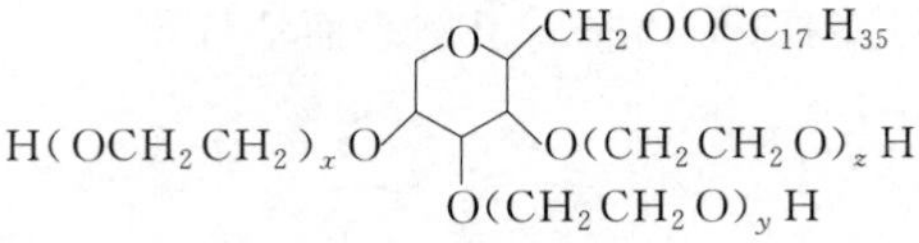

$$H(OCH_2CH_2)_xO-[\text{吡喃环}](CH_2OOCC_{17}H_{35})(O(CH_2CH_2O)_zH)(O(CH_2CH_2O)_yH)$$

④ 聚氧乙烯聚氧丙烯嵌段共聚物　结构通式为

$$H(OCH_2CH_2)_a—(OCH_2\underset{\displaystyle CH_3}{\underset{|}{CH}})_b—(OCH_2CH_2)_cOH$$

3.3.4 表面活性剂在润湿方面的应用

3.3.4.1 矿物的泡沫浮选

所谓矿物的浮选法是指利用矿物表面疏水-亲水性的差别从矿浆中浮出矿物的富集过程，也叫做浮游选矿法。许多重要的金属在粗矿中的含量很低，在冶炼之前必须设法将金属同粗矿中的其他物质分离，以提高矿苗中金属的含量。目前，铜矿、钼矿、镍矿、金矿、方解石、萤石、重晶石、白鹤矿、碳酸锰、三氧化锰、氧化铁、石榴石、氧化铁钛、硅石和硅酸盐等，都采用浮选法对矿石进行处理。

浮选法的基本原理是借助气泡浮力来浮游矿石，实现矿石和脉石分离的选矿技术。浮选过程使用的浮选剂由捕集剂、起泡剂和调整剂组成，调整剂包括活化剂、抑制剂、pH 调整剂、絮凝剂和分散剂等。捕集剂和起泡剂主要是各种类型的表面活性剂。

捕集剂的作用是以其极性基团通过物理吸附、化学吸附和表面化学反应，在矿物表面发生选择性吸附，以其非极性基团或碳氢链向外伸展，将亲水的矿物表面变为疏水的表面，便于矿物与体系中的气泡结合。矿物捕集剂按照其离子性质可分为阴离子型、阳离子型、两性型和非离子型等四类，按照应用范围可分为硫化矿捕集剂、氧化矿捕集剂、非极性矿捕集剂、沉积金属捕集剂等。其中使用较多的是硫化矿捕集剂和氧化矿捕集剂，前者的极性基团中通常含有硫原子，后者的极性基团通常是含氧酸根，它们的非极性基团大多是含有 8～18 个碳原子的碳氢链。两类捕集剂的主要品种及结构如表 3-4 所示。各类捕集剂可以单独使用，也可以混合使用以提高捕集效果。

表 3-4　两类捕集剂的主要品种及结构

类型	名　　称	结 构 通 式
硫化矿捕集剂	烷基二硫代碳酸盐	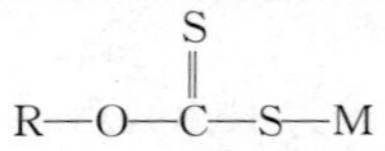 $R—O—\overset{\displaystyle S}{\overset{\|}{C}}—S—M$
	二烃基二硫代磷酸盐	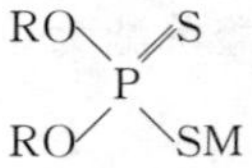 $(RO)_2P(=S)SM$
	二苯基硫脲	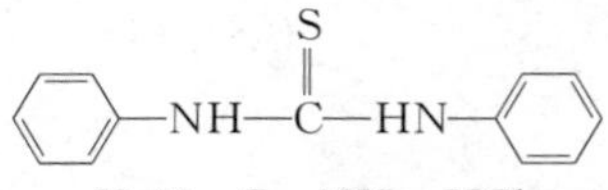 $C_6H_5—NH—\overset{\displaystyle S}{\overset{\|}{C}}—HN—C_6H_5$
	烷基异硫脲衍生物	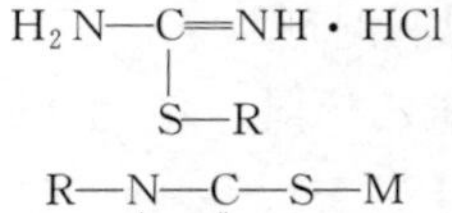 $H_2N—\underset{\displaystyle S—R}{\underset{\|}{C}}=NH\cdot HCl$
	二烷基氨基二硫代甲酸盐	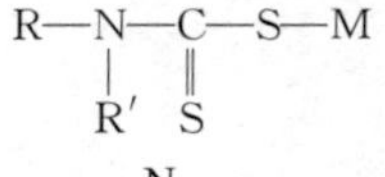 $R—\underset{\displaystyle R'}{\underset{\|}{N}}—\underset{\displaystyle S}{\underset{\|}{C}}—S—M$
	巯基苯并噻唑	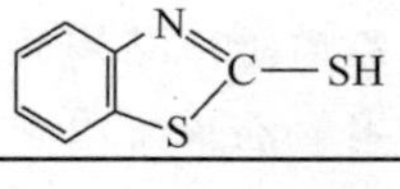 苯并噻唑-2-SH（C_6H_4—N=C(—SH)—S，环状）

续表

类型	名　　称	结　构　通　式
氧化矿捕集剂	脂肪酸及其钠盐	RCOOH(Na)
	烷基磺酸盐	RSO_3M
	烷基硫酸盐	$ROSO_3M$
	羟肟酸及其盐	$R-\underset{\displaystyle\overset{\vert}{OH}}{C}=N-OH(M)$
	磷酸酯和砷酸酯	$(RO)(HO)P(=O)OH$　　$(RO)(HO)As(=O)OH$
	脂肪胺(盐酸盐)	$RNH_2(HCl)$
	季铵盐	$R^1-\overset{R^2}{\underset{R^3}{N^{\pm}}}-R^4\cdot Cl^-$
	烷基磺酸钠	$R-SO_3Na$
	烷基羧酸钠	$R-(CH_2)_{1\sim2}COONa$

注：M 可以是 H、Na、K 或 NH_4。

起泡剂是矿物浮选过程中必不可少的药剂，利用起泡剂造成大量的界面，产生大量泡沫，可以使有用矿物有效地富集在空气与水的界面上。此外，起泡剂还具有防止气泡并聚、延长气泡在矿浆表面存在时间的作用。浮选过程不仅要求起泡剂具有良好的起泡性和选择性、来源广、价格低，还要具有适当的黏度和水溶性、良好的流动性和化学稳定性，并且要无毒、无臭味、无腐蚀性。

常用的起泡剂有松油、甲酚油、异丁基甲氧苄醇、三乙氧基丁烷、烷基苯磺酸钠、烷基硫酸钠以及脂肪醇聚氧乙烯醚、烷基酚聚氧乙烯醚和聚乙二醇二烷基醚等。

矿物的浮选过程涉及气、液、固三相。将粉碎好的矿粉倒入水中，加入捕集剂，捕集剂以亲水基吸附于矿粉表面，疏水基进入水相，矿粉亲水的高能表面被疏水的碳氢链形成的低能表面所替代，有力图逃离水包围的趋势，如图 3-12(a) 所示。向矿粉悬浮液中加入发泡剂并通空气，产生气泡，发泡剂的两亲分子会在气-液界面作定向排列，将疏水基伸向气泡内，而亲水的极性头留在水中，在气-液界面形成单分子膜并使气泡稳定。

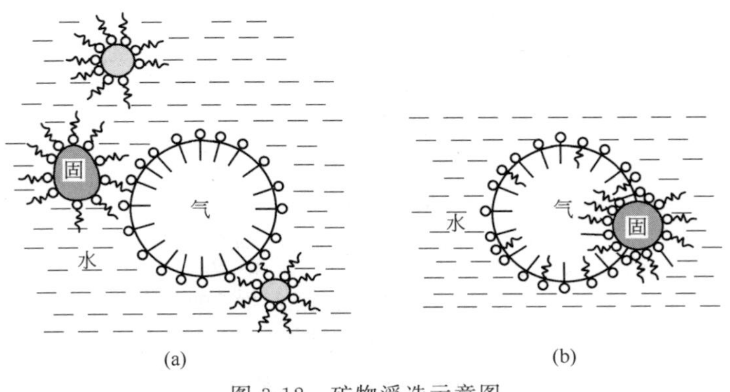

图 3-12　矿物浮选示意图

○— 发泡剂；〜 捕集剂

吸附了捕集剂的矿粉由于表面疏水，会向气-液界面迁移与气泡发生“锁合”效应。即矿粉表面的捕集剂会以疏水的碳氢链插入气泡内，同时起泡剂也可以吸附在固-液界面上，进入捕集剂形成的吸附膜内。也就是说，在锁合过程中，由起泡剂吸附在气-液界面上形成的单分子膜和捕集剂吸附在固-液界面上的单分子膜可以互相穿透，形成固-液-气三相稳定的接触，将矿粉吸附在气泡上［图 3-12(b)］。于是，依靠气泡的浮力把矿粉带到水面上，达到选矿的目的。

3.3.4.2 金属的防锈与缓蚀

金属表面与周围介质发生化学或电化学作用而遭受破坏称为金属的化学或电化学腐蚀。绝大多数金属都有与周围介质发生作用，转变为离子的倾向，因此腐蚀现象是广泛存在的，由于腐蚀造成的经济损失也是十分巨大的。为了防止金属腐蚀的发生，最有效的办法是消除产生腐蚀的各种条件。如在金属表面包覆一层金属保护层或涂料保护层，可以良好地起到隔离和防止化学、电化学腐蚀的作用。

应用缓蚀剂、改变腐蚀介质的性质是防止金属电化学腐蚀的一种重要方法，其优点是：缓蚀剂用量少、设备简单、使用方便、投资少、见效快。因此缓蚀剂被广泛应用于各个工业部门。缓蚀剂按照其对电极过程发生的主要影响可分为阳极缓蚀剂、阴极缓蚀剂和混合型缓蚀剂，按照其化学成分可分为无机缓蚀剂和有机缓蚀剂，按照其形态可分为油溶性缓蚀剂、挥发性（气相）缓蚀剂和水溶性缓蚀剂。

有机缓蚀剂的极性基团通常含有电负性较大的 O、N、S 和 P 等原子，能够吸附于金属表面，改变双电层的结构，提高金属离子化过程的活化能；其非极性基团主要由烃基构成，在金属表面作定向排列，形成一层疏水的薄膜，使腐蚀反应受到抑制。在腐蚀性较强的酸性介质中，有机缓蚀剂具有很好的缓蚀作用。有机缓蚀剂的品种主要有胺及其衍生物、含氮杂环化合物及其衍生物、氨基酸型两性化合物以及硫脲衍生物等。

金属防锈常使用油溶性缓蚀剂，主要有羧酸、金属皂、磺酸盐、胺类化合物以及多元醇羧酸酯，如石油磺酸钡、石油磺酸钠、石油磺酸钙、失水山梨醇单油酸酯等。油溶性缓蚀剂与润滑油、防锈添加剂和其他添加剂共同组成金属液体防锈油，除了作为封存用外，还兼有防锈、润滑的功能。

油溶性缓蚀剂在液体防锈油中主要是起防锈缓蚀的作用，其原理如图 3-13 所示。

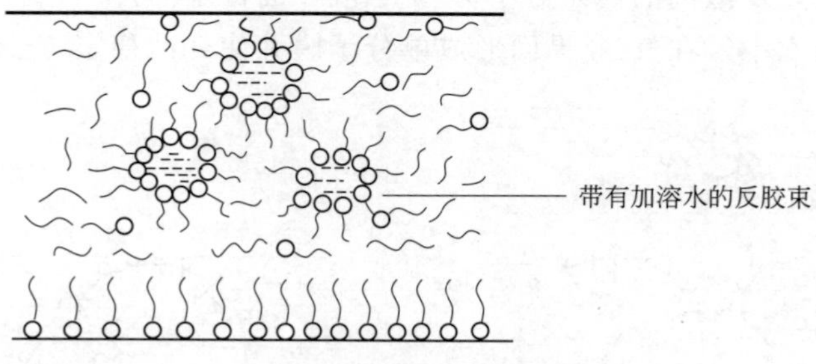

图 3-13 油溶性缓蚀剂的缓蚀原理

在金属表面涂上防锈油后，一方面，其中的油溶性缓蚀剂的两亲分子在金属-油界面上发生选择性吸附，以极性的亲水基吸附于金属表面，而非极性的亲油基伸向油中，形成定向排列的单分子膜，替代了原来的金属高能表面，使水和腐蚀介质在金属表面的接触角变大，不能润湿。于是可以阻止水与金属表面的接触，对金属表面起到屏蔽作用。另一方面，当油相中缓蚀剂的浓度超过其临界胶束浓度后，缓蚀剂会自动聚集生成亲水基朝内、亲油基朝外的反胶束。这些反胶束能将油中的水或酸等腐蚀介质增溶在胶束中，从而显著地降低了油膜的透水率，减少了腐蚀介质与金属的接触。

有些油溶性缓蚀剂还具有水膜置换功能。将带有水膜的金属试片浸入含有某些缓蚀剂的矿物油中，水膜会被油膜取代，油膜黏附于金属表面，对金属保护作用。

例如图 3-14(a) 所示，金属试片上有一接触角很小的水滴，当把试片浸入含有十八胺的矿物油中时，经过一段时间，试片上的水滴会出现图 3-14(b) 的现象，水滴逐渐收缩［图 3-14(c)］，接触角 θ_W 变大，若将试片竖起，则水滴会从试片上脱落下来。十八胺在金属表面的定向吸附使固-油表面张力 γ_{SO} 降低，在水滴周围的定向吸附使油-水表面张力 γ_{OW} 降低，而金属与水之间的表面张力 γ_{SW} 不变，因此为了保持新的固-油-水三相间的平衡，根据杨氏方程

$$\gamma_{SW}-\gamma_{SO}=\gamma_{OW}\cos\theta_O \tag{3-6}$$

$\cos\theta_O$ 必须增大，即 θ_O 必然减小，θ_W 必然增大，最终水膜被油膜置换。

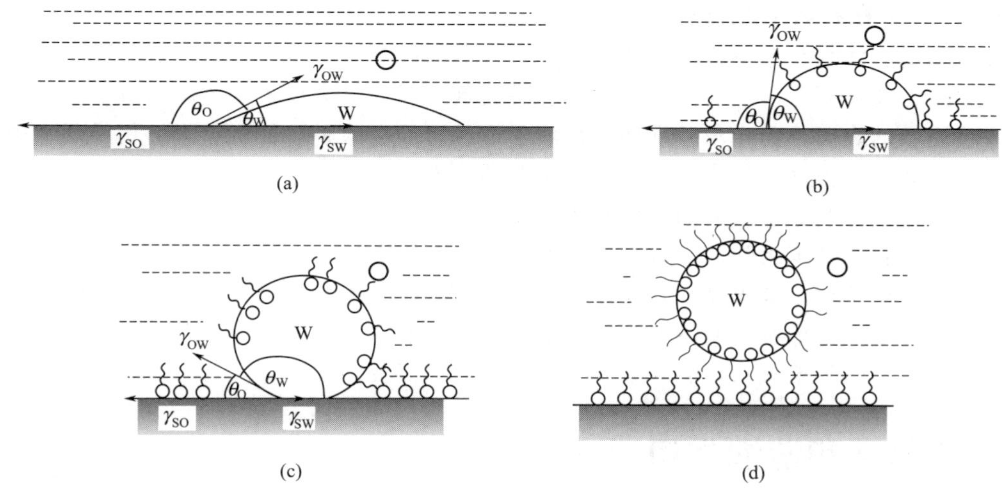

图 3-14　油溶性缓蚀剂的水膜置换原理

3.3.4.3　织物的防水防油处理

(1) 织物的防水处理　塑料薄膜和油布制成的雨衣透气性不好，长时间穿着感觉很不舒服。将纤维织物用防水剂进行处理，可使处理后的纤维表面变得疏水，不易被水润湿，具有防水性，而空气和水蒸气的透过性不受影响。

对纤维进行防水处理的较好方法是在纤维表面形成极薄的强疏水性涂层。反应性表面活性剂能与纤维的亲水基发生反应，脂肪族长碳链使纤维表面疏水，达到防水处理的目的。

例如防水剂 Zelan 与纤维素纤维的羟基反应生成醚键，反应方程式如下

$$C_{17}H_{35}CONHCH_2-\overset{+}{N}C_5H_5\cdot Cl^- + HO-Cell + CH_3COONa \xrightarrow{120\sim150^\circ C}$$

$$C_{17}H_{35}CONHCH_2-O-Cell + C_5H_5N + CH_3COOH + NaCl$$

经过反应性表面活性剂处理后的织物具有持久性防水效果，所以又称为“永久性防水处理”。

有机硅聚合物以聚硅氧链为疏水基，且具有烷基侧链，使用后为织物提供一种硅氧化合物的表面，它们能与织物牢固地结合，在纤维的缝隙发生交联反应，形成网状结构的表面

层，使纤维表面变成疏水性，且保持一定的透气性。烷基硅氧链的结构为

$$
\begin{array}{c}
\quad\ \ \mathrm{R} \qquad\quad\ \mathrm{R} \\
\quad\ \ | \qquad\qquad | \\
-\mathrm{O}-\mathrm{Si}-\mathrm{O}-\mathrm{Si}- \\
\quad\ \ | \qquad\qquad |
\end{array}
$$

（2）织物的防油处理　纤维的防油处理主要使用碳氟表面活性剂，在织物表面形成充填—CF_3基团的表面层，特别是全氟碳化合物可使处理后织物的临界表面张力显著低于油的表面张力，不易被油润湿。有代表性的处理剂是1,1-二氢全氟烷基聚丙烯酸酯，其结构式为

$$
\left[\begin{array}{c}
\mathrm{H} \quad \mathrm{COOR} \\
| \qquad | \\
\mathrm{C}-\mathrm{C} \\
| \qquad | \\
\mathrm{H} \qquad \mathrm{F}
\end{array}\right]_n
$$

当烷基R为全氟丙基（—C_3F_7）时，处理后棉布的防油率可达90（最高为150），有防油效果；当烷基R为全氟壬基（—C_9F_{19}）时，防油率可达130，防油效果显著。

3.3.4.4　在农药中的应用

许多植物、害虫和杂草表面常覆盖一层低表面能的疏水蜡质层，这使其表面不易被水和药液润湿。为此需要在药液中添加润湿剂和渗透剂，润湿剂会以疏水的碳氢链通过分子间力吸附在蜡质层的表面，而亲水基则伸入药液中形成定向吸附膜取代了疏水的蜡质层。由于亲水基与药液间具有很好的相容性，药液能够在其表面铺展。

用作农药润湿剂和渗透剂的主要是阴离子表面活性剂和非离子表面活性剂。阴离子型包括烷基硫酸盐、烷基苯磺酸盐、烷基萘磺酸盐、α-烯基磺酸盐、木质素磺酸盐、二烷基琥珀酸酯磺酸盐、烷基琥珀酸单酯磺酸盐、N-脂肪酰基-N-甲基牛磺酸钠、脂肪醇聚氧乙烯醚硫酸钠、烷基酚聚氧乙烯醚硫酸钠以及烷基酚聚氧乙烯醚甲醛缩合物等。非离子型包括烷基酚聚氧乙烯醚、脂肪醇聚氧乙烯醚和聚氧乙烯聚氧丙烯嵌段型聚醚等。

3.4　起泡和消泡作用 >>>

3.4.1　泡沫的形成及其稳定性

泡沫是气体分散于液体中的分散体系，气体是分散相（不连续相），液体是分散介质（连续相）。由于气体比液体的密度小得多，液体中的气泡会上升至液面，形成以少量液体构成的液膜隔开的气泡聚集物，即泡沫，如图3-15所示。

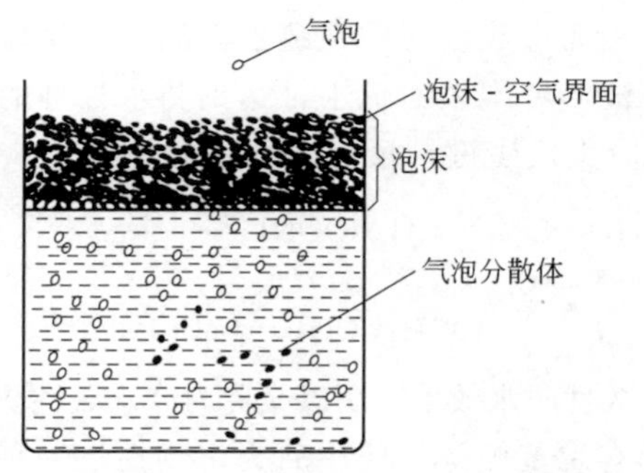

图3-15　泡沫的形态

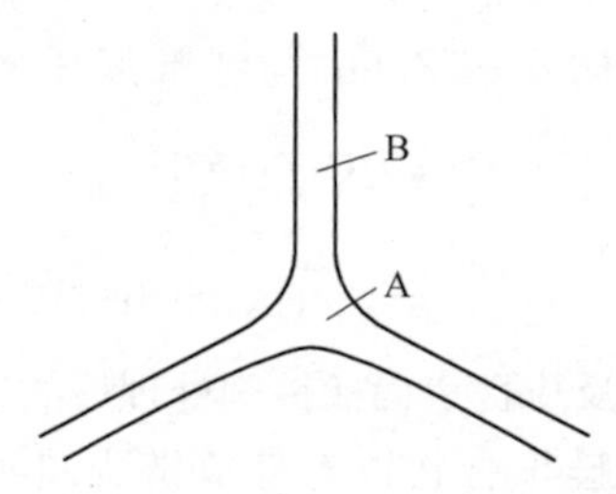

图3-16　气泡交界处的Plateau边界

在某些情况下，泡沫的产生是有利的，如矿物的浮选、泡沫灭火器等。但有些情况下，泡沫的产生是不利的，如家用洗涤剂的泡沫给污水处理带来麻烦，化学反应产生的泡沫造成反应不均匀、设备利用率降低等。因此，了解泡沫产生和破坏的条件、影响泡沫稳定性的因素对于实际生产具有重要的意义。

泡沫中的气泡被一层极薄的液膜隔开构成多面体，在气泡交界处形成了 Plateau 边界（图 3-16），根据 Laplace 公式

$$\Delta p = 2\gamma / R \tag{3-7}$$

液体内部与外部的压力差 Δp（附件压力）与液膜的半径 R 成反比。图 3-16 中三个气泡的交界处 A 为凹液面，该点压力差 Δp 小于零；而 B 处液膜近乎平面，压力差 Δp 为零。因此 B 处液体压力大于 A 处，液体会从 B 处向 A 处排液，使两个气泡间的液膜减薄，最终破裂。当膜之间的夹角为 120°时，A、B 间压差最小，这就是多边形泡沫结构中大多数是六边形的原因。

此外受重力的影响，液体也会产生向下的排液现象，液膜厚度随之下降，遇外界扰动时容易破裂，但重力排液仅在液膜较厚时起主要作用。如果把液膜看作毛细管，那么液体从液膜排出的速度与其厚度的四次方成正比，因此随排液的进行、液膜厚度的减小，排液速度急剧减慢。

气泡内气体的扩散是导致泡沫破坏的另一个重要原因，由于泡沫中气泡的大小不一样，泡内气体的附加压力 Δp 有所不同。根据 Laplace 公式(3-7)，小气泡内气体的压力大于大气泡内的压力，因此小气泡会通过液膜向大泡里排气，使小泡变小以至消失，大泡变大同时会使液膜更加变薄，最后破裂。此外，液面上的气泡也会因泡内压力比大气压大而通过液膜直接向大气排气，最后气泡破灭。

总之，泡沫是气体分散在液体中的粗分散体系，其内部存在着巨大的气-液界面，界面能很高，是热力学不稳定体系。影响泡沫稳定性的主要因素有液体的表面张力、界面膜的性质、表面张力的修复作用、表面电荷、泡内气体的扩散以及添加的表面活性剂的结构等。

（1）表面张力　通常低的表面张力有利于泡沫的形成，例如乙醇的表面张力为 22.4mN/m(20℃)，在外界条件作用下易于产生泡沫。这是因为液膜的 Plateau 边界与平面膜之间的压差与液体的表面张力成正比，表面张力越低，压力差越小，排液速度和液膜减薄的速度越慢。但此类液体产生的泡沫并不一定稳定，因为形成泡沫的稳定性还与液膜强度、表面电荷等其他因素有关。例如乙醇产生的泡沫很不稳定，极易破灭。而表面活性不太高的蛋白质、明胶等虽然不易产生泡沫，但一旦形成便十分稳定。可见液体表面张力的大小是泡沫产生的重要条件，但不是泡沫稳定性的决定因素。

（2）界面膜的性质　界面膜的强度是决定泡沫稳定性的关键因素，而界面膜的强度取决于液膜的表面黏度、液膜弹性和膜内液体的黏度。

表面黏度是指液体表面单分子层内的黏度。主要由溶液中表面活性剂分子在表面上所构成的单分子层决定。例如表面活性不高的蛋白质和明胶能形成稳定的泡沫是因为它们的水溶液有很高的表面黏度。表 3-5 给出了几种表面活性剂水溶液的表面黏度、表面张力与泡沫寿命的关系。可见，泡沫的寿命与溶液的表面张力没有确定的对应关系，而是随着表面黏度的增加明显提高。

表 3-5 部分表面活性剂水溶液（0.1%）的表面黏度、表面张力和泡沫寿命

表面活性剂	表面张力 γ /(mN/m)	表面黏度 η_s /Pa·s	泡沫寿命 t /min
Triton X-100	30.5	—	60
十二烷基硫酸钠(纯)	38.5	2×10^{-4}	69
Santomerse 3	32.5	3×10^{-4}	440
E607 L	25.6	4×10^{-4}	1650
月桂酸钾	35.0	39×10^{-4}	2200
十二烷基硫酸钠(含月桂醇)	23.5	55×10^{-4}	6100

经石油醚或乙醚提纯后的十二烷基苯磺酸钠表面黏度和泡沫寿命都较低，而含有月桂醇的商品十二烷基苯磺酸钠表面黏度较高，泡沫寿命也大大提高。图 3-17 和图 3-18 分别表明了在月桂酸钠溶液中添加月桂醇和月桂酰异丙醇胺对表面黏度和泡沫寿命的影响。

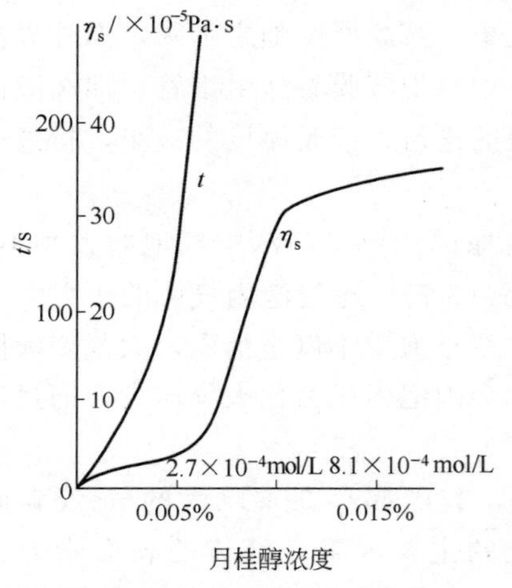

图 3-17 月桂醇对 0.1%月桂酸钠（pH=10）的表面黏度和泡沫寿命的影响

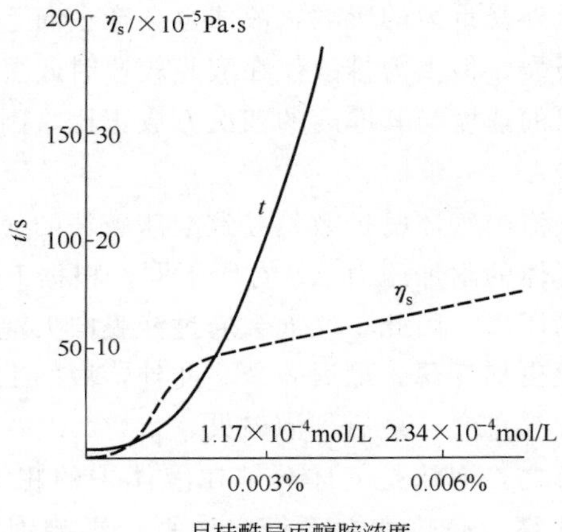

图 3-18 月桂酰异丙醇胺对 0.1%月桂酸钠（pH=10）的表面黏度和泡沫寿命的影响

在月桂酸钠溶液中加入月桂醇和月桂酰异丙醇胺后，随其加入的浓度增加，气-液界面的表面黏度增加，泡沫寿命明显上升，只是在添加物浓度较大时，表面黏度的上升变得缓慢。这进一步说明了表面黏度对泡沫寿命的重要影响作用。在月桂酸中加入月桂醇和月桂酰异丙醇胺后，可在气-液界面上生成混合分子膜，增大了吸附分子的密度，同时还可能在极性头间产生氢键等作用，使分子间相互作用和吸附膜强度增强，从而提高了泡沫的稳定性。

表面黏度是影响泡沫稳定性的重要条件，但不是唯一的，也并非越高越好，还需要考虑界面膜的弹性。例如，十六醇形成的液膜表面黏度和强度都很高，但却不能起到稳泡作用，这是因为它形成的液膜刚性很强，容易在外界扰动下脆裂，因此十六醇没有稳泡作用。理想的液膜应该是高黏度和高弹性的凝聚膜。

此外，液膜内液体的黏度也对泡沫的稳定性有一定的影响。当液膜液体本身的黏度较大时，液膜中的液体不易排出，液膜厚度变小的速度较慢，从而延缓了液膜的破裂时间，提高了泡沫的稳定性。

(3) 表面张力的修复作用 所谓修复作用是指泡沫的液膜受外界扰动或自动排液变薄

时，会通过自身收缩或由其他部位补充来恢复原状的现象。如图 3-19 所示，当液膜受到冲击或发生排液现象时，局部液膜变薄，同时变薄之处（A 点）的液膜表面积增大，表面吸附分子的密度减少，导致局部表面张力增加，即 $\gamma_A > \gamma_B$。由于 B 处表面分子的密度高于 A 处，所以有从 B 处向 A 处迁移的趋势，使 A 处表面分子的密度增大，从而表面张力恢复原来的较低的数值。在表面分子从 B 向 A 迁移过程的同时，会携带邻近的液体一起移动，使 A 处的液膜又变为原来的厚度。表面张力和液膜厚度的恢复，均使液膜强度复原，泡沫的稳定性提高。

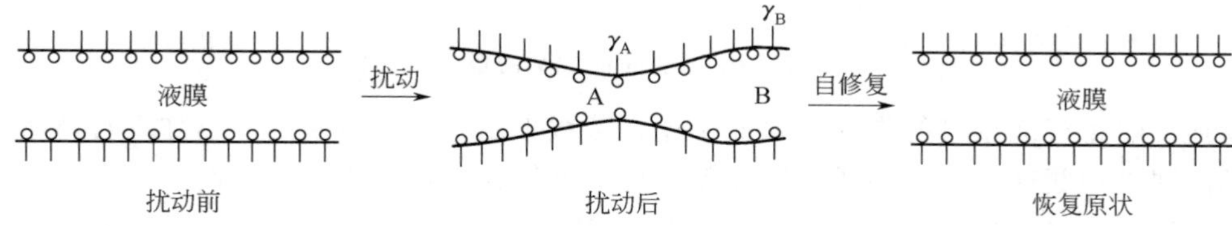

图 3-19　表面张力的修复作用

从能量的角度看，当吸附了表面活性剂的泡沫受到外界冲击和扰动，或液膜受重力作用排液时，都会引起液膜局部变薄、面积增大，以及表面吸附分子浓度的降低，表面张力增大。如果进一步扩大液膜表面，则需要做更大的功。另外，液膜表面收缩，将使表面吸附分子的浓度增加，表面张力减小，也不利于表面的进一步收缩。因此，吸附了表面活性剂的液膜有反抗表面扩张或收缩的能力，犹如具有了弹性。人们把液膜通过收缩使该处表面活性剂浓度恢复，并且能阻碍液膜排液流失的性质称为 Gibbs 弹性。这种弹性使液膜在受到冲击后，自动修补液膜变薄处，表现出自修复作用。液膜的弹性 E 可由下式表示

$$E = 2A\left(\frac{d\gamma}{dA}\right)_{T,N_1,N_2} \tag{3-8}$$

式中，A 为液膜面积；γ 为液体表面张力；T 代表温度；N_1 和 N_2 代表溶液中的组分。

对于提高泡沫的稳定性，液膜的弹性和自修复作用比降低表面张力更为重要。纯液体没有表面弹性，表面张力不会随表面积变化，因而不能形成稳定的泡沫。

(4) 表面电荷　如果泡沫液膜的表面带有相同符号的电荷，当液膜受到挤压、气流冲击或重力排液使液膜变薄（厚度约为 100nm）时，液膜的两个表面将会产生静电斥力作用，以阻止继续排液减薄，延缓液膜变薄，提高泡沫稳定性。

使用离子型表面活性剂为起泡剂时，表面活性剂在水中解离后就产生正离子或负离子，并在液膜表面发生吸附。例如十二烷基硫酸钠在水中电离生成十二烷基硫酸根负离子（$C_{12}H_{25}SO_4^-$），在液膜表面形成带负电荷的表面，反离子 Na^+ 分散于液膜溶液内，与 $C_{12}H_{25}SO_4^-$ 负离子在液膜上形成双电层，如图 3-20 所示。当液膜变薄至一定程度时，两个表面开始产生明显的电斥力，防止液膜进一步减薄。这种静电斥力作用在液膜较厚时并不明显。

(5) 泡内气体的扩散　通常泡沫中气泡的大小是不均匀的，小泡内气体压力较大，透过液膜向低压的大泡内扩散；另外，浮于液面的气泡通过液膜向大气排气。无论哪种排气方式，气泡内气体的扩散速度与液膜的性质和黏度有关，液膜黏度越高，表面吸附的分子排列越紧密，气体的相对透过率越低，气泡的排气越慢，泡沫越稳定。

表面活性剂分子吸附于泡沫的液膜上，形成紧密排列的吸附膜，使液膜的表面黏度升

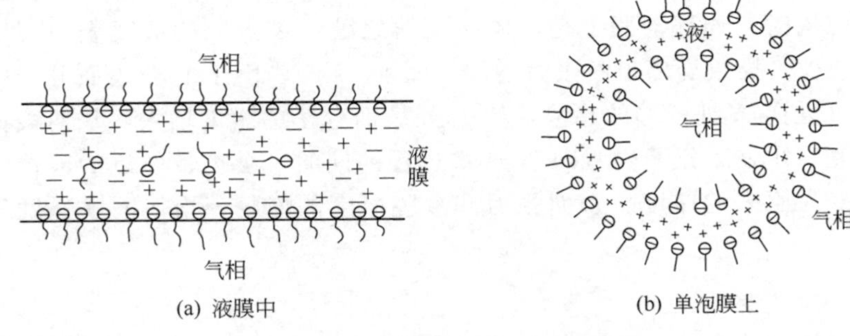

(a) 液膜中 (b) 单泡膜上

图 3-20 离子型表面活性剂的双电层结构

高，起到了阻止气泡排气的作用。如前所述，若在十二烷基硫酸钠溶液中加入月桂醇，吸附层分子排列更加紧密，液膜的透气性显著降低，泡沫的稳定性将大大提高。

综上所述，影响泡沫稳定性的因素是多方面的，但关键在于表面膜的性质和强度，作为起泡剂和稳泡剂的表面活性剂的分子结构对泡沫的稳定性起了很大作用。当疏水基碳链为长度适当的直链时，表面活性剂依靠分子间力在液膜表面形成紧密的吸附层，液膜强度和泡沫稳定性提高。碳链太短，表面膜的强度较低；碳链太长，膜的刚性太强，缺乏弹性。通常含12～14 个碳原子的疏水链效果最佳。对于亲水基团，水化能力越强，亲水基周围形成的水化膜越厚，能将液膜中流动性强的自由水变成流动性差的束缚水，同时也提高了液膜的黏度，增加了泡沫的稳定性。此外，分子结构中带有羟基、氨基和酰氨基的表面活性剂在表面膜中可形成氢键，使表面膜黏度和强度增加，达到稳定泡沫的目的。

3.4.2 表面活性剂的起泡和稳泡作用

3.4.2.1 表面活性剂的起泡性

表面活性剂的起泡性是指表面活性剂溶液在外界作用下产生泡沫的难易程度。向含有表面活性剂的水溶液中充气或施以搅拌，便可形成被溶液包围的气泡。表面活性剂分子疏水的碳氢链伸入气泡的气相中，亲水的极性头伸入水中，在气泡的气-液界面形成定向吸附的单分子膜。当气泡上升至液面时，进一步吸附液体表面的表面活性剂分子，露出水面与空气接触的部分形成了位于液面两端的双分子膜，此时的气泡有较长的寿命，随着气泡不断地产生，堆积在液体表面形成泡沫，如图 3-21 所示。

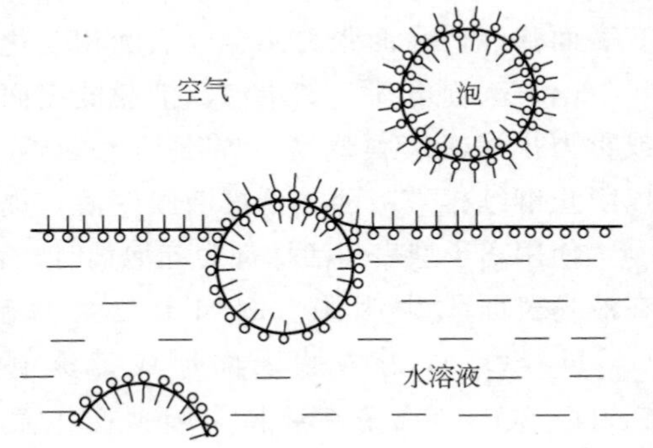

图 3-21 泡沫形成示意图

这种带有表面活性剂双分子层水膜的气泡液膜强度较高，膜的厚度为几百纳米，具有光的波长等级，在阳光下可以看到七色光谱带。

在泡沫形成过程中，气-液界面的面积急剧增加，体系的能量也随之增加，因此需要外界对体系做功，如加压通气或搅拌等。外界所做功 $W_{外}$ 的大小可由式(3-9) 表示。

$$W_{外}=\Delta E=\gamma A \tag{3-9}$$

式中，ΔE 为泡沫产生前后体系的能量差。如果液体的表面张力 γ 越低，则施加相同的功所产生的气泡的面积 A 越大，泡沫体积就越大，说明此液体容易起泡。例如水的表面张力为 72.8mN/m，加入十二烷基硫酸钠后，表面张力可降至 39.5mN/m，容易产生泡沫。

因此作为起泡剂的表面活性剂要具有高的表面活性，表面活性剂的起泡性可以用其降低水的表面张力的能力来表征，降低水的表面张力的能力越强，越有利于产生泡沫。此外，起泡剂应当容易在气-液界面形成定向排列的吸附膜。研究和应用结果表明，具有良好起泡性的通常是阴离子表面活性剂，常用起泡剂的种类和结构列于表 3-6 中。

表 3-6　常用起泡剂的种类和结构

类型		结构
羧酸盐类	脂肪酸盐	RCOOM （R 为 C_{12}～C_{14} 烷基，M 为 Na、K、NH_4）
	脂肪醇聚氧乙烯醚羧酸盐（AEC）	$RO(CH_2CH_2O)_nCH_2COOM$ （R 为 C_{12}～C_{14} 烷基，M 为 Na、K、NH_4）
	邻苯二甲酸单脂肪醇酯钠盐	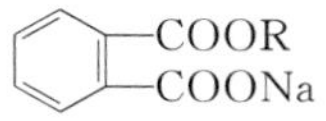 C_6H_4(—COOR)(—COONa)（邻位） （R 多为 $C_{12}H_{25}$）
硫酸盐类	烷基硫酸盐	$ROSO_3M$ （R 为 C_{12}～C_{14} 烷基，M 为 Na、K、NH_4）
	脂肪醇聚氧乙烯醚硫酸钠（AES）	$RO(CH_2CH_2O)_nSO_3Na$ （R 多为 $C_{12}H_{25}$，n=1～2）
	烷基酚聚氧乙烯醚硫酸钠	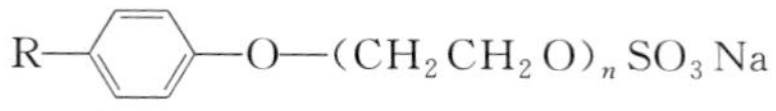 $R—C_6H_4—O—(CH_2CH_2O)_nSO_3Na$ （R=C_8H_{17}，C_9H_{19}，n=5～10）
	烷基硫酸乙醇胺盐	$ROSO_3H·NH_2(CH_2CH_2OH)$（单乙醇胺盐） $ROSO_3H·NH(CH_2CH_2OH)_2$（双乙醇胺盐） （R=$C_{12}H_{25}$）
磺酸盐类	烷基磺酸盐	RSO_3Na（R=$C_{12}H_{25}$）
	烷基苯磺酸钠	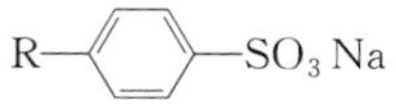 $R—C_6H_4—SO_3Na$　（R=$C_{12}H_{25}$）
琥珀酸单酯磺酸钠	*N*-脂肪酰基乙醇胺琥珀酸单酯磺酸二钠	$RCONH(C_2H_4O)OCCH_2CHCOONa$ （CH 上连 SO_3Na）
	脂肪酰氨基琥珀酸单酯磺酸二钠	R′CONHCHCHCOONa （两个 CH 上分别连 ROOC 和 SO_3Na）
	脂肪醇聚氧乙烯醚琥珀酸单酯铵盐磺酸钠	$RO(CH_2CH_2O)_nOCCH_2CHCOONH_4$ （CH 上连 SO_3Na） （R=$C_{12}H_{25}$，n=1～3）
	脂肪醇聚氧乙烯醚单琥珀酰胺磺酸二钠	$RO(OCH_2CH_2)_nNHCOCH_2CHCOONa$ （CH 上连 SO_3Na） （R=$C_{12}H_{25}$，n=8～12）

3.4.2.2 表面活性剂的稳泡性

表面活性剂的稳泡性和起泡性是两个不同的概念，稳泡性是指在表面活性剂水溶液产生泡沫之后，泡沫的持久性或泡沫“寿命”的长短。稳泡性与液膜的性质有密切的关系，作为稳泡剂的表面活性剂可提高液膜的表面黏度，增加泡沫的稳定性，延长泡沫的寿命。常用的稳泡剂主要有天然化合物、高分子化合物和合成表面活性剂等三类。

（1）天然化合物　天然稳泡剂主要有明胶和皂素两种。这类物质虽然降低表面张力的能力不强，但能在泡沫的液膜表面形成高黏度和高弹性的界面膜，因此有很好的稳泡作用。明胶和皂素的分子间不存在范德华力，而且分子中还含有—COOH、—NH_2和—OH 等。这些基团都有生成氢键的能力，因此，在泡沫体系中由于它们的存在，使表面膜的黏度和弹性得到提高，从而增强了表面膜的机械强度，起到稳定泡沫的作用。

（2）高分子化合物　聚乙烯醇、甲基纤维素及改性淀粉、羟乙基淀粉等高分子化合物具有良好的水溶性，不仅能提高液相黏度，阻止液膜排液，同时还能形成高强度的界面膜，因此具有较好的稳泡作用。

（3）合成表面活性剂　合成表面活性剂作为稳泡剂一般是非离子表面活性剂，其分子结构中大多含有—NH_2、—CONH—、—OH、—COOH、—CO—、—COOR、—O—等能够生成氢键的基团，用以提高液膜的表面黏度，具体品种如表 3-7 所列。

表 3-7　主要合成稳泡剂的种类和结构

名　称	结　构	实　例
脂肪酸乙醇酰胺	$RC(=O)NHCH_2CH_2OH$ （R=C_{11}～C_{17}烷基）	$C_{11}H_{23}CONHCH_2CH_2OH$ 月桂酰单乙醇酰胺
脂肪酰二乙醇胺	$RCON(CH_2CH_2OH)_2$ （R=C_{11}～C_{17}烷基）	$C_{11}H_{23}CON(CH_2CH_2OH)_2$ 月桂酰二乙醇胺
聚氧乙烯脂肪酰醇胺	$RCONH(CH_2CH_2O)_nH$ （R=C_{11}～C_{17}烷基，n=5～25）	$C_{11}H_{23}CONH(CH_2CH_2O)_nH$ （n=5～25） 聚氧乙烯月桂酰醇胺
氧化烷基二甲基胺(OA)	$R-N(CH_3)_2\rightarrow O$ （R=C_{12}～C_{18}烷基）	$C_{12}H_{25}-N(CH_3)_2\rightarrow O$ 氧化十二烷基二甲基胺
烷基葡萄糖苷(APG)	[葡萄糖环(HO, HO, OH, CH_2OH)—O]$_n$—R （R=C_8～C_{18}烷基）	[葡萄糖环(HO, HO, OH, CH_2OH)—O]$_n$—$C_{12}H_{25}$ 十二烷基葡萄糖苷
烷基酰胺	$RNHCOR'$	$C_{12}H_{25}NHCOCH_3$ 乙酰十二胺
烷基苯磺酰二乙醇胺	$R-C_6H_4-SO_2N(CH_2CH_2OH)_2$	$C_{12}H_{25}-C_6H_4-SO_2N(CH_2CH_2OH)_2$ 十二烷基苯磺酰二乙醇胺

3.4.3　表面活性剂的消泡作用

尽管泡沫在很多方面具有重要的意义，但在有些场合下，也会给生产带来许多麻烦，如在微生物工业、发酵酿造工业以及减压蒸馏、溶液浓缩和机械洗涤等过程中，泡沫的存在都是有害的。因此研究泡沫的抑制和消除方法，防止泡沫的产生是十分必要的。

采用抑泡剂防止泡沫产生的方法叫做抑泡法。作为抑泡剂的表面活性剂不能在溶液表面形成紧密的吸附膜，分子间的作用力较小，并且形成的界面膜弹性适中。一般认为，带短聚氧乙烯链的非离子表面活性剂和聚氧乙烯聚氧丙烯嵌段共聚物具有较好的抑泡性能，是常用的抑泡剂。但到目前为止还没有高效并且普遍适用的抑泡剂，需要具体情况具体分析。

在实际应用中，更多的情况是使用消泡剂消除已产生的泡沫，具有破坏泡沫能力的表面活性剂叫做消泡剂。一种好的消泡剂既能快速消除泡沫，又能在相当长的时间内防止泡沫生成。

3.4.3.1　泡沫的消除机理

消泡剂主要通过以下几种方式消除泡沫。

（1）使液膜局部表面张力降低　如图 3-22 所示，将消泡剂加入到泡沫体系中后，消泡剂微滴浸入气泡液膜，顶替了原来液膜表面上的表面活性剂分子，使此处的表面张力降低得比液膜其他处的表面张力更低。由于泡沫周围液膜的表面张力高，将产生收缩力，从而使低表面张力处的液膜被强烈地向四周牵引、延展而伸长、变薄，最后破裂（D 处）使气泡消除。

（2）破坏界面膜弹性使液膜失去自修复作用　界面膜的弹性是保证泡沫稳定的重要因素，弹性越大，液膜具有越强的自修复能力，泡沫越稳定。在泡沫体系中加入聚氧乙烯聚硅氧烷等表面张力极低的消泡剂，消泡剂进入泡沫液膜后，会使此处液膜的表面张力降至极低而失去弹性。当此处的液膜受到外界的扰动或冲击拉长，液膜面积增加，消泡剂的浓度降低，引起液膜的表面张力上升时，液膜不能产生有效的弹性收缩力来使自身的表面张力和厚度恢复，从而因失去自修复作用而被破坏。

（3）降低液膜黏度　泡沫液膜的表面黏度越高，其强度也越高，排液速度越慢；同时液膜的透气性越低，更能阻止泡内气体的扩散作用，从而达到延长泡沫寿命、提高泡沫稳定性的作用。例如，含聚氧乙烯链的表面活性剂和蛋白质分子链间都能够形成氢键（图 3-23），提高了液膜的表面黏度。如果用不能产生氢键的消泡剂将前两种表面活性剂分子从液膜表面取代下来，就会减小液膜的表面黏度，使泡沫液膜的排液速度和气体扩散速度加快，减少泡沫的寿命而使泡沫消除。

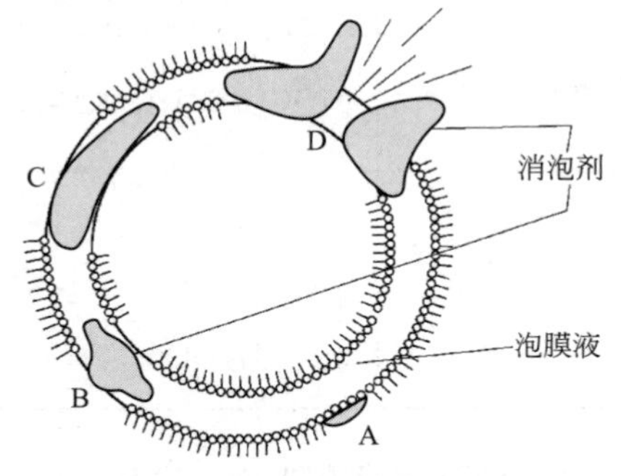

图 3-22　消泡剂降低局部液膜表面张力示意图

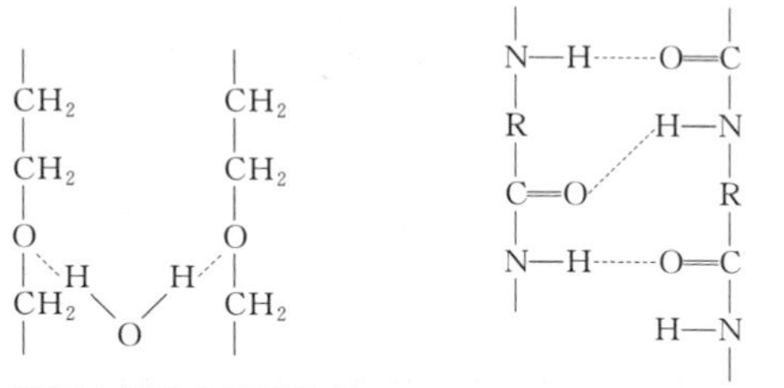

(a) 聚氧乙烯型表面活性剂　　(b) 蛋白质的分子链

图 3-23　表面活性剂分子间氢键示意图

（4）固体颗粒的消泡作用　疏水性固体颗粒具有一定的消泡作用。当表面疏水的固体颗粒加入到泡沫体系中时，原吸附于泡沫液膜表面的表面活性剂分子以其疏水基吸附于固体颗粒的表面，其亲水基伸入液相，使固体颗粒表面转变为亲水性表面。于是，原泡沫液膜中的表面活性剂被固体颗粒携带进入液膜的水相，使液膜的表面活性剂浓度、表面黏度以及自修复能力降低，从而降低了泡沫的稳定性，缩短了泡沫的寿命。可见，固体颗粒通过对泡沫液膜上表面活性剂分子的吸附和转移起到消除泡沫的作用，该过程如图 3-24 所示。

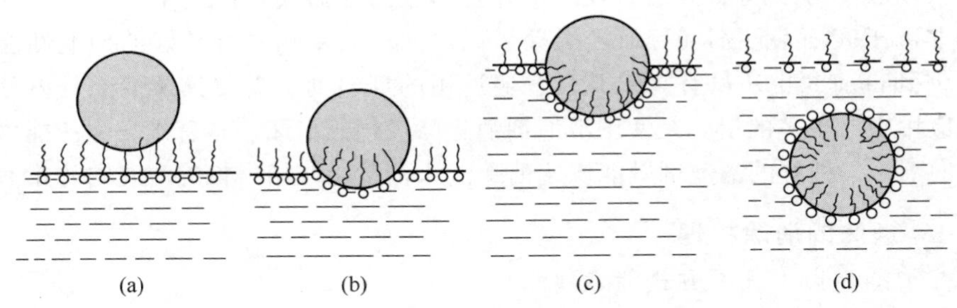

图 3-24　疏水性固体颗粒消泡过程示意图

3.4.3.2　消泡剂

消泡剂主要有天然油脂和矿物油、固体颗粒以及合成表面活性剂三类。

（1）天然油脂和矿物油　天然油脂主要指动植物油和蜡，如棉子油、蓖麻油、油酸、椰子油、猪油、牛油、羊油和棕榈蜡、蜂蜡、鲸蜡等，主要成分是脂肪酸及其酯和高级醇及其酯。天然油脂和矿物油类消泡剂价格低廉，为了提高它们在水中的分散性和消泡效果，可将其中两种或多种配合使用，也可与表面活性剂配合使用。

（2）固体颗粒　此类消泡剂主要是常温下为固体、比表面积较高、具有疏水性表面的固体颗粒，如二氧化硅、膨润土、硅藻土、滑石粉、活性白土、二氧化钛、脂肪酰胺和重金属皂等。

（3）合成表面活性剂　用作消泡剂的表面活性剂主要是非离子表面活性剂，包括多元醇脂肪酸酯型、聚醚型和含硅表面活性剂等三种。

多元醇脂肪酸酯类消泡剂是由乙二醇、丙三醇与硬脂酸经酯化反应制得，主要品种的特点和结构如表 3-8 所示。

表 3-8　多元醇脂肪酸酯类消泡剂的品种、结构和特点

名　　称	特　　点	结　　构
乙二醇单硬脂酸酯	白色或乳白色固体或片状物，可用作金属加工、化妆品、洗涤剂和药物生产中的消泡剂	$HOCH_2CH_2OOCC_{17}H_{35}$
甘油单硬脂酸酯	白色至淡黄色蜡状固体，易溶于植物油，可作为糕点和豆浆的消泡剂	CH_2OH | $CHOH$ | $CH_2OOCC_{17}H_{35}$

用作消泡剂的聚醚型非离子表面活性剂品种较多，这类消泡剂具有非离子表面活性剂的溶解度性质，在低温下分子呈蜿曲形，与水分子形成氢键而溶解在水中。温度升高时，由于

分子热运动加剧，氢键被破坏，表面活性剂的溶解度降低。当温度升到浊点之上时，会从水中析出并以油滴形式存在，是性能优良的水体系消泡剂。此类消泡剂主要有聚氧乙烯醚、聚氧乙烯聚氧丙烯嵌段共聚物、脂肪醇聚氧丙烯聚氧乙烯醚、甘油聚氧丙烯聚氧乙烯醚脂肪酸酯以及含氮聚氧丙烯聚氧乙烯醚等，它们的品种和结构如表 3-9 所示。

表 3-9　聚醚型消泡剂的品种和结构

品　　种		结　　构
聚氧乙烯醚		$H(OCH_2CH_2)_nOH$
聚氧乙烯聚氧丙烯嵌段共聚物		$HO(C_2H_4O)_l(C_3H_6O)_m(C_2H_4O)_nH$ 或 $HO(C_3H_6O)_l(C_2H_4O)_m(C_3H_6O)_nH$
脂肪醇聚氧丙烯聚氧乙烯醚	聚氧丙烯聚氧乙烯单丁醚	$C_4H_9O(C_3H_6O)_m(C_2H_4O)_nH$
	聚氧丙烯聚氧乙烯丙二醇醚	CH_3 | $CHO(C_3H_6O)_l(C_2H_4O)_mH$ | $CH_2O(C_3H_6O)_n(C_2H_4O)_pH$
	聚氧丙烯甘油醚	$CH_2O(C_3H_6O)_lH$ | $CHO(C_3H_6O)_mH$ | $CH_2O(C_3H_6O)_nH$
	聚氧丙烯聚氧乙烯甘油醚	$CH_2O(C_3H_6O)_m(C_2H_4O)_nH$ | $CHO(C_3H_6O)_{m'}(C_2H_4O)_{n'}H$ | $CH_2O(C_3H_6O)_{m''}(C_2H_4O)_{n''}H$
	聚氧丙烯聚氧乙烯季戊四醇醚	$CH_2O(PO)_m(EO)_nH$ | $H(EO)_{n'''}(PO)_{m'''}OH_2C—C—CH_2O(PO)_{m'}(EO)_{n'}H$ | $CH_2O(PO)_{m''}(EO)_{n''}H$ $(EO=C_2H_4O,PO=C_3H_6O)$
甘油聚氧乙烯聚氧丙烯醚脂肪酸酯	单酯	$CH_2O(C_3H_6O)_m(C_2H_4O)_nOCR$ | $CHO(C_3H_6O)_{m'}(C_2H_4O)_{n'}H$ | $CH_2O(C_3H_6O)_{m''}(C_2H_4O)_{n''}H$
	双酯	$CH_2O(C_3H_6O)_m(C_2H_4O)_nOCR$ | $CHO(C_3H_6O)_{m'}(C_2H_4O)_{n'}OCR$ | $CH_2O(C_3H_6O)_{m''}(C_2H_4O)_{n''}H$
	三酯	$CH_2O(C_3H_6O)_m(C_2H_4O)_nOCR$ | $CHO(C_3H_6O)_{m'}(C_2H_4O)_{n'}OCR$ | $CH_2O(C_3H_6O)_{m''}(C_2H_4O)_{n''}OCR$

续表

品种		结构
含氮聚氧丙烯聚氧乙烯醚	三异丙醇胺聚氧丙烯聚氧乙烯醚	$N\left\{\begin{array}{l}(C_3H_6O)_m(C_2H_4O)_nH \\ (C_3H_6O)_{m'}(C_2H_4O)_{n'}H \\ (C_3H_6O)_{m''}(C_2H_4O)_{n''}H\end{array}\right.$
	Polxamine	$HO(EO)_a(PO)_b—N[(PO)_f(EO)_eOH]—CH_2CH_2—N[(PO)_g(EO)_hH]—(PO)_c(EO)_dH$（左侧 N 上支链为 $HO(EO)_e(PO)_f$，右侧 N 上支链为 $(PO)_g(EO)_hH$） $(EO=C_2H_4O,PO=C_3H_6O)$

含硅表面活性剂的表面活性高，挥发性低，化学稳定性好而且无毒，具有较好的分散稳定性和较强的消泡效力。将聚硅氧烷液体乳化分散在水中制成的O/W型乳液可用作水体系的消泡剂，用量少，不易燃，使用安全性高。如消泡剂ZP-20是由二甲基硅油经乳化制得，可用于铜版纸、抗生素和维生素等生产过程的消泡。

用于油体系的聚硅氧烷消泡剂可以是硅油在有机溶剂中的溶胶，也可以是硅油在矿物油等介质中的分散体系或与其他物质的混合物。这类消泡剂在水中的溶解度较低，应用受到限制，为此在聚硅氧烷分子上引入聚醚链段，成为聚醚聚硅氧烷型消泡剂，这类消泡剂具有一定的亲水性，消泡作用较强，应用较为广泛。

3.4.4 起泡与消泡的应用

矿物浮选是表面活性剂起泡作用的重要应用之一，选矿的机理和使用的起泡剂已在3.3节中进行了详细介绍。此处重点介绍起泡作用在泡沫灭火、原油开采中的应用，以及消泡作用在发酵工业和轻工业中的应用。

3.4.4.1 起泡作用在泡沫灭火中的应用

泡沫灭火是表面活性剂起泡作用的另一个十分重要的应用。其基本原理是产生大量的泡沫，借助泡沫中所含的水分起到冷却作用，或者在燃烧体的表面上覆盖一层泡沫层、胶束膜或凝胶层，使燃烧体与可燃气体氧隔绝，从而起到灭火的目的。对于木材、棉等固体物质燃烧引起的火灾，主要是通过表面活性剂的渗透和润湿作用，使泡沫中的水易于渗入燃烧体内部起到阻止燃烧的作用。对于油类等液体物质引起的火灾，则主要是通过表面活性剂加速油的乳化和凝胶化作用，以及泡沫在燃烧油表面的迅速铺展和隔离层的形成起到灭火的作用。

泡沫灭火剂主要是由高起泡能力的表面活性剂组成，大多是高级脂肪酸类或高碳醇类的阴离子、非离子和两性表面活性剂。为了提高生成泡沫的稳定性，可在泡沫灭火剂中添加月桂醇、乙醇胺及羧甲基纤维素等稳泡剂。

按照生产泡沫的膨胀率，泡沫灭火剂可分为低泡型和高泡型，前者泡沫膨胀率为3～20倍，后者为1000倍以下。根据主要成分的不同，泡沫灭火剂包括蛋白质泡沫灭火剂、合成表面活性剂泡沫灭火剂、碳氟表面活性剂泡沫灭火剂、水溶性液体火灾用泡沫灭火剂和化学泡沫灭火剂。

(1) 蛋白质泡沫灭火剂　这种灭火剂以天然蛋白质为原料，属于低泡型泡沫灭火剂，主要用于石油类火灾的消防，如大型油罐贮存场所用的固定泡沫灭火器。天然蛋白质主要来源于牛和马的蹄、角等粉末，近年来也使用甲醇蛋白质和酵母蛋白质等微生物蛋白质。将这些原料在 100℃的氢氧化钠或氢氧化钙等碱性溶液中水解数小时，再用盐酸、硫酸或有机酸中和，过滤后加入二价铁盐、防腐剂、防冻剂等即得到原液。经研究认为，这种泡沫灭火剂的主要成分可能是分子量为 5000～20000 的高起泡性的多肽，分子中含有大量的羧基（—COOH)、氨基（$—NH_2$）和酰氨基（$—CONH_2$或—CONH—），属于天然两性表面活性剂。蛋白质角朊中还含有大量的多硫键（—S—S—）和巯基（—SH)，与二价铁盐反应生成的化合物是消灭石油类火灾的有效成分，能够在高温的水-油界面形成稳定、耐热的吸附膜，起到隔绝空气的作用，以达到灭火的目的，灭火性能极佳。

（2）合成表面活性剂灭火剂　这类泡沫灭火剂适用于石油、气体燃料和固体燃料火灾的消防，可以用在有限空间的室内灭火，也可用在坑道、地下道和高层建筑等场所，以高泡型灭火剂为主，也有部分属于低泡型。使用的表面活性剂大多具有较好的起泡性能，如十二烷基硫酸三乙醇胺、月桂醇聚氧乙烯醚硫酸盐、含 10～18 个碳原子的 α-烯基磺酸钠及含硅表面活性剂等。为提高泡沫的稳定性、耐硬水性、耐油性和耐低温性等，灭火剂中常常还需加入相应的添加剂。

含硅表面活性剂在泡沫灭火方面应用性能极佳，作为灭火剂的有阴离子型、阳离子型和非离子型表面活性剂。例如：

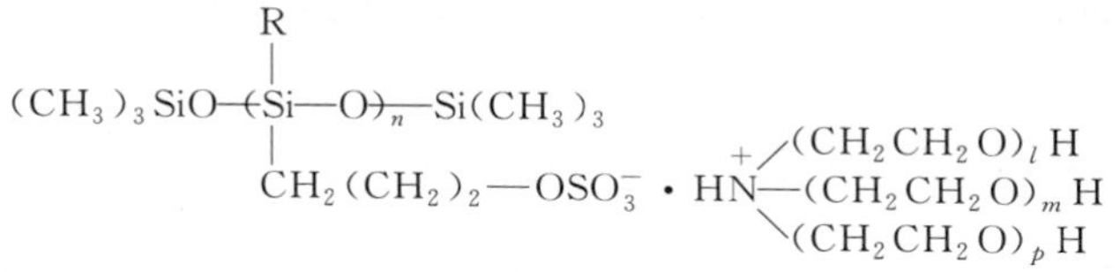

$$(CH_3)_3SiO{+}Si(R)(CH_2(CH_2)_2{-}OSO_3^-){-}O{+}_n Si(CH_3)_3 \cdot H\overset{+}{N}{<}\begin{matrix}(CH_2CH_2O)_l H\\(CH_2CH_2O)_m H\\(CH_2CH_2O)_p H\end{matrix}$$

阴离子型（R 为烷基或硅烷基）

$$(CH_3)_3SiO{+}Si(R)(CH_2(CH_2)_2{-}Y_m\overset{+}{N}R'_3 \cdot Z^-){-}O{+}_n Si(CH_3)_3$$

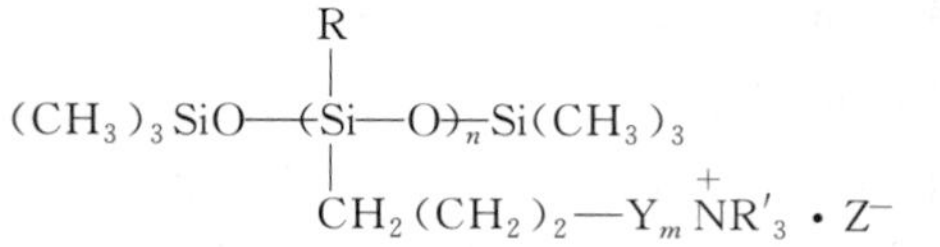

阳离子型

R 为烷基或硅烷基

R′为氢或烷基

Y 为$—NHCH_2CH_2—$或$—OCH_2CH_2—$

Z 为卤素，如 Cl

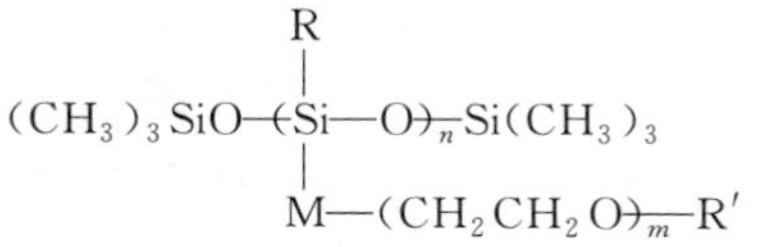

$$(CH_3)_3SiO{+}Si(R)(M{-}(CH_2CH_2O{+}_m R'){-}O{+}_n Si(CH_3)_3$$

非离子型

R 为烷基或硅烷基

R′为氢或烷基

M 为 $+CH_2+_3$ 或 $—O+CHCH_2O+$（CH 上连 CH_3）

此外，水溶性液体火灾灭火剂可以采用上述天然蛋白质的水解物或合成表面活性剂为起泡剂，并添加其他成分以提高耐热性和灭火效果。化学泡沫灭火剂是利用碳酸氢钠与硫酸铝反应产生二氧化碳气体，用皂角苷、牛奶酪蛋白和合成表面活性剂等作起泡剂。通常此类灭火剂供燃烧面积在 $1m^2$ 以内小规模油类火灾的消防，也常用于室内灭火器。碳氟表面活性剂型泡沫灭火剂性能优异，将在有关碳氟表面活性剂的章节（8.1）中详细介绍。

3.4.4.2 起泡作用在原油开采中的应用

泡沫是气-液分散体系，密度小，质量小，内部压力仅有水压力的 1/50～1/20。而且泡沫具有一定的黏滞性，可连续流动，对水、油及砂石等有携带作用，在石油开采中得到了极为广泛的应用。

（1）泡沫钻井液　钻井液又称钻井泥浆，以黏土泥浆为主要成分，加入各种化学添加剂配制而成，具有携带和悬浮钻屑、稳定井壁、冷却和冲洗钻头、消除井底岩屑等功能，对钻井效率和防止事故起关键作用。泡沫钻井液也称充气钻井液，密度和压力低，泡沫细小，具有良好的黏滞性和携带钻屑的能力。在钻低压油层时，使用泡沫钻井液可防止因水基钻井液密度过高、压力过大导致的将地层压漏、使大量钻井液流失的现象，能够提高原油开采的产量，防止地层的膨胀和钻井液的漏失。这不仅给石油开采带来很大的便利，显著提高钻井速度，而且有利于发现油层和保护油层，在该领域具有十分重要的应用价值。

常用的发泡剂有烷基苯磺酸盐、烷基硫酸盐、烷基苯磺酸异丙醇胺盐、脂肪醇聚氧乙烯醚硫酸钠、*N*-酰基-*N*-甲基牛磺酸盐、α-烯烃磺酸盐、伯醇和烯烃磺酸盐的混合物、月桂酰二乙醇胺、辛基酚聚氧乙烯醚、脂肪醇聚氧乙烯醚等，其中 α-烯烃磺酸盐的效果最佳。

（2）泡沫驱油剂　驱油剂是指为了提高原油开采收率而从油田的注入井注入油层、将原油驱至油井的物质。目前世界各国的油田开发过程中，一次采油和二次采油的石油开采量仅能达到地下原油的 25%～50%。为进一步提高原油的开采收率，一般在三次采油中使用各种驱油剂，可将开采收率提高到 80%～85%。驱油剂的种类很多，泡沫驱油剂是其中十分重要的一种，具有良好的驱油效果，特别是对非均质油层的驱油效果更为显著。因为泡沫驱油剂能有效地改善驱动流体在非均质油层内的流动状况，提高注入流体的波及效率。油层的非均质程度越严重，泡沫驱油的效果越显著。在一般情况下，泡沫驱油可提高采收率 10%～25%左右。

由图 3-25 所示，在泡沫驱油的过程中，由于泡沫在多孔介质内的渗流特性，首先进入流动阻力较小的高渗透大孔道。泡沫的视黏度随介质孔隙的增大而升高，并随剪切应力的增加而降低，这一点不利于泡沫在油层大孔道内的流动，而有利于泡沫进入小孔道。因此随着注入量的增多，泡沫的流动阻力逐渐增加而形成堵塞，阻止泡沫进一步流入大孔道。当大孔道内的流动阻力增大到超过小孔道中的流动阻力后，便迫使泡沫更多地进入低渗透小孔道驱油，而泡沫在小孔道中流动时视黏度低，阻力小。另外，泡沫遇到油后稳定性降低并导致破灭，而小孔道内原油的饱和度高于大孔道，泡沫的稳定性更低。因此两方面因素作用的结果最终导致泡沫在高、低渗透率油层内均匀推进，波及效率不断扩大，直到泡沫进入整个岩层孔隙。此后驱动流体便能比较均匀地推进，将大小孔道内的原油全部驱至油井。

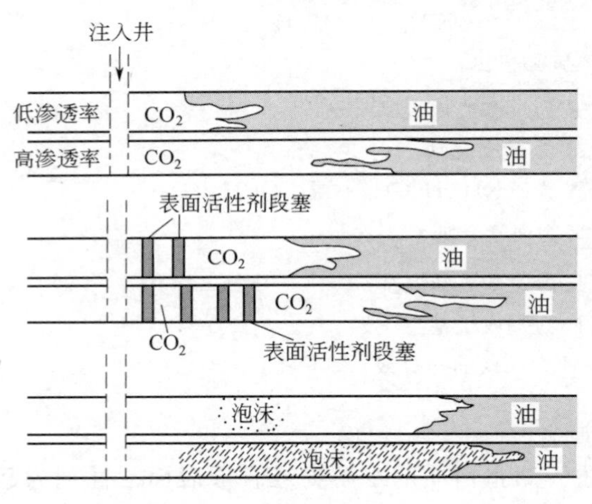

图 3-25　二氧化碳泡沫驱油过程示意图

泡沫驱油剂由气体、水、起泡剂、稳泡剂和电解质组成。其中的气体可以是空气、蒸汽、二氧化碳、天然气或氮气等。起泡剂可采用阴离子、非离子或复配型表面活性剂。常用的阴离子表面活性剂如烷基磺酸钠、烷基苯磺酸钠、甲苯磺酸盐、二甲苯磺酸盐、烷基萘磺酸钠、松香酸钠、低分子石油磺酸盐、α-烯烃磺酸盐、烷基硫酸盐、脂肪醇聚氧乙烯醚硫酸盐、烷基酚聚氧乙烯醚硫酸盐等。常用的非离子表面活性剂如脂肪醇聚氧乙烯醚、辛基酚聚氧乙烯醚、氢化松香醇聚氧乙烯醚、棕榈酸聚氧乙烯酯等。复配型表面活性剂主要用在含钙、镁离子较高的地层中。稳泡剂主要选用羧甲基纤维素、部分水解的聚丙烯酰胺、聚乙烯醇、三乙醇胺、月桂醇和十二烷基二甲基氧化胺等。

(3) 泡沫压裂液　石油开采中的压裂是用压力将地层压开，形成裂缝并用支撑剂将其支撑起来，以减小流动阻力的增产、增注措施。压裂液是压裂过程中使用的液体，主要作用是向地层传递压力并携带支撑剂（如砂子等）。根据分散介质的不同，泡沫压裂液可分为水基泡沫压裂液和油基泡沫压裂液。

水基泡沫压裂液以水为分散介质，具有黏度低、摩擦阻力低、滤失量低、含水量低、携砂或悬砂能量强、造缝面积大、压裂后易排出以及对地层污染小等优点，压裂效果较好。此种压裂液主要由水、气体和起泡剂组成。水可以是淡水、盐水和稠化水；气体可以是二氧化碳、氮气和天然气等；常用的起泡剂有烷基磺酸盐、烷基苯磺酸盐、壬基酚聚氧乙烯醚以及脂肪醇聚氧乙烯醚等。

油基泡沫压裂液以油为分散介质，适应于水敏地层的压裂。使用的起泡剂与水基泡沫压裂液相似，但应具有较好的油溶性。为了提高泡沫的稳定性，可以使用聚硅氧烷和碳氟表面活性剂作为泡沫的稳定剂。

(4) 泡沫冲砂洗井　油井经长期开采，地层压力下降，油层难免出砂，作业中也不可避免地将地面的机械杂质带入井中，造成产层不同程度地堵塞，使油井产量下降。早期采用清水冲砂和洗井作业，由于油层压力低于静水柱压力，造成大量液体漏入地层，使油层遭受污染，甚至使施工无法进行。

泡沫冲砂洗井是近年来发展起来的一项新技术，用泡沫流体代替清水进行低压漏失油井的冲砂和洗井作业。这种方法可通过调整泵入油井的气-液比或井口回压，控制井下泡沫密度，实现负压作业，防止倒灌现象的发生；还可以依靠泡沫的黏滞性携带固体颗粒，大大改善净化井眼的效果。

3.4.4.3　消泡作用在发酵工业中的应用

在利用微生物生产抗生素、维生素等药品和酒类、酱油等食品的过程中，不可避免地会产生泡沫。泡沫对微生物的培养极为不利，也会妨碍菌体的分离、浓缩和制品的分离等后续工序，因此必须尽量防止泡沫的产生并尽快消除已产生的泡沫。消除发酵过程中起泡最有效的方法是加入消泡剂，起到抑制泡沫生成和消除泡沫的作用。

发酵过程使用的消泡剂除应具有较高的表面活性和良好的抑泡、消泡性能外，还应当满足一定的要求，如不能溶于培养液，能在液膜上铺展，化学稳定性和热稳定性好，不会降低微生物所需氧的溶解度，不妨碍微生物生长，无毒、无臭味等。根据上述要求，发酵工业使用的消泡剂主要有天然油脂、高级脂肪醇、聚硅氧烷树脂和有机极性化合物四类（表 3-10）。

表 3-10　发酵工业用消泡剂的种类和性能

消泡剂类型	消泡剂品种	性　能
天然油脂	大豆油、玉米油、橄榄油、亚麻仁油、蓖麻油、猪油等	价格低廉，易得，消泡效果不高
高级脂肪醇	戊醇、辛醇、月桂醇、十四醇、十六醇、十八醇等	消泡力不够理想

续表

消泡剂类型	消泡剂品种	性　能
聚硅氧烷树脂	二甲基聚硅氧烷及其与乳化剂等的混合乳液	耐高温、低温性质好，物理稳定性高，无生物活性，消泡力强
有机极性化合物	聚丙二醇	抑泡性能很强，与发酵液的亲和性差，不易铺展，消泡作用不强
	聚氧乙烯聚氧丙烯嵌段型聚醚	亲水性强，消泡作用较好

3.4.4.4 消泡作用在轻工业中的应用

消泡作用在轻工业中的应用十分广泛，例如在乳胶生产过程中，会在胶料中混入大量气体。这些气体在乳胶中形成气泡，必须及时消除，否则将给后续的加工操作造成困难，甚至影响产品的质量。在胶料中添加消泡剂能起到消除泡沫的作用，使操作方便，保证了产品的质量。常用的消泡剂有仲辛醇、甲基环己醇、甘油单蓖麻酸酯、羊毛脂和丙二醇聚氧乙烯聚氧丙烯嵌段型聚醚等。

此外，在纺织工业中，从纺纱、织造到印染、后整理等工序中都要使用消泡剂，以提高织物的质量。在造纸工业的抄纸工序使用消泡剂可以改进操作和纸张的质量。

3.5 洗涤和去污作用

自浸在某种介质（一般为水）中的待洗物体表面去除污垢的过程称为洗涤。在洗涤过程中，需要加入洗涤剂以减弱污垢与固体表面的黏附作用并施以机械力搅动，使污垢与固体表面分离并悬浮于介质中，最后将污垢冲洗干净。在实际进行的各种洗涤过程中，洗涤体系是复杂的多相分散体系，分散介质是含有多种组分的复杂溶液，洗涤剂、污垢、待洗物体之间发生润湿、渗透、吸附、乳化、分散、增溶、解吸、起泡等一系列复杂的物理作用或化学反应，而且体系中涉及的表面或界面以及污垢的种类及性质千差万别，因此洗涤过程是相当复杂的过程。至今，现有的表面科学和胶体科学的基本理论仍难以对洗涤过程作出圆满的解释和分析。

一般情况下，洗涤的过程可以表示为：

$$\text{物体表面}\cdot\text{污垢}+\text{洗涤剂}+\text{介质}\rightleftharpoons\text{物体表面}\cdot\text{洗涤剂}\cdot\text{介质}+\text{污垢}\cdot\text{洗涤剂}\cdot\text{介质}$$

可见，洗涤剂在洗涤过程中是不可缺少的，它有两方面的作用。一方面，降低水的表面张力，改善水对洗涤物表面的润湿性，从而去除固体表面的污垢。洗涤液对洗涤物品的润湿是洗涤过程能否完成的先决条件，不具备对洗涤物品的良好润湿性，洗涤液的洗涤作用将难以发挥。

表 3-11 列出了部分纤维材料的临界表面张力和水在其表面的接触角。从表中数据可以看出，水在聚四氟乙烯和聚丙烯、聚乙烯、聚苯乙烯等无极性基团的合成纤维表面的接触角均大于 90°，不能被水润湿，水在聚酯、尼龙 66、聚丙烯腈上也不能铺展。除聚四氟乙烯外，多数纤维的临界表面张力大于 29mN/m，从这一点也能看出水在纤维上不能得到良好的润湿性能。在水中加入洗涤剂后，通常都能使水的表面张力降至 30mN/m 以下，因此除聚四氟乙烯外，洗涤剂的水溶液在上述各物品的表面都能具有很好的润湿性，促使污垢脱离织物表面，发挥其洗涤作用。

表 3-11　一些纤维材料的临界表面张力和水在其表面的接触角

纤维材料	临界表面张力 γ_c /(mN/m)	接触角 /(°)	纤维材料	临界表面张力 γ_c /(mN/m)	接触角 /(°)
聚四氟乙烯	18	108	聚酯	43	81
聚丙烯	29	90	尼龙 66	46	70
聚乙烯	31	94	聚丙烯腈	44	48
聚苯乙烯	33	91	纤维素(再生)	44	0～32

洗涤剂的另一方面作用是对油污的分散和悬浮作用，也就是使已经从固体表面脱离下来的污垢能很好地分散和悬浮在洗涤介质中，不再沉积在固体表面。洗涤剂具有乳化能力，能将从物品表面脱落下来的液体油污乳化成小液滴而分散、悬浮于水中。阴离子型表面活性剂不仅能使油-水界面带电而阻止油珠的聚结，增加其在水中的稳定性，而且还能使已进入水相的固体污垢表面带电，依靠污垢表面同种电荷产生的静电斥力提高固体污垢在水中的分散稳定性，防止其重新沉积在固体表面。非离子型表面活性剂则可以通过较长的水化聚氧乙烯链产生空间位阻来使得油污和固体污垢的聚集，提高其在水中的分散稳定性。

待洗物体表面的污垢主要有液体污垢和固体污垢两类。液体污垢主要包括一般的动、植物油以及原油、燃料油、煤焦油等矿物油，固体污垢主要包括尘土、泥、灰、铁锈和炭黑等。液体污垢和固体污垢也常常同时出现，形成混合污垢。由于混合污垢常常是液体包住固体微粒黏附于物体表面，因此这类污垢与物体表面的黏附性质与液体污垢相似。不同类型的污垢在物理和化学性质上存在较大差异，自物体表面去除的机理也不同。

3.5.1　液体油污的去除

液体油污的去除主要是依靠洗涤液对固体表面的优先润湿，通过油污的“卷缩”机理实现的。在洗涤之前液体油污一般以铺展状态的油膜存在于物品的表面上，如图 3-26(a) 所示。此时，在固 (S)、油 (O)、气 (G) 三相界面上油污的接触角近于 0°。将物品置于洗涤液后，油污由处于固、油、气三相界面上变为处于固、油、水三相的界面上，其表面张力由原来的 γ_{SG}、γ_{OG}和 γ_{SO}变为 γ_{SW}、γ_{OW}和 γ_{SO}。根据杨氏方程，在水介质中存在如下关系式

$$\gamma_{SO}-\gamma_{SW}=\gamma_{OW}\cos\theta_W \tag{3-10}$$

在洗涤剂的作用下，三个表面张力发生变化。在固-水界面上洗涤剂以疏水基吸附于固体表面，亲水基伸入水中，形成定向排列的吸附膜，使表面张力 γ_{SW}降低；在油-水界面上洗涤剂则以疏水基伸入油相、亲水基伸入水相发生定向吸附，使表面张力 γ_{OW}降低。由于水溶性洗涤剂不溶于油，不能在固-油界面发生定向吸附，因此表面张力 γ_{SO}不发生变化。为使式 (3-10) 平衡，$\cos\theta_W$必然增大，即 θ_W必然减小，于是铺展的油污逐渐发生“卷缩”，如图 3-26(b) 所示。

液体污垢的去除程度与油污在固体表面的接触角有关。当液体油污与固体表面的接触角 θ_O为 180°时，污垢可以自发地脱离固体表面。若 θ_O小于 180°但大于 90°时，污垢不能自发地脱离表面，但可被液流的水力冲走，如图 3-27(a) 所示。当 θ_O小于 90°时，即使有运动液流的冲击，仍然会有小部分油污残留于固体表面，如图 3-27(b) 所示。要去除此部分残留的油污，需要做更多的机械功，或使用更高浓度的洗涤剂溶液，利用表面活性剂的增溶作用将其去除。

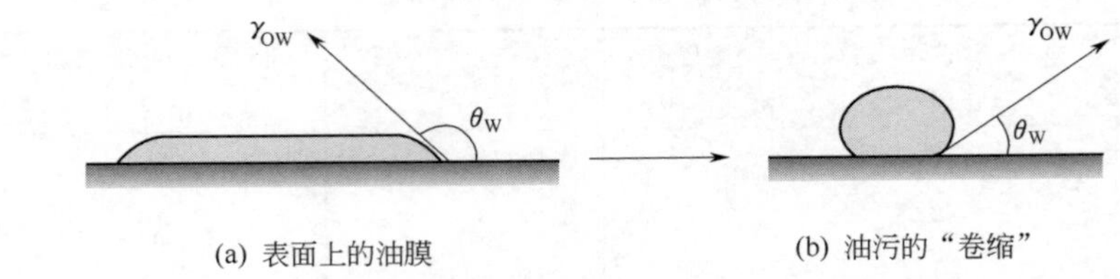

图 3-26 液体油污的“卷缩”过程和卷缩力

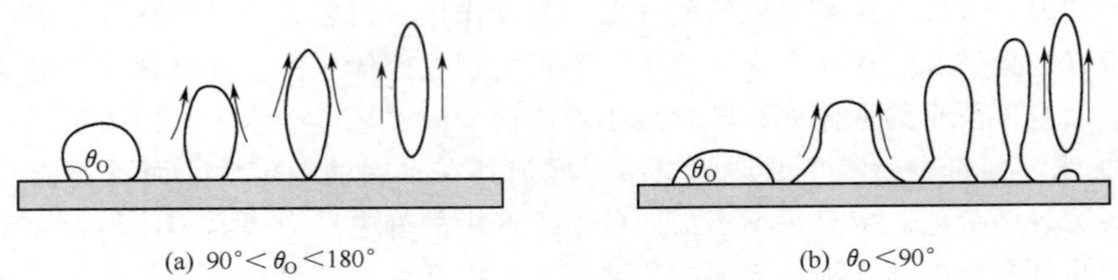

图 3-27 不同接触角的油污去除示意图

3.5.2 固体污垢的去除

物体表面的固体污垢与扩大成一片的液体油污不同，往往仅在较少的一些点与表面接触、黏附，发生黏附的主要作用是分子间的范德华力，其他力则弱得多。静电引力可以加速空气中灰尘在固体表面的黏附，但并不增加黏附强度。固体污垢与固体表面的黏附强度受多种因素的影响，例如，随接触时间的延长和空气湿度的增大而增强，处于水中的洗涤物品，其表面与固体污垢的黏附力比在空气中小得多。

固体污垢的去除主要是由于表面活性剂在固体污垢及待洗物体表面的吸附，其过程可用兰格（Lange）的分段去污过程来表示，如图 3-28 所示。

图 3-28 中第Ⅰ阶段为固体污垢 P 直接黏附于固体表面 S 的状态。第Ⅱ阶段，洗涤液 L 在固体表面 S 与固体污垢 P 的固-固界面上铺展，这个过程是通过洗涤液在固-固界面中存在的毛细管微缝隙中的渗透完成的。第Ⅲ阶段是固体污垢 P 分散、悬浮于洗涤液 L 中。

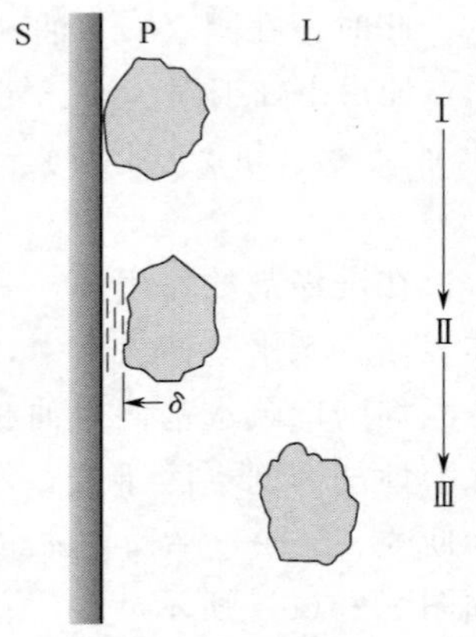

图 3-28 污垢离子从固体表面到洗涤液的分段去除

在第Ⅱ阶段中，洗涤液能否在物体和污垢表面铺展或润湿与体系中各界面的表面张力有关。洗涤液在固体表面和污垢间的固-固界面 SP 的铺展系数 $S_{L/SP}$ 可以由式(3-11) 表示

$$S_{L/SP}=\gamma_{SP}-\gamma_{SL}-\gamma_{PL} \tag{3-11}$$

当 $S_{L/SP}$ 大于零时，洗涤液可以在固-固界面铺展。

表面活性剂作为洗涤剂在固体污垢去除的作用，主要体现在分段去除过程中的Ⅱ段中，即洗涤液 L 在固体表面 S 与固体污垢 P 固-固界面上铺展过程中。

当溶有表面活性剂的洗涤液渗入缝隙后，表面活性剂将以疏水基分别吸附于待洗固体和固体污垢的表面，其亲水基伸入洗涤液中，形成单分子吸附膜，把固体污垢的表面变成亲水性强的表面，从而与洗涤液有很好的相容性，导致洗涤液在固体表面与固体污垢间的固-固界面上铺展，形成一层水膜使固体污垢与固体表面间的固-固界面变成两个新的固-液界面［图 3-29(a)］，即固体表面和洗涤液，固体污垢与洗涤液间的固-液界面，最终使固体污垢与固体表面完全脱离［图 3-29(b)］。

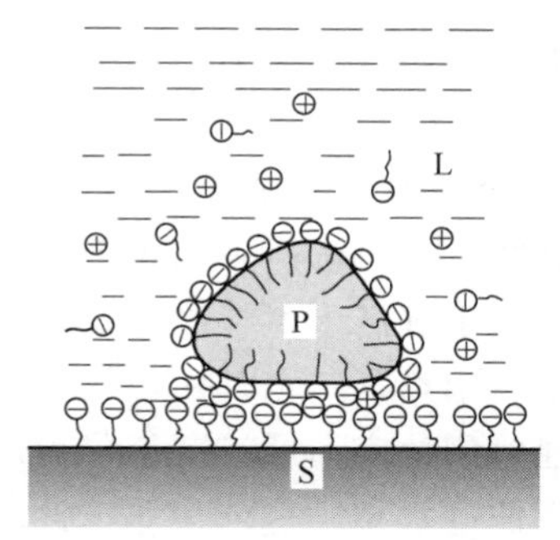

(a) 表面活性剂水溶液在固 - 固界面铺展

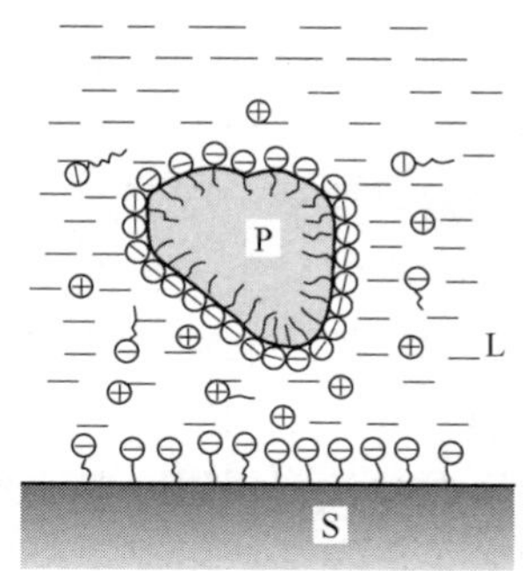

(b) 固体污垢脱离固体表面

图 3-29　表面活性剂在固体污垢去除中的润湿作用

3.5.3　影响表面活性剂洗涤作用的因素

由于洗涤过程和洗涤体系比较复杂，影响洗涤效果的因素也多种多样，其中主要是洗涤液的表面或洗涤物与污垢的表面张力、表面活性剂在界面上的吸附状态、表面活性剂的分子结构、表面活性剂乳化、起泡和增溶作用，以及污垢与洗涤物的黏附强度等。

3.5.3.1　表面或表面张力

表面活性剂是洗涤液的主要成分，降低体系的表面或表面张力是表面活性剂十分重要的性质，也是影响其洗涤作用的关键因素。大多数性能优良的表面活性剂均具有明显降低体系表（界）面张力的能力，在洗涤过程中使洗涤液具有较低的表面张力，从而使洗涤液能够有效地产生润湿作用。在液体污垢去除的“卷缩”过程中，表面活性剂将 γ_{OW} 和 γ_{SW} 降得越低，油污便被“卷缩”得越完全，于是越容易被去除干净。在固体污垢的去除过程中，表面活性剂将洗涤液的表面张力和织物与固体污垢之间的固-固表面张力降得越低，洗涤液越容易渗入固体污垢与被洗涤物之间的固-固界面中，也越有利于洗涤液在其界面的铺展，使固体污垢得以去除完全。

此外，洗涤液具有较低的表面张力还有利于液体油污的乳化和分散，防止油污再沉积于洗涤物表面，提高了洗涤效率。

3.5.3.2　表面活性剂在界面上的吸附状态

表面活性剂在界面上的吸附状态也是影响洗涤效率的重要因素。表面活性剂在油-水和固-水界面上的吸附，能够降低表面张力，改变界面的各种性质，如电性质、化学性质和机械性能等，从而有利于液体污垢的去除。表面活性剂在固-固界面的吸附，能够降低污垢在固体表面的黏附强度，从而有利于固体污垢的去除。可见，表面活性剂在界面上的吸附是洗涤的最基本原因，没有吸附就没有表面活性剂的洗涤功能。

表面活性剂在固-液界面的吸附态不仅与表面活性剂的类型有关，还与固体洗涤物和污垢的电性质有关。

阴离子型表面活性剂在水溶液中电离出负离子，它在界面上的吸附状态主要取决于固体表面的电性质。在水介质中，一般固体表面带负电，由于电斥力不利于阴离子表面活性剂的吸附。如果固体表面的非极性较强，则可通过固体分子与表面活性剂碳氢链间的范德华引力克服电斥力，从而以疏水链吸附于固体表面、阴离子极性头伸入水中的状态吸附于固-液界面上。

非离子表面活性剂在非极性纤维上的吸附，是通过表面活性剂的疏水性碳氢链与纤维分子碳氢链间的范德华力作用实现的。非离子表面活性剂在亲水性强的棉纤维上的吸附，是通过聚氧乙烯链中的醚键氧原子与棉纤维表面的羟基形成氢键实现的，因此在纤维-水界面上表面活性剂以极性的亲水基吸附于棉纤维的表面，而疏水链朝向水中，使得原来亲水的纤维素表面变得疏水，因此非离子表面活性剂不宜用于洗涤天然棉纤维。

两性表面活性剂的分子中同时含有阴离子和阳离子亲水基团，它在洗涤物表面的吸附与离子型和非离子型表面活性剂相似，对非极性的固体表面通过范德华力以疏水基吸附于固体表面，以亲水的阴离子头和季铵阳离子极性头伸进水相。这使得非极性疏水表面变为亲水表面，有利于污垢的去除和分散、悬浮，不易发生再沉积，提高了洗涤效率。

可见，当表面活性剂处于以疏水基吸附于固-液界面、以极性头伸入水相的吸附态时能够提高固体表面的润湿性，有利于洗涤过程的进行。总体上讲，阴离子表面活性剂的洗涤性能最好，非离子表面活性剂次之，而阳离子型表面活性剂不宜用作洗涤剂。近 20 年才发展起来的两性表面活性剂由于具有耐硬水性好，对皮肤和眼睛的刺激性低，生物降解性、抗静电性和杀菌性优异等优点，在洗涤市场具有较强的竞争力，在洗涤剂行业中所占的产品份额越来越大。

3.5.3.3 表面活性剂的分子结构

表面活性剂的分子结构对洗涤效果有一定程度的影响，其中主要是非极性疏水链的长度，这种影响可由图 3-30 说明。

图 3-30 是在 55℃下不同碳链长度的阴离子表面活性剂烷基硫酸钠的洗涤曲线。从图中曲线可以看出，十六烷基和十八烷基硫酸钠在很低含量下就能获得较好的洗涤效果，其次是十四烷基硫酸钠，而十二烷基和十烷基硫酸钠洗涤效果最差。可见，在温度为 55℃时，烷基硫酸钠的洗涤效果随疏水链长度的增加，洗涤效果增加。

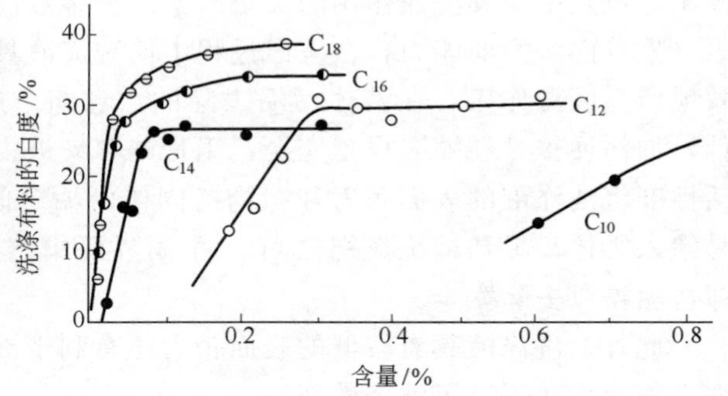

图 3-30 烷基硫酸钠的洗涤曲线（55℃）

3.5.3.4 乳化与起泡作用

乳化作用在洗涤过程中起相当重要的作用。当液体油污经“卷缩”成油珠，从固体表面脱离进入洗涤液后，还有很多与被洗物品表面相接触而再黏附于物品表面的机会。通过表面活性剂的乳化作用，可以使油污乳化并稳定地分散悬浮于洗涤液中，有效地阻止了液体油污再沉积过程的发生。要使乳化作用顺利进行，洗涤剂本身应具有很强的乳化性能，否则应适当添加乳化力强的 O/W 型乳状液的水溶性乳化剂，而且最好选用阴离子型乳化剂，这可使界面膜带电，有助于通过电斥力阻止油污液珠再吸附于固体表面。

在日常生活中，人们通常认为一种洗涤液的好坏取决于其起泡作用，洗涤过程中泡沫越多，洗涤效果越好。实际上并非如此，表面活性剂的起泡作用对洗涤效果有一定的影响，但二者之间并没有直接相应的关系。近年来，在各种洗涤过程中，常采用低泡型洗涤剂进行去污，洗涤效果也很好。但这并不说明泡沫在洗涤中毫无用处，在某些场合下泡沫对油污的去除具有很大的辅助作用。例如，洗涤液形成的泡沫可以将玻璃表面的油滴和地毯上的尘土带走，洗面奶、洗发液中丰富的泡沫在洗涤过程中还能给人带来润滑、柔软的舒适感觉，有时泡沫的存在还可作为确定洗涤液尚为有效的标志，因为脂肪性油污对洗涤剂的起泡力往往有抑制作用。

3.5.3.5 表面活性剂的增溶作用

曾经有人提出，液体油污的去除是通过表面活性剂的增溶作用实现的，但事实上，这种说法并不完全符合实际情况。通常情况下，当洗涤过程使用临界胶束浓度较大的阴离子型表面活性剂作洗涤剂时，表面活性剂胶束的增溶作用不是影响液体油污去除的主要因素。当使用临界胶束浓度较小的非离子表面活性剂作为洗涤剂时，增溶作用则可能成为影响液体油污去除的重要因素。

表面活性剂的增溶作用只有当其在溶液中的浓度大于临界胶束浓度（cmc）并有表面活性剂的胶束存在时才能够发生。而在实际的洗涤过程中，表面活性剂的添加量并不多，其在洗涤液中的浓度很难达到临界胶束浓度。特别是洗涤剂中最常用的是阴离子型表面活性剂，它们的临界胶束浓度普遍较高，例如十二烷基硫酸钠、十四烷基硫酸钠和十二烷基苯磺酸钠在 40℃时临界胶束浓度分别为 8.7×10^{-3} mol/L、2.4×10^{-3} mol/L 和 1.2×10^{-3} mol/L。在洗涤过程中，这些表面活性剂的用量较少，它们的浓度基本维持在临界胶束浓度以下。而且被洗涤的物品特别是纺织品，具有较大的比表面积，将从溶液中吸附相当数量的表面活性剂，这会使洗涤液中表面活性剂的浓度进一步降低。因此，一般情况下洗涤液中并不存在阴离子表面活性剂胶束，洗涤过程中的增溶作用机理失去了存在的前提。

当洗涤过程使用非离子表面活性剂作洗涤剂时，由于此类表面活性剂的临界胶束浓度普遍较低，在添加量不大的条件下洗涤液也容易形成胶束。例如，脂肪醇聚氧乙烯醚系列非离子型表面活性剂的临界胶束浓度的数量级通常在 $10^{-6}\sim10^{-5}$，洗涤液中表面活性剂的浓度可以超过其临界胶束浓度，此时油污的去除程度随表面活性剂的浓度增加而显著地增加，这表明了洗涤过程中增溶作用的存在。此外，在局部集中使用洗涤剂时，增溶作用也可能是清除表面油污的主要因素。

3.5.3.6 黏附强度

除表面活性剂自身的性质外，在洗涤过程中，固体表面与污垢、固体表面与洗涤剂以及洗涤剂与污垢等之间的黏附强度也对洗涤效率有较大的影响。固体表面与洗涤剂间的黏附作用越强，越有利于污垢从固体表面的去除。而洗涤剂与污垢的黏附作用越强，则越有利于阻止污垢的再沉积。此外，固体表面和污垢的性质不同，二者之间的黏附强度不同。例如，在水介质中，非极性污垢由于疏水性较强，不易被水洗净；非极性污垢由于可通过范德华力吸附于非极性物品表面上，二者间有较高的黏附强度，因此比在亲水的物品表面难于去除；而极性的污垢在疏水的非极性表面上比在极性强的亲水表面上容易去除。

3.5.4 表面活性剂在洗涤剂中的应用

表面活性剂在洗涤剂方面的应用是其最大和最重要的应用领域，涉及千家万户的日常生活，在各行各业和各种产品的生产中也得到越来越广泛的应用。表面活性剂是洗涤剂的主要活性物成分，用于合成洗涤剂的表面活性剂主要有三大类。

（1）阴离子表面活性剂　是所有类型表面活性剂中最早使用的一类，也是应用最广泛的一种。目前需求量占所有表面活性剂的50%以上。作为洗涤剂的阴离子表面活性剂品种主要有脂肪酸盐（如肥皂）、烷基苯磺酸盐（ABS）、脂肪醇硫酸酯盐（AS）、脂肪醇聚氧乙烯醚硫酸酯（AES）、α-烯烃磺酸盐（AOS）、脂肪醇聚氧乙烯醚羧酸酯（AEC）和脂肪酸甲酯磺酸盐（MES）等。

（2）非离子表面活性剂　具有较好的洗净力，对油性污垢的去污力良好，对合成纤维防止油污再沉积的能力强，耐硬水性和耐高浓度电解质的能力都比较强。聚氧乙烯型非离子表面活性剂最大优点是疏水基与亲水基部分的可调性，例如可通过改变环氧乙烷加成数来调节表面活性剂的亲水-亲油平衡值（HLB值），以适应不同的洗涤物和污垢，达到最佳的洗涤效果。脂肪醇和烷基酚聚氧乙烯醚是两类最常用的非离子型洗涤剂。

（3）两性表面活性剂　其分子结构中既带正电荷，又带负电荷。由于分子结构的特殊性，这类活性剂在用作洗涤剂方面具有如下优点：低毒性和对皮肤、眼睛的低刺激性，良好的生物降解性和配伍性，良好的润湿性、洗涤性和发泡性等。氨基酸型、甜菜碱型和咪唑型两性表面活性剂都可用作洗涤剂。

目前市场上的洗涤剂产品种类繁多，从洗涤剂的形态上分，主要有粉状和液状洗涤剂两类，下面分别作简要介绍。

3.5.4.1　粉状洗涤剂

最常用的粉状洗涤剂是人们经常使用的洗衣粉，根据不同的用途，粉状洗涤剂又可以分为民用洗涤剂、工业洗涤剂两类。

（1）民用洗涤剂　包括衣用洗涤剂、厨房用洗涤剂和住宅用洗涤剂。

按照污染的程度，衣用洗涤剂可分为轻垢型和重垢型两类。轻垢型洗涤剂主要用于洗涤外衣和毛衣等不与人体皮肤直接接触、污垢主要是灰尘和少量油污的衣物。轻垢洗涤剂中含有12%～20%的表面活性剂，主要是烷基苯磺酸钠和脂肪醇聚氧乙烯醚磺酸酯等阴离子表面活性剂。重垢型洗涤剂主要用于洗涤内衣、衬衣、工作服、袜子等污垢较多、难以除去或直接与人体皮肤接触的衣物。重垢型洗衣粉应具有去污力强、使用方便、不损伤衣料和皮肤等特点。其配方通常由表面活性剂、助剂、有机螯合剂、抗再沉积剂、消泡剂、荧光增白剂、防结块剂、酶和香精等构成。

厨房用洗涤剂用于洗涤餐具、炊具、蔬菜瓜果和鱼、肉等。这类洗涤剂应具有良好的去除油脂、淀粉、蛋白质和烟灰等污垢的性能，在洗涤过程中不损伤用具等。洗涤蔬菜等食品的洗涤剂，应具有良好的去除残留农药、微生物、虫卵、泥土和各种固体附着污垢的性能，洗涤后不能影响食品的外观和风味。同时，对厨房用洗涤剂的共同要求是，其所含成分应对人体安全、无害。

住宅用洗涤剂主要用于清洗地板、地毯、卫生瓷具、玻璃和金属等硬表面等。随着住宅建筑形式、人们生活方式和卫生观念的改变，以往用扫帚、抹布清扫的方式已不能适应现代生活的需要，人们希望开发适合现代生活需求的洗涤制品。住宅污垢以灰尘为主，夹杂油污和各类微生物、皂渣等，这类洗涤剂的配方构成应以表面活性剂为主，为了获得良好的洗涤效果，还应针对具体洗涤对象选择特定的助洗剂。

（2）工业洗涤剂　工业设备用洗涤剂是工业洗涤剂的最主要类型，是在工业领域生产过程和设备保养、维护过程中使用的洗涤剂，要求能去除特定环境下的特定污垢，如食品设备用洗涤剂主要用于去除食品加工设备、输奶管道和食品储存器中的油污，要求其具有安全、低泡、防锈、除菌等功能，同时不能破坏营养成分，其残留物不能与食品发生化学反应等。一般工业设备用洗涤剂则主要用于金属制品表面的清洗，其黏附的污垢主要是防锈油、润滑油、燃烧油等油垢和炭尘等灰垢。

汽车用清洗剂是工业洗涤剂另一主要类型，汽车各部位黏附的污垢类型不同，去除的难易程度也不同，汽车清洗所使用的洗涤剂也多种多样，如汽车外壳清洗剂、汽车玻璃清洗剂、汽车室内清洗剂和汽车燃烧系统清洗剂等。

此外，工业用洗涤剂还包括锅炉、热水管、暖气片和贮水器使用的水垢清洗剂，印刷设备使用的油墨清洗剂，以及高层建筑外墙使用的大理石外墙清洗剂等。

3.5.4.2　液体洗涤剂

液体洗涤剂是仅次于粉状洗涤剂的第二大类洗涤制品，近年来在市场上销售份额很大，发展十分迅速。我国液体洗涤剂发展较晚，目前投放市场的主要是用于餐具和蔬菜瓜果清洗的家用洗涤剂，并以中性液体洗涤剂为主，而洗涤衣服等的重垢液体洗涤剂品种和数量较少。

液体洗涤剂之所以能够得以高速发展，是因为与粉状洗涤剂相比具有如下优点。

① 以水作介质，具有良好的流动性、均匀性和透明度。

② 节约资源和能源。在液体洗涤剂生产过程中不需要加入芒硝，也不需要干燥成型装置，可以节约大量资源和能源，较低生产成本。

③ 配方易于调整。加入各种不同用途的助剂，可以得到不同品种的洗涤剂制品。如可以增加耐硬水性能好的表面活性剂含量，提高洗涤剂在硬水中的洗涤效果；可以降低洗涤剂中磷的含量，从而有利于减少污染。

④ 使用方便，不需事先溶解，并且对冷水洗涤、手洗、机洗都具有较好的适用性。

⑤ 生产工艺较简单，设备投资少，适宜中小型企业生产。

常用的液体洗涤剂根据其应用不同可分为四大类：重垢液体洗涤剂、轻垢液体洗涤剂、餐具洗涤剂和洗发香波。

（1）重垢液体洗涤剂　重垢液体洗涤剂在液体洗涤剂中用量最大，发展最快。由于美国、日本、欧洲各国公布了限磷法，使粉状洗涤剂受到影响，促进了重垢液体洗涤剂的发展。近年来美国重垢液体洗涤剂占洗涤剂市场的 40%，英国占 35%，德国占 21%，法国占 75%，日本较少，只有 6%～7%。

重垢液体洗涤剂的洗涤对象是被严重脏污的衣服，选用的表面活性剂应对衣服上的油质污垢、矿质污垢、人体分泌物、牛奶、饮料等都有良好的去污效果。还必须满足产品的黏度、溶解性、各组分之间的配伍性、外观均匀稳定性等要求，需要较高的配制技巧。

重垢液体洗涤剂的配方一般选用非离子和阴离子表面活性剂做主要成分，其含量一般为 15%～30%，有的含量高达 40%。非离子表面活性剂与阴离子表面活性剂的用量比例为 3∶1，这样可以发挥多种表面活性剂的协同效应，从而大大提高去污效果。常用的非离子表面活性剂为脂肪醇聚氧乙烯醚，阴离子表面活性剂为十二烷基苯磺酸钠、脂肪醇聚氧乙烯醚硫酸酯和烯基磺酸盐等。

（2）轻垢液体洗涤剂　主要用于洗涤精纺织品，如羊毛、羊绒、丝绸等纤细织物，洗涤剂通常呈中性或弱碱性，不损伤织物，洗涤后织物保持柔软的手感，不发生收缩、起毛、泛黄等现象。

轻垢型液体洗涤剂配方中活性物平均含量在12%左右，最多不超过20%。选用的阴离子表面活性剂主要是脂肪醇硫酸酯盐，除少量是钠盐外，大多采用其乙醇胺盐。使用的非离子表面活性剂主要是脂肪醇聚氧乙烯醚，并配以脂肪醇聚氧乙烯醚硫酸酯。另外为了保护纤维并赋予其柔软性，还可增添少量椰油酰二乙醇胺等。

（3）餐具洗涤剂　在液体洗涤剂市场上占有很大份额，其产、销量在洗涤用品中仅次于衣用洗涤剂。餐具洗涤剂的配方应符合特定的要求，如对人体无毒，洗涤过程不刺激皮肤；能有效地清除动植物油垢，即使黏着牢固的油垢也要迅速地去除；用于清洗水果和蔬菜上的污垢和残存农药时不留残迹，亦不影响其外观和原有风味；不腐蚀餐具、炉灶等厨房用具；以及手洗用产品发泡性良好，机洗产品应无泡或低泡等。

餐具洗涤剂中常用的阴离子表面活性剂主要有肥皂、脂肪醇硫酸钠、直链烷基苯磺酸盐、α-烯基磺酸盐和脂肪醇聚氧乙烯醚硫酸盐等。常用的非离子表面活性剂主要是脂肪醇聚氧乙烯醚、烷基醇酰胺、山梨醇聚氧乙烯醚脂肪酸酯和蔗糖脂肪酸酯等。两性表面活性剂主要使用甜菜碱型。

（4）洗发香波　是洗发用化妆洗涤用品，它是一种以表面活性剂为主的加香产品。随着人们生活水平的提高，洗发香波已不单纯是一种洗涤剂，而且具有良好的化妆效果。在洗发过程中，不但要去除油垢、头屑，不损伤头发，不刺激头皮，而且洗后头发要光亮、飘柔、美观。

洗发香波的品种很多，按照外观形态可以划分为透明液状香波、胶冻状香波、乳状香波、珠光香波和洗发膏等；按照用途可以划分为洗发、护发、去头屑和复合功能型洗发香波等。所谓复合功能型洗发香波是指洗发、护发、去头屑三种功能二合一或三合一型香波。

通常对洗发香波的要求主要包括四方面，即应具有适当的洗净力和柔和的脱脂作用；应能够形成丰富的泡沫，并具有良好的梳理性；洗后的头发应具有光泽和柔软性；应易于冲洗，并适应不同水质等。

洗发香波的原料可概括为表面活性剂和头发调理剂两大类，洗发液中最常用的表面活性剂是脂肪醇硫酸酯盐和脂肪醇聚氧乙烯醚硫酸盐等阴离子表面活性剂和烷基酰醇胺等非离子表面活性剂。烷基酰醇胺具有良好的增泡、稳泡和增稠等功能，同时具有轻微的调理作用。

3.6 分散和絮凝作用 >>>

分散和絮凝是现代工业中的重要过程，在许多生产工艺过程中，常常涉及固体微粒的分散与絮凝问题。有时固体微粒需要均匀地分散在液体介质中，以获得稳定的固液分散体系，例如涂料、印刷油墨和钻井泥浆等。有时又恰恰相反，需要使均匀和稳定的固液分散体系迅速破坏，使固体微粒尽快地聚集沉降，例如在湿法冶金、污水处理和原水澄清等方面。

固体微粒的分散和絮凝主要是通过使用表面活性剂来实现的。用于使固体微粒均匀、稳定地分散于液体介质中的低分子表面活性剂或高分子表面活性剂统称为分散剂（dispersing agent，dispersant)，用于使固体微粒从分散体系中聚集或絮凝的分散剂叫做絮凝剂（flocculanting agent，flocculant)。

由于影响固液悬浮体分散稳定性的因素很多，所以固体粒子的分散与絮凝是一个相当复杂的过程。体系中存在多种相互作用，如质点与质点之间的相互吸引与排斥作用、质点与介质之间的相容性、质点与表面活性剂之间的各种相互作用、介质与表面活性剂之间的相互作用等。除此之外，还有固体质点的粒径大小以及它们的表面性质等因素的影响。

3.6.1　表面活性剂对固体微粒的分散作用

将固体以微小粒子形式分布于分散介质中，形成具有相对稳定性体系的过程叫做分散。固体微粒在液体介质中的分散过程一般分为三个阶段，即固体粒子的润湿、粒子团的分散和碎裂、分散体的稳定。

（1）固体粒子的润湿　润湿是固体粒子分散最基本的条件，若要把固体粒子均匀地分散在介质中，首先必须使每个固体微粒或粒子团能被介质充分地润湿。在此过程中表面活性剂具有两方面的作用：一方面是表面活性剂在介质表面的定向吸附，如在水介质中以亲水基伸入水相，而疏水基朝向气相，使液体与气体的表面张力 γ_{LG} 降低；另一方面在液-固界面上以疏水链吸附于固体粒子表面，而亲水基伸入水相，这种吸附排列方式使固-液表面张力 γ_{SL} 降低。根据液体在固体表面铺展的条件［式(3-12)］，两者均有利于润湿的发生。

$$\gamma_{SG}-\gamma_{SL}-\gamma_{LG}\geqslant 0 \tag{3-12}$$

（2）粒子团的分散和碎裂　粒子团分散和碎裂实际是将粒子团内部的固-固界面分离。在固体粒子团的形成过程中往往存在缝隙，另外粒子晶体由于应力作用也会造成微缝隙，粒子团的碎裂就发生在这些地方。可以将这些微缝隙看做是毛细管，分散介质将可能在这些缝隙中渗透。当加入表面活性剂后，其在固-液界面上以疏水基吸附于毛细管壁，亲水基伸入液相中，使固体微粒与分散介质的相容性得以改善，加速了液体在缝隙中渗透，如图 3-31 所示。

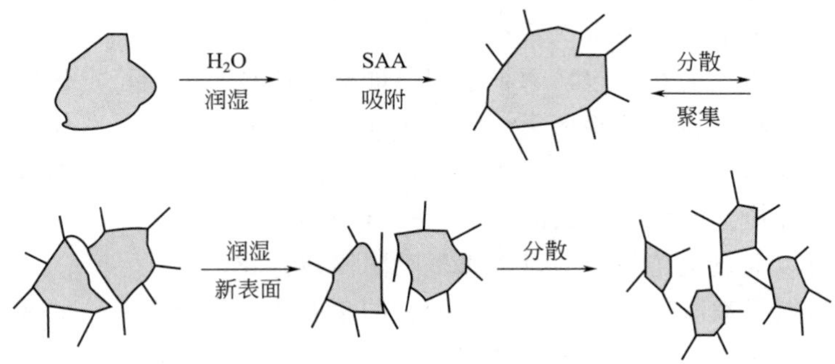

图 3-31　固体颗粒润湿、碎裂和分散过程

（3）分散体的稳定　固体微粒在外力作用下分散于液体介质中，得到的是一个均匀的分散体系。但分散体系是否稳定，则要看分散的固体微粒能否重新聚集成聚集体。固体分散体系的不稳定性主要来源于两方面原因：一方面是受重力影响粒子会发生沉积，多数情况下分散相中粒子较小，布朗运动可在一定程度上阻止粒子下沉，但一经碰撞仍会使其聚集；另一方面，由于具有大的相界面和界面能，固体微粒总有自动相互聚集、减少界面的趋势，即所

谓热力学不稳定性。

表面活性剂在固体微粒表面的吸附能够增加防止微粒重新聚集的能障，降低了粒子聚集的倾向，提高了分散体系的稳定性。在水介质中，表面活性剂主要通过范德华力以疏水基吸附于粒子表面，而以亲水基如离子基团、聚氧乙烯链伸向水介质，以静电斥力或空间熵效应使分散体系稳定。在有机介质中，表面活性剂则以极性的亲水基团与粒子通过氢键、离子键等结合，而非极性碳氢链伸向介质中，其分散作用主要是靠空间位阻产生熵斥力来实现的。表面活性剂在粒子分散过程中的稳定作用可由图 3-32 表示。

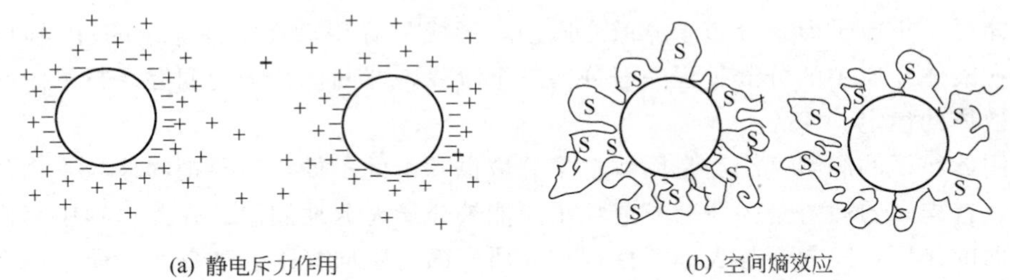

(a) 静电斥力作用　　(b) 空间熵效应

图 3-32　表面活性剂在粒子分散过程中的稳定作用

对固体粒子起分散作用的分散剂主要有阴离子表面活性剂、非离子表面活性剂和有机胺类阳离子表面活性剂。也有的采用高分子表面活性剂，以获得更大的空间稳定效应。例如，在油漆、油墨、涂料、塑料等领域为使颜料粒子均匀、稳定地分散，使其保持一定的颗粒大小，确保产品质量，也必须针对不同分散体系的特点，选择适当的分散剂。

3.6.2　表面活性剂的絮凝作用

分散相粒子以任意方式或受任何因素的作用而结合在一起，形成有结构或无特定结构的集团的作用称为聚集作用（aggregation），形成的这些集团称为聚集体。聚集体的形成称为聚沉（coagulation）或絮凝（flocculation）。聚沉形成的聚集体较为紧密，絮凝形成的聚集体较为疏松，易于再分散，但通常二者是通用的。

分散体系中固体微粒的絮凝包括两个过程，即被分散粒子的去稳定作用（导致粒子间的排斥作用减弱）和去稳定粒子的相聚集。为使固体微粒絮凝，主要是在体系中加入有机高分子絮凝剂，絮凝剂吸附于质点表面，在质点间进行桥连形成体积庞大的絮状沉淀而与水溶液分离。絮凝剂与固体质点的结合方式既可以通过自身的极性基或离子基团与固体质点形成氢键或离子对，也可以通过范德华引力以疏水基吸附固体微粒。

絮凝作用的特点是絮凝剂用量少，体积增大的速度快，形成絮凝体的速度快，絮凝效率高。絮凝剂的分子量大小和分布、分子结构、所带电荷的性质、电荷密度的大小以及在质点表面的吸附状态均会对絮凝效率产生影响。因此为达到良好的絮凝效果，絮凝剂分子应具备以下特点。

① 能够溶解在固体微粒的分散介质中。

② 在高分子的链节上应具有能与固液粒子间产生桥连的吸附基团。例如，阳离子型表面活性剂的季铵阳离子，阴离子表面活性剂的羧基、磺酸基等，以及非离子表面活性剂的氧基、羟基和酰氨基等。

③ 絮凝剂大分子应具有线形结构，并有适合于分子伸展的条件。

④ 分子链应有一定的长度，使其能将一部分吸附于颗粒上，而另一部分则伸进溶液中，以便吸附另外的颗粒，产生桥连作用。

⑤ 固液悬浮体中的固体微粒表面必须具有可供高分子絮凝剂架桥的部位。

具体使用的高分子絮凝剂的类型主要有丙烯酰胺共聚物型阳离子絮凝剂和聚乙烯醇、聚乙烯基甲基醚型非离子表面活性剂等。

表面活性剂絮凝作用的主要应用之一是在废水和污水处理方面，高分子絮凝剂使用方便，絮凝效力高、絮凝和沉降速度快，污泥脱水效率高，而且兼有设备简单、占地面积小、成本低、废水能回收循环利用等优点。因此在工业居民用水的净化、采矿工业、冶金工业、制糖工业、石油、造纸、国防、建筑食品等各领域得到广泛应用。

3.7 表面活性剂的其他功能 >>>

3.7.1　柔软平滑作用

柔软平滑性主要是针对纤维织品和毛发而言，通过表面活性剂的吸附，降低纤维物质的动、静摩擦系数，从而获得平滑柔软的手感。在实际应用中，通常总是将表面活性剂和油剂一起混合作用，表面活性剂可有效降低纤维物质的静摩擦系数，油剂则可以降低纤维物质的动摩擦系数。柔软平滑的效果可以用静摩擦系数和动摩擦系数的差值来表示，差值愈小，柔软平滑性愈强。

表面活性剂之所以能降低纤维物质的静摩擦系数，是因为它们能在纤维表面形成疏水基向外的反向吸附，增大了彼此间的润滑性，同时也与吸湿和再润湿性有关。各种离子类型的柔软剂适用于不同类型的纤维表面，使用时视具体情况选择合适的品种。

3.7.2　抗静电作用

合成纤维、塑料等导电性能差的材料因摩擦很容易在材料表面聚集静电荷，从而给生产过程、安全性、穿着舒适性等带来不良影响。经表面活性剂作暂时或永久性处理后，摩擦减弱，表面导电性增大，从而不易聚集静电荷。作为抗静电剂的表面活性剂，首先在材料表面形成正向吸附，以疏水基朝向材料表面，亲水基伸向空间，纤维的离子导电性和吸湿导电性增加，产生了放电现象，使表面电阻下降，从而防止了静电积累。

作为抗静电剂使用，一般要求表面活性剂有比较大的疏水基和比较强的亲水基团。使用量最多、性能最好的是阳离子表面活性剂。两性表面活性剂抗静电性较差，但可克服前者毒性和刺激性大、配伍性差、织物易泛黄等缺点，因而用途不断扩大。阴离子表面活性剂中的部分品种也是优良的抗静电剂，如碳链较长的烷基磺酸盐、烷基硫酸盐等，特别是高碳磷酸酯盐的抗静电性可以与阳离子相比，并且还可以与油剂或与其他阴离子表面活性剂同时使用，因而在化纤油剂中应用广泛。

3.7.3　杀菌功能

杀菌抑霉作用是表面活性剂的派生性质，阳离子和两性表面活性剂在这方面的作用比较显著。表面活性剂杀菌抑霉的机理尚不完全清楚，有人提出这种作用是由于表面活性剂的阳离子电荷吸附于微生物的细胞壁，破坏细胞壁内的某种酶；与蛋白质发生某种反应并影响微生物正常的代谢过程，最终导致微生物死亡。一般情况下，阳离子表面活性剂，特别是分子结构中带苄基的季铵盐具有较强的杀菌性。但对于存在其他蛋白质或重金属离子的场合，某些两性表面活性剂的杀菌能力将超过阳离子表面活性剂，特别是与阴离子表面活性剂复配时，更显示出两性表面活性剂的优越性。

3.8 表面活性剂在新领域的应用 >>>

随着科学技术的发展和学科的交叉融合，人们对表面活性剂的分子结构、特性及作用原理等的研究和认识不断深入，不仅使得表面活性剂在传统领域的应用性能得到显著提高，也使其新的功能被不断地开发出来，并在电子信息、生物医药、能源环境、纳米材料等高新技术领域得到广泛的应用。

3.8.1 表面活性剂在新型分离技术中的应用

分离是化学合成与化工过程中的一个非常重要的环节。表面活性剂因具有独特的双亲性分子结构和分子聚集形成胶束所提供的不同的化学环境，使其在分离过程中得到了日益广泛的应用，如萃取、膜分离、色谱分离等。表面活性剂在分离过程中的应用，旨在提高分离效率、简化分离过程、降低能耗以及满足特殊分离体系的要求等。

3.8.1.1 表面活性剂在萃取分离中的应用

萃取分离是化工生产中广泛应用的有效的分离方法。但在生物技术领域，传统的液-液萃取往往受到一定的限制。这是因为传统的液-液萃取法一般是通过调节 pH 使蛋白质选择性地萃取到有机相，易使蛋白质变性；或者利用离子对试剂与蛋白质作用形成疏水性物质而萃取至有机相的方法，常因缔合物在有机相的分配系数太小而难以得到理论的分离效果。而利用高分子表面活性剂的双水相萃取和利用表面活性剂胶束的反胶束萃取在蛋白质等生物活性物质的分离中表现出了明显的优势。

（1）双水相萃取　所谓双水相体系，是指某些有机物之间，或有机物与无机盐之间，在水中以适当的浓度溶解后形成互不相溶的两相或多相体系。能够形成双水相的有机物主要是非离子型或阴离子型的高分子表面活性剂，如聚乙二醇、聚丙二醇、聚乙烯醇、甲基纤维素、葡聚糖、葡聚糖硫酸钠等。

双水相体系的形成是由于聚合物分子普遍倾向于在其周围有相同形状大小和极性的分子，且不同类型分子间的斥力大于相互的吸引力，因此聚合物发生分离，形成两个不同的相。离子型和非离子型聚合物均可以用于构成双水相体系，但带有相反电荷的离子型聚合物混合在一起时会发生凝聚，不能共同用于构成双水相体系。例如，将聚乙二醇、葡聚糖的水溶液混合，当溶质浓度均较低时，可以得到单相匀质液体。随着溶质浓度的增加，溶液会逐渐浑浊，静置后会分成两个液层，即不相混溶的两个液相达平衡。在这个系统中，上层富集了聚乙二醇，下层富集了葡聚糖。常见的双水相体系如表 3-12 所示。

双水相萃取不存在有机溶剂残留问题，低分子量的高聚物无毒，不挥发，对人体无害，特别是能够保持蛋白质、核酸等物质的生物活性。由于不同蛋白质的表面电荷等性质不同，在两相中的分配系数不同和溶解性能不同，从而得到分离。此外，双水相萃取也可应用于甘草、银杏叶等有效成分的提取和分离。

表 3-12　常见的双水相体系

<table>
<tr><th colspan="2">非离子聚合物/非离子聚合物/水</th><th colspan="2">聚电解质/非离子聚合物/水</th></tr>
<tr><td>聚丙二醇</td><td>甲氧基聚乙二醇
聚乙二醇
聚乙烯醇
聚乙烯吡咯烷酮
羟丙基葡聚糖
葡聚糖</td><td rowspan="2">葡聚糖硫酸钠</td><td rowspan="2">聚丙二醇
甲氧基聚乙二醇 NaCl
聚乙二醇 NaCl
聚乙烯醇 NaCl
聚乙烯吡咯烷酮 NaCl
甲基纤维素 NaCl
乙基羟乙基纤维素 NaCl
羟丙基葡聚糖 NaCl
葡聚糖 NaCl</td></tr>
<tr><td>聚乙二醇</td><td>聚乙烯醇
聚乙烯吡咯烷酮
葡聚糖
聚蔗糖</td></tr>
<tr><td rowspan="3">聚乙烯醇</td><td rowspan="3">甲基纤维素
羟丙基葡聚糖
葡聚糖</td><th colspan="2">聚电解质/聚电解质/水</th></tr>
<tr><td>羟甲基葡聚糖钠</td><td>羟甲基纤维素钠</td></tr>
<tr><th colspan="2">聚合物/低分子亲水物/水</th></tr>
<tr><td rowspan="2">甲基纤维素</td><td rowspan="2">羟丙基葡聚糖
葡聚糖</td><td>聚乙二醇</td><td>磷酸钾</td></tr>
<tr><td>聚乙烯吡咯烷酮</td><td>磷酸钾</td></tr>
<tr><td>乙基羟乙基纤维素</td><td>葡聚糖</td><td>聚丙二醇</td><td>甘油</td></tr>
<tr><td>羟丙基葡聚糖</td><td>葡聚糖</td><td>聚乙烯醇</td><td>乙二醇二丁醚</td></tr>
<tr><td>聚蔗糖</td><td>葡聚糖</td><td>葡聚糖</td><td>丙醇</td></tr>
</table>

分配比是衡量萃取分离效果的重要参数，是指当萃取体系达到平衡后，被萃取物在两相中的总浓度的比值。影响双水相萃取分配比的主要因素有聚合物的浓度、聚合物的分子量、无机盐和缓冲液、pH 和温度等。通常，聚合物的浓度越高，越容易分相，且两相的组成差异越大。聚合物的分子量决定其化学性质，从而影响被萃取物在两相中的分配。例如，在聚丙二醇-葡聚糖双水相体系中，较疏水性的蛋白易溶于较疏水的聚丙二醇相，蛋白的分配系数随葡聚糖分子量的增加而增加，但随聚丙二醇分子量的增加而降低。在双水相体系中加入无机盐，盐的正、负离子在两相的分配系数不同，从而在两相间形成电位差，影响带电的分离物在双水相的分配。pH 主要影响蛋白质的电离和带电量，并且，在不同的盐中 pH 对蛋白质分配系数的影响不同。温度升高，发生相分离所需的高聚物的浓度升高；温度降低，双水相体系的黏度增大。通常在常温或略高于常温时操作，有利于萃取的传质和分相。

(2) 反胶束萃取　胶束萃取是指被萃取物以胶束的形式被萃取的方式。反胶束萃取是利用表面活性剂在有机相形成的反胶束水池的双电层与被萃取物的静电吸引等作用，将不同极性、不同分子量的被萃取物选择性地萃取到有机相的萃取方法。

反胶束是由水、表面活性剂和非极性有机溶剂组成的三元系统，通常含有 80%～90% 的有机溶剂，水和表面活性剂的含量均小于 10%，此外还根据需要含有少量助溶剂。表面活性剂是反胶束萃取的关键因素，不同结构的表面活性剂形成的反胶束含水量和性能不同。表面活性剂的浓度增加，反胶束的数量增加，从而增大了蛋白质的溶解度；但浓度过高，表面活性剂会形成复杂的聚集体。通常希望所选表面活性剂形成极性核较大的反胶束，且反胶束与蛋白质的作用不应太强，以避免蛋白质的失活。常用的构成反胶束的表面活性剂及有机溶剂如表 3-13 所示。

表 3-13 常见的构成反胶束的表面活性剂及有机溶剂

表面活性剂	有机溶剂
顺-二-(2-乙基己基)丁二酸酯磺酸钠(AOT)	正构烷烃(C_6～C_{10})、异辛烷、环己烷、四氯化碳、苯
甲基三辛基氯化铵(TOMAC)	环己烷
十六烷基三甲基溴化铵(CTAB)	乙醇/异辛烷、己醇/辛烷、三氯甲烷/辛烷
脂肪醇聚氧乙烯醚(Brij 30)	辛烷
聚乙二醇辛基苯基醚(Triton X)	己醇-环己烷
磷脂酰胆碱	苯、庚烷
磷脂酰乙醇胺	苯、庚烷

反胶束萃取中最常用的表面活性剂是阴离子表面活性剂顺-二-(2-乙基己基）丁二酸酯磺酸钠（AOT），以其形成的反胶束如图 3-33 所示，适宜于萃取小分子量（<30k）的蛋白质，如溶菌酶、胰蛋白酶、细胞色素 C 等。季铵盐型阳离子表面活性剂形成的反胶束通常体积较小，且需要助表面活性剂；而含聚氧乙烯链的非离子表面活性剂可形成体积较大的反胶束。

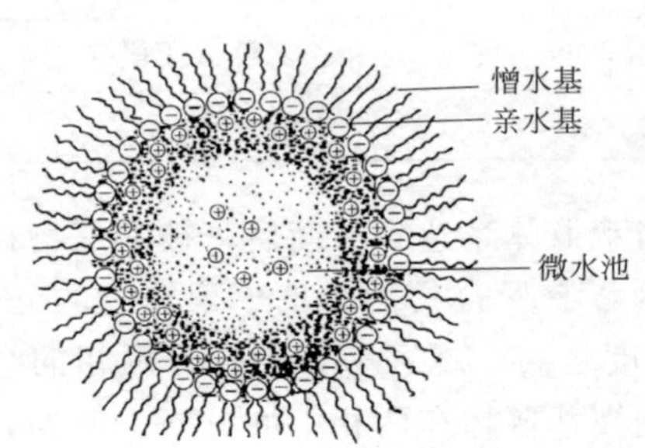

图 3-33 AOT 反胶束的结构示意图

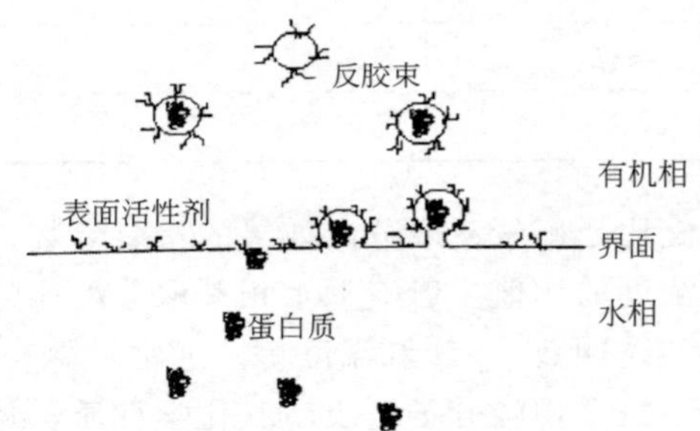

图 3-34 反胶束萃取蛋白质过程示意图

图 3-34 是反胶束萃取蛋白质过程的示意图。表面活性剂在有机相和水相的界面定向排列形成表面活性剂层，同临近的蛋白质发生静电作用而变形，进而在两相界面形成包含有蛋白质的反胶束，反胶束扩散进入有机相，实现了蛋白质的萃取。从水相萃入有机相的蛋白质被封闭在水池中，表面存在一层水化层与胶束内表面分隔开，从而使蛋白质不与有机溶剂直接接触，避免了变性。

蛋白质在反胶束中的溶解主要有静电作用和疏水作用两种推动力。反胶束微水池中的表面活性剂与蛋白质都是带电分子，蛋白质在 pH 小于等电点 pI 时带正电，pH 值大于 pI 时带负电，随着 pH 远离等电点，带电量增大。pH 还会影响表面活性剂带电量的大小和双电层的厚度。如果 pH 使胶束水池双电层厚度越厚，蛋白质的带电量越大，则静电作用越强，越容易萃取。此外，离子种类和离子强度对萃取率也有影响，例如，离子对反胶束的表面电荷具有屏蔽作用时，离子强度越大，蛋白质与反胶束的静电作用越弱，蛋白质在其中的溶解度越小。

反胶束萃取的操作方法主要有注射法、相转移法和溶解法等三种。其中，最为常用的是注射法，这种方法是将蛋白质溶液直接注入含有表面活性剂的有机相中。相转移法是将含有表面活性剂的有机相与含有被萃取蛋白质的水相混合、搅拌，使被萃取物缓慢地从水相转移到有机相。溶解法是将含有反胶束的有机溶液与被萃取物固体粉末一起搅拌，使其进入反胶束。

3.8.1.2　表面活性剂在膜分离中的应用

膜分离是借助膜的选择透过性能，在压力、浓度和电势差等驱动下，使混合物中的一种或多种组分透过膜，从而实现对混合物的分离，以及对产品的提取、纯化或富集。膜分离通常是纯物理过程，被分离组分一般不发生相变；可常温操作，适用于蛋白质、食品、药品或其他热敏性化学品；能耗低，安全环保，过程简便，便于连续化操作；可通过改变膜的类型和结构，选择性地分离特定组分，灵活性强。

(1) 液膜分离　分离膜主要有固态膜、液态膜和气态膜，其中应用较为成熟的是固态膜和液态膜。液膜分离是通过两液相间形成的液相膜界面，将两种组成不同但又相互混溶的溶液隔开，经选择性渗透，使物质分离提纯。具有膜薄、比表面积大、穿透膜的流量大、选择性好、分离效果好、提取效率高、过程简单、成本低和用途广等优点，特别适用于有机物或特定离子的分离与浓缩。

按照形态，液膜一般可分为乳状液膜和支撑液膜两类。乳状液膜是将含表面活性剂和膜溶剂的油相和水相置于容器中，在高速搅拌下制成油包水型乳状液。再将此乳状液分散到另一种水溶液中，得到水包油再包水（W/O/W）型乳状液膜，如图 3-35(a) 所示。支撑液膜是将溶解了载体的膜相溶液附着于多孔支撑体的微孔中制成的，由于表面张力和毛细管的共同作用，形成相对稳定的分离界面。在膜的两侧是与膜互不相容的料液和反萃取相，待分离的溶质自液相经多孔支撑体中的膜向反萃取相传递，如图 3-35(b) 所示。

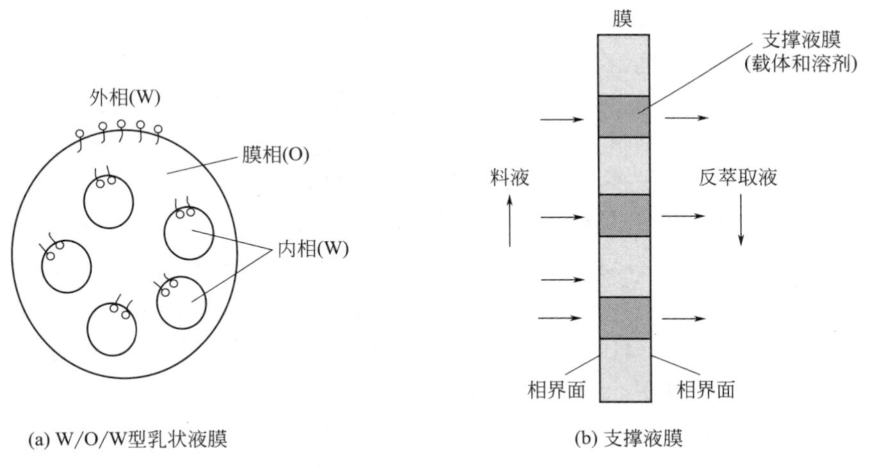

图 3-35　液膜结构示意图

液膜通常由膜溶剂、表面活性剂（乳化剂）、添加剂和流动载体组成。膜溶剂是成膜的基体物质，一般为水或有机溶剂。表面活性剂是液膜的主要成分之一，它可以定向排列于油-水分界面，对液膜的稳定性起到决定作用，且表面活性剂的种类、浓度、与料液的比例等都对渗透物通过液膜的扩散速度有显著影响。特别是表面活性剂的浓度，随着浓度的提高，其在油-水界面的吸附量增加，液膜更加稳定，分离效率也会提高；但浓度过高，油-水界面黏度增大，膜相的黏度也增加，传质阻力增大，分离效率随之降低。

（2）胶束强化超滤法　超滤是以压力差为推动力的膜分离过程，超滤膜的表层孔径为5～100nm，利用表面和微孔内的吸附、孔中堵塞、表面截留等作用，分离水溶液中的大分子、胶体、蛋白质等。

传统的超滤通常只能分离水溶液中的大分子物质，无法去除小分子有机物和金属离子。胶束强化超滤法（micella enhanced ultra fitration，MEUF）是将聚合物或表面活性剂引入超滤过程，利用胶束及其增溶作用，分离有机物废水中低浓度的金属离子和溶解性小分子的方法。金属离子和有机物经过表面活性剂胶束的吸附、溶解后，有效直径增大，可以采用大孔径的超滤膜来过滤废水，获得较大的渗透通量。

与传统的超滤相比，MEUF 技术成本低，能更有效地去除水中的金属离子和溶解性有机物，对 Pb^{2+}、Zn^{2+}、Ni^{2+}、Cu^{2+} 和 Ca^{2+} 等的截留率均大于 99.0%，浓缩液中的有色金属离子还可提取再生利用。图 3-36 是十二烷基苯磺酸钠（SDBS）分离 Cd^{2+} 的原理示意图，当吸附着 Cd^{2+} 的 SDBS 胶束通过超滤膜时，胶束粒径大于膜孔径而被截留，只有水和微量 SDBS 及未被吸附的 Cd^{2+} 能透过超滤膜，从而达到分离 Cd^{2+} 和水的目的。

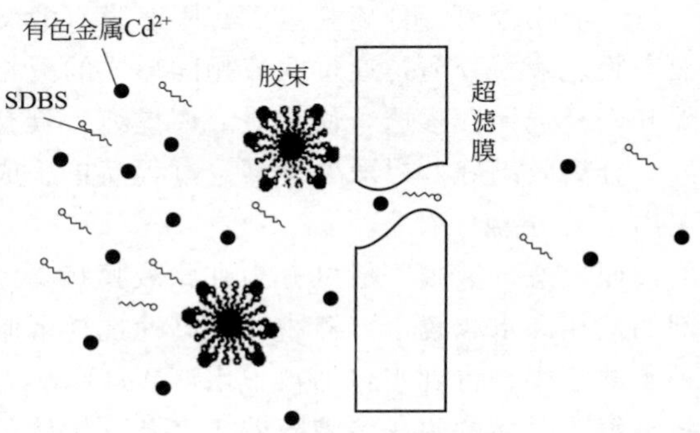

图 3-36　SDBS 胶束强化超滤法分离 Cd^{2+} 原理示意图

MEUF 中使用的表面活性剂与待去除的物质有关，考虑静电作用的因素，通常选用阳离子表面活化剂以去除阴离子，选用阴离子表面活性剂以去除金属阳离子；如果欲去除有机物，则阴离子、阳离子和非离子型表面活性剂均可作为选择的对象，但应对有机物具有较强的增溶能力。为了降低成本和提高分离效率，应选择 cmc 较低并易于形成大胶束的表面活性剂，以便选用大孔径分离膜。为了适用于低温操作，应选择 Krafft 点较低的离子型表面活性剂和浊点较高的非离子型表面活性剂。此外，还要求表面活性剂发泡性低、无毒无害、生物降解性好等。

此外，表面活性剂在色谱分离和分析中的应用越来越多。例如，在胶束液相色谱（micellar liquid chromatography，MLC）分离中，以含有表面活性剂反胶束的有机流动相作为洗脱液，利用表面活性剂胶束的静电作用和增溶作用，提高了高效液相色谱（high performance liquid chromatography，HPLC）的分辨率，调整了溶质离子的保留时间，可用来分析含有更多组分的药物分子的混合物。胶束电动毛细管色谱（micellar electrokinetic capillary chromatography，MECC）是以表面活性剂形成的胶束作为准固定相，根据溶质分子在胶束准固定相和水溶液相间的分配差异达到分离的目的，这使得电动色谱的分离范围由带电离子扩展到了中性分子。毛细管微乳液电动色谱（microemulsion electrokinetic chromatography，MEEKC）以水包油（O/W）型微乳液作为流动相，利用微乳液对疏水性组分的增溶作用，提高了疏水性相近和复杂样品体系的分离效果，降低了分析成本，缩短了分析时间。

3.8.2　表面活性剂在催化中的应用

表面活性剂在催化中的应用主要有相转移催化和胶束催化。

3.8.2.1　相转移催化

所谓相转移催化是指在相转移催化剂（phase transfer catalyst，PTC）的作用下，某种反应物从互不相溶的一相转移到另一相，再与该相中的另一物质反应得到产物。这避免了为获得均相而使用昂贵的特殊溶剂，也不要求无水操作，简化了工艺，同时可以使反应物，特别是负离子具有较高的反应活性，在有机合成中应用十分广泛。

最常用的相转移催化剂是季铵盐型阳离子表面活性剂（Q^+X^-），其作用原理如图 3-37 所示。相转移催化剂 Q^+X^- 既能溶于水相，又能溶于有机相，其在水相与亲核试剂 M^+Y^- 发生负离子交换生成离子对 Q^+Y^-，该离子对可从水相转移至有机相，与有机相中的反应物 R—X 发生亲核取代反应生成目标产物 R—Y，同时生成离子对 Q^+X^-。

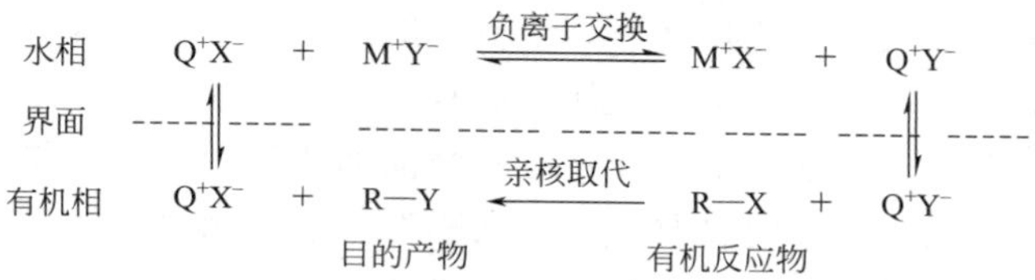

水相　Q^+X^-　+　M^+Y^-　$\underset{}{\overset{\text{负离子交换}}{\rightleftharpoons}}$　M^+X^-　+　Q^+Y^-

界面　- -

有机相　Q^+X^-　+　R—Y　$\overset{\text{亲核取代}}{\longleftarrow}$　R—X　+　Q^+Y^-

目的产物　　有机反应物

图 3-37　相转移催化反应过程示意图

相转移催化主要用于液-液两相反应体系，也可用于液-固两相和液-固-液三相体系。相转移催化剂应当能够将所需离子从水相或固相转移到有机相，并有利于该离子迅速与有机相的反应物发生反应；同时应当易于实现工业化，价格低廉，毒性小。

常用的季铵盐型相转移催化剂有苄基三乙基氯化铵、三辛基甲基氯化铵、四丁基硫酸铵等。此外，聚乙二醇、聚乙二醇单烷基醚等非离子表面活性剂也可作为负离子相转移催化剂。

3.8.2.2　胶束催化

胶束催化主要利用表面活性剂的增溶作用。在水性介质中，胶束内核是非极性的区域，外壳的极性头被水溶剂化，胶束外部是连续的水相，各区域的极性逐渐增大。非极性有机反应物被增溶于非极性区域，在反应物的浓集效应、扩散效应以及与胶束壳层离子头间的静电效应的共同作用下，使反应速度大大加快。

例如，2,4-二硝基氯苯的碱性水解反应，在溴代十六烷基吡啶胶束的催化下，30℃时水解反应速率比非胶束催化体系提高了 100 倍。这是由于 2,4-二硝基氯苯可被增溶在胶束内部，以及阳离子表面活性剂极性头基的正电荷对 OH^- 具有静电吸引作用造成的。再如，有机酯可以被增溶在胶束之中，疏水链进入胶束内核，酯基处于胶束表面。在碱性水解反应中，如果胶束是由阳离子表面活性剂形成的，胶束的正电荷使水解的中间产物易于形成，对水解反应有加速作用；如果胶束是由阴离子表面活性剂形成的，胶束的负电荷使水解的中间产物难于形成，对水解反应有抑制作用。在酸性水解反应中则相反，阴离子表面活性剂胶束能促进反应的进行，而阳离子表面活性剂胶束会对反应有抑制作用。

在非水介质中，表面活性剂形成反胶束，极性亲水基团处于胶束内核，其催化反应也在胶束内核进行。一方面，表面活性剂自身能发挥催化作用，反应基质在胶束核内发生特征定向排列，以利于化学键合，促进反应速度加快。另一方面，可以在胶束内核增溶水或其他极性物质，改善胶束内核的空间、极性和结构等，创造有利于反应的环境和控制反应速度。

金属胶束催化是近年来出现的一种新型催化技术，该技术以带疏水链的金属配合物单独或与其他表面活性剂共同形成的胶束体系为催化剂。由金属配合物和表面活性剂形成的金属胶束或共金属胶束的催化体系不仅能模拟酶的活性中心，还能模拟酶的疏水微环境，是一种良好的水解酶模型。目前，已在模拟羧肽酶 A、碱性磷酸酯酶、氧化酶、转氨酸等的作用机制方面取得了很大成功。

3.8.3 表面活性剂在生物领域的应用

表面活性剂除了在生物活性物质的分离中发挥着重要作用外，还广泛用作氨基酸、酶、胶质、生物表面活性剂等的发酵促进剂。表面活性剂的作用主要是消泡、稳泡和消毒洗涤等。

生物发酵过程中产生的泡沫量过大会造成发酵罐装料系数降低，以及料液逃逸和体系染菌等问题；但泡沫量过小或无泡沫，又不利于氧气的传递，降低发酵速率。因此，需要控制既要有一定的泡沫量，又要除去多余的泡沫，而且泡沫的能力不因发酵时间的延长而降低。目前工业中常用的消泡剂是豆油或玉米油，在发酵前期能较好地发挥作用，但在发酵后期继续加入会对发酵液的处理及产品的提取产生不利影响。在水相发酵体系中，使用较多的消泡剂是脂肪醇聚氧乙烯醚、脂肪醇聚氧丙烯醚、聚氧乙烯聚氧丙烯嵌段聚醚等非离子表面活性剂，十二烷基苯磺酸钠、含硅表面活性剂和脂肪酸盐等也有应用。含硅表面活性剂具有很低的表面张力，在泡沫层具有很强的扩散能力，能迅速顶替稳泡剂使泡沫液膜变薄，从而达到消泡的作用。

在洗涤和灭菌方面，表面活性剂既可以直接作为杀菌剂使用，也可用作消毒药物的助溶剂。常用的表面活性剂主要是季铵盐型阳离子表面活性剂和氨基酸型两性表面活性剂，如十二烷基二甲基苄基溴化铵（新洁尔灭）、十二烷基二甲基苄基氯化铵（洁尔灭）、十二烷基二甲基苯氧乙基溴化铵（消毒宁）、十四烷基-2-甲基吡啶溴化铵（消毒净），以及 α-亚氨基乙酸系列两性表面活性剂（Tego 型杀菌剂）等。

氨基酸是蛋白质的基本组成单位。在以甜菜蜜糖为原料发酵生产谷氨酸时，添加质量分数为 0.1%～0.2%的硬脂酸聚氧乙烯醇酯、Tween 40 或 Tween 60 等非离子表面活性剂，可使谷氨酸的转化率达到 40%以上，在 500L 发酵罐中进行放大实验，产酸率达到 40%。

酶是具有生物催化功能的大分子物质，在疾病诊断、临床治疗以及生产生活中发挥着重要作用。在液态发酵中，非离子表面活性剂 Tween 80 可影响嗜热脂肪芽孢杆菌生产高温蛋白酶的效率，当其用量在 0.05%～0.1%（质量分数）时，可使发酵液酶产量提高 12.7%；而 Tween 20 和聚乙二醇辛基苯基醚则对嗜热脂肪芽孢杆菌产酶有抑制作用。生物表面活性剂鼠李糖脂在促进木霉菌产酶的效果上明显优于 Tween 80，可分别使滤纸酶活、羧甲基纤维素酶活和微晶纤维素酶活提高 1.08 倍、1.60 倍和 1.03 倍。

在固态发酵中，添加 0.05%的 Tween 80 能使微生物淀粉酶、蛋白酶和半纤维素酶的最高酶活分别提高 46.5%、65.9%和 70.5%。添加 0.006%的鼠李糖脂能使菌体产蛋白酶和半纤维素酶酶活分别提高 14.6%和 37.6%；鼠李糖脂添加量为 0.018%，对微生物产酶有显著的抑制作用。

3.8.4 表面活性剂在医药领域的应用

3.8.4.1 表面活性剂在药物制剂中的应用

表面活性剂是药物制剂的重要助剂。药物的剂型主要有固体剂型（如片剂、胶囊剂、膜剂、丸剂等)，半固体剂型（如膏剂、糊剂等)，液体剂型（如注射剂、溶液剂和洗剂等)，以及气体剂型（如气雾剂和喷雾剂等)。表面活性剂在各种剂型中被广泛用作乳化剂、润湿剂、增溶剂、渗透剂和助溶剂等，对提高药品性能和质量起到了至关重要的作用。

（1）片剂　口服制剂占医药制剂的 50%～60%，片剂是其中最常见的类型。表面活性剂在片剂中主要用作包衣助剂、润滑剂、润湿剂、崩解剂、增溶剂及缓释剂等。为了掩盖苦味或异味，防止吸潮，保护有效成分，提高稳定性和药效，常在药物表面包覆一层糖衣。表面活性剂的加入，能够改善包衣的性质，使药物更好地发挥药效。可用于包衣材料的阴离子表面活性剂主要有琥珀酸二辛酯磺酸钠和月桂醇硫酸钠，非离子表面活性剂有聚乙二醇 4000（PEG 4000)、PEG 6000、Tween 80 等，天然表面活性剂有阿拉伯胶、明胶和虫胶等。例如，Tween 80 与蔗糖、明胶、环糊精等在纯净水中混合均匀制成预混剂，包覆于固体药物表面，干燥后可形成色泽均匀、储存稳定性高的包衣层，制剂过程耗时短、工艺简单。阳离子表面活性剂毒性较大，很少用于包衣工艺。

为了减少片剂压制过程中药物与冲头、冲模之间的摩擦和粘连，使片剂更光滑美观，增加剂量的准确度，一般要在压片前加入适量的润滑剂。常用的水溶性润滑剂主要有硬脂酸镁、月桂醇硫酸镁、油酸钠、十二烷基硫酸钠和高级脂肪酸盐等，常用的油溶性润滑剂有聚乙二醇（PEG 4000、PEG 6000）和聚氧乙烯单硬脂酸酯等。

许多药物难溶于水，服用后不能被体液润湿和被人体吸收，药效不佳。表面活性剂分子因具有两亲结构，可吸附在药物固体表面，形成定向排列的吸附层，降低界面张力，从而有效地改变药物表面的润湿性能，促进片剂崩解和药物释放。可作药物润湿剂的表面活性剂有琥珀酸二辛酯磺酸钠、Tween 80 和卵磷脂等。

崩解是指药物制剂在吸收前的物理溶解过程，是影响口服药物生物利用度的重要因素。在片剂中加入适量的表面活性剂，可使水更易透过片剂中的孔隙，有助于崩解剂溶胀而产生崩解作用，崩解后的粒子又因表面活性剂的存在不易絮凝，还可以对药物起到增溶作用，从而增加溶出度。例如，二异辛基琥珀酸酯磺酸钠和丁二酸己酯磺酸钠可增进乳酸钙片、阿司匹林片和碳酸氢钠片的崩解速度；月桂醇硫酸钠可显著加快息痛宁片和阿米妥片的崩解速度；在安定片中加入质量分数为 0.3%的 Tween 80，药物崩解速度显著加快。

此外，片剂制剂中还常使用 Tween 80、聚氧乙烯甘油单蓖麻油酸酯、聚醚等增溶剂，以及 Fluronic F-68 和脂肪醇聚氧乙烯醚等高分子缓释剂。

（2）胶囊剂　胶囊剂便于服用和保存，而且可掩盖药物味道，是广泛使用的口服药物剂型之一。胶囊剂分为硬胶囊和软胶囊，硬胶囊主要用于填充固体颗粒药物，软胶囊主要用于填充液体药物。表面活性剂在胶囊剂中的使用主要是提高胶囊内药物的水溶性和生物利用度。例如，抗疟疾药芴甲醇的水溶性极差，只有 1μg/mL，在其胶囊中加入 Tween 80，服用后药物在体内迅速乳化，有利于其在胃肠的吸收。

微胶囊剂型是指以表面活性剂或高分子材料将固体或液体药物包覆制成直径为 1～5000μm 的微型胶囊，不仅可以将液态药物制成固体制剂，还可以实现缓释、降低消化道副作用、提高稳定性、减少配伍禁忌和改善理化特性等。例如，Span 60 和 PEG 6000 与硫酸亚铁混合均匀后，搅拌分散于热的液体石蜡中，形成 W/O 型乳液，再经冷却凝聚即可得到硫酸亚铁微胶囊。再如，Span 85 和 Tween 20 与天门冬酰胺酶、天门冬氨酸混合后于水-有机溶剂体系中搅拌，经离心分离后得到天门冬酰胺酶微胶囊。

此外，表面活性剂在膜剂、丸剂、栓剂和膏剂等其他固体和半固体剂型中也有广泛应用。例如，Tween 80、月桂醇硫酸钠、大豆磷脂和聚乙二醇维生素 E 琥珀酸酯等在膜剂中可提高膜剂质量，促进药物的吸收；PEG 类表面活性剂在中药丸剂中改善难溶药物的吸收和溶出，提高其生物利用度；Tween 60、65 和 80 在栓剂作为乳化剂和吸收促进剂，增加药物的生物膜透过性，椰油甘油酯、硬脂酸丙二醇酯、棕榈油酯等油脂和 Tween、聚氧乙烯单硬脂酸酯、聚甘油脂肪酸酯、聚乙二醇等非离子表面活性剂在栓剂中作为基质使用；脂肪酸皂、脂肪醇硫酸酯、PEG、脂肪醇聚氧乙烯醚、烷基酚聚氧乙烯醚、Span 和 Tween 等在膏剂中起乳化、促进药物吸收渗透的作用，或作为基质。

（3）液体制剂　液体制剂是以液体形态应用于治疗的制剂，分为内服、外用和注射三类，表面活性剂在液体制剂中主要用作分散剂、增溶剂和乳化剂。例如，对于维生素 A、维生素 D、维生素 E 和维生素 K 等难溶于水的维生素，常需要通过表面活性剂的增溶作用制成溶液或注射剂使用，其中，Span 类表面活性剂对维生素 A 和维生素 D、Tween 20 和 PEG 300 对维生素 K、Tween 80 和 Tween 85 复配对维生素 D_2 有较好的增溶作用；对于甾体类药物的增溶，主要使用 Tween 20、聚氧乙烯单月桂醇醚、聚氧乙烯单月桂酸酯和壬基酚聚氧乙烯醚等；对于氯霉素、异丁基哌力复霉素等抗生素，Tween 80 是常用的增溶剂。

（4）气雾剂　气雾剂是指将药物和抛射剂共同封装于耐压容器中，使用时借助抛射剂的压力将药物喷出的制剂，具有起效快、便于定位的优点。气雾剂主要有混悬型、泡沫型和溶液型等 3 种。其中，溶液型气雾剂中，固体或液体药物溶解于抛射剂形成均匀的溶液，喷出后抛射剂挥发，药物以固体或液体微粒状态达到作用部位，较少使用表面活性剂。而混悬型气雾剂是药物微粉直接分散于抛射剂中形成的制剂，表面活性剂在其中被用作助悬剂、润湿剂和分散剂，例如，羟丙基甲基纤维素是布洛芬的混悬剂，蜂蜡和卵磷脂配合使用可增加刺五加混悬剂的稳定性。泡沫气雾剂是指将药物在容器中制成乳状液，当其被喷出后，分散相中的抛射剂膨胀气化，使乳状液成泡沫状的制剂。表面活性剂在其中主要用作乳化剂，常用的乳化剂主要有硬脂酸-月桂酸-三乙醇胺和 Tween-Span-月桂醇硫酸钠两种复配体系，前者泡沫丰富且稳定性好，适用于耐碱性药物，后者渗透性强且渗透迅速，适用于耐酸性药物。

3.8.4.2　表面活性剂在药物提取、合成和载体中的应用

常见的植物来源天然药物有效成分有生物碱、苷类、挥发油、氨基酸和多糖等，动物来源有效成分有多糖、肽和甾体等，矿物来源有效成分有硫酸钠（玄明粉）、硫酸钾（雄黄）、硫酸钙（石膏）和汞（朱砂）等。表面活性剂在天然药物有效成分的提取中，可以降低表面或界面张力，提高细胞渗透性，促进有效成分的溶解。非离子表面活性剂因毒性较低且化学惰性，在药物提取中应用较多，常用品种有 Tween 20、Tween 80、Span 20 和油酸聚乙二醇等。阴离子表面活性剂可以进行离子交换，促使有效成分进入提取剂，常用的品种如烷基磺酸钠。阳离子表面活性剂毒性较大，易与生物碱产生沉淀，且有一定的溶血作用，因此在药物提取中使用较少。

化学药物的合成反应中有很多是非均相反应。如前所述，相转移催化能提高非均相反应的速度和效率，在药物合成中被广泛应用于亲核取代、消除、氧化、还原以及酰胺和多肽的合成等反应。例如，氯丙嗪的合成前体水溶性较差，反应效率低，将四丁基溴化铵（TEBA）相转移催化剂加入反应体系后，氯丙嗪的收率明显提高，该反应方程式如下。

$$\text{2-chlorophenothiazine} + ClCH_2CH_2CH_2N(CH_3)_2 \xrightarrow[TEBA]{NaOH} \text{10-}[CH_2CH_2CH_2N(CH_3)_2]\text{-2-chlorophenothiazine}$$

表面活性剂在药物载体中的应用主要是制备脂质体，包封在脂质体中的药物可以实现长效、可控释放，较游离的药物在生物体内具有更长的保留时间和更高的治疗指数。用于脂质体制备的表面活性剂可以分为天然表面活性剂和合成表面活性剂两类，天然表面活性剂以磷脂酰胆碱为主，合成表面活性剂有二棕榈酰磷脂酰胆碱（DPPC）、二棕榈酰磷脂酰乙醇胺（DPPE）和二硬脂酰磷脂酰胆碱（DSPC）等。

3.8.5　表面活性剂在电子信息领域的应用

表面活性剂在半导体集成电路的制备、电子陶瓷的加工、电子影像材料的制造和磁记录材料等电子与信息技术领域具有广泛的应用。

（1）半导体集成电路的制备　在半导体集成电路的加工制造中，对硅片进行清洗是十分重要的步骤。硅片表面的污染物主要有三类，即加工中使用的油脂、光刻胶和黏合剂等分子型污染物，磨料、抛光剂、腐蚀剂等残留的 K^+、Na^+、Mg^{2+}、Ca^{2+} 等离子型污染物，以及加工中使用的铜、金、银等金属沉积到硅片表面的原子型污染物。表面活性剂水溶液与硅片接触后，能迅速在其表面铺展形成保护层，并将污染物剥离硅片表面。常用的集成电路清洗剂采用非离子和阴离子表面活性剂复配使用。具体配方如含质量分数为 6%～15%的烷基醇聚氧乙烯醚、3%～5%的烷基酚聚氧乙烯醚、3%～5%的烷基醇酰胺、5%～10%的油酸三乙醇胺，此外还含有 0.1%～1%的 EDTA、1%～5%的醇，其余为去离子水。

此外，在单晶硅的切片过程中使用添加表面活性剂的切削液，既可以降低切片的机械摩擦力、缓解刀具的磨损、减少修刀次数、提高切片效率，又可以降低硅片的磨损、提高硅片的质量、提升成品率。表面活性剂因具有良好的渗透和分散悬浮作用，还能够在磨片过程中更加容易地渗透到磨料微粒之下，去除破损层，且不会伤害工件表面，提高产品质量和工作效率。

（2）电子陶瓷的加工　电子陶瓷是指以电、磁、光、声、热、力、化学和生物等信息的检测、转换、耦合、传输及存储等功能为主要特征的陶瓷材料，其常规生产工艺包括粉体的制备、成型、烧结和表面金属化等主要过程。在沉淀法生产超细原粉粉体的过程中引入表面活性剂，一方面因粒子吸附了离子型表面活性剂而产生静电斥力，另一方面因表面活性剂的分散作用而减少了粉体的团聚，可以得到粒径小且分布均匀、纯度较高的粉体材料，这是获得高质量陶瓷产品的基础。

例如，钛酸钡（$BaTiO_3$）是应用较多的电子陶瓷材料，在电容器、热敏电阻、压电陶瓷和光电器件中应用广泛。在水热法生产钛酸钡的工艺中，十二烷基苯磺酸钠和十二烷基三甲基氯化铵能在颗粒间产生静电斥力，而聚乙二醇在则有较好的空间位阻作用。此外，烷基葡萄糖苷（APG）、十二烷基甜菜碱、十六烷基三甲基溴化铵和十二烷基硫酸钠分别同聚氧乙烯配合使用，也可提高高纯钛酸钡超细粉末的质量。

（3）磁记录材料　磁性涂料通常由磁粉、胶黏剂、分散剂、有机溶剂及其他添加剂组成。由于单独将磁粉与胶黏剂混合很难得到均匀的混合体，因此为了得到分散性良好的高性能磁性涂料，需要使用分散剂和有机溶剂。表面活性剂是最常用的分散剂，其亲水基与表面自由能高的磁粉结合，使磁粉表面形成一层由疏水基团构成的低表面自由能的亲油层，从而加速磁粉在有机胶黏剂中的均匀分散，使胶黏剂对磁粉表面良好地润湿，排出空气，提高磁浆的稳定性，改善磁浆质量，缩短制浆时间，增加磁粉填充量并提高磁带性能。用于磁性涂料的表面活性剂型分散剂主要有十二烷基苯磺酸钠、二异辛基琥珀酸酯磺酸钠、有机磷酸酯以及聚醚改性硅油等。

（4）电子影像材料　电子成像是将光、热、静电、放射线、磁、电化学等物理及化学现象组合起来或者只利用单独一种来摄取对象信息并以可见图像的形式记录下来的电子技术的总称。与传统的利用卤化银感光材料成像相比，电子成像具有高效快速、干法加工、污染少、应用范围广等优点。

二异辛基琥珀酸酯硫酸钠、辛基苯基聚氧乙烯醚、脂肪醇聚氧乙烯醚硫酸钠、烷基氧化胺、烷基甜菜碱和聚醚改性硅油等表面活性剂应用于乳剂型感光材料，能够降低乳液的表面张力，提高乳液对基底表面的润湿性，提高感光材料的涂布均匀性。烷基醇聚氧乙烯醚、烷基酸聚氧乙烯酯和聚乙二醇甜菜碱等在感光材料显影过程中，被用于显影促进剂。在喷墨打印技术中，表面活性剂一方面可用作水性墨水中颜料和非水溶性染料的分散剂，还可用作直接染料、酸性染料、阳离子染料等水溶性染料的固色剂，与染料分子中的羧基和磺酸基成盐，提高湿处理牢度。此外，HLB 在 4～10 的非离子表面活性剂，如聚氧乙烯醚型表面活性剂和多元醇衍生物等，在喷墨打印纸的制作中，能够抑制水溶性涂料在基材上的造膜性，增加毛细管数，降低毛细管表面张力，从而使喷墨打印纸在经过压光之后仍具有较高的吸墨能力。

3.8.6　表面活性剂在纳米材料制备中的应用

纳米材料是指在三维空间中，至少有一维处于纳米尺度范围（1～100nm），或由它们作为基本单元构成的材料。纳米材料的尺度效应是指纳米材料的表面原子数与总原子数之比，随粒径变小而急剧增大后所引起的材料性质上的变化，主要包括表面与界面效应、小尺寸效应、量子尺寸效应和隧道效应。表面与界面效应是指粒子直径减少，表面原子数量和比表面积急剧增加的效应。小尺寸效应是指当纳米微粒尺寸与光波波长，传导电子的德布罗意波长及超导态的相干长度、透射深度等物理特征尺寸相当或更小时，它的周期性边界被破坏，从而使其声、光、电、磁、热力学等性能发生变化。量子效应是指当粒子的尺寸达到纳米量级时，费米能级附近的电子能级由连续态分裂成分立能级。隧道效应是指纳米微观粒子还具有贯穿势垒的能力。

制备纳米粒子的方法可以分为物理制备法、化学制备法和物理化学制备法。其中，物理制备法又包括机械球磨法、冷冻干燥法和物理气相沉积（physical vapor deposition，PVD）法等；化学制备法又包括化学沉淀法、溶胶-凝胶法、水热法和模板合成法；物理化学制备法又包括喷雾法、化学气相沉淀（chemical vapor deposition，CVD）法、超临界流体干燥法和爆炸反应法。

PVD 法是使块状金属、合金或金属氧化物加热气化，再骤冷形成纳米粒子的方法；CVD 法则是将金属化合物蒸发，在气相发生化学反应制备纳米粒子的方法，主要用于制备金属、金属氧化物、氮化物、碳化物、氧化物等纳米粒子。PVD 法和 CVD 法也被统称为气相法。机械球磨法和爆炸反应法等通过机械方法或固相反应制备纳米粒子的方法也统称为固相法。沉淀法、溶胶-凝胶法、水热法、模板法等在液相体系中制备纳米粒子的方法也被称为液相法或湿化学法，适用范围广，可用于制备金属氧化物、各种氢氧化物、碳酸盐和氮化物等纳米粒子。

表面活性剂在纳米粒子制备中主要有两方面的作用，一是阻止生成的纳米粒子或其前驱体的聚集，二是在模板法中提供模板以控制纳米粒子的尺寸、形态和结构。

纳米粒子比表面积大，表面能高，具有较大的聚集和减小表面能的趋势。表面活性剂具有双亲性质，吸附在纳米粒子表面，能显著降低其表面能或固-液界面能，减小粒子聚集的趋势。同时，表面活性剂的吸附还能产生静电斥力或空间位阻作用，起到阻止粒子聚集的分散作用。例如，共沉淀法制备钛酸铅（$PbTiO_3$）的过程是先将钛酸四丁酯［$Ti(OBu)_4$］和醋酸铅［$Pb(OAc)_2$］分别溶于无水乙醇和甲醇中，按照等物质的量比混合后，用氨水调节溶液的 pH 为 8.9～9.2，同时加入 30%的双氧水（H_2O_2），待沉淀完全后水洗至中性，得到共沉淀物，再经陈化、干燥和高温煅烧得到 $PbTiO_3$ 纳米粒子。研究表明，陈化阶段，加入非离子表面活性剂 Triton X-100 或 Tween 80 或同时加入 Triton X-100 和 Tween 80，能够得到更小的晶粒和陈化物粒子。

再如，沉淀法制备二氧化钛（TiO_2）的过程是将四氯化钛（$TiCl_4$）或 $Ti(OBu)_4$ 在液相中水解生成氢氧化钛［$Ti(OH)_4$］沉淀，再高温脱水生成 TiO_2。水解形成的无定形 $Ti(OH)_4$ 极易团聚，聚乙烯醇类表面活性剂分子中的羟基可与 $Ti(OH)_4$ 的羟基形成氢键，起到防止其团聚的作用。除聚乙烯醇外，聚乙二醇、Triton X-100、羟丙基纤维素、琥珀酸二异辛酯磺酸钠等表面活性剂也有同样的作用。此外，在 ZnO、ZrO_2、MoO_2、CoO、Al_2O_3、SnO_2 等金属氧化物类纳米粒子的制备中，也常用表面活性剂以减少团聚，得到小粒径材料，应用最多的是非离子型或高分子表面活性剂。

除了在粒子表面发生定向吸附，阻止粒子的团聚，表面活性剂还具有在溶液中自组装形成胶束、反胶束、液晶、囊泡、微乳液等特点，这些聚集体能够为纳米粒子的制备提供特定的微环境和模板。通过选择不同结构和性质的表面活性剂，控制胶束的尺寸和形貌，便可以制备出特定尺寸和形状的纳米粒子。

在反相微乳液模板法中，常用的有机溶剂一般是 C_4～C_6 的直链烃或环烷烃，所用的表面活性剂通常有十二烷基苯磺酸钠（SDBS）、十二烷基硫酸钠（SDS）、琥珀酸双异辛酯磺酸钠（AOT）等阴离子表面活性剂，十六烷基三甲基溴化铵（CTAB）等阳离子表面活性剂，以及 Triton X 等聚氧乙烯醚型非离子型表面活性剂等。此外，还常使用中等长度碳链的脂肪酸作为助表面活性剂。由于微乳液粒子和其内部“微水池”的直径为 10～100nm，在其中反应生成的粒子也被控制在纳米级。其反应过程如图 3-38 所示。当分别含有反应物 A 和 B 的两种微乳液混合时，微乳液的液滴相互碰撞，形成二聚体。二聚体为两个液滴提供水池通道，水相内的 A 和 B 在此时发生反应，生成晶核并进一步生长。

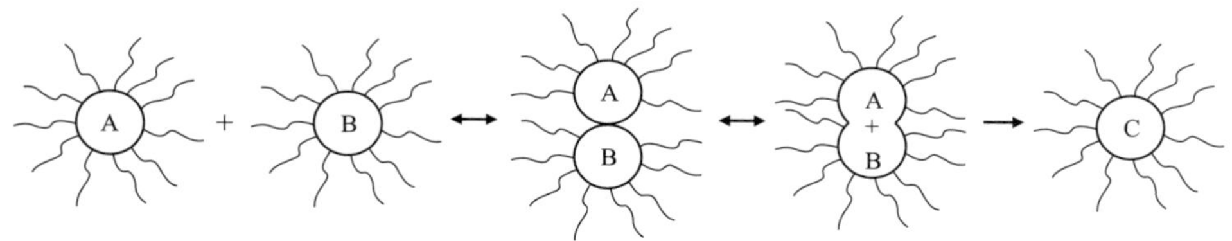

图 3-38　反相微乳法合成纳米材料的过程示意图

反胶束模板法的原理与反相微乳液模板法相似。由于反胶束的聚集数一般不大，其内部的“水池”也是纳米级微环境。此外，在表面活性剂浓度足够大时，反胶束可以进而组成棒状或其他有序组合体形式，因而也可用于制备纳米线等。目前反胶束模板法已被成功用于制备卤化物、氧化物、金属、硫化物等多种纳米粒子和纳米线材料。

表面活性剂囊泡可以为无机、有机，或不同形状的纳米粒子制备提供模板。囊泡的内层和外层为表面活性剂极性端基，其极性环境可作为生成无机纳米粒子的反应器。而囊泡的双分子层结构中间为非极性尾基部分，可增溶有机物，成为形成有机纳米材料的反应器。以囊泡为模板，不仅可以制备球形或类球形纳米粒子，也可以通过去除表面活性剂制备中空的球状材料。

参 考 文 献

[1] 赵国玺，朱玻瑶．表面活性剂作用原理．北京：中国轻工业出版社，2003.
[2] 徐燕莉．表面活性剂的功能．北京：化学工业出版社，2000.
[3] 刘程，米裕民．表面活性剂性质、理论与应用．北京：北京工业大学出版社，2003.
[4] 北原文雄，玉井康腾，等．表面活性剂——物性·应用·化学生态学．孙绍曾，等译．北京：化学工业出版社，1984.
[5] 张天胜．表面活性剂应用技术．北京：化学工业出版社，2001.
[6] 肖进新，赵振国．表面活性剂应用原理．北京：化学工业出版社，2003.
[7] 赵德丰，程侣柏，姚蒙正，等．精细化学品合成化学与应用．北京：化学工业出版社，2002.
[8] 沈一丁．精细化工导论．北京：中国轻工业出版社，1998.
[9] 梁文平，殷福珊．表面活性剂在分散体系中的应用．北京：中国轻工业出版社，2003.
[10] 周春隆，穆振义．有机颜料——结构、特性及应用．北京：化学工业出版社，2002.
[11] 金谷．表面活性剂化学．合肥：中国科学技术大学出版社，2019.
[12] 肖进新，赵振国．表面活性剂应用技术．北京：化学工业出版社，2019.
[13] 崔正刚．表面活性剂、胶体与界面化学基础．北京：化学工业出版社，2019.
[14] 李宗石，徐明新．表面活性剂合成与工艺．北京：中国轻工业出版社，1990.
[15] 赵国玺．表面活性剂物理化学．北京：北京大学出版社，1990.
[16] Rosen M J. Surfactants and Interfacial Phenomena. 2nd ed. New York：Wiley，1989.
[17] Schick M J. Surfactant Science Series. New York：Marcel Dekker，1987.
[18] 张文清．分离分析化学．2 版．上海：华东理工大学出版社，2007.
[19] 丁明玉．现代分离方法与技术．2 版．北京：化学工业出版社，2016.

第4章

阴离子表面活性剂

阴离子表面活性剂是表面活性剂中发展历史最悠久、产量最大、品种最多的一类产品，其特点是溶于水后能离解出具有表面活性的带负电荷的基团。由于阴离子表面活性剂的价格低廉，性能优异，用途广泛，因此在整个表面活性剂生产中占有相当大的比重。据统计，阴离子表面活性剂约占世界表面活性剂总产量的40%。这类表面活性剂主要用作洗涤剂、润湿剂、发泡剂和乳化剂等。

4.1 阴离子表面活性剂概述 >>>

从古代的草木灰到肥皂，人类揭开了阴离子洗涤剂的发展史和近代表面活性剂工业的序幕。接着出现了合成表面活性剂红油（磺化蓖麻油），红油虽不适于家庭洗涤，但长期应用于纤维的染色、整理。后来，又出现了高级脂肪醇硫酸酯盐、烷基苯磺酸盐等阴离子表面活性剂。随着人们研究的不断深入，阴离子表面活性剂的种类不断增多，性能不断提高，应用更加广泛，产量不断增加。2016年全球表面活性剂产量约合2300万吨，市场份额超过425亿美元，年均复合增长为5.5%。其中阴离子表面活性剂产量为1100万吨，市值超过170亿美元。可见阴离子表面活性剂品种多、用途广，当然也是应用最早和最重要的表面活性剂品种。阴离子表面活性剂主要包括磺酸盐、羧酸盐、烷基硫酸盐和磷酸酯盐等种类。

4.1.1 阴离子表面活性剂的分类

阴离子表面活性剂是具有阴离子亲水基团的表面活性剂。按照亲水基结构的不同，阴离子表面活性剂主要分为羧酸盐型、磺酸盐型、硫酸酯盐型和磷酸酯盐型四类。

（1）羧酸盐型（—COOM） 这类表面活性剂以羧酸钠盐为主，在水中能够电离出羧酸负离子，代表品种如硬脂酸钠、*N*-甲基酰胺羧酸盐和雷米邦A等。

$C_{17}H_{35}COONa$
硬脂酸钠

$RCON(CH_3)CH_2COOM$（CH_3 连于 N 上）
N-甲基酰胺羧酸盐

$RCON(R)(CON(R))_nCOONa$
雷米邦A

（2）磺酸盐型（$—SO_3M$） 磺酸盐型阴离子表面活性剂是阴离子表面活性剂中最重要的品种，主要包括烷基苯磺酸盐、烷基磺酸盐、*α*-烯基磺酸盐、*N*-甲基油酰胺牛磺酸盐和琥珀酸酯磺酸盐等。

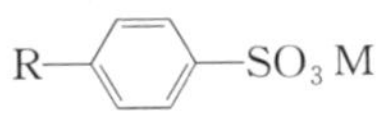

$R—C_6H_4—SO_3M$
烷基苯磺酸盐

$R—SO_3M$
烷基磺酸盐

$R—CH{=}CH—CH_2SO_3M$
α-烯基磺酸盐

$$\underset{N\text{-甲基油酰胺牛磺酸盐}}{C_{17}H_{33}CON(CH_3)CH_2CH_2SO_3M} \qquad \underset{\text{琥珀酸酯磺酸盐}}{MO_3S-CH(COOR)-CH_2-COOR}$$

（3）硫酸酯盐型（$—OSO_3M$） 脂肪醇硫酸酯钠盐和脂肪醇聚氧乙烯醚硫酸酯钠盐是最常用的两类硫酸酯盐型阴离子表面活性剂。

$$\underset{\text{脂肪醇硫酸酯钠盐}}{ROSO_3Na} \qquad \underset{\text{脂肪醇聚氧乙烯醚硫酸酯钠盐}}{RO(CH_2CH_2O)_nSO_3Na}$$

（4）磷酸酯盐型（$—OPO_3M$） 磷酸酯盐型阴离子表面活性剂有单酯和双酯两种类型，脂肪醇磷酸单酯双钠盐和磷酸双酯钠盐的结构式如下：

目前在上述各类型阴离子表面活性剂中，以磺酸盐型品种最多、用量最大，本章将重点介绍该类表面活性剂。因此讨论磺化反应、研究磺酸基的引入方法，对阴离子表面活性剂的合成是极为重要的。

4.1.2 磺酸基的引入方法

在合成磺酸盐型阴离子表面活性剂的过程中，磺酸基的引入方法可以分为直接引入法和间接引入法。所谓直接引入法是指通过磺化反应直接引入磺酸基的方法。例如，烷基苯磺酸盐类的磺酸基引入，即是由烷基苯直接进行磺化反应而引入磺酸基的，其反应式为：

$$R-C_6H_5 + H_2SO_4 \longrightarrow R-C_6H_4-SO_3H$$

磺酸基的间接引入法是使用带有磺酸基的原料，通过磺化反应以外的其他反应引入磺酸基的方法。例如，N-甲基油酰胺牛磺酸钠的磺酸基是通过油酰氯和 N-甲基牛磺酸钠缩合而引入的，这一过程可由下列反应式表示：

$$C_{17}H_{33}COCl + HN(CH_3)CH_2CH_2SO_3Na \longrightarrow C_{17}H_{33}CON(CH_3)CH_2CH_2SO_3Na$$

对于直接磺化法，应根据被磺化物的结构，采用适当的磺化工艺方法。例如烷烃常用的磺化工艺有氧磺化法、氯磺化法、置换磺化法和加成磺化法四种；芳烃的磺化主要有过量硫酸磺化法、共沸去水磺化法、三氧化硫磺化法、氯磺酸磺化法以及芳伯胺的烘焙磺化法等。

4.2 烷基苯磺酸盐 >>>

烷基芳磺酸盐型阴离子表面活性剂中使用最广泛的是烷基苯磺酸盐，它最早是由石油馏分经过硫酸处理后作为产品并得到应用的。人们将石油、煤焦油等馏分中比较复杂的烷基芳烃或其他天然烃类经磺化制得的产物称为“天然磺酸盐”，随着这些粗产品应用的不断扩大，合成产品便发展起来了。

20 世纪 30 年代末期，人们将苯与氯化石油进行烷基化，然后将生成的烷基苯进行磺化制得烷基苯磺酸盐。这便是烷基芳磺酸盐的第一批工业产品，当时绝大多数产品用于纺织工业，随后家用配方也很快出现了。

第二次世界大战后，出现了十二烷基苯磺酸盐，它是由石油催化裂解的副产品四聚丙烯作为烷基化试剂与苯反应，再经磺化制得的。由于石油化学品公司能够将大量的四聚丙烯转化为十二烷基苯，产品质量高，价格低廉，因此以十二烷基苯为原料合成的洗涤剂迅速地取代了肥皂，并且十二烷基苯磺酸盐很快便成为美国用量最大的有机表面活性剂。

此时使用的表面活性剂品种虽然应用性能良好，但普遍存在一个严重的缺陷，那便是它们在污水处理装置中的生物降解速度很低，而且降解不完全，给环境造成了很大的污染。为了解决这一问题，20 世纪 60 年代早期，洗涤剂工业便开始由支链烷基苯磺酸盐的生产转向直链烷基苯磺酸盐的生产。由于直链产品具有良好的生物降解性，解决了 20 世纪 50 年代洗涤剂行业的焦点问题，也就是洗涤剂泡沫造成的污染问题。在此之后，烷基芳磺酸盐型阴离子表面活性剂的应用领域不断扩大，产品的需求量和销售额不断提高。

烷基苯磺酸钠是目前生产和销售量最大的阴离子表面活性剂之一，其结构通式为：

$$C_nH_{2n+1}-C_6H_4-SO_3Na$$

通常烷基取代基的碳原子数 n 为 12～18，该表面活性剂的亲油基为烷基苯，分子链细而长，链长为（1.3～2）$\times10^{-9}$m，直径小于 4.9×10^{-10}m。

烷基苯磺酸钠类表面活性剂主要有两类产品，其中一类烷基上带有分支，通常用 ABS 表示，也有人称之为分支 ABS 或硬 ABS，这类表面活性剂不容易生物降解，环境污染较为严重，具有一定的公害，目前很多品种已经被禁止生产和使用。另一类是现在大多数国家使用的直链烷基苯磺酸盐，用 LAS（linear alkylbnzene sulphonate）表示，也有人称之为直链 ABS 或软 ABS，这类产品容易生物降解，不产生公害。我国目前基本上生产和使用的都是直链烷基苯磺酸盐。

通常工业上生产的以及人们使用的烷基苯磺酸钠并不是单一的组分，造成这种结果的原因主要有以下三点。

① 原料的合成工艺不同，使得烷基取代基的链长以及所含支链的情况不同。

② 磺酸基和烷基链相连的位置不同，即磺化时磺酸基进入苯环位置不同，导致烷基链与磺酸基的相对位置不同。

③ 磺酸基进入苯环的个数不同，例如反应中可能发生多磺化而引入两个或多个磺酸基。

可见烷基苯磺酸钠表面活性剂产品是一个比较复杂的体系，这一体系结构和组成的差异往往会对产品的性能产生很大的影响。

4.2.1 烷基苯磺酸钠结构与性能的关系

为了便于理解烷基苯磺酸钠结构与性能的关系，首先将此类表面活性剂主要品种的结构式、取代基及缩写列于表 4-1 中。

表 4-1 烷基苯磺酸钠主要品种的结构式、取代基及缩写

取代基	缩写	表面活性剂结构式	取代基	缩写	表面活性剂结构式
正丙基	3n	$C_3H_7-C_6H_4-SO_3Na$	2-丁基辛基	12v	$C_6H_{13}-CH(C_4H_9)-CH_2-C_6H_4-SO_3Na$
十二烷基	12n	$C_{12}H_{25}-C_6H_4-SO_3Na$			
十八烷基	18n	$C_{18}H_{37}-C_6H_4-SO_3Na$	2-戊基壬基	14v	$C_7H_{15}-CH(C_5H_{11})-CH_2-C_6H_4-SO_3Na$
2-乙基己基	8v	$C_4H_9-CH(C_2H_5)-CH_2-C_6H_4-SO_3Na$	1-戊基庚基	12iso	$C_6H_{13}-CH(C_5H_{11})-C_6H_4-SO_3Na$
2-丙基庚基	10v	$C_5H_{11}-CH(C_3H_7)-CH_2-C_6H_4-SO_3Na$	四聚丙烯基	12tetra	$CH_3-[CH(CH_3)-CH_2]_3-CH(CH_3)-C_6H_4-SO_3Na$

4.2.1.1 溶解度

对于直链烷基苯磺酸钠，烷基取代基的碳原子数越少，烷基链越短，疏水性越差，在室温下越容易溶解在水中。反之，碳原子数越多，烷基链越长，疏水性越强，越难溶解。从图4-1所示的直链烷基苯磺酸钠的溶解度曲线可以看出，随着烷基链碳原子数的增加，表面活性剂达到相同溶解度所需要的温度越高。例如，直链十八烷基苯磺酸钠在55～60℃时较易溶于水，而十烷基苯磺酸钠在40℃时便具有更高的溶解度。

此外，图中各条曲线的变化趋势相似，即先随着温度的升高，表面活性剂的溶解度逐渐增大，当达到某一温度时，溶解度显著增加。此时的温度相当于表面活性剂的Krafft点，此时的溶解度则相当于该表面活性剂的临界胶束浓度。从图4-1可以看到，从直链的十碳烷基升至十六碳烷基，随烷基链的增长表面活性剂的临界胶束浓度呈下降趋势，而Krafft点则逐渐升高。

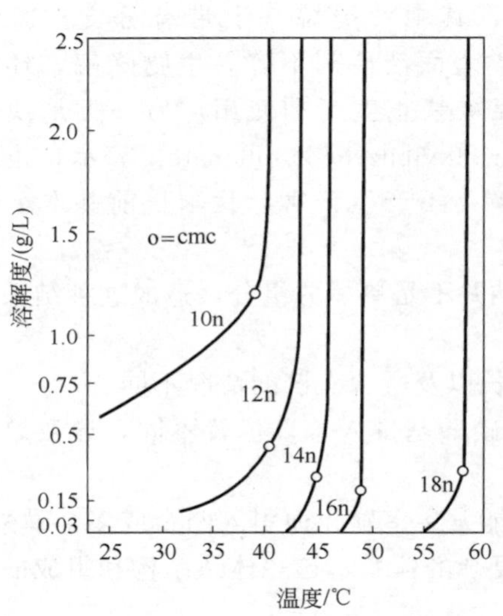

图 4-1 直链烷基苯磺酸钠的溶解度

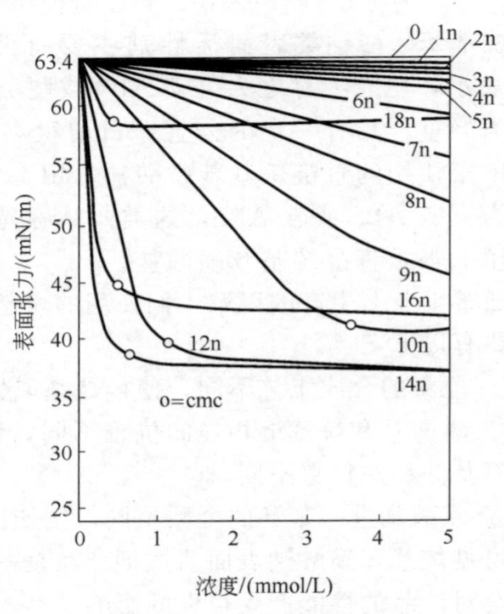

图 4-2 直链烷基苯磺酸钠的表面张力

4.2.1.2 表面张力

这里所提到的表面张力是指表面活性剂的浓度高于其临界胶束浓度时溶液的表面张力。从直链烷基苯磺酸钠表面张力与表面活性剂链长和浓度的关系曲线（图4-2）可以看出，在相同浓度下，十四烷基苯磺酸钠溶液的表面张力最低，其次是十二烷基苯磺酸钠。而在2-位带有分支链的烷基苯磺酸钠表面活性剂中，以2-丁基辛基（12v）苯磺酸钠的表面张力最低（图4-3）。

图4-4中的曲线代表碳原子数同为12的烷基苯磺酸钠异构体的表面张力。可以看出，在正十二烷基、2-丁基辛基、1-戊基庚基和四聚丙烯基苯磺酸钠四种表面活性剂中，正十二烷基苯磺酸钠的临界胶束浓度最低，其次是2-丁基辛基和1-戊基庚基苯磺酸钠。在临界胶束浓度下，2-丁基辛基苯磺酸钠的表面张力最低。

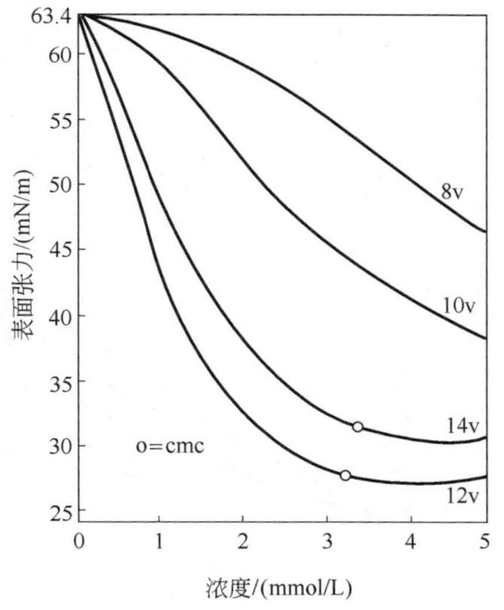

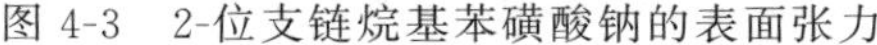

图 4-3 2-位支链烷基苯磺酸钠的表面张力

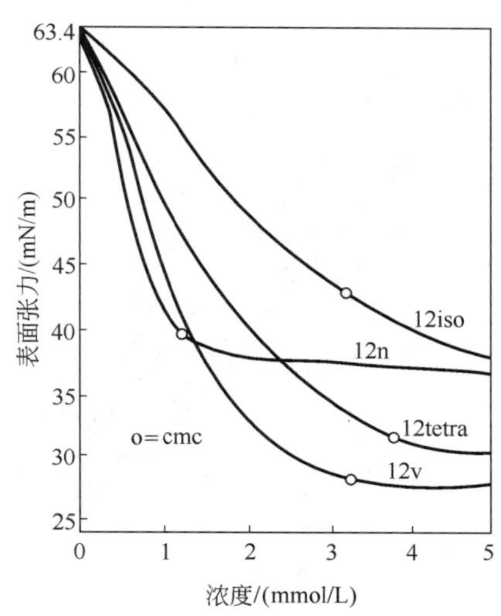

图 4-4 十二烷基苯磺酸钠异构体的表面张力

表 4-2 列出了烷基苯磺酸钠主要品种的临界胶束浓度和该浓度时表面活性剂溶液的表面张力值。其结果与图 4-2 和图 4-3 是一致的，例如正十四烷基苯磺酸钠的表面张力在直链烷基品种中最低，为 38.6mN/m，其次是正十二烷基，为 39.3mN/m。从表 4-2 还可看出，烷基链中带有支链的表面活性剂的表面张力普遍较低。

表 4-2 烷基苯磺酸钠水溶液在临界胶束浓度时的表面张力

烷基取代基	cmc/(mol/L)	γ/(mN/m)	烷基取代基	cmc/(mol/L)	γ/(mN/m)
正辛基(8n)	3.10±0.05	45	2-乙基己基(8v)	7.42±0.02	30.0
十烷基(10n)	1.18±0.01	40.3	2-丙基庚基(10v)	2.72±0.02	30.2
十二烷基(12n)	0.414±0.004	39.3	2-丁基辛基(12v)	1.12±0.01	27.8
十四烷基(14n)	0.248±0.001	38.6	四聚丙烯基(12tetra)	1.31±0.01	31.2
十六烷基(16n)	0.215±0.003	45.2			
十八烷基(18n)	0.275±0.02	59.1			

4.2.1.3 润湿力

直链烷基苯磺酸钠的润湿力与其溶液浓度关系的曲线如图 4-5 所示。从图中可以看出，以正十烷基苯磺酸钠的润湿力为最好，所需要的润湿时间最短，十二烷基和十四烷基苯磺酸钠次之，而十六烷基和十八烷基苯磺酸钠的润湿力较差。可见，总体上讲，随着直链烷基苯磺酸钠烷基碳原子数的增加，表面活性剂的润湿力呈下降趋势。

4.2.1.4 起泡性

从图 4-6 可以看出，相同浓度下，带有十四烷基的直链烷基苯磺酸钠发泡性能最好，泡沫高度最高，其次是十二烷基苯磺酸钠。而十八烷基苯磺酸钠由于在水中的溶解度较低，起泡性较差。

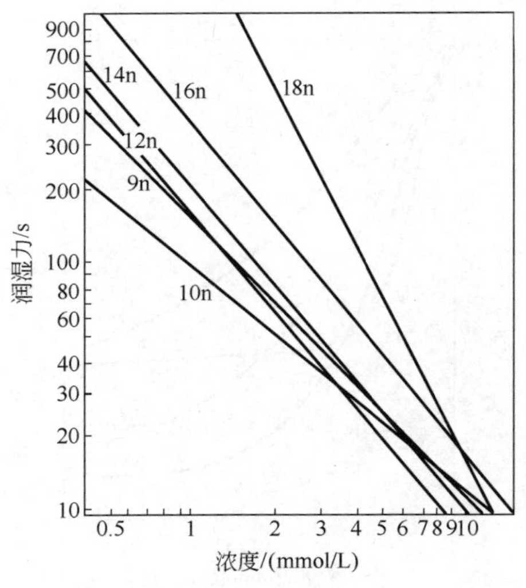

图 4-5　直链烷基苯磺酸钠的润湿力与浓度的关系

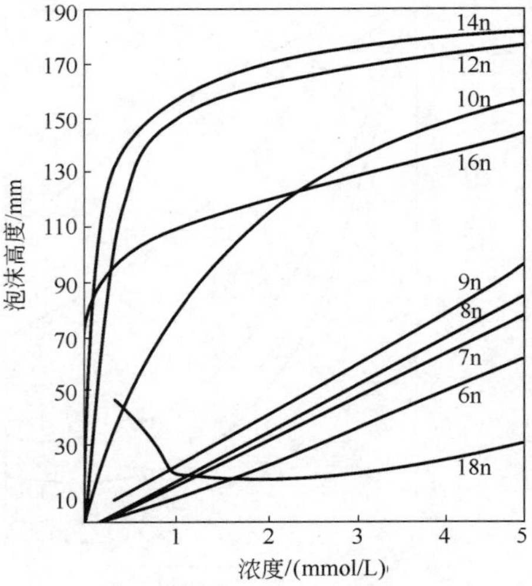

图 4-6　直链烷基苯磺酸钠的起泡性与浓度的关系

4.2.1.5　洗净力

随着直链烷基中碳原子数增多，表面活性剂的洗净力逐渐提高。从图 4-7 可以看出，十八烷基苯磺酸钠的洗净力最高，其次是十六烷基苯磺酸钠，以后依次为十四烷基、十二烷基和十烷基等。在各种不同异构体的十二烷基苯磺酸钠中，带有正十二烷基的表面活性剂洗净力最高，如图 4-8 所示。

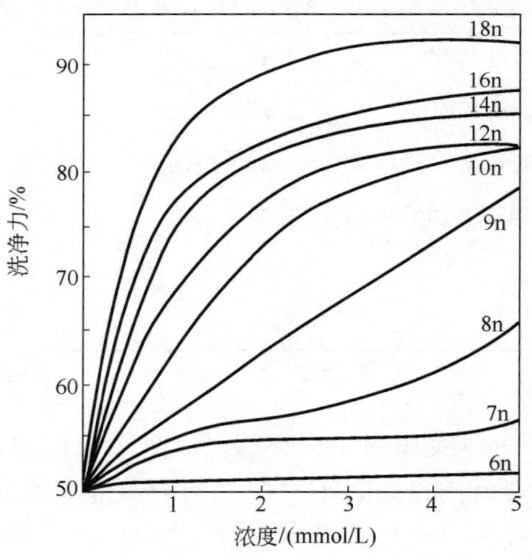

图 4-7　直链烷基苯磺酸钠的洗净力

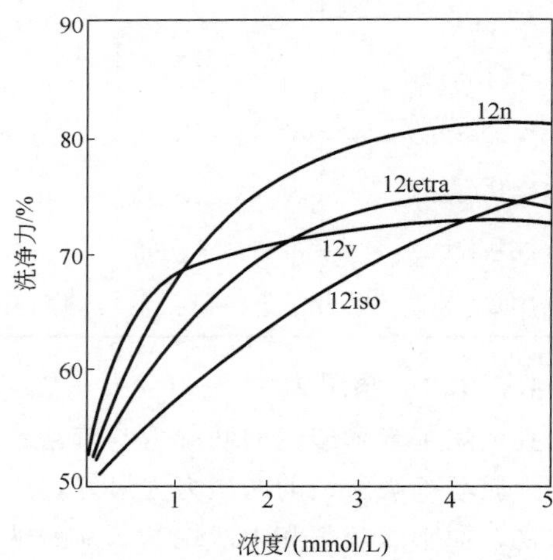

图 4-8　十二烷基苯磺酸钠异构体的洗净力

除苯环上烷基取代基的碳原子数和支链程度外，苯环在烷基链上的位置以及磺酸基与烷基取代基的相对位置也会对表面活性剂的性能产生影响。例如，对于润湿性和起泡性而言，以苯环处于烷基链中心位置的活性剂为最好，而对于洗净力而言，以 3-苯基异构体为最佳。此外，磺酸基位于烷基对位的表面活性剂综合性能最佳。

4.2.2 烷基芳烃的生产过程

烷基芳烃是制备烷基苯磺酸盐阴离子表面活性剂的主要原料，其中主要是长链烷基苯，因此重点介绍此类烷基芳烃的生产方法。概括地讲，长链烷基苯的合成方法是在酸性催化剂作用下苯的烷基化反应，即傅氏烷基化反应，其反应历程为亲电取代反应。主要的烷基化试剂为烯烃和卤代烷烃等，其中以烯烃作为烷基化试剂合成的是带有支链的烷基苯，用于生产具有分支结构的烷基苯磺酸钠，即 ABS。而以氯代烷等卤代烷烃为烷基化试剂合成的是直链烷基苯，用于生产生物降解性较好的直链烷基苯磺酸钠，即 LAS。

烷基化反应中所使用的酸性催化剂主要有两种，即质子酸催化剂和路易斯酸催化剂，前者比较常用的有硫酸、磷酸和氢氟酸等，后者如三氯化铝、三氟化硼、氯化锌和四氯化锡等。在两类催化剂中使用最多的是硫酸、氢氟酸和三氯化铝。催化剂的作用是将烷化剂转变为活泼的亲电质点，即烷基正离子，使烷基化反应容易进行。

下面分别介绍以烯烃和卤代烷烃作为烷基化试剂的烷基苯的生产方法。

4.2.2.1 以烯烃为烷基化试剂合成长链烷基苯

（1）反应历程　烯烃在酸性催化剂的作用下发生极化，并转变为亲电质点，该过程可由下式表示。

以质子酸作催化剂

$$\mathrm{R{-}CH{=}CH_2 + H^+ \rightleftharpoons R{-}\overset{+}{C}H{-}CH_3}$$

以三氯化铝作催化剂

$$\mathrm{HCl + AlCl_3 \rightleftharpoons H^{\delta+}{-}Cl^{\delta-} \cdot AlCl_3}$$

$$\mathrm{RCH{=}CH_2 + H^{\delta+}{-}Cl^{\delta-} \cdot AlCl_3 \rightleftharpoons R{-}\overset{+}{C}H{-}CH_3 \cdots AlCl_4^-}$$

可见，烯烃转化为烷基正离子的过程实际上是质子的亲电加成反应，该过程符合马尔柯夫尼柯夫规则，因此质子总是加成到双键中含氢原子较多的碳原子上，双键中的另一个碳原子转化成为碳正离子，所以用烯烃作烷基化试剂的反应主要得到带有支链的烷基芳烃。

烯烃转化为亲电质点后，进攻苯环形成 σ-配合物，然后脱去质子得到最终产物。其反应过程如下。

以质子酸作催化剂

$$\mathrm{R{-}\overset{+}{C}H{-}CH_3} + \text{C}_6\text{H}_6 \rightleftharpoons [\text{C}_6\text{H}_6^{+}]\mathrm{(H)}{-}\mathrm{CH(CH_3){-}R} \xrightleftharpoons{-\mathrm{H^+}} \text{C}_6\text{H}_5{-}\mathrm{CH(CH_3){-}R}$$

以三氯化铝作催化剂

$$\mathrm{R{-}\overset{+}{C}H{-}CH_3 \cdots AlCl_4^-} + \text{C}_6\text{H}_6 \longrightarrow \left[[\text{C}_6\text{H}_6^{+}]\mathrm{(H)}{-}\mathrm{CH(CH_3){-}R}\right]\mathrm{AlCl_4^-} \rightleftharpoons \text{C}_6\text{H}_5{-}\mathrm{CH(CH_3){-}R} + \mathrm{\overset{+}{H}\cdots AlCl_4^-}$$

（2）反应条件及影响因素

① 原材料的配比　烷基化反应是亲电取代反应，而烷基是供电子基团，因此在苯环上引入烷基生成烷基苯后，苯环更容易发生进一步的烷基化，即因串联反应的发生而生成多烷

基化产物。为了减少此类副产物的生成，工业生产中大多采用苯过量的方法抑制副反应。当以三氯化铝作催化剂时，苯与烯烃的物质的量比一般为 1∶1，而以氟化氢为催化剂时，二者的物质的量比达到 10∶1。

② 反应温度　温度升高可使反应速率加快，物料黏度降低，有利于反应的进行。但是当温度升高到一定程度后，反应转化率提高不明显，过高的温度反而会使副反应的速度大大加快。因此，以氟化氢作催化剂时，通常控制反应温度为 30～40℃。

③ 催化剂用量　从反应历程可以看出，催化剂在反应过程中并不消耗，所以对于反应本身而言，催化剂的用量无需很大。因此，以三氯化铝作催化剂时，其用量不超过每摩尔烯烃 0.1mol。例如，在 α-烯烃与苯的烷基化反应中，原料的实际配比为 α-烯烃∶苯∶三氯化铝＝1∶7∶0.045。但当采用氟化氢作催化剂时，氟化氢往往大大过量，这样一方面可以保证反应体系中催化剂的浓度，另一方面利用氟化氢对高沸点副产物的抽提作用，达到提高产品质量的目的。

④ 反应压力的影响　通常苯环上引入长链烷基的反应是液相反应，受压力的影响较小。但当使用氟化氢时，由于氟化氢的沸点只有 19.4℃，反应应在 0.5～0.7MPa 的低压下进行，其目的是防止氟化氢和苯的汽化。

(3) 生产过程　以烯烃为原料、氟化氢为催化剂，苯的烷基化反应方程式为

$$\mathrm{RCH_2{-}CH{=}CH{-}R'} + \mathrm{C_6H_6} \xrightarrow{\mathrm{HF}} \mathrm{RCH_2{-}CH_2{-}CH(C_6H_5){-}R'}$$

除烷基苯外，反应体系中还可能存在二烷基苯、烷基苯的异构化及氟化氢与烯烃的加成副产物。反应装置主要为塔式反应器，其工艺流程如图 4-9 所示。

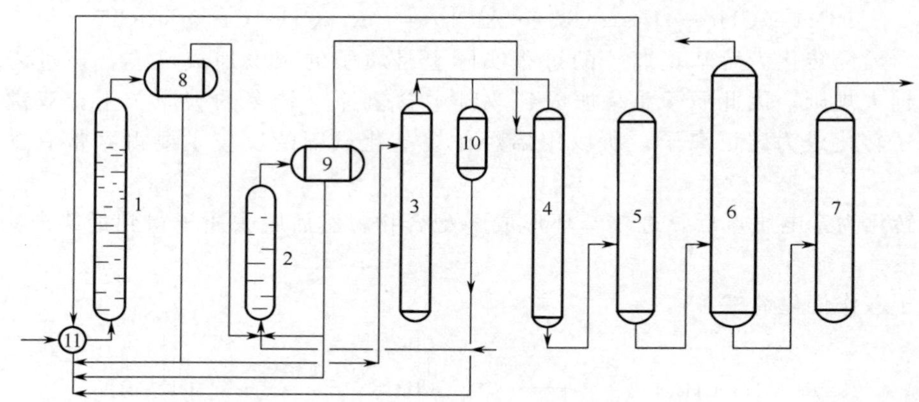

图 4-9　以烯烃为烷基化试剂生产直链烷基苯的工艺流程

1—第一反应塔；2—第二反应塔；3,4—氟化氢脱出塔；5—脱苯塔；6—脱烃塔；7—烷基苯再蒸塔；8—第一静置分离器；9—第二静置分离器；10—氟化氢再生塔；11—混合器

烷基化反应的主要反应设备是两个串联的塔式反应器，根据生产能力的不同，反应器的塔径、塔高及塔板数均不同，一般第二反应塔比第一反应塔小。在生产过程中，将烯烃与苯按物质的量比 1∶10 投料，与相当于有机相体积两倍的氟化氢在冷却下混合，使温度保持 30～40℃送入第一反应塔，在 0.5～0.7MPa 压力下反应。反应混合物由塔的上部排出进入第一静置分离器，下层排出液是氟化氢混合液，大部分回到第一反应塔循环使用，小部分经

氟化氢脱出塔进入氟化氢再生塔回收氟化氢。

第一静置分离器上层的碳氢化合物同第二静置分离器下层排出的循环氟化氢以及来自氟化氢再生塔和新补充的新鲜氟化氢一起进入第二反应塔。第二反应塔顶部流出的反应物料进第二静置分离器分离。第一静置分离器下层的氟化氢混合液全部循环使用，小部分进入第一反应塔，大部分进入第二反应塔。

第二静置分离器中上层物料为反应产物，其中仍包含 5% 氟化氢，经过氟化氢脱出塔脱去夹带的氟化氢，脱苯塔脱出氟化氢和苯后进入烷基苯脱烃塔，在 93kPa 真空度、130～140℃下脱除未反应烷烃，塔底物料进入烷基苯再蒸塔，在 96～99kPa 真空度、170～200℃下蒸出烷基苯成品。脱苯塔中脱出的苯由塔上层排出，经冷却器与其他物料混合进入第一反应塔循环使用。

4.2.2.2 以氯代烷烃为烷基化试剂、三氯化铝为催化剂合成长链烷基苯

(1) 反应历程 氯代烷烃在三氯化铝的作用下发生极化，形成离子配合物 $\overset{+}{R}\cdots AlCl_4^-$，该亲电质点进攻苯环形成 σ-配合物，脱去氢质子后得到烷基苯产物，该反应历程可表示如下

$$R—Cl + AlCl_3 \rightleftharpoons R^{\delta+}—Cl^{\delta-}[AlCl_3] \rightleftharpoons \overset{+}{R}\cdots AlCl_4^-$$

$$\overset{+}{R}\cdots AlCl_4^- + C_6H_6 \rightleftharpoons \left[C_6H_6^{+}(R)(H)\right]AlCl_4^- \rightleftharpoons C_6H_5—R + AlCl_3 + HCl$$

(2) 反应条件及影响因素

① 原材料的配比 此生产过程仍以苯大大过量以减少多烷基化副产物的生成，通常苯与氯代烷的物质的量（mol）比为（5～10）∶1。

② 反应温度 在此反应中，随着温度的升高，转化率逐渐提高，但当温度超过 75℃时，转化率提高不明显，反而使副反应加剧，因此反应温度宜控制在 65～75℃。

③ 催化剂用量 多数情况下三氯化铝与氯代烷烃的物质的量（mol）比为（0.05～0.1）∶1。

④ 反应压力的影响 使用三氯化铝作催化剂时不存在催化剂的气化问题，但从操作方便上考虑多采用微负压下反应。

(3) 生产过程 以氯代烷烃作烷基化试剂、三氯化铝作催化剂的烷基化反应方程式如下

$$R—Cl + C_6H_6 \xrightarrow{AlCl_3} C_6H_5—R + HCl$$

除此主反应外，也存在多烷基化副反应。此法生产长链烷基苯可以采取两种工艺方法，一种是连续塔式反应，另一种是多釜串联反应。

连续塔式反应装置与前面 4.2.2.1 介绍的烯烃作烷基化试剂生产烷基苯的反应装置类似，可采用二塔或三塔串联，原材料的投料比为氯代烷烃∶苯∶三氯化铝＝1∶（5～10）∶（0.05～0.1）（物质的量比），反应温度为 65～75℃，物料在各塔中的总停留时间约为 0.5h。

多釜串联装置一般采用三釜串联，总投料量中的一部分氯代烷烃和全部的苯与催化剂混合后用泵打入第一反应釜底部，反应物料从第一釜上部流出，与剩余部分氯代烷烃一起进入第二釜下部，最后经第三釜进入分离器。三个反应釜的温度应控制在 100℃，压力应分别控制在 0.15MPa、0.13MPa 和 0.1MPa。这种多釜串联的生产方法中，氯代烷烃分批加入，可减少多烷基苯的生成，有利于提高单烷基苯的收率和质量。由于在较高的温度（100℃）和压力下反应，使烷基化反应速率提高。但此套设备比塔式串联装置复杂，而且动力消耗有所增加。

由烯烃或卤代烷烃作烷基化试剂与苯在催化剂的作用下发生亲电取代反应，生成支链或直

链烷基苯，进一步经过磺化反应便可制得烷基苯磺酸钠表面活性剂。

4.2.3 烷基芳烃的磺化

4.2.3.1 烷基苯磺化机理

（1）磺化试剂及其性质　工业生产上常用的磺化剂有硫酸（H_2SO_4）、发烟硫酸($SO_3 \cdot H_2SO_4$)、三氧化硫（SO_3）和氯磺酸（$ClSO_3H$）等，此外还有氨基磺酸（H_2NSO_3H）和亚硫酸盐等其他的磺化剂。

磺化剂发烟硫酸和100%硫酸都略能导电，这是因为它们存在下列电离平衡。

发烟硫酸：

$$SO_3 + H_2SO_4 \rightleftharpoons H_2S_2O_7$$
$$H_2S_2O_7 + H_2SO_4 \rightleftharpoons H_3SO_4^+ + HS_2O_7^-$$

100%硫酸：

$$2H_2SO_4 \rightleftharpoons SO_3 + H_3O^+ + HSO_4^-$$
$$3H_2SO_4 \rightleftharpoons H_2S_2O_7 + H_3O^+ + HSO_4^-$$
$$3H_2SO_4 \rightleftharpoons HSO_3^+ + H_3O^+ + 2HSO_4^-$$

在100%硫酸中，有0.2%～0.3%的硫酸按上述平衡反应式电离。若在其中加入少量水时，则大部分转化为水合阳离子（H_3O^+）和硫酸氢根离子（HSO_4^-），即

$$H_2O + H_2SO_4 \rightleftharpoons H_3O^+ + HSO_4^-$$

由以上平衡式可以看出，在浓硫酸和发烟硫酸中可能存在的亲电质点有SO_3、H_2SO_4、$H_2S_2O_7$、HSO_3^+和$H_3SO_4^+$等，除三氧化硫外，其余磺化质点都可以看作是三氧化硫的溶剂化形式，例如$H_2S_2O_7$可以看作是三氧化硫与硫酸的溶剂化形式，HSO_3^+和$H_3SO_4^+$则可以分别看作是三氧化硫与氢质子H^+和水合阳离子H_3O^+的溶剂化形式。

上述磺化质点都可以进攻苯环参与磺化反应，但它们的反应活性差别较大，从而影响磺化的反应速率及产物。此外，上述各种亲电质点的含量随硫酸浓度的改变而改变。研究结果表明，在发烟硫酸中，主要磺化质点是SO_3；在浓硫酸中，磺化质点主要是$H_2S_2O_7$；随着磺化反应的进行和水的生成，当硫酸降低至80%～85%时，则磺化质点以$H_3SO_4^+$为主。因此对不同的被磺化物选择不同浓度的硫酸进行磺化反应时，主要的亲电质点是不同的。

（2）芳烃的磺化反应历程和动力学　用不同的磺化试剂对芳烃进行磺化时，可得到不同的磺化动力学方程。

三氧化硫的凝固点（β体32.5℃，γ体16.8℃）较高，纯液态时容易发生自身的聚合，且大部分为三聚物。当使用四氯化碳、三氯甲烷等对质子呈惰性的无水溶剂时，三氧化硫主要以单体形式存在，此时，反应速率与被磺化物和三氧化硫的浓度成正比，即

$$反应速率\ v=k[ArH][SO_3]$$

若以发烟硫酸为磺化剂，磺化质点主要是SO_3，其反应速率可近似用下式表示

$$反应速率\ v=k[ArH][SO_3][H^+]$$

当使用浓硫酸或含量为85%～95%的含水硫酸作磺化剂时，磺化反应亲电质点主要是$H_2S_2O_7$，其反应速率表示如下

$$反应速率\ v=k[ArH][H_2S_2O_7]$$

当硫酸低于85%时，磺化质点主要是 $H_3SO_4^+$，其反应速率表示如下

$$反应速率\ v=k[ArH][H_3SO_4^+]$$

由动力学方程可以看出，芳烃的磺化反应随磺化试剂及其浓度不同，反应速率不同。但无论使用何种磺化试剂，其反应历程均相似，即都是经过 σ-配合物的两步历程。

第一步，磺化亲电质点进攻苯环，与其结合生成 σ-配合物

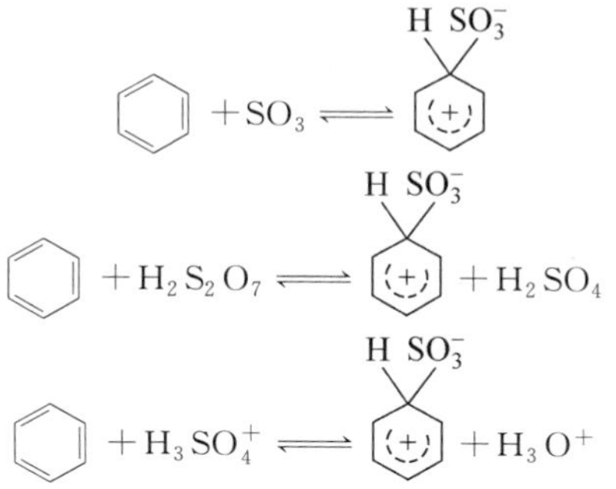

$$\text{H}\ SO_3^-$$
$$+SO_3 \rightleftharpoons (+)$$

$$\text{H}\ SO_3^-$$
$$+H_2S_2O_7 \rightleftharpoons (+) + H_2SO_4$$

$$\text{H}\ SO_3^-$$
$$+H_3SO_4^+ \rightleftharpoons (+) + H_3O^+$$

第二步，σ-配合物脱掉质子形成产物，即

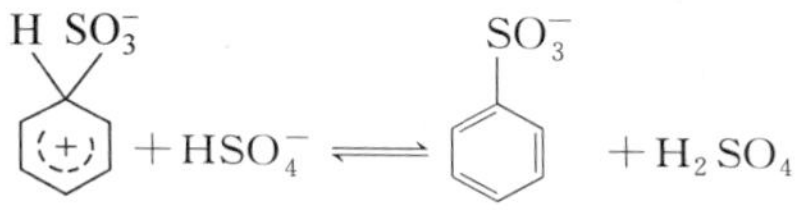

$$\text{H}\ SO_3^- \qquad\qquad SO_3^-$$
$$(+) + HSO_4^- \rightleftharpoons \qquad + H_2SO_4$$

磺化剂不同，磺化质点也不同，它们的反应活性也不同。例如在硫酸中，随浓度不同可有 $H_2S_2O_7$ 和 $H_3SO_4^+$ 两种亲电质点。一般情况下，可以认为 $H_2S_2O_7$ 的反应活性要比 $H_3SO_4^+$ 高，因此 $H_3SO_4^+$ 比 $H_2S_2O_7$ 有更高的磺化选择性，而且更容易受到空间位阻的影响。这主要表现在以 $H_3SO_4^+$ 为亲电质点进行的磺化的定位受温度和浓度的影响较大。

在长链烷基苯进行磺化时，由于烷基的空间效应较大，生成的磺化产物几乎都是对位取代物。此外，在低温条件下磺化时，受动力学控制，磺酸基主要进入电子云密度较高、活化能较低的位置，主要是对位；而高温磺化则是热力学控制，磺酸基可以异构化，而转移到空间位阻较小或不易水解的热力学稳定的位置，如间位。

4.2.3.2　烷基芳烃磺化的主要影响因素

(1) 磺化试剂的用量　以三氧化硫作磺化剂时，反应几乎是定量进行，反应过程中不生成水，不产生废酸，磺化能力强，反应速率快，产品质量好。但由于放热集中，因此常将三氧化硫用空气稀释到含量3%～5%后使用。此外，还可以采用在有机溶剂中的三氧化硫磺化或用三氧化硫的有机配合物进行磺化，对于亲电反应活性较弱的芳烃，则可以采用液态三氧化硫磺化法。

而以硫酸作磺化剂时，磺化反应可逆，且有水生成，其反应方程式为

$$ArH + H_2SO_4 \rightleftharpoons ArSO_3H + H_2O$$

根据前面介绍的硫酸的电离平衡可知，磺化反应过程中生成的水将会使电离平衡移动，增加 H_3O^+ 和 HSO_4^- 离子的浓度，即

$$H_2SO_4 + H_2O \rightleftharpoons H_3O^+ + HSO_4^-$$

同时，水的生成会使 $H_3SO_4^+$、SO_3 和 $H_2S_2O_7$ 等磺化活性质点的浓度显著降低，磺化剂的活性明显下降。当水量逐渐增多，酸的浓度下降到一定的数值时，磺化反应便会终止。

为使磺化反应向生成物也就是磺化产物的方向进行，必须使硫酸的浓度保持在此极限浓度之上。为此，在实际生产中常常使用高于理论量的磺化剂。

例如烷基苯磺化时的理论酸烃比（磺化剂与被磺化物之比）ϕ'和实际酸烃比 ϕ 如表 4-3 所示。

表 4-3　烷基苯磺化的酸烃比（质量比）

硫酸含量/%	理论酸烃比 ϕ'	实际酸烃比 ϕ	
		精烷基苯	粗烷基苯
98	0.4：1	(1.5～1.6)：1	(1.7～1.8)：1
104.5	0.37：1	(1.1～1.2)：1	(1.25～1.3)：1

应当注意，实际的酸烃比并非越高越好，而是有一个最佳值，在烷基苯磺化中，实际的酸烃比 ϕ 与磺化转化率 η 有一定的关系（图 4-10）。

从图 4-10 可以看出，当酸烃比为 1.10：1 时，烷基苯的转化率为最高。由此可见磺化剂的用量过多或过少对反应都是不利的。酸烃比过小会导致反应不完全，有较多的烷基苯未被磺化。但酸烃比过大会导致反应速率加快及副反应的增多，生成多磺化物以及砜类等副产物，同时还会使产品的颜色加深，影响质量。因此磺化剂的用量必须依据被磺化物的反应活性高低、所用磺化剂的种类以及对副反应的抑制程度来适当地选择和确定。

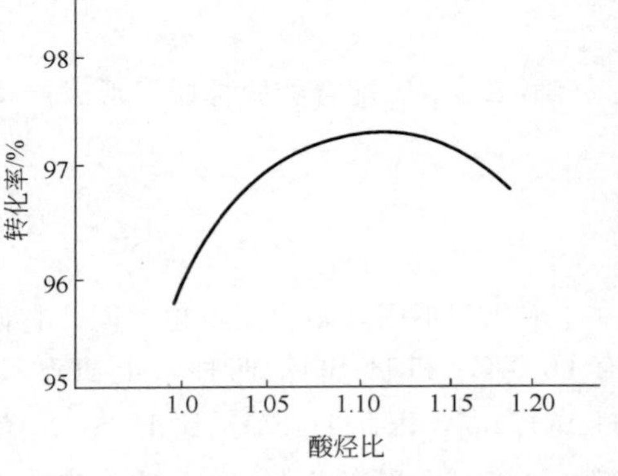

图 4-10　烷基苯磺化反应酸烃比与转化率的关系曲线

此外，在实际生产中，除采用高浓度和过量较多的硫酸来保证磺化反应进行完全外，还可以采用共沸去水磺化的方法，该法也叫做气相磺化法，即随着反应的进行，不断地移除体系中生成的水，使磺化质点始终保持一定的浓度，从而减少磺化剂用量。

（2）温度的影响　磺化反应需控制适宜的温度范围，温度太低影响磺化反应速率，太高又会引起副反应的发生及多磺化物、砜及树脂物的生成，同时也会影响磺基进入芳环的位置和异构体的生成比例，即反应的选择性。通常，当苯环上有供电子取代基时，低温有利于磺基进入邻位，高温则有利于进入对位或更稳定的间位。这是由于低温时磺化反应由动力学控制，磺酸基主要进入电子云密度较高、活化能较低的位置，即邻位和对位。而高温时磺化反应为热力学控制，磺酸基可以异构化而转移到空间位阻较小或不易水解、热力学稳定的位置，如间位。

由于空间位阻的影响，长链烷基苯的磺化几乎只产生对位异构体。例如十二烷基苯磺化时邻、对位产物的比例为 7：90，此时若适当提高温度还可提高对位异构体的百分含量。温度对十二烷基苯磺化反应的另一个作用是降低磺化反应物料的黏度，有利于磺化反应热量的传递及物料的混合，对促进反应完全和防止局部磺化反应过热是有利的。

一般情况下，用发烟硫酸作磺化剂时，精烷基苯磺化温度宜控制在 35～40℃，粗烷基苯磺化则为 45～50℃。用三氧化硫作磺化剂时，适宜的反应温度为 30～50℃。

（3）传质的影响　烷基苯磺化反应的物料黏度较大，而且随着反应深度的增加而急剧提高，因此强化传质过程对反应的顺利进行是十分必要的。对于不同的工艺方法，应采用不同的强化传质的方法。

4.2.3.3　用发烟硫酸磺化的生产过程

烷基苯用发烟硫酸磺化时多采用泵式连续磺化的工艺，主要设备包括反应泵、冷却器、老化器和循环管等。反应过程中，烷基苯和发烟硫酸由各自的贮罐进入高位槽，分别经流量计按适当的比例与循环物料一起进入磺化反应泵。在泵内两相充分混合并发生反应，使磺化基本完成。反应物料大部分经冷却器循环回流，另一部分则经盘管式老化器进一步完成磺化反应，产物接下来送去分酸和中和。磺化的温度为 35～45℃，酸烃比为（1.1～1.2）：1。图 4-11 是发烟硫酸对烷基苯的泵式连续磺化工艺流程。

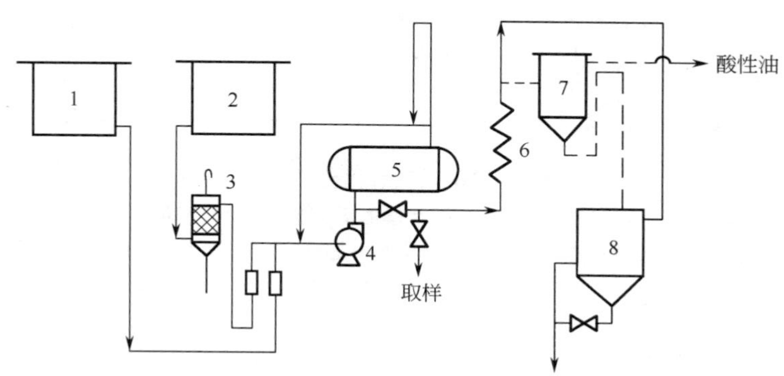

图 4-11　发烟硫酸对烷基苯的泵式连续磺化工艺流程

1—烷基苯高位槽；2—发烟硫酸高位槽；3—发烟硫酸过滤器；4—磺化反应泵；5—冷却器；6—盘管式老化器；7—分油器；8—混酸贮槽

由这一流程看出，对于用发烟硫酸的连续磺化流程，可以通过提高反应泵的转速、加大循环回流量、提高物料的流速、加强物料的混合等方法来提高物料的传质和传热，有利于增加烷基苯的磺化收率、改善产品的质量。

4.2.3.4　用三氧化硫磺化的生产过程

用三氧化硫作磺化剂的磺化反应速率快，放热量大，磺化物料黏度高达 1.2Pa・s，因此强化传质更为重要。在工业生产中，用三氧化硫对烷基苯的磺化有两种生产工艺，即多釜串联连续磺化和膜式连续磺化。

（1）多釜串联连续磺化工艺　该工艺一般采用 2～5 个反应釜串联，烷基苯由第一釜加入，物料依次溢流至下一釜继续进行反应。三氧化硫被空气按一定比例稀释后从各反应器底部的分布器通入，第一釜通入量最多，以便大部分反应在物料黏度较低的第一釜中完成。

对于这种工艺，反应釜必须使用高转速的涡轮搅拌器，并配有导流筒及气体分布装置来提高气-液相间的充分接触，以达到良好传质的效果。图 4-12 是多釜串联三氧化硫磺化工艺流程。

（2）膜式连续磺化工艺　在该工艺过程中，烷基苯由供应泵输送，从反应器大约中部位置进入反应器，被空气稀释至 3%～5%的三氧化硫由反应器顶部进入，在磺化反应器中二者发生磺化反应。磺化产物经循环泵、冷却器后，部分回到反应器底部用于磺酸的冷却，部

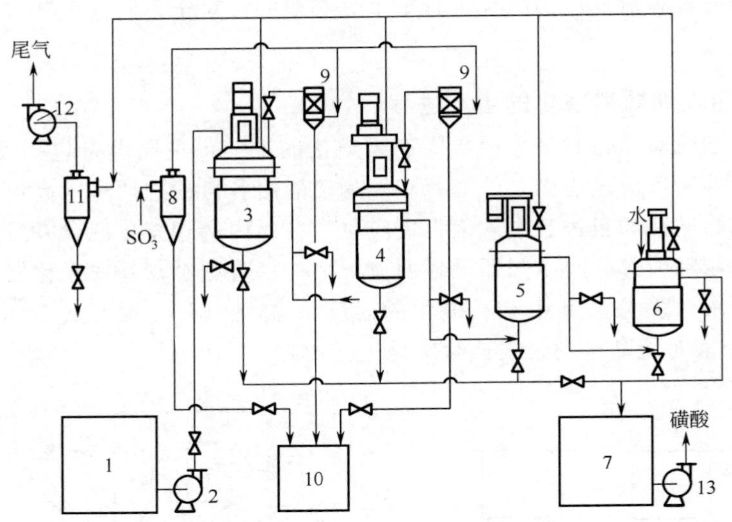

图 4-12　多釜串联三氧化硫磺化工艺流程

1—烷基苯贮槽；2—烷基苯输送泵；3—1号磺化反应器；4—2号磺化反应器；5—老化器；6—加水罐；7—磺酸贮槽；8—三氧化硫雾滴分离器；9—三氧化硫过滤器；10—酸滴暂存罐；11—尾气分离器；12—尾气风机；13—磺酸输送泵

分被送入老化器、水化器，经中和得到钠盐。

对于采用膜式反应器进行的三氧化硫磺化工艺，由于液体烷基苯具有薄而均匀的液膜，且三氧化硫与空气的混合气体以每秒数十米的速度流经反应区，在剧烈的气液接触条件下，传质效果较好，可使反应在极短的时间内达到较高的转化率。因此要求膜式反应器具有良好的成膜装置，以确保传质效果。

膜式反应器除可用于生产烷基苯磺酸钠（LAS）外，还可用于生产脂肪醇硫酸酯盐（AS）、α-烯烃磺酸盐（AOS）以及脂肪醇聚氧乙烯醚硫酸酯盐（AES）等。图 4-13 为 α-烯

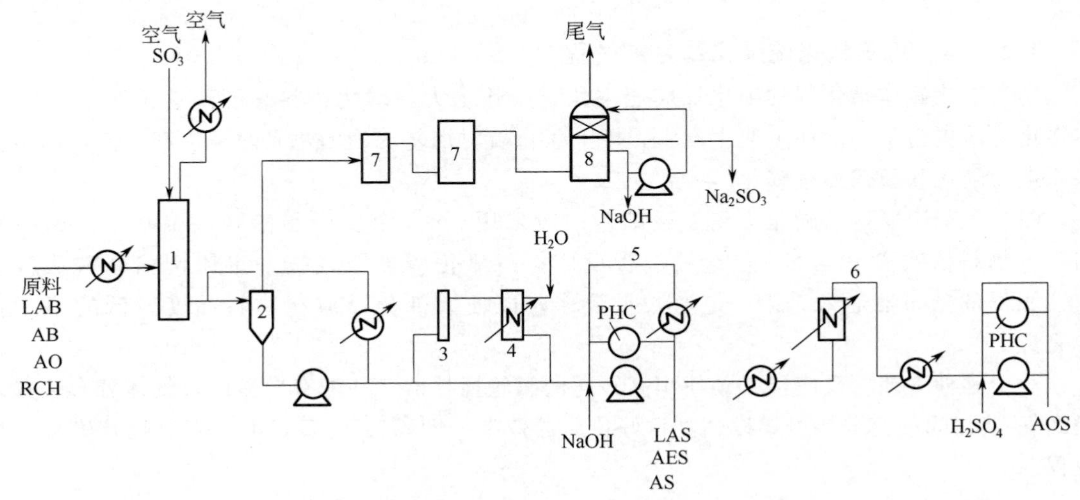

图 4-13　α-烯烃制取 AOS 的工艺流程

1—反应器；2—分离器；3—老化器；4—水化器；5—中和器；6—水解器；7—除雾器；8—吸收塔

烃制取 AOS 的工艺流程。

4.2.4　烷基苯磺酸的后处理

烷基苯磺化生成的烷基苯磺酸需要进行后处理，主要包括分酸和中和两个过程。

4.2.4.1　分酸

（1）分酸的目的和原理　当采用发烟硫酸或浓硫酸作磺化剂对烷基苯进行磺化时，磺化产物中含有烷基苯磺酸及硫酸（即废酸），需要将二者进行分离。分出产物中废酸的目的在于提高烷基苯磺酸的含量和产量，除去杂质，提高产品的质量，同时也可以减少下一步中和时碱的用量。

分酸的原理是利用硫酸比烷基苯磺酸更易溶于水的性质，通过向磺化产物中加入少量水来降低硫酸和烷基苯磺酸的互溶性，并借助它们之间的密度差进行分离。

分酸效果的好坏与磺化产物中硫酸的浓度有关，实践证明，当硫酸含量为 76%～78% 时，烷基苯磺酸和硫酸的互溶度最小。

（2）温度对分酸的影响　分酸的温度对烷基苯磺酸与硫酸之间的密度差有一定的影响。温度升高时，两者的密度差增大，这一点可由表 4-4 中不同温度下磺化物稀释后硫酸和磺酸两相的密度差看出。

表 4-4　磺化物稀释后硫酸相和磺酸相的密度差

温度/℃	磺酸相密度/(g/cm³)	磺化物稀释至 75%		磺化物稀释至 80%	
		硫酸相密度/(g/cm³)	密度差/(g/cm³)	硫酸相密度/(g/cm³)	密度差/(g/cm³)
20	1.270	1.670	0.400	1.727	0.457
30	1.102	1.660	0.558	1.719	0.617
40	1.081	1.650	0.569	1.707	0.626
50	1.070	1.640	0.570	1.697	0.627
60	1.055	1.631	0.576	1.687	0.632

可见，随着温度的升高，磺酸相与硫酸相的密度差逐渐增大。但温度太高时，会导致烷基苯磺酸的再磺化，并使烷基苯磺酸产品色泽加深。因此，分酸过程较为适宜的温度为 40～60℃。此时，所分出的烷基苯磺酸的中和值为每克产品消耗氢氧化钠 160～170mg，而分出的废酸中和值为每克消耗氢氧化钠 620～638mg，硫酸的含量为 76%～78%，分离效果比较理想。

4.2.4.2　中和

中和是将烷基苯磺酸转化为烷基苯磺酸钠的过程，可采用间歇法、半连续法或连续法的工艺流程。由于烷基苯磺酸的表面性质，中和过程中可能出现胶体现象。在烷基苯磺酸钠的浓度较高时，其分子间有两种不同的排列形式，一种是胶束状排列，另一种是非胶束状排列。前者为理想的排列形式，活性物含量高，液动性好，后者则呈絮状，稠厚而且流动性差。为了获得良好的中和效果和性能良好的高质量产品，在中和时应特别注意选择适宜的工艺条件，例如碱的浓度以及中和温度等。

中和时碱的浓度过高，会由于强电解质的凝结作用而使表面活性剂单体由隐凝结剧变为显凝结，从而形成米粒状沉淀，这种现象叫做“结瘤现象”。避免这种情况发生的最主要方法是选择适当的碱浓度。

中和温度对体系的黏度和流动性均有影响。在一定的温度范围内，溶液黏度随温度的升高而下降；但超过某一温度后，又随温度的升高而升高，即存在一个最佳值。实践表明中和温度一般应控制在40～50℃为好。

此外，无机盐对胶体具有凝结作用，因此当体系中有无机盐存在时，可使中和时生成的烷基苯磺酸钠胶体的结构变得更加紧密，从而使溶液的流动性得到改善。

总之，要使中和顺利完成，应保持整个体系处于适当的碱性状态下，具有一定的水量，维持温度在40～50℃。此外，还应具有良好的传质条件和足够的传热面积，以保证中和反应放出热量的及时移除。

4.2.5 烷基苯磺酸盐的应用

4.2.5.1 家用洗涤剂配方

烷基苯磺酸盐几乎在所有家用清洁剂中都可以作为组分原料，其最大的应用领域是洗衣剂，而洗衣剂可能是所有家用洗涤剂配方中最复杂的。十二、十三、十四烷基苯磺酸盐的混合物便是用于洗衣剂配方的阴离子表面活性剂，对这些产品的要求是能够在各种不同的洗衣机和各种类型的水中有效地发挥作用，能够将液体油污或固体污垢从具有各种各样特性的织物上清洗下去，同时又要保证用户的洗衣机和织物安全。因此家用洗涤剂配方中包含许多组分以满足这些专门要求。

为了获得良好的洗涤效果，烷基苯磺酸盐常常与其他表面活性剂或助剂混合在一起复配使用，以使各种性质得到平衡，并有利于污垢的清除、悬浮和乳化。

轻垢型洗涤剂通常只含很少或者根本不含助剂，其承担的清洁任务通常是不太严格的，因为经常与手接触，所以不使用碱性配料。商品中常用的是分子量相当于十一或十二烷基的直链烷基苯磺酸钠和直链脂肪醇聚氧乙烯醚硫酸酯盐的混合物，再加入烷基酰醇胺和氧化胺等泡沫促进剂。使用几种表面活性剂的混合物来配制液体洗涤剂可以得到理想的物理特性，并使清洁作用和对皮肤的温和性达到最佳程度。

直链烷基苯磺酸钠还可用于其他洗涤剂的配方中，如炉灶清洁剂、地毯清洁剂、漂白剂、风罩清洁剂以及卫生洗涤剂等。有时，该类表面活性剂也用于美容、化妆用品中，如皮肤清洁剂、护发产品和刮须膏等。

4.2.5.2 工业表面活性剂

烷基苯磺酸盐在工业上的应用范围十分广泛，变化繁多，包括石油破乳剂、油井空气钻孔用发泡剂、石墨和颜料的分散剂、防结块剂以及工业用清洁剂等，有关内容已在第3章中进行了详细介绍。

4.2.5.3 农业应用

烷基苯磺酸盐在农业中发挥着许多有益的作用，它们可用作化肥中的防结块剂。十二烷基苯磺酸钠、丁基萘磺酸钠和其他表面活性剂与聚醋酸乙烯酯混合即能抑制尿素结块现象，对某些复合化肥也有较好的防结块作用。此外，该类表面活性剂也常在农药配方中用作乳化剂和润湿剂等。

4.3　α-烯烃磺酸盐

α-烯烃磺酸盐（α-olefin sulfonate，AOS）是由 α-烯烃与强磺化剂直接反应得到的阴离子表面活性剂。早在 20 世纪 30 年代，人们已经知道 α-烯烃可以通过直接磺化的方法转化为具有表面活性的产品。但直至 20 世纪 60 年代，石油资源的丰富使 α-烯烃作为原料的价格变得低廉，薄膜反应器技术已经采用，才促进了 α-烯烃磺酸盐连续生产工艺的发展，并在 1968 年实现了该产品的工业化。

α-烯烃磺酸盐具有生物降解性能好、能在硬水中去污、起泡性好以及对皮肤刺激性小等优点，其生产工艺流程短，使用的原料简单易得。这种表面活性剂产品的主要成分是链烯磺酸盐和羟基链烷磺酸盐，但实际上其组成相当复杂，存在双键和羟基在不同位置的多种异构体，以及其他产物。α-烯烃磺酸盐的主要成分及比例如表 4-5 所示。

表 4-5　α-烯烃磺酸盐产品的主要成分及比例

化合物名称	结　构　式	比例/%
烯基磺酸盐	$RCH=CH(CH_2)_nSO_3M$	64～72
羟基磺酸盐	$RCHOHCH_2CH_2SO_3M$	21～26
二磺酸盐		7～11

上述各种磺酸盐的相对数量和异构物的分布随生产过程的工艺条件和投料量的不同而有变化。同时，α-烯烃磺酸盐的表面活性和应用性能与其碳链的长度、双键的位置、各组分的比例以及杂质的含量等因素均有关。

4.3.1　α-烯烃磺酸盐的性质和特点

为了说明 α-烯烃磺酸盐（AOS）的性质和特点，选择了另外几类阴离子表面活性剂进行比较，它们是直链烷基苯磺酸盐（LAS）、脂肪醇硫酸酯盐（AS）、脂肪醇聚氧乙烯醚硫酸酯盐（AES）等，这些品种应用都比较广泛。

4.3.1.1　溶解性

从不同碳链长度的 α-烯烃磺酸盐的溶解度随温度的变化关系曲线（图 4-14）可以看出，疏水基碳链越长，溶解度越低。在具有实用价值的表面活性剂中，含十二个碳原子的烯基磺酸盐溶解度最高，而含十八个碳原子的产品溶解度最低。

4.3.1.2　表面张力

图 4-15 是 α-烯烃磺酸盐、直链烷基苯磺酸盐和脂肪醇硫酸酯盐等三类阴离子表面活性剂溶液的表面张力与其疏水基碳链长度的关系曲线。可以看出，当 α-烯烃磺酸盐碳氢链含有 15～18 个碳原子时，其溶液的表面张力较低。从图中还可看出，脂肪醇硫酸酯盐和直链烷基苯磺酸盐在碳氢链的碳原子数为 14～15 时，其溶液的表面张力出现最低值，表面活性最高。而且，在碳氢链较短（碳原子数小于 15）的表面活性剂中，相同碳原子数的三类产品，直链烷基苯磺酸盐的表面张力最低，其次是脂肪醇硫酸酯盐，α-烯烃磺酸盐最高。

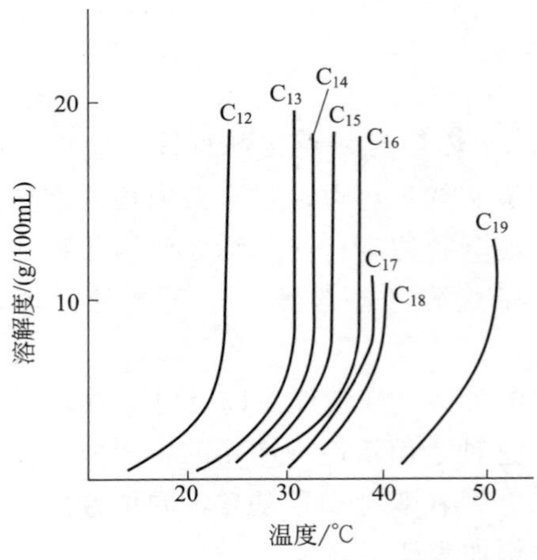

图 4-14　AOS 温度与溶解度的关系

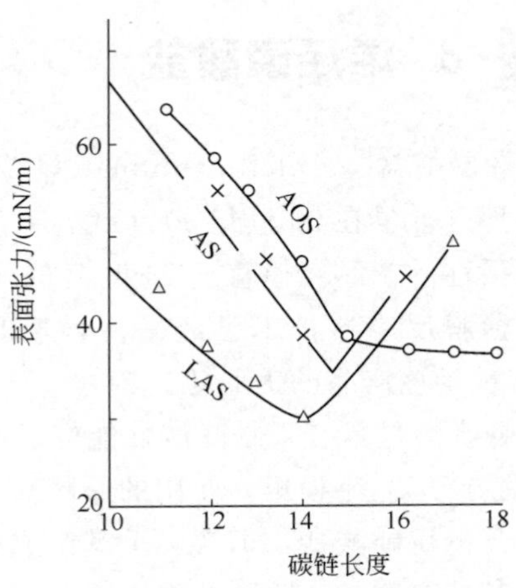

图 4-15　阴离子表面活性剂碳链长度与表面张力的关系

4.3.1.3　去污力

从图 4-16 可以看出，α-烯烃磺酸盐的去污力在碳原子大于 12 时明显提高，在 15～18 范围内保持较高的水平，超过 18 个又呈下降趋势，其中以碳原子数为 16 的活性剂去污力最高。对于直链烷基苯磺酸盐，含 10～14 个碳原子的烷基苯磺酸盐的去污力相对较高，碳链继续加长，去污力降低。而脂肪醇硫酸酯盐在碳氢链含 13～16 个碳原子时，去污效果较好。比较三种不同类型表面活性剂的去污力，含 15～18 个碳原子的 α-烯烃磺酸盐优于含 13～16 个碳原子的脂肪醇硫酸酯盐，优于直链烷基苯磺酸盐。

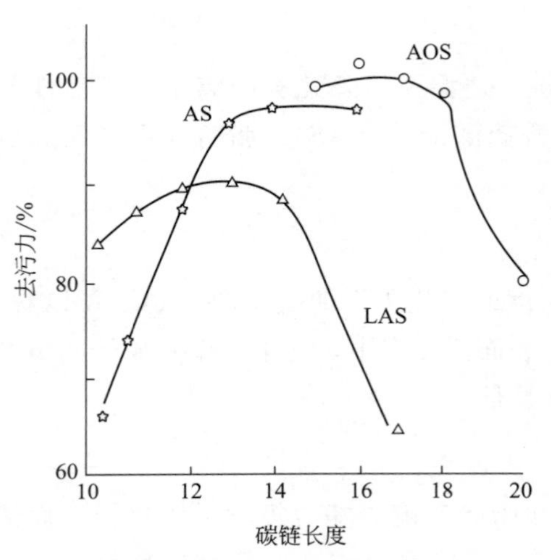

图 4-16　碳链长度和去污力的关系

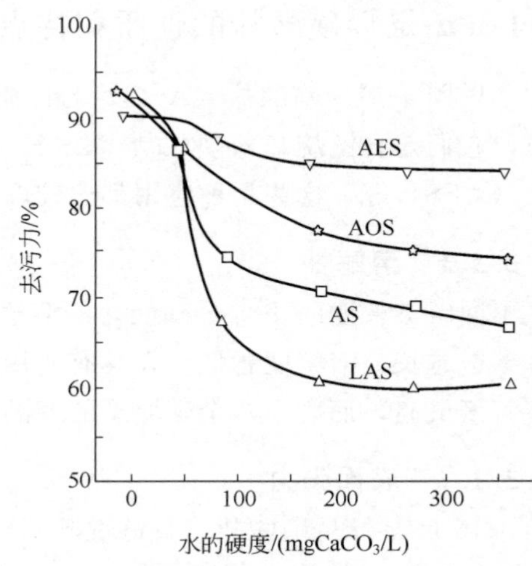

图 4-17　水的硬度对去污力的影响

表面活性剂在硬水中的去污力往往会受到水硬度的影响，图 4-17 表示的是表面活性剂的去污力随水硬度的变化规律。可以看出，α-烯烃磺酸盐的去污力随水硬度的增加呈现下降趋势，但仍保持较好的去污效果，且仅次于脂肪醇聚氧乙烯醚硫酸酯盐，并优于脂肪醇硫酸酯盐和直链烷基苯磺酸盐。

4.3.1.4　起泡力

从不同表面活性剂的泡沫高度（图 4-18）可以看出，碳氢链含 14～16 个碳原子的 α-烯烃磺酸盐、含 10～13 个碳原子的直链烷基苯磺酸盐和十四碳醇硫酸酯盐均具有较好的起泡力。

在硬水中各类表面活性剂的起泡力都会发生不同程度的变化（图 4-19）。商品 α-烯烃磺酸盐在硬度较广范围内（50～400mg $CaCO_3$/L）的硬水中泡沫高度变化不大，起泡力保持良好。

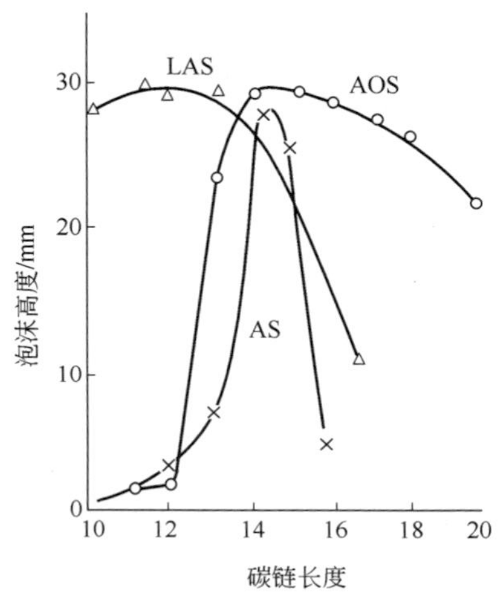

图 4-18　阴离子表面活性剂碳链长度与泡沫高度的关系

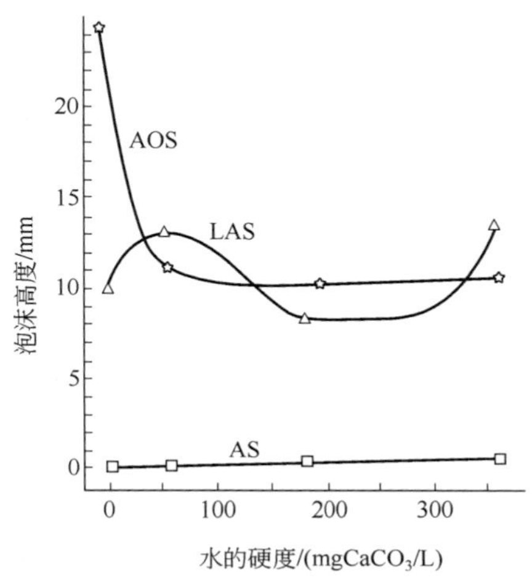

图 4-19　水的硬度对发泡力的影响

4.3.1.5　生物降解性

α-烯烃磺酸盐的生物降解性较高，其生物降解速率比直链烷基苯磺酸盐快，而且降解更为完全，只需 5 天即可完全消失而不污染环境。在 α-烯烃磺酸盐的各种组分中，生物降解速率按烯基磺酸盐、羟基链烷磺酸盐和二磺酸盐的顺序呈下降趋势，因此该产品中所含各组分的比例对其生物降解性有较大的影响。

4.3.1.6　毒性

α-烯烃磺酸盐的毒性比直链烷基苯磺酸盐低，刺激性较小。

4.3.2　α-烯烃的磺化历程

α-烯烃用三氧化硫磺化可以制备烯基磺酸盐，同时有羟基磺酸盐生成，该过程的反应式如下

$$RCH_2CH{=}CH_2 + SO_3 \xrightarrow{NaOH} RCH{=}CHCH_2SO_3Na \text{ 或 } \underset{\displaystyle OH}{\underset{|}{RCH}}CH_2CH_2SO_3Na$$

其反应历程可以看作是烯烃的亲电加成反应，由于符合马尔柯夫尼柯夫规则，因此磺化主要生成末端磺化产物。其磺化反应历程如图 4-20 所示。

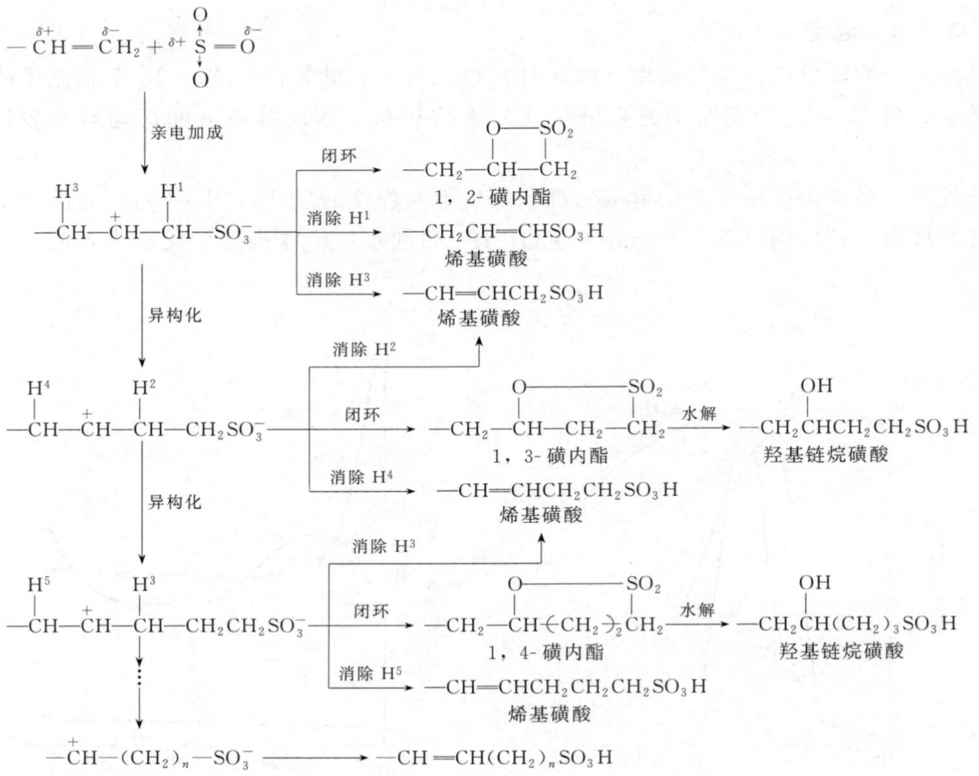

$$-\overset{\delta+}{C}H=\overset{\delta-}{C}H_2+{}^{\delta+}S(O)(O)=\overset{\delta-}{O}$$

亲电加成 ↓

$$-\overset{H^3}{CH}-\overset{+}{C}H-\overset{H^1}{CH}-SO_3^-$$

闭环 → $-CH_2-CH-CH_2$（O—SO_2 成环） 1，2-磺内酯

消除 H^1 → $-CH_2CH=CHSO_3H$ 烯基磺酸

消除 H^3 → $-CH=CHCH_2SO_3H$ 烯基磺酸

异构化 ↓

$$-\overset{H^4}{CH}-\overset{+}{C}H-\overset{H^2}{CH}-CH_2SO_3^-$$

消除 H^2 → （烯基磺酸）

闭环 → $-CH_2-CH-CH_2-CH_2$（O—SO_2 成环） 1，3-磺内酯 —水解→ $-CH_2\overset{OH}{C}HCH_2CH_2SO_3H$ 羟基链烷磺酸

消除 H^4 → $-CH=CHCH_2CH_2SO_3H$ 烯基磺酸

异构化 ↓

$$-\overset{H^5}{CH}-\overset{+}{C}H-\overset{H^3}{CH}-CH_2CH_2SO_3^-$$

消除 H^3 → （烯基磺酸）

闭环 → $-CH_2-CH\leftarrow(CH_2\rightarrow_2CH_2$（O—$SO_2$ 成环） 1，4-磺内酯 —水解→ $-CH_2\overset{OH}{C}H(CH_2)_3SO_3H$ 羟基链烷磺酸

消除 H^5 → $-CH=CHCH_2CH_2CH_2SO_3H$ 烯基磺酸

⋮

$$-\overset{+}{C}H-(CH_2)_n-SO_3^- \longrightarrow -CH=CH(CH_2)_nSO_3H$$

图 4-20　α-烯烃用三氧化硫磺化的反应历程

亲电质点三氧化硫和链烯烃发生亲电加成反应，生成中间产物$R-\overset{+}{C}H-\overset{H}{C}H-SO_3^-$。该化合物可以从碳正离子相邻的两个碳原子上消去质子而生成烯基磺酸$-CH=CH-SO_3H$或$-CH=CH-CH_2-SO_3H$。此外，碳正离子还可以与磺酸基中带负电荷的氧原子一起经环化作用生成1,2-磺内酯。1,2-磺内酯在低温、无水状态下是稳定的，但在α-烯烃的最终磺化产物中并无该种内酯存在，这可能是由于其具有张力较大的四元环，结构不稳定，在放置和反应过程中转化为烯基磺酸等其他物质。

由于碳正离子的异构化作用，可以得到一系列双键位置不同的链烯基磺酸以及1,3-磺内酯和1,4-磺内酯。例如1-十六烯用空气稀释的三氧化硫进行磺化时，得到的烯基磺酸的混合物中，双键在第一到第十个碳原子上的产物都有。

尽管在α-烯烃的最终磺化产物中只鉴定出五元环1,3-磺内酯，但反应过程中还可能生成1,4-磺内酯和二磺内酯。1,3-磺内酯和1,4-磺内酯均不溶于水，在工业生产中常采用碱性水解的方法将其转化为羟基烷基磺酸。其反应历程如下

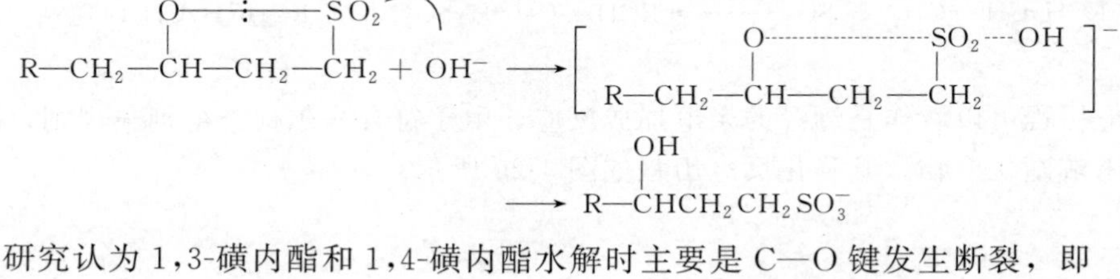

$$R-CH_2-CH-CH_2-\overset{\delta+}{C}H_2(O\cdots SO_2) + OH^- \longrightarrow \left[R-CH_2-CH-CH_2-CH_2(O\cdots SO_2\cdots OH)\right]^- \longrightarrow R-\overset{OH}{C}HCH_2CH_2SO_3^-$$

也有研究认为1,3-磺内酯和1,4-磺内酯水解时主要是C—O键发生断裂，即

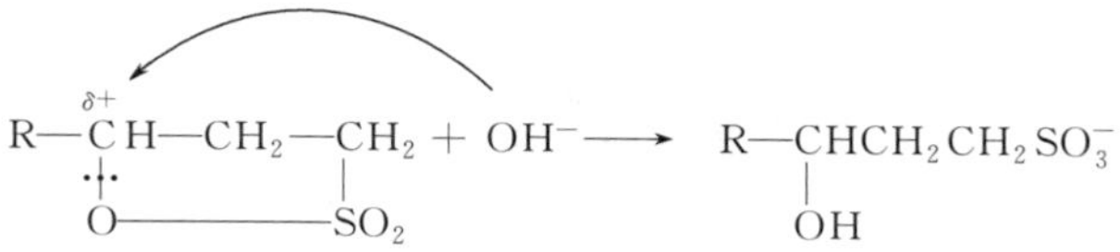

$$R—\overset{\delta+}{C}H—CH_2—CH_2(—O—SO_2—) + OH^- \longrightarrow R—CH(OH)CH_2CH_2SO_3^-$$

二磺内酯在碱性条件下水解发生消去反应，产物以烯基磺酸盐为主。而在酸性条件下水解，则会生成难溶的 2-羟基磺酸，不能作为表面活性剂使用。

$$\text{二磺内酯} \xrightarrow{OH^-} RCH{=}CH—CH_2SO_3Na$$

$$\text{二磺内酯} \xrightarrow{H^+} R—CH(OH)—CH_2SO_3H$$

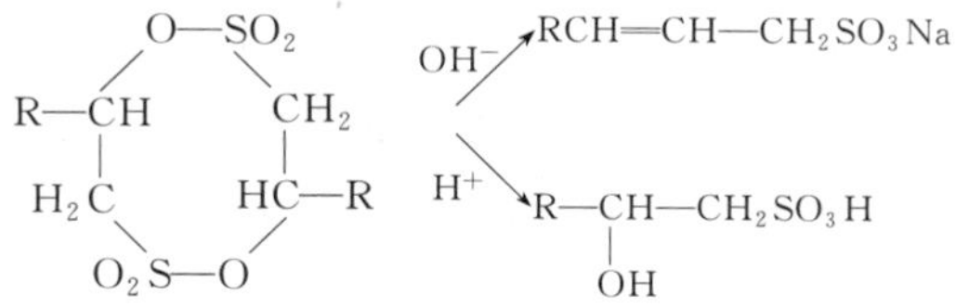

二磺内酯

此外 α-烯烃用三氧化硫磺化时还会生成烯烃磺酸酐和二聚-1,4-磺内酯。烯烃磺酸酐是在磺化剂三氧化硫过量时产生的，它在酸性条件下水解生成难以溶解且不具有表面活性的 2-羟基磺酸。将其在较高的温度（150℃）和强碱性条件下水解，则大部分转化为烯基磺酸，但仍有 26%转化为 2-羟基磺酸。

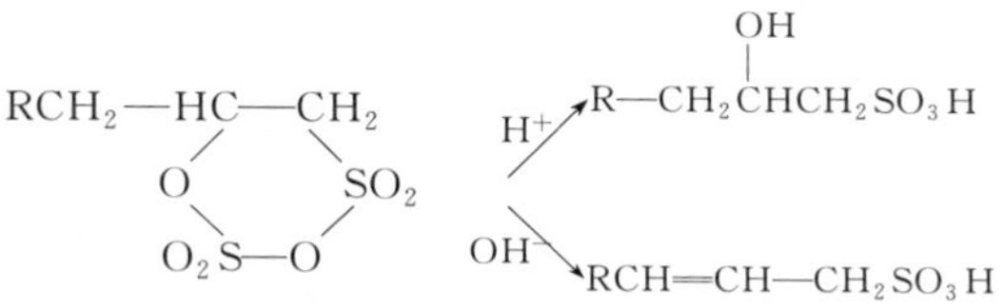

$$RCH_2—HC—CH_2\ (\text{烯烃磺酸酐}) \xrightarrow{H^+} R—CH_2CH(OH)CH_2SO_3H$$

$$RCH_2—HC—CH_2\ (\text{烯烃磺酸酐}) \xrightarrow{OH^-} RCH{=}CH—CH_2SO_3H$$

烯烃磺酸酐

二聚-1,4-磺内酯是在烯烃过量时生成的，其产生和水解过程如下式所示

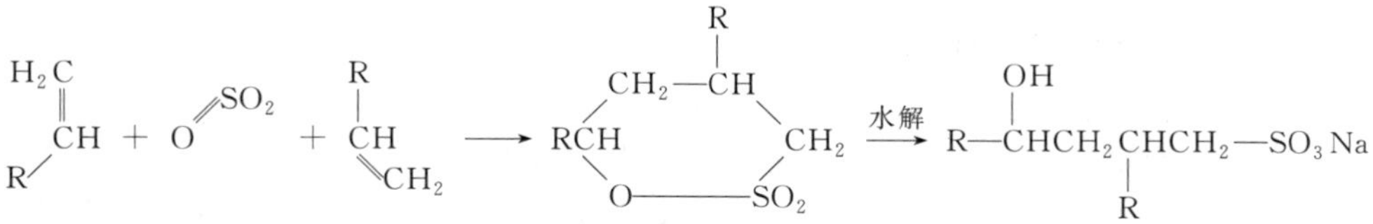

$$H_2C{=}CH—R + O{=}SO_2 + R—CH{=}CH_2 \longrightarrow RCH—CH_2—CH(R)—CH_2—SO_2—O\ (\text{环}) \xrightarrow{\text{水解}} R—CH(OH)CH_2CH(R)CH_2—SO_3Na$$

二聚-1,4-磺内酯在碱的作用下水解成为二烷基羟基磺酸盐，此类物质的分子量较大，不溶于水，也不能作为表面活性剂使用。

通过上述对烯烃磺化机理的讨论可以看出，α-烯烃的磺化反应历程比较复杂，所得到的磺化产物也是多种物质的混合物，组成复杂。因此这一类表面活性剂的商品也是多种组分的混合物。

4.3.3　α-烯基磺酸盐的生产条件

α-烯基磺酸盐的生产主要由磺化和水解两个主要反应过程构成。

第一步，α-烯烃与三氧化硫反应，经磺化生成烯烃磺酸盐、1,3-磺内酯和 1,4-磺内酯以及二磺内酯等混合物，它们的含量分别为 40%、40%以及 20%。

第二步，磺化混合物经水解得到以烯基磺酸盐、羟基烷基磺酸盐和二磺酸盐为主的最终产品。由于磺内酯不溶于水，没有表面活性，因此一般采用在碱性条件下使其水解为烯烃磺酸盐和羟基磺酸盐。该过程可表示如下：

$$RCH_2CH=CH_2 \xrightarrow{SO_3}$$

（1）环状二磺内酯（$O-SO_2$、$R-CH$、CH_2、H_2C、$HC-R$、O_2S-O）$\xrightarrow{NaOH}$ $RCH=CH(CH_2)_nSO_3Na$

（2）$RCH=CH(CH_2)_nSO_3H \xrightarrow{NaOH} RCH=CH(CH_2)_nSO_3Na$

（3）磺内酯（O—SO_2，$RCH-(CH_2)_{1\sim2}CH_2$）$\xrightarrow{NaOH} RCHOH(CH_2)_{2\sim3}SO_3Na$；$\xrightarrow{NaOH}$ $RCH=CH(CH_2)_nSO_3Na$

4.3.3.1 三氧化硫与 α-烯烃的物质的量比的选择

三氧化硫与 α-烯烃的物质的量比（ϕ）对磺化反应中烯烃的转化率和产物的组成有较大的影响。

从图 4-21 所示的结果可以看出：

① 当 $\phi<1.05$ 时，随着三氧化硫用量的增加，α-烯烃的转化率和反应体系中单磺酸盐的含量同时增加，二磺酸盐含量的增加和产品颜色的加深均不十分明显，只在物质的量比超过 0.9 后分别略有提高和变深；

② 当 $\phi>1.05$ 时，二磺酸盐含量增加较快，而单磺酸盐含量明显下降，产品的颜色显著加深。

因此为使反应顺利进行，同时确保产品的质量，三氧化硫不宜过量太多，其与 α-烯烃适宜的物质的量比 ϕ 应为 1.05∶1。

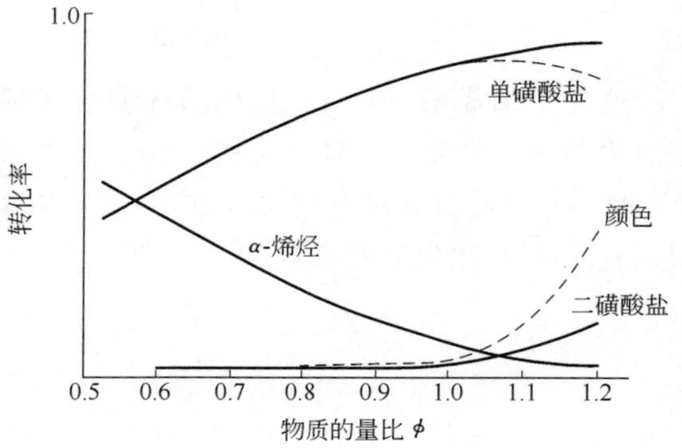

图 4-21 物质的量比对烯烃转化率、产物组成及性能的影响

4.3.3.2 磺化温度和时间的选择

反应温度升高，反应速率加快，转化率升高。但 α-烯烃的单磺化产物在 50℃时出现最大值，这是由于过高的反应温度导致 α-烯烃的异构化或其他副反应的发生，主产物的收率减少。而且在 50℃以下，二磺酸的含量始终保持较低的水平，而且几乎不随温度的升高而增加。因此在磺化反应过程中，反应温度不宜高于 50℃。

而在 50℃以下，适当提高反应温度对反应是有利的。从表 4-6 所示的 30℃和 40℃时磺化混合物的组成可以看出，较高的反应温度有利于烯基磺酸的生成，同时可以减少二磺内酯和 1,2-磺内酯的含量。例如，当温度为 40℃时，二磺内酯的含量为 6%，低于 30℃时的 8%，1,2-磺内酯含量也比 30℃时减少了 12%。这是由于 1,2-磺内酯不稳定，高温有利于促使其开环并转化为烯基磺酸。此外，1,3-磺内酯和 1,4-磺内酯以及烯基磺酸的含量均在 40℃时有所提高，因此反应温度控制在 40℃左右比较理想。

表 4-6 温度对磺化反应的影响

反应温度/℃	磺内酯/%		二磺内酯/%	烯基磺酸/%
	1,2-磺内酯	1,3-磺内酯和 1,4-磺内酯		
30	32	32	8	28
40	20	36	6	38

在适宜的反应温度下，适当延长反应时间，也可提高 α-烯烃的转化率，同时减少 1,2-磺内酯的生成量，如表 4-7 所示。

表 4-7　温度、时间对磺化反应的影响

反应时间/s	反应温度/℃	α-烯烃转化率/%	1,2-磺内酯生成量/%
7	30	58	74
11	30	73	72
11	45	75	40

综上所述，随着反应时间的延长和反应温度适当的升高，可提高 α-烯烃的转化率，降低 1,2-磺内酯的含量。因此在适当范围内延长反应时间和提高反应温度对反应是有利的。

4.3.3.3　反应设备的选择

α-烯烃与三氧化硫的磺化反应速率较快，放热量较大（$-\Delta H=209.2$kJ/mol）。特别是在反应初始阶段，反应十分剧烈，在膜式反应器中，膜的温度可高达 120℃的最高值。这将导致二磺酸产物含量较高，产品颜色加深，反应不易控制。为此在工业生产中从两个方面采取措施以保证反应安全、顺利地进行。

第一，将三氧化硫用惰性气体稀释至 3%～5%（体积分数）的较低含量，以减缓反应速率。

第二，在膜式反应器中引入二次保护风（图 4-22），对三氧化硫与 α-烯烃液膜进行隔离，降低液膜内三氧化硫的浓度。这种措施对减缓磺化初期反应的激烈程度十分有效。

通过上述措施，可控制磺化反应在 40℃左右平稳地进行。

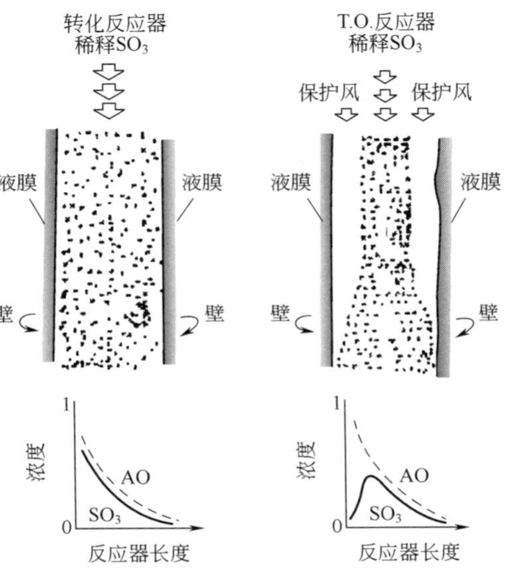

图 4-22　三氧化硫气体扩散控制

4.3.3.4　磺内酯水解条件的选择

对于难溶于水且不具有表面活性的磺内酯，通常使用氢氧化钠将其水解，转化为可溶于水且具有表面活性的羟基烷基磺酸盐。表 4-8 列举了不同水解温度和水解时间下磺内酯的残存量。

表 4-8　水解温度、时间和磺内酯残存量的关系

水解温度/℃	水解时间/min	磺内酯残存量/(mg/L)	水解温度/℃	水解时间/min	磺内酯残存量/(mg/L)
140	20	568	170	20	80
140	60	327	180	20	30
165	20	200			

根据上述结果可以看出，升高水解温度和延长水解时间可降低磺内酯的残存量。在实际

工业生产中，经常使用的水解条件为在160～170℃、1MPa压力下水解20min。

4.4 烷基磺酸盐

烷基磺酸盐（secondary alkyl sulfonate，SAS）的商品实际是不同碳数的饱和烷基磺酸盐的混合物，其通式为 RSO_3M，其中 M 代表碱金属或碱土金属，R 代表碳原子数为 13～17 的烷基。目前表面活性剂行业生产该产品的主要方法为氧磺化法和氯磺化法。

氧磺化反应是在 20 世纪 40 年代被发现的，50 年代开始发展，近几十年来发展很快。用这种方法生产的烷基磺酸以带有支链的产物为主，伯烷基磺酸仅占 2%。氯磺化法的反应产物则以伯烷基磺酸盐为主，同时含有一定量的二磺酸。早在第二次世界大战期间，德国便采用氯磺化法生产了烷基磺酸钠，并将其用作洗涤剂和渗透剂。

4.4.1 烷基磺酸盐的性质和特点

烷基磺酸盐在碱性、中性和弱酸性溶液中均较为稳定，其溶解度、润湿力、脱脂力、临界胶束浓度等各项性能如图 4-23～图 4-26 所示。

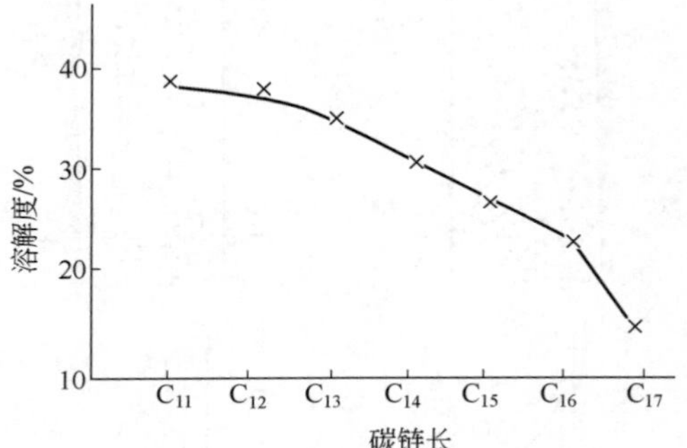

图 4-23 SAS 的溶解度与链长的关系

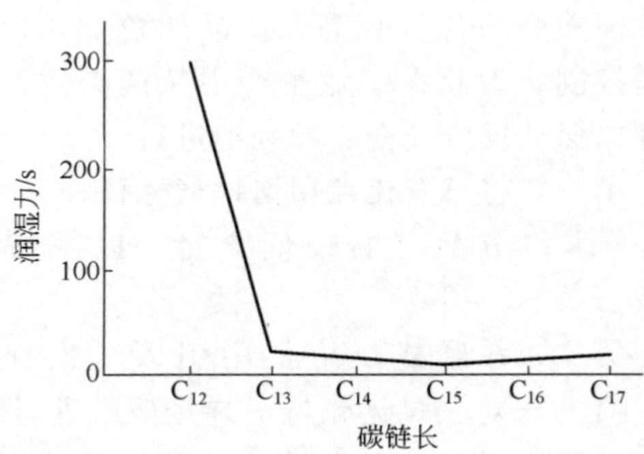

图 4-24 SAS 的润湿力与链长的关系

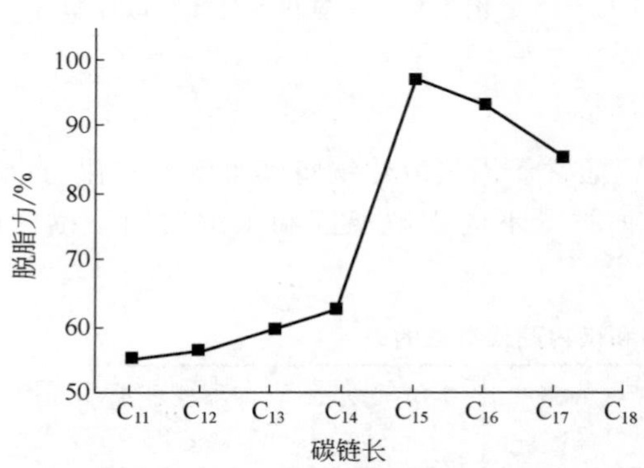

图 4-25 SAS 脱脂作用与链长的关系

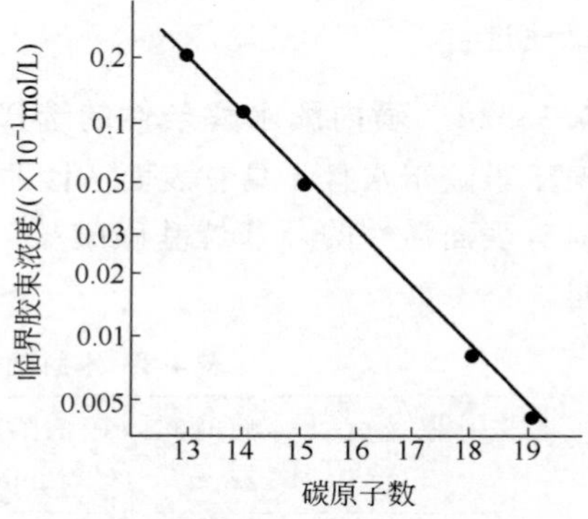

图 4-26 直链烷基磺酸钠临界胶束浓度与碳原子数的关系

可见，烷基磺酸盐的溶解度和临界胶束浓度随烷基链碳原子数的增加而降低，其在硬水中也具有良好的润湿、乳化、分散和去污能力。

此外，该类表面活性剂的生物降解性很好，在 20℃下、2d 后生物降解率即可达到 99.7%，而且无有毒代谢产物生成，对皮肤的刺激性也较小。

4.4.2　氧磺化法生产烷基磺酸盐

由正构烷烃与二氧化硫和氧气反应制备烷基磺酸钠的反应方程式为

$$RCH_2CH_3 + SO_2 + \frac{1}{2}O_2 \longrightarrow \underset{RCHCH_3}{\overset{SO_3H}{|}} \xrightarrow{NaOH} \underset{RCHCH_3}{\overset{SO_3Na}{|}}$$

4.4.2.1　长链烷烃的氧磺化机理

烷烃的氧磺化是自由基反应，其反应过程包括链的引发、链的增长和链的终止三个步骤。

首先，烷烃在紫外线或 γ 射线的照射下吸收能量生成烷基自由基 R·，引发反应的进行。

$$RH \xrightarrow{h\nu} R\cdot + H\cdot$$

在自由基反应的引发阶段，紫外线或 γ 射线除可以激发烷烃生成烷基自由基引发反应外，还可以激发二氧化硫，使之处于激发态而引发链反应。在紫外线照射下，二氧化硫（SO_2）可吸收 289nm 波长的光成为激发态 SO_2^*，它能够将能量转移给烷烃，并使之生成烷基自由基，自身则失去能量而回到基态。

$$SO_2(\text{基态}) \xrightarrow{h\nu} SO_2^*(\text{激发态})$$

$$RH + SO_2^* \longrightarrow R\cdot + H\cdot + SO_2$$

烷基自由基 R·与二氧化硫反应生成烷基磺酰自由基 $RSO_2\cdot$，在氧的存在下，该自由基与氧作用得到烷基过氧磺酰自由基 $RSO_2OO\cdot$，它能夺取烷烃中的氢生成烷基过氧磺酸，同时产生烷基自由基 R·，进一步引发自由基反应的进行。该过程可表示如下

$$R\cdot + SO_2 \longrightarrow RSO_2\cdot$$

$$RSO_2\cdot + O_2 \longrightarrow RSO_2OO\cdot$$

$$RSO_2OO\cdot + RH \longrightarrow RSO_2OOH + R\cdot$$

烷基过氧磺酸在水的存在下，与二氧化硫和水反应生成烷基磺酸和硫酸，从而使链反应终止

$$RSO_2OOH + SO_2 + H_2O \longrightarrow RSO_3H + H_2SO_4$$

由于正构烷烃链上的伯碳原子与仲碳原子上的氢原子的相对活性比值为 1∶3，因此氧磺化反应的产物绝大部分为仲位取代物。

此外，实践证明，氧磺化反应对于低链烷烃是一个自动催化的反应，即一旦引发后，即使不再提供能量或引发剂，反应也可自动地进行下去。而对于长链烷烃，则需要连续不断地提供引发剂，如自始至终用紫外线照射，才能使氧磺化反应顺利进行。

控制此反应过程的关键中间产物是烷基过氧磺酸（RSO_2OOH），它与醋酐或水的反应速率较快，因而可以通过向反应体系中加入醋酐或水，使过氧磺酸进一步转化为磺酸而在体系中的浓度不至于过高，从而达到控制反应进程的目的。向反应器中加入水的方法通常称为水-光氧磺化法，这种方法生产成本较低，工艺较为成熟。

4.4.2.2　水-光氧磺化法生产烷基磺酸盐的工艺过程

该生产工艺包括氧磺化反应和后处理两部分，后处理又包括分离和中和等过程。其工艺

流程如图 4-27 所示。

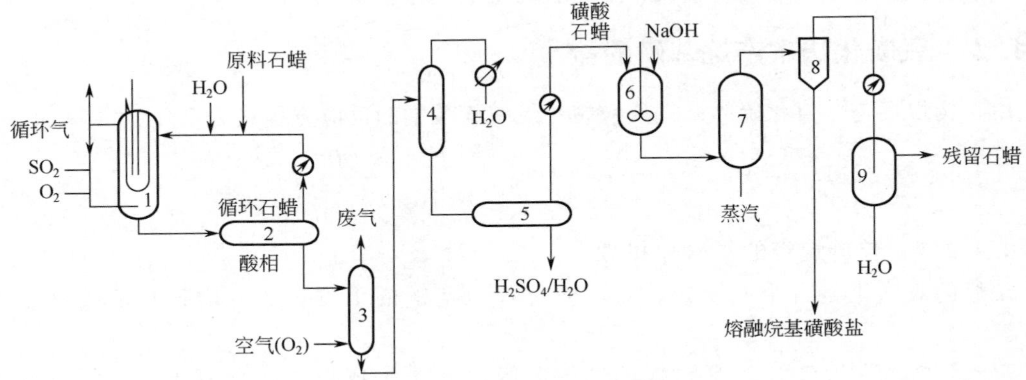

图 4-27　水-光氧磺化法生产烷基磺酸盐工艺流程

1—反应器；2,5,8—分离器；3—气体分离器；4,7—蒸发器；
6—中和釜；9—油水分离器

原料正构烷烃和水组成的液相由上部进入装有高压水银灯的反应器中，二氧化硫和氧气通过气体分布器由反应器的底部进入，并很好地分布在液相中。反应器的温度控制在 40℃以下，液体物料在反应器中停留时间为 6～7min。之后反应物料由反应器的下部进入分离器，分离器上层分出的油相经冷却器冷却后和原料正构烷烃及水一起返回反应器循环使用。

二氧化硫和氧气的单程转化率较低，大量未反应的气体由反应器顶部排出后，经加压返回反应器循环使用。

由分离器底部分出的磺酸液中含有烷基磺酸 19%～23%、烷烃 30%～38%、硫酸 6%～9%及少量水等。磺酸液从气体分离器的顶部进入，用空气吹脱去除残留的二氧化硫后，由底部流出并进入蒸发器，废气由气体分离器上部排出。

物料在蒸发器中蒸发脱去部分水后，从其底部流出进入分离器中静置分层，分去下层浓度为 60%左右的硫酸。上层的磺酸液经冷却后，用泵打入中和釜中，用 50%的氢氧化钠溶液中和，中和后的物料中约含有 45%的烷基磺酸钠和部分正构烷烃。

中和物料从中和釜底部流出，再从底部进入蒸发器，经蒸汽汽提去除未反应的烷烃，再打入分离器中静置分层。由分离器顶部溢出的物料经冷凝器冷却后，在油水分离器中分离出油相（残余的正构烷烃）及水相。而分离器底部得到的是含量为 60%的烷基磺酸钠产品。

通过此工艺过程制得的烷基磺酸钠产品经进一步蒸发处理可得高浓度产品，其商品组成为：烷基单磺酸钠 85%～87%、烷基二磺酸钠 7%～9%、硫酸钠 5%、未反应烷烃 1%。

4.4.2.3　影响反应的因素

（1）正构烷烃的质量要求　正构烷烃通常采用尿素络合或分子筛吸附法分离得到，这种方法得到的正构烷烃中芳烃含量较高，约为 0.4%～1.0%，同时含有一定量的烯烃和异构烷烃，它们均会对氧磺化反应产生不利影响。其中芳烃会参与氧磺化反应，其产物在反应液中积累到一定浓度时，会对主反应产生较强的抑制作用，还会导致产品色泽变深。烯烃、异构烷烃和醇等杂质会降低反应的初始速率，使反应出现诱导期。因此氧磺化反应前要对原料进行精制和预处理，尽可能减少杂质的含量，一般要求控制原料中芳烃的含量低于 0.005%。

（2）温度　光化学反应的活化能主要取决于光的吸收，受温度的影响较小。但温度太高时，会降低二氧化硫和氧气在烷烃中的溶解度，从而影响反应速率和磺酸的生成量，还可能使副反应增加。温度太低时，反应速率缓慢，因此反应温度应适宜，一般控制在30～40℃较为理想。

（3）气体空速及气体比例　所谓气体空速是指单位面积、单位时间通过的气体的量。氧磺化反应是气液两相反应，增加气体空速，有利于气液相的传质。通常气体通入量以3.5～5.5L/(h·cm²）为宜，再继续提高气体空速对产率影响不大。采用此气体空速下反应，气体的单程转化率很低，必须循环使用，一般循环利用率可达95%以上。

氧磺化反应的原料中有两种气体即二氧化硫气体和氧气，从氧磺化反应的方程式可以看出，二氧化硫与氧气的理论物质的量比为2∶1。但实际生产中，为了保证反应的正常进行，二者的用量比达到了2.5∶1。根据动力学分析可知，氧磺化反应的速率同二氧化硫的浓度成正比，因此增加二氧化硫的用量有助于反应的进行。

（4）加水量　正构烷烃的氧磺化反应除生成单磺酸外，还会生成无表面活性的多磺酸副产物。单磺酸与多磺酸的比例与烷烃的转化率有关。如图4-28所示，单磺酸与二磺酸含量的比值随烷烃转化率的提高而降低。即转化率越高，单磺酸在产物中所占的比例越小，而二磺酸所占比例越大，这种变化趋势在烷烃的转化率较低时更为明显。可见一味提高单程转化率，会使副反应增多，二磺酸含量增加，单磺酸产品的产率降低，产品质量下降。

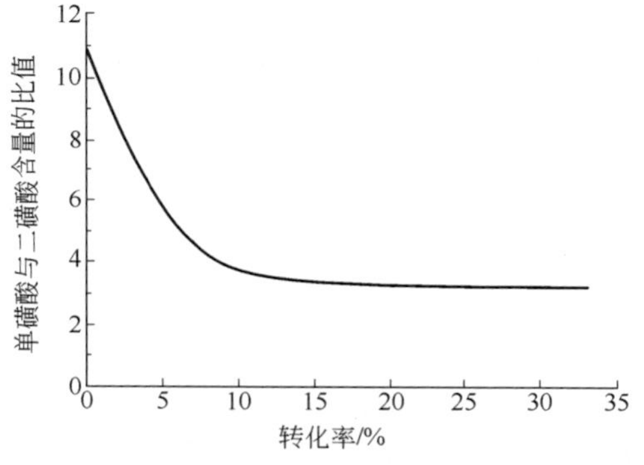

图4-28　单磺酸与二磺酸含量的比值与烷烃转化率的关系

为解决此问题，可在反应过程中向反应体系内加入适量的水，使单磺酸产物溶解在水中，而从反应区抽出，避免其继续参与氧磺化反应而生成二磺酸或多磺酸。同时由于反应区内单磺酸的含量降低，有利于反应向正方向进行，从而使产品的收率和质量都得以提高。

水的加入量应当适宜，可根据单磺酸的产量而定，一般应为磺酸量的2～2.5倍。加水过多，会导致物料乳化，难于分出磺酸；加水量太少，反应混合物仍处于互溶状态，磺酸不易分离出来。

4.4.2.4　其他氧磺化法简述

目前水-光氧磺化法已实现工业化，是烷烃磺化制备烷基磺酸盐的重要方法，反应采用紫外线引发。除此之外还有采用其他引发方式制备烷基磺酸盐的工艺方法，如γ射线法、臭氧法和促进剂法等。

所谓γ射线法就是采用γ射线引发氧磺化反应的方法。通过研究和实践发现，能引发氧磺化反应的γ射线的剂量必须大于2Gy。这种方法的优点是受抑制剂的影响较小，当反应激发后，烷基过氧磺酸的浓度超过某一数值时，即使在无γ射线照射的条件下，反应也能自动进行下去直到结束。这种方法也存在一定的缺点。首先，要想使γ射线的能量在设备中分布均匀，必须使用多个放射源，致使γ射线的防护设备投资较大。其次，用γ射线法所得到的产品中二磺酸含量较多，产品质量较差。

在以臭氧（O_3）为引发剂的氧磺化反应中，臭氧的浓度是影响反应速率和磺酸产率的重要因素。一般情况下，氧气中臭氧的含量以0.5%（质量分数）最为合适，此时生产1t磺酸约需臭氧24kg。由于扩大生产时，所需要的臭氧发生装置很大，目前在工业上还很难解决，因此用此法进行大规模生产受到限制。

促进剂法是在反应中加入促进剂，这不仅能够提高反应速率，并且可在中断γ射线、紫外线等引发剂的情况下，使反应持续进行，这样可以提高产品质量并降低能量的消耗。常用的促进剂有醋酐、含氯化合物及含氧氮化物等。其中，加入醋酐的作用是与烷基过氧磺酸反应，其产物经进一步与烷烃、二氧化硫和氧气反应生成烷基磺酸。

$$2RSO_2OOH + (CH_3CO)_2O \longrightarrow 2RSO_2OOCOCH_3 + H_2O$$

$$RSO_2OOCOCH_3 + 7RH + 7SO_2 + 3O_2 + H_2O \longrightarrow 8RSO_3H + CH_3COOH$$

作为促进剂的含氯化合物有三氯甲烷（$CHCl_3$）、四氯乙烷（$Cl_2CHCHCl_2$）、五氯乙烷（Cl_2CHCCl_3）以及氯代烃（RCl）和醋酐的混合物等。作为促进剂的含氧氮化物主要是硝酸钠（$NaNO_3$）、亚硝酸钠（$NaNO_2$）、硝酸戊酯（$C_5H_{11}NO_3$）以及亚硝酸环己酯（$C_6H_{11}NO_2$）等。

4.4.3 氯磺化法制备烷基磺酸盐

氯磺化反应也通常被称为Reed反应，是由烷烃与二氧化硫和氯气反应生成烷基磺酰氯，进一步与氢氧化钠反应，水解生成烷基磺酸钠。直链烷烃的氯磺化反应方程式如下

$$RH + SO_2 + Cl_2 \longrightarrow RSO_2Cl + HCl\uparrow$$

$$RSO_2Cl + 2NaOH \longrightarrow RSO_3Na + H_2O + NaCl$$

反应结束后要除去未反应的物料、盐及水等杂质。链烷烃的氯磺化和氧磺化反应是制备烷基磺酸钠（RSO_3Na）的主要方法，这两个反应都要求在氧化剂即氧（O_2）或氯（Cl_2）的存在下，用二氧化硫与烷烃反应从而引入磺酸基，且均为自由基链反应。

4.4.3.1 氯磺化反应机理

直链烷烃的氯磺化反应通常是在紫外线的照射下，反应混合物中的氯吸收光能，引发了氯自由基的产生，即

$$Cl_2 \xrightarrow{h\nu} 2Cl\cdot$$

氯自由基夺取烷烃RH的氢生成氯化氢，从而生成了烷基自由基R·

$$Cl\cdot + RH \longrightarrow R\cdot + HCl$$

由于烷基自由基R·与二氧化硫的反应速率比与氯气的反应速率快100倍，因此更容易与前者反应生成烷基磺酰自由基，而很少与氯气反应生成卤化物。该过程可表示为

主反应：$$R\cdot + SO_2 \longrightarrow RSO_2\cdot$$

副反应：$$R\cdot + Cl_2 \longrightarrow RCl + Cl\cdot$$

值得注意的是烷基自由基R·与氧气的反应速率比其与二氧化硫的反应还快10^4倍，因此反应体系中应控制氧含量最小。烷基磺酰自由基$RSO_2\cdot$进一步与氯反应得到磺酰氯和氯自由基Cl·，从而引发新的自由基反应。

$$RSO_2\cdot + Cl_2 \longrightarrow RSO_2Cl + Cl\cdot$$

氯自由基Cl·之间反应生成氯气，从而使自由基链反应终止。

$$Cl\cdot + Cl\cdot \longrightarrow Cl_2$$

4.4.3.2 烷烃的氯磺化生产过程

氯磺化法制取烷基磺酸钠的工艺过程包括氯磺化反应、脱气、皂化、后处理等工序，其工艺流程如图 4-29 所示。

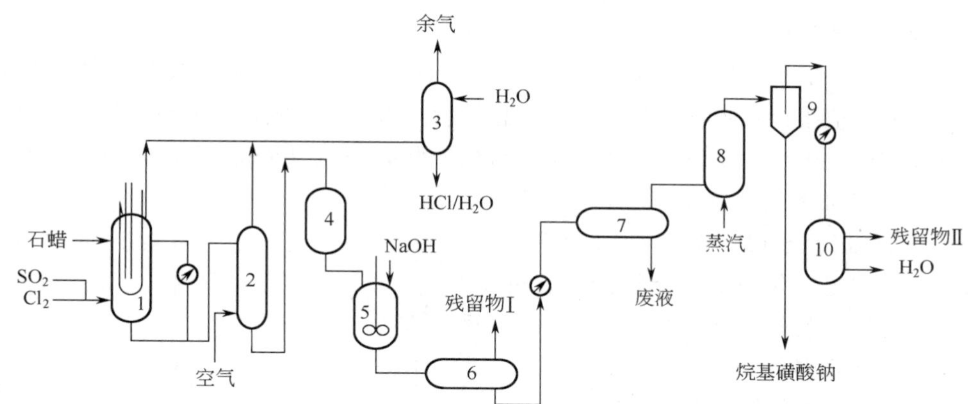

图 4-29 氯磺化法制取烷基磺酸钠工艺流程

1—反应器；2—脱气塔；3—气体吸收塔；4—中间贮罐；5—皂化器；6,7—分离器；8—蒸发器；9—磺酸盐分离器；10—油水分离器

(1) 氯磺化反应　经过预处理的石蜡烃（主要是正构烷烃）从反应器上部进入，氯气和二氧化硫气体从反应器的底部引入，在紫外线照射下发生紫外线引发的氯磺化反应。反应后的物料由底部流出后，一部分经冷却器冷却回到反应器中，使反应器内的温度保持在 30℃ 左右，另一部分氯磺化产物进入脱气塔。

(2) 脱气　在脱气塔内，氯磺化反应物料经空气气提脱除氯化氢气体，由反应器上部和脱气塔上部放出的氯化氢气体进入气体吸收塔用水吸收。

(3) 皂化　脱气后的氯磺化产物进入中间贮罐，再由顶部进入皂化器中与氢氧化钠反应，生成烷基磺酸钠，同时产生水和氯化钠。

(4) 后处理　包括脱烃、脱盐和脱油。皂化后的物料在分离器中分出残留的石蜡烃。磺酸钠则在分离器的下层，由其底部流出，经冷却进入分离器进行脱盐处理，下层是含盐废液。上层物料进入蒸发器，蒸去大量的水和残留的石蜡烃后，在磺酸盐分离器中分出磺酸盐，得到产物烷基磺酸钠的熔融物。蒸出的水和残余石蜡烃在油水分离器中静置分层使二者分离。

在氯磺化反应过程中，原料的质量、反应温度、气体用量以及反应深度等都会对产品的质量产生重要的影响。

4.4.3.3 反应的影响因素

(1) 原料的质量要求　由于原料石蜡烃中所含的芳烃、烯烃、醇、醛、酮及含氧化合物等杂质会抑制自由基链反应的进行，因此必须对其进行预处理和精制。用发烟硫酸处理可以除去正构烷烃中的芳烃、烯烃、异构烷烃、环烷烃等杂质。此外，还应严格控制二氧化硫气体和氯气中的氧的含量小于 0.2%。

(2) 温度的影响　氯磺化反应为放热反应，反应热为 54kJ/mol，反应产生的热量必须及时移除，否则会因温度过高而导致生成较多的氯代烷烃。研究发现，当温度高于 120℃ 时，烷基磺酰氯将全部分解为氯代烷烃，因此反应温度不宜过高。但太低的反应温度会使反应速率降低，产率下降，对反应不利。为此反应温度应控制在30℃左右。

（3）二氧化硫与氯气混合比的影响　根据氯磺化反应方程式，二氧化硫与氯气的理论物质的量比为1∶1。但在反应过程中存在烷基自由基与氯气反应生成氯代烷烃的副反应，因此，提高二氧化硫的比例，有利于氯磺化主反应的进行，同时降低氯气的浓度，还可以起到抑制氯化副反应的作用。

在生产中，一般均采用二氧化硫与氯气的体积比为1.1∶1，此时反应产物中的总氯量与皂化氯量的比值维持在较低的数值。所谓总氯量是指产品中氯元素的总含量。而皂化氯量则是指可以与碱发生皂化反应的氯的含量。目的产物磺酰氯（RSO_2Cl）中的氯元素即为可皂化氯，它能与氢氧化钠发生反应，生成烷基磺酸钠。而氯代烃（RCl）中的氯为不可皂化氯，但在测定总氯量时，能被测出。可见，对于正构烷烃的氯磺化反应，总氯量与可皂化氯量的比值越接近于1，产物中的含氯副产品越少，即氯代烃的含量越低。

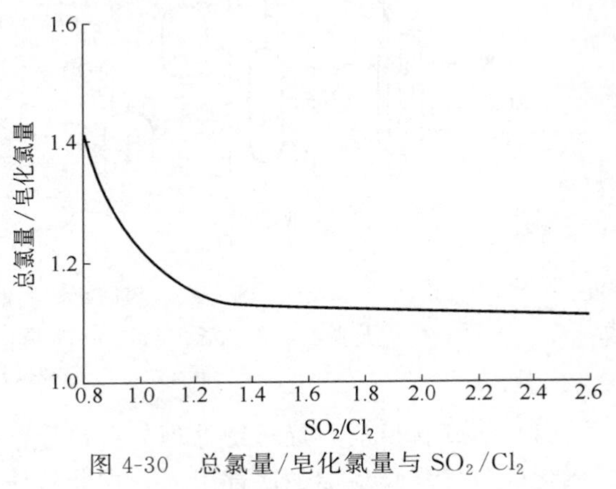

图4-30　总氯量/皂化氯量与SO_2/Cl_2（体积比）的关系

从图4-30中可以看出，当二氧化硫与氯气的体积比小于1.1∶1时，随着比例的增加，总氯量与皂化氯量比值明显降低；而大于1.1∶1时，下降趋势不明显，采用过大的比例没有必要。因此两种气体适宜的体积比为SO_2∶Cl_2＝1.1∶1。

（4）反应深度的影响　氯磺化反应属于典型的串联反应，其反应深度对产物的组成有较大影响，而且反应深度不同，反应液的密度也不同，因此可以通过测定反应液的密度来控制反应深度。烷烃氯磺化的反应深度和反应液的组成、密度的关系如表4-9所示。

表4-9　烷烃氯磺化反应深度和反应液组成、密度的关系

产品名称	反应深度/%	磺酰氯的产品组成		未反应烷烃/%	链上含氯量/%	密度/(g/cm³)
		单磺酰氯/%	多磺酰氯/%			
M30	30	95	5	70	0.5	0.83～0.84
M50	45～55	85	15	55～45	1.5	0.88～0.9
M80	80～82	60	40	20～18	4～6	1.02～1.03

从表中数据可以看出，随烷烃的单程转化率和反应深度的增加，多磺酰氯的含量明显提高，反应液的密度也逐渐增大。

产品M30反应深度较低，多磺酰氯等副产品少，产品质量较好。但烷烃只反应了30%，反应液中含油量较多，需要脱去大量未反应的烷烃。根据反应液中含油量的多少，脱油方法也略有差异。对于含油量较大的M30的皂化液，一般采用静置分层脱油、冷冻降温脱盐，然后再蒸发脱油除去不皂化物的方法。

M50的皂化液的处理方法是先采用静置分层脱油和冷却脱盐工艺，然后再用甲醇和水在60℃下萃取除油。另外也可以与M30相同，在静置脱油后再采用蒸发脱油的方法。

M80 的皂化液中因反应深度较高，未反应烷烃的含量较少，其后处理的方法与前两种产品有所不同。先静置分层脱油，下层的浆状物冷却后用离心法脱盐，离心分离得到的清液在 102～105℃加热，然后用水稀释使残余油层析出。

4.5 琥珀酸酯磺酸盐

琥珀酸即丁二酸［$HOOC(CH_2)_2COOH$］，按照琥珀酸结构上两个羧基的酯化情况，可以将琥珀酸酯磺酸盐型阴离子表面活性剂分为琥珀酸单酯磺酸盐和琥珀酸双酯磺酸盐，它们的结构通式为：

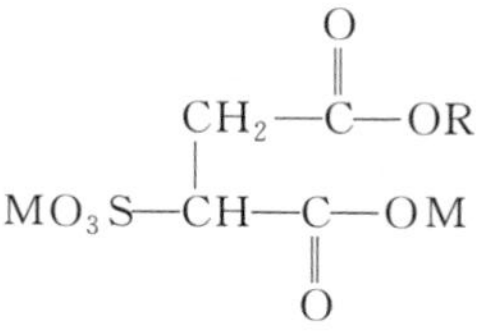

$$
\begin{array}{ll}
\begin{array}{c}
CH_2-\overset{\overset{\displaystyle O}{\|}}{C}-OR \\
| \\
MO_3S-CH-\underset{\underset{\displaystyle O}{\|}}{C}-OM
\end{array}
&
\begin{array}{c}
CH_2-\overset{\overset{\displaystyle O}{\|}}{C}-OR \\
| \\
MO_3S-CH-\underset{\underset{\displaystyle O}{\|}}{C}-OR'
\end{array}
\\
\text{单酯} & \text{双酯}
\end{array}
$$

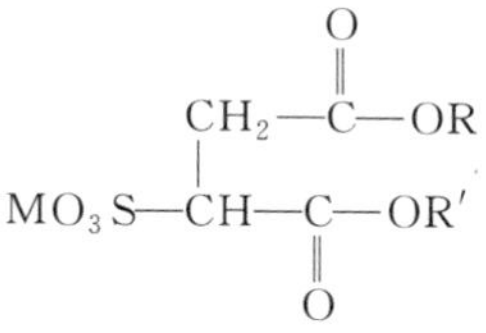

在实际应用中，琥珀酸双酯磺酸盐比其单酯磺酸盐更为重要。这类表面活性剂分子中磺酸基的引入方法是通过亚硫酸氢钠（$NaHSO_3$）与马来酸（顺丁烯二酸）酯双键的加成反应进行的，该反应方程式为：

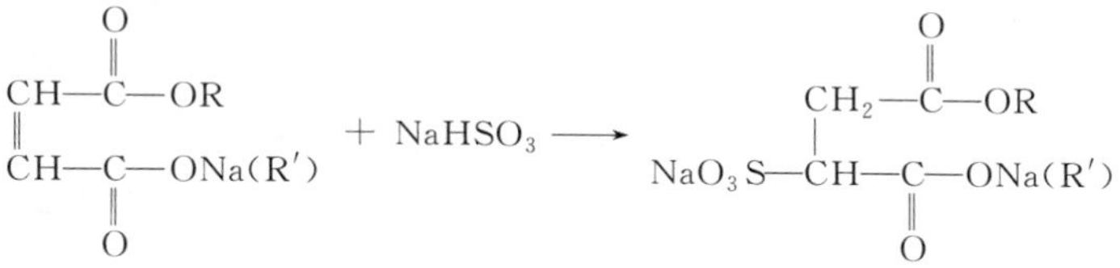

$$
\begin{array}{c}
CH-\overset{\overset{\displaystyle O}{\|}}{C}-OR \\
\| \\
CH-\underset{\underset{\displaystyle O}{\|}}{C}-ONa(R')
\end{array}
+ NaHSO_3 \longrightarrow
\begin{array}{c}
CH_2-\overset{\overset{\displaystyle O}{\|}}{C}-OR \\
| \\
NaO_3S-CH-\underset{\underset{\displaystyle O}{\|}}{C}-ONa(R')
\end{array}
$$

表面活性剂分子中的 R 和 R′均为烷基，二者可以相同也可以不同，随其碳链长度和结构的不同，可得到一系列性能不同的表面活性剂品种。表面活性剂的结构与其性能之间有着十分密切的关系。

4.5.1 琥珀酸酯磺酸盐结构与性能的关系

4.5.1.1 临界胶束浓度与琥珀酸双酯磺酸盐结构的关系

表 4-10 列出了部分琥珀酸双酯磺酸盐的临界胶束浓度，从表中数据可以看出，随琥珀酸双酯磺酸盐的碳原子数增加，其临界胶束浓度降低。测定上述表面活性剂的表面张力也得到类似的结果。

表 4-10　部分琥珀酸双酯磺酸盐的临界胶束浓度

表面活性剂名称	cmc /(mol/L)	温度 /℃	表面活性剂名称	cmc /(mol/L)	温度 /℃
琥珀酸双正丁酯磺酸钠	0.2	25	琥珀酸双正辛酯磺酸钠	0.00068	25
琥珀酸双异丁酯磺酸钠	0.2	25	琥珀酸双异辛酯磺酸钠	0.00224	25
琥珀酸双正戊酯磺酸钠	0.053	25	琥珀酸双(2-乙基己基)酯磺酸钠	0.0025	25
琥珀酸双正己酯磺酸钠	0.0124	25			

当烷基的碳原子数相同时，带有正构烷基表面活性剂的临界胶束浓度比带有支链烷基的略

低。例如，琥珀酸双正辛酯磺酸钠的临界胶束浓度为0.00068mol/L，而琥珀酸双异辛酯磺酸钠和琥珀酸双（2-乙基己基）酯磺酸钠的临界胶束浓度则分别为0.00224mol/L和0.0025mol/L。

4.5.1.2 润湿力与结构的关系

研究表明，当烷基碳链所含碳原子数小于7且不带分支链时，随正构烷基碳链的增长，润湿力提高，而且随支链数的增加，润湿力减弱。当碳原子数大于7个时，随正构烷基碳链长度的增加，润湿力下降，而且随支链数的增加，润湿力增加。

4.5.2 Aerosol OT的合成与性能

Aerosol OT是琥珀酸酯磺酸盐类表面活性剂中最为重要的品种之一，其分子结构式为

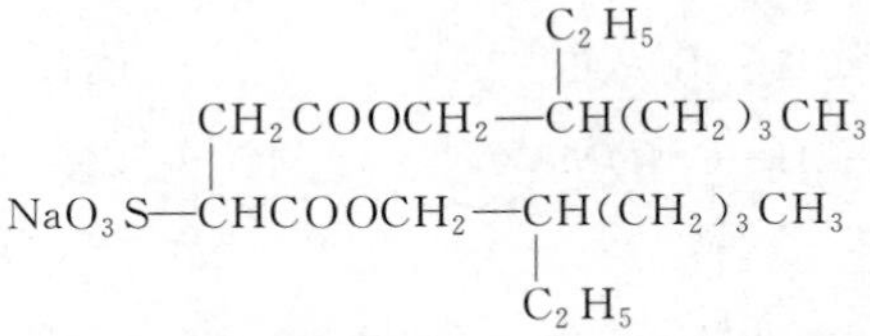

$$
\begin{array}{l}
\qquad\qquad\qquad\qquad\quad C_2H_5 \\
\qquad\qquad\qquad\qquad\quad | \\
\qquad\quad CH_2COOCH_2-CH(CH_2)_3CH_3 \\
\qquad\quad | \\
NaO_3S-CHCOOCH_2-CH(CH_2)_3CH_3 \\
\qquad\qquad\qquad\qquad\quad | \\
\qquad\qquad\qquad\qquad\quad C_2H_5
\end{array}
$$

Aerosol OT商品为无色或浅黄色液体，总活性物的含量为70%～75%，相对密度为1.8，闪点为85℃，能溶于极性和非极性有机溶剂中，不溶于水，临界胶束浓度为0.0025mol/L，最小溶液表面张力为26.0mN/m，产品pH值为5～10。

该产品是一种渗透十分快速、均匀，乳化和润湿性能均良好的渗透剂，广泛用作织物处理剂及农药乳化剂。具有相同结构和相似性能的国内产品的商品牌号为渗透剂T。

Aerosol OT的合成主要是酯化和磺化反应，它是由马来酸酐与2-乙基己醇发生酯化反应，生成马来酸双酯，然后再与亚硫酸氢钠（$NaHSO_3$）在双键上加成磺酸制得。其反应过程的方程式如下

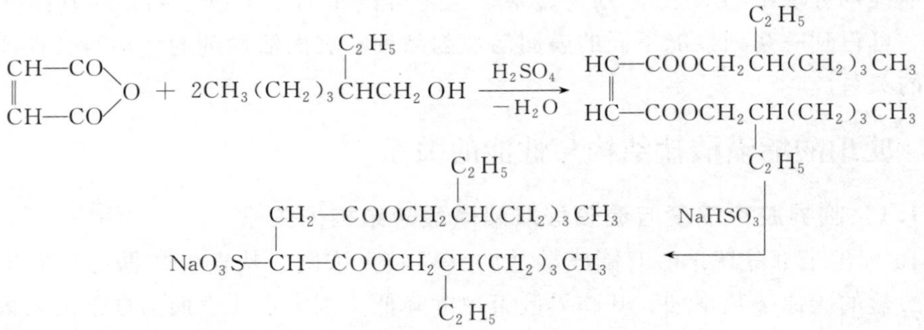

$$
\begin{array}{l}
CH-CO \\
\| \qquad\quad \rangle O \\
CH-CO
\end{array}
+ 2CH_3(CH_2)_3\underset{}{\overset{C_2H_5}{\overset{|}{C}}}HCH_2OH \xrightarrow[-H_2O]{H_2SO_4}
\begin{array}{l}
\qquad\qquad\qquad\quad C_2H_5 \\
\qquad\qquad\qquad\quad | \\
HC-COOCH_2CH(CH_2)_3CH_3 \\
\| \\
HC-COOCH_2CH(CH_2)_3CH_3 \\
\qquad\qquad\qquad\quad | \\
\qquad\qquad\qquad\quad C_2H_5
\end{array}
$$

$$
\xrightarrow{NaHSO_3}
\begin{array}{l}
\qquad\qquad\qquad\qquad\qquad C_2H_5 \\
\qquad\qquad\qquad\qquad\qquad | \\
\qquad\quad CH_2-COOCH_2CH(CH_2)_3CH_3 \\
\qquad\quad | \\
NaO_3S-CH-COOCH_2CH(CH_2)_3CH_3 \\
\qquad\qquad\qquad\qquad\qquad | \\
\qquad\qquad\qquad\qquad\qquad C_2H_5
\end{array}
$$

上述两个反应的工艺过程和反应条件如下。

(1) 酯化反应　将马来酸酐与2-乙基己醇，在硫酸的存在和真空条件下加热，控制好升温速度和真空度，脱水使缩合反应顺利进行，直至蒸出来的水已很少时即为反应终点。一般酯化收率可达95%以上。

酯化反应结束后，用稀碱液中和物料中的硫酸，并用水洗至中性，同时除去生成的无机盐，最后在真空下蒸馏脱去未反应的醇。

(2) 磺化反应　经过脱醇处理的马来酸双（2-乙基己基）酯与亚硫酸氢钠按物质的量比1∶1.05投料，并加入一定量的乙醇作溶剂，在110～120℃、0.1～0.2MPa压力下反应6h，即可得到Aerosol OT产品。

改变酯化反应的原料脂肪醇，按照上述同样方法可以制备含不同碳氢链的马来酸酯，经

磺化后可得到一系列不同牌号的 Aerosol 型阴离子表面活性剂。这类产品的表面张力性能如表 4-11 所示，可以看出，随碳链长度的增加和分子量的增大，Aerosol 型表面活性剂 0.1% 和 1% 的溶液对矿物油的表面张力均呈下降趋势。

表 4-11　Aerosol 型表面活性剂化学名称和表面张力

商品牌号	化学名称	分子量	对矿物油的表面张力/(mN/m)	
			0.1%	1%
Aerosol OT	琥珀酸双(2-乙基己基)酯磺酸钠	444	5.86	1.84
Aerosol MA	琥珀酸双己基酯磺酸钠	388	20.1	4.18
Aerosol AY	琥珀酸双戊基酯磺酸钠	360	27.5	7.03
Aerosol IB	琥珀酸双异丁基酯磺酸钠	332	41.3	31.2

琥珀酸双酯磺酸盐是一类重要的渗透剂，应用十分广泛。此外，还有部分琥珀酸单酯磺酸盐也是比较重要的品种。

4.5.3　脂肪醇聚氧乙烯醚琥珀酸单酯磺酸钠

脂肪醇聚氧乙烯醚琥珀酸单酯磺酸钠，简称 AESM 或 AESS，具有良好的乳化、分散、润湿及增溶等性能，其结构通式如下

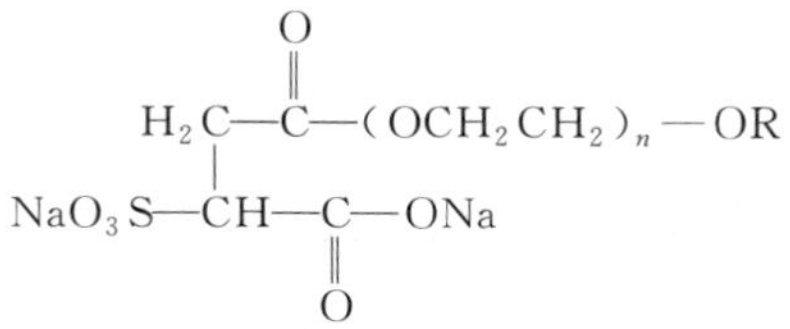

$$\begin{array}{l} \qquad\qquad\quad O \\ \qquad\qquad\quad \| \\ \qquad H_2C-C-(OCH_2CH_2)_n-OR \\ \qquad\quad | \\ NaO_3S-CH-C-ONa \\ \qquad\qquad\quad \| \\ \qquad\qquad\quad O \end{array}$$

该类表面活性剂中的典型品种如月桂醇聚氧乙烯(3)醚琥珀酸单酯磺酸钠，化学结构式为

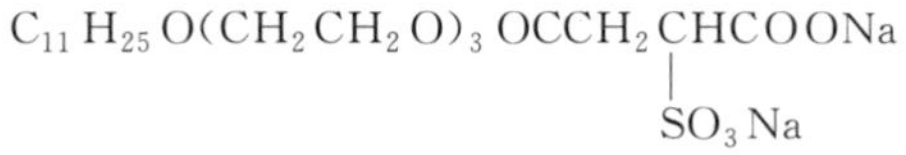

$$C_{11}H_{25}O(CH_2CH_2O)_3OCCH_2\underset{\displaystyle SO_3Na}{\underset{|}{C}}HCOONa$$

该产品通常为无色至淡黄色透明液体，具有十分优异的润湿性、抗硬水性和增溶性，脱脂力很弱。非常适用于与人体皮肤直接接触的日用化学品，现在已在调理香波、婴幼儿香波、浴液、洗面奶、洗手液等日用品的配方中使用。

脂肪醇聚氧乙烯醚琥珀酸单酯磺酸钠的合成也分为酯化和磺化两步，其合成过程如下

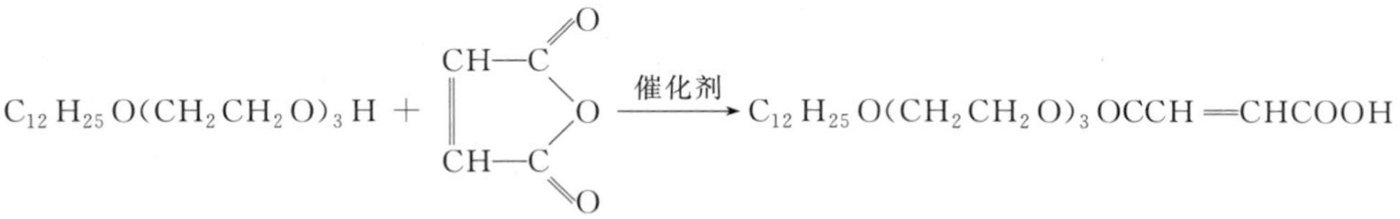

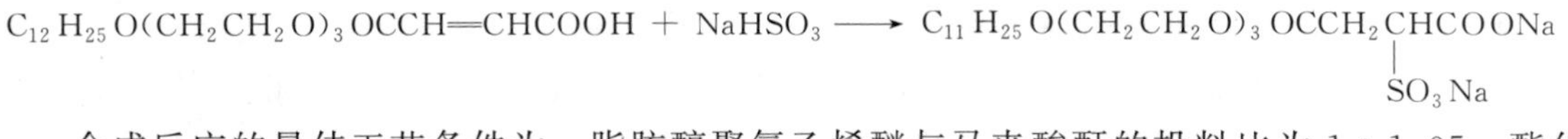

$$C_{12}H_{25}O(CH_2CH_2O)_3H + \begin{array}{c} CH-C{=}O \\ \| \qquad \diagdown \\ \| \qquad\quad O \\ \| \qquad \diagup \\ CH-C{=}O \end{array} \xrightarrow{\text{催化剂}} C_{12}H_{25}O(CH_2CH_2O)_3OCCH{=}CHCOOH$$

$$C_{12}H_{25}O(CH_2CH_2O)_3OCCH{=}CHCOOH + NaHSO_3 \longrightarrow C_{11}H_{25}O(CH_2CH_2O)_3OCCH_2\underset{\displaystyle SO_3Na}{\underset{|}{C}}HCOONa$$

合成反应的最佳工艺条件为：脂肪醇聚氧乙烯醚与马来酸酐的投料比为 1∶1.05，酯化反应温度 70℃，酯化时间大约 6h；磺化反应的温度宜控制在 80℃，磺化时间 1h，单酯与亚硫酸氢钠的投料比 1∶1.05。按照上述条件进行反应，表面活性剂的最终收率可达 98%以上。

4.5.4　磺基琥珀酸-N-酰基聚氧乙烯醚单酯钠盐

这类表面活性剂是以烷氧基化的含氮化合物为原料合成的，是配制香波的重要组分，其

结构为

$$\begin{array}{c} \quad\quad\quad\quad\quad\quad\quad\quad\quad\quad SO_3Na \\ \quad\quad\quad\quad\quad\quad\quad\quad\quad\quad | \\ RCONH(CH_2CH_2O)_nCOCHCH_2COONa \end{array}$$

它的合成过程是先由 N-酰基乙醇和环氧乙烷反应合成 N-酰基乙氧基化物，然后与顺丁烯二酸酐作用生成单酯，最后与亚硫酸氢钠在氢氧化钠存在的碱性条件下加成而得。各步反应式如下

$$RCONHCH_2CH_2OH + (n-1)\overset{O}{\overbrace{CH_2-CH_2}} \longrightarrow RCONH(CH_2CH_2O)_nH \xrightarrow{\begin{array}{c}CH-CO\\ \| \quad\quad O\\ CH-CO\end{array}}$$

$$RCONH(CH_2CH_2O)_nCOCH=CHCOOH \xrightarrow[-H_2O]{NaHSO_3} RCONH(CH_2CH_2O)_n\,CO\underset{}{\overset{SO_3Na}{\overset{|}{C}}}HCH_2COONa$$

4.6 高级脂肪酰胺磺酸盐

高级脂肪酰胺磺酸盐型阴离子表面活性剂的特点是在分子中引入了酰氨基，其结构通式如下：

$$R'CO\overset{R}{\overset{|}{N}}(CH_2)_nSO_3M \qquad R'=H\text{ 或烷基}$$

该类表面活性剂的磺酸基大多是通过间接方法引入的，也就是使用带有磺酸基的原料，而并非直接磺化制得，下面首先介绍其普遍使用的制法。

4.6.1 高级脂肪酰胺磺酸盐的一般制法

高级脂肪酰胺磺酸盐是通过带有磺酸基的原料羟基磺酸盐先后与脂肪胺和酰氯等其他中间体反应制得的，因此首先要合成羟基磺酸盐。

4.6.1.1 羟基磺酸盐的合成

如羟基磺酸钠可由亚硫酸氢钠（$NaHSO_3$）与醛或环氧化合物反应生成，例如

$$NaHSO_3 + H\overset{O}{\overset{\|}{C}}H \longrightarrow HOCH_2SO_3Na$$

$$NaHSO_3 + \overset{O}{\overbrace{CH_2-CH_2}} \longrightarrow HOCH_2CH_2SO_3Na$$

$$NaHSO_3 + \overset{O}{\overbrace{CH_2-CH}}-CH_2Cl \longrightarrow ClCH_2\overset{OH}{\overset{|}{C}}HCH_2SO_3Na$$

4.6.1.2 氨基烷基磺酸盐的合成

用以上方法制得的羟基磺酸盐在高温高压下与有机胺反应，可制得相应的氨基烷基磺酸盐。

$$RNH_2 + HOCH_2SO_3Na \longrightarrow RNHCH_2SO_3Na + H_2O$$

$$RNH_2 + HOCH_2CH_2SO_3Na \longrightarrow RNHCH_2CH_2SO_3Na + H_2O$$

$$RNH_2 + ClCH_2\overset{OH}{\overset{|}{C}}HCH_2SO_3Na \longrightarrow RNHCH_2\overset{OH}{\overset{|}{C}}HCH_2SO_3Na$$

此外，氨基烷基磺酸盐也可用卤代烷烃来合成，例如，N-烷基牛磺酸钠的另一种合成方法为

$$ClCH_2CH_2Cl + Na_2SO_3 \longrightarrow ClCH_2CH_2SO_3Na \xrightarrow[-HCl]{RNH_2} RNHCH_2CH_2SO_3Na$$

4.6.1.3 表面活性剂的合成

由氨基烷基磺酸盐与脂肪酰氯（R′COCl）进行 *N*-酰化反应可得到相应的高级脂肪酰胺磺酸盐，即

$$R'COCl + RNHCH_2SO_3Na \longrightarrow R'CO\underset{}{\overset{R}{\overset{|}{N}}}CH_2SO_3Na$$

$$R'COCl + RNHCH_2CH_2SO_3Na \longrightarrow R'CO\overset{R}{\overset{|}{N}}CH_2CH_2SO_3Na$$

$$R'COCl + RNHCH_2\overset{OH}{\overset{|}{C}}HCH_2SO_3Na \longrightarrow R'CO\overset{R}{\overset{|}{N}}CH_2\overset{OH}{\overset{|}{C}}HCH_2SO_3Na$$

以上介绍的是高级脂肪酰胺磺酸盐的一般合成方法。除此之外，该类产品还可以以脂肪酰胺 $RCONH_2$ 为原料来合成。例如

$$RCONH_2 + HCHO + NaHSO_3 \longrightarrow RCONHCH_2SO_3Na$$

$$RCONH_2 + HCHO + CH_3NHCH_2CH_2SO_3Na \longrightarrow RCONHCH_2\overset{CH_3}{\overset{|}{N}}CH_2CH_2SO_3Na$$

4.6.2 净洗剂 209 的性能与合成

在高级脂肪酰胺磺酸盐型阴离子表面活性剂中，最典型的系列商品是依加邦（Igepon），即 *N*-酰基-*N*-烷基牛磺酸钠，其结构通式如下

$$RCO\overset{R'}{\overset{|}{N}}CH_2CH_2SO_3Na$$

变化式中 R 和 R′，可制得一系列不同牌号的 Igepon 产品。

其中 Igepon T 是十分重要的表面活性剂品种，其化学名称为 *N*-油酰基-*N*-甲基牛磺酸钠，化学结构式为

$$C_{17}H_{33}CO\overset{CH_3}{\overset{|}{N}}CH_2CH_2SO_3Na$$

国产相同结构的表面活性剂商品牌号为净洗剂 209，这是一种性能比较优良的阴离子表面活性剂，具体表现在：

① 产品稳定性好，在酸性、碱性、硬水、金属盐和氧化剂等的溶液中均比较稳定；

② 具有优异的去污、渗透、乳化和扩散能力，而且其去污能力在有电解质存在时尤为明显，泡沫丰富而且稳定；

③ 洗涤毛织物和化纤织物后，能赋予其柔软性、光泽性和良好的手感；

④ 生物降解性好。

生产净洗剂 209 的主要原料包括油酸、三氯化磷（PCl_3）、甲胺、环氧乙烷及亚硫酸氢钠，其合成过程主要包括四步反应。

第一步，羟乙基磺酸钠的制备。

该步反应方程式为

$$\underset{\text{O}}{CH_2\!\!-\!\!CH_2} + NaHSO_3 \longrightarrow HOCH_2CH_2SO_3Na$$

反应要求在氮气保护下于搪瓷釜中进行，反应温度为 70～80℃，反应器内的压力不超过 26.7kPa。反应到达终点后，还需升温至 110℃保温反应 1.5h。

第二步，*N*-甲基牛磺酸钠的制备。

$$HOCH_2CH_2SO_3Na + CH_3NH_2 \longrightarrow CH_3NHCH_2CH_2SO_3Na$$

N-甲基牛磺酸钠的生产方法有间歇法和连续法两种，目前工业上应用的一般是连续法。

连续法的生产过程是在 Cr-Mo 不锈钢制成的管式反应器中进行的，物料在管内保持 260℃左右的反应温度和 18～22MPa 的压力。反应结束后在常压薄膜蒸发器中除去未反应的甲胺，最后得到含量为 25%～30%的 *N*-甲基牛磺酸钠的淡黄色水溶液。

在此工艺方法中原料甲胺的用量大大超过其理论配比，其目的是为了抑制甲胺的双烷基化产物——*N*,*N*-双（2-磺基乙基）甲胺二钠盐［$CH_3N(CH_2CH_2SO_3Na)_2$］的生成，确保主产物有比较高的收率。

第三步，油酰氯的制备。

油酰氯的生产大多采用间歇反应，在搪瓷锅内、于 50℃下由油酸和三氯化磷反应制得，其反应方程式为

$$3C_{17}H_{33}COOH + PCl_3 \longrightarrow 3C_{17}H_{33}COCl$$

第四步，油酰氯与 *N*-甲基牛磺酸钠反应制备表面活性剂。

最后，表面活性剂由油酰氯和 *N*-甲基牛磺酸钠经 *N*-酰化（缩合）反应制得。该合成工艺有间歇法和连续法两种，其中连续法优于间歇法，其特点是操作方便，反应过程中油酰氯水解量少，产品质量好，设备利用率高。

$$C_{17}H_{33}COCl + CH_3NHCH_2CH_2SO_3Na \longrightarrow C_{17}H_{33}CON(CH_3)CH_2CH_2SO_3Na$$

油酰氯和 *N*-甲基牛磺酸钠连续缩合生产工艺流程如图 4-31 所示。

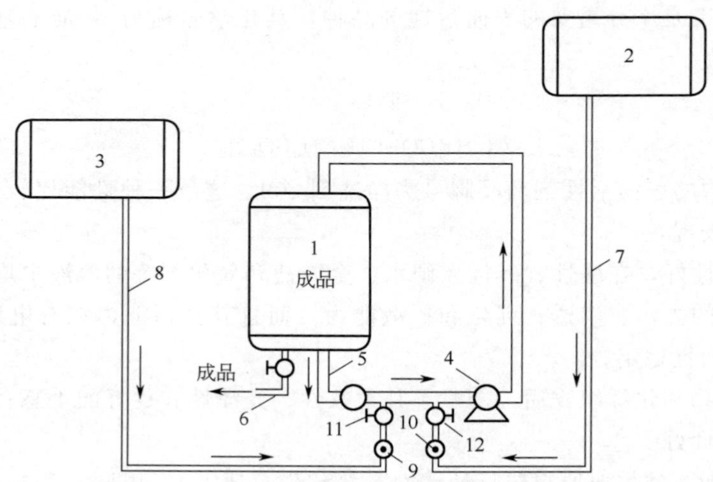

图 4-31　油酰氯和 *N*-甲基牛磺酸钠连续缩合生产工艺流程

1—贮槽；2—油酰氯贮罐；3—*N*-甲基牛磺酸钠、碱及水贮罐；4—循环泵；5—循环物料导管；6—成品导管；7—油酰氯导管；8—*N*-甲基牛磺酸钠、碱及水导管；9—*N*-甲基牛磺酸钠、碱及水流量计；10—油酰氯流量计；11—*N*-甲基牛磺酸钠、碱及水控制阀；12—油酰氯控制阀

反应过程中 *N*-甲基牛磺酸钠、油酰氯和氢氧化钠按照物质的量比为 1∶1∶(1.25～1.3) 的配比投料。*N*-甲基牛磺酸钠的碱溶液和油酰氯由贮罐经流量计进入反应管道，通过循环泵连续混合并发生反应。反应温度控制在 60～80℃，所得产品为含量 20%左右的溶液，溶液的 pH 值为 8 左右，*N*-甲基牛磺酸钠的转化率可达 90%以上。

4.6.3　净洗剂 LS

净洗剂 LS，即 *N*-(3-磺酸基-4-甲氧基苯基) 油酰胺钠盐，具有较好的润湿、分散和乳化等性能，其结构式为

$$C_{17}H_{33}CONH-C_6H_3(OCH_3)(SO_3Na)$$

该表面活性剂与净洗剂 209 的合成方法相同，只是在合成表面活性剂时引入磺酸基所使用的中间体不同，它是由油酰氯与 4-甲氧基苯胺-3-磺酸反应制得。

$$3C_{17}H_{33}COOH + PCl_3 \xrightarrow{-H_3PO_3} 3C_{17}H_{33}COCl$$

$$H_2N-C_6H_4-OCH_3 + SO_3 \longrightarrow H_2N-C_6H_3(OCH_3)(SO_3H)$$

$$C_{17}H_{33}COCl + H_2N-C_6H_3(OCH_3)(SO_3H) \xrightarrow{NaOH} C_{17}H_{33}CONH-C_6H_3(OCH_3)(SO_3Na)$$

4.7　其他类型阴离子表面活性剂 >>>

除磺酸盐型表面活性剂外，阴离子表面活性剂还包括硫酸酯盐、磷酸酯盐和羧酸盐型等三大类，下面分别作简要介绍。

4.7.1　硫酸酯盐型阴离子表面活性剂

硫酸酯盐表面活性剂的化学通式为 $ROSO_3M$，其中 M 可以是 Na、K 或 $N(CH_2CH_2OH)_3$ 等，烃基 R 中的碳原子数一般为 8～18。这类表面活性剂具有良好的发泡能力和洗涤性能，在硬水中稳定，其水溶液呈中性或微碱性，主要用于洗涤剂中。

硫酸酯盐表面活性剂的主要品种包括高级脂肪醇硫酸酯盐和高级脂肪醇醚硫酸酯盐，此外还有硫酸化油、硫酸化脂肪酸和硫酸化脂肪酸酯等。

(1) 高级脂肪醇硫酸酯盐　将具有长链烷基的高级脂肪醇与硫酸、发烟硫酸、氯磺酸及三氧化硫等硫酸化试剂反应便可制得高级脂肪醇硫酸酯盐 (AS)。当原料高级醇的碳原子数为 12～18 时，表面活性剂的性能最佳。十二烷基硫酸钠 ($C_{12}H_{25}SO_4Na$) 即为这类表面活性剂的主要代表产品之一。

十二烷基硫酸钠又名月桂醇硫酸钠，俗名 K12、FAS-12，其产品有液体状和粉状两种形式。液体状产品为无色至淡黄色浆状物，粉状产品为纯白色且有特征气味的粉末。该产品最突出的性能是易溶于水，在硬水中的起泡力强，而且泡沫细腻丰富、稳定持久，具有较强的去污能力。主要用作起泡剂、洗涤剂、乳化剂及某些有色金属选矿时的起泡剂和捕集剂等。

十二烷基硫酸钠的合成反应方程式为

$$C_{12}H_{25}OH + H_2SO_4 \longrightarrow C_{12}H_{25}OSO_3H \xrightarrow{NaOH} C_{12}H_{25}OSO_3Na$$

（2）高级脂肪醇醚硫酸酯盐　高级脂肪醇醚硫酸酯盐是高级脂肪醇聚氧乙烯醚硫酸酯盐（AES）的简称，它是由高级脂肪醇和环氧乙烷加成后再经硫酸化制得。此类表面活性剂中性能较好的如月桂醇聚氧乙烯醚硫酸酯钠，该产品的水溶性优于十二烷基硫酸钠，而且具有较好的钙皂分散能力和抗盐能力，低温下透明，适宜制造透明液体香波。其合成方法如下

$$C_{12}H_{25}OH + n\ \underset{\text{(环氧乙烷)}}{CH_2\text{—}CH_2(\text{—O—})} \longrightarrow C_{12}H_{25}O(CH_2CH_2O)_nH \xrightarrow{\text{硫酸化剂}}$$

$$C_{12}H_{25}O(CH_2CH_2O)_nSO_3H \xrightarrow{NaOH} C_{12}H_{25}O(CH_2CH_2O)_nSO_3Na$$

通常环氧乙烷加成数 n 为 2～4，由于亲水性醚键的存在使表面活性剂的水溶性大大提高，在硬水中的起泡性也非常好。

（3）其他类型　硫酸化油是天然不饱和油脂或不饱和蜡经硫酸化、中和后所得产物的总称，硫酸化脂肪酸由不饱和脂肪酸直接硫酸化即可得到，而硫酸化脂肪酸酯是不饱和脂肪酸的低级醇酯，经硫酸化后所得的表面活性剂。这几类表面活性剂因硫酸基靠近分子中间，洗涤能力较差，很少用作洗涤剂，但渗透性良好，多用作染色助剂、纤维整理剂和纺织油剂等。

4.7.2 磷酸酯盐型阴离子表面活性剂

磷酸酯盐表面活性剂是含磷表面活性剂的重要品种，它包括烷基磷酸酯盐和烷基聚氧乙烯醚磷酸酯盐，根据酯基的数目又可分为单酯和双酯，它们的结构可分别表示如下

$$RO\text{—}P(=O)(OM)_2 \qquad RO(CH_2CH_2O)_n\text{—}P(=O)(OM)_2$$

$$(RO)_2P(=O)OM \qquad [RO(CH_2CH_2O)_n]_2P(=O)OM$$

烷基磷酸酯盐　　烷基聚氧乙烯醚磷酸酯盐

式中，R 为 C_8～C_{18}的烷基；M 可以是 K、Na、二乙醇胺［$NH(CH_2CH_2OH)_2$］或三乙醇胺［$N(CH_2CH_2OH)_3$］等；n 为 3～5。

磷酸酯盐表面活性剂对酸、碱均具有良好的稳定性，容易生物降解，洗涤能力好，具有良好的抗静电性、乳化、防锈和分散等性能。可用作纺织油剂、金属润滑剂、抗静电剂、乳化剂、抗蚀剂等，也可用作干洗洗涤剂。

制备磷酸酯盐最常用的方法是用醇和五氧化二磷反应，这种方法简单易行，反应条件温和，不需要特殊设备，反应收率高，成本低。

$$4ROH + P_2O_5 \longrightarrow 2(RO)_2PO(OH) + H_2O$$

$$2ROH + P_2O_5 + H_2O \longrightarrow 2ROPO(OH)_2$$

$$3ROH + P_2O_5 \longrightarrow (RO)_2PO(OH) + ROPO(OH)_2$$

由上述反应可以看出，反应产物主要是单酯及双酯的混合物，且反应配比、温度等对产品的组成有较大的影响。通常当醇与五氧化二磷的配比为（2～4）∶1（物质的量比）时，产物中单烷基磷酸酯约为 70%～45%，双烷基磷酸酯约为 30%～55%。

此外，还可用醇与三氯氧磷反应制取单酯、与三氯化磷反应制取双酯，其反应式如下

$$ROH + POCl_3 \longrightarrow RO\text{—}P(=O)Cl_2 + HCl$$

$$RO-\overset{O}{\overset{\|}{P}}\begin{matrix}Cl\\Cl\end{matrix} + H_2O \longrightarrow RO-\overset{O}{\overset{\|}{P}}\begin{matrix}OH\\OH\end{matrix} + 2HCl$$

$$3ROH + PCl_3 \longrightarrow \begin{matrix}RO\\RO\end{matrix}\overset{O}{\overset{\|}{P}}-H + RCl + 2HCl$$

$$\begin{matrix}RO\\RO\end{matrix}\overset{O}{\overset{\|}{P}}-H + Cl_2 \longrightarrow (RO)_2\overset{O}{\overset{\|}{P}}-Cl + HCl$$

$$(RO)_2\overset{O}{\overset{\|}{P}}-Cl + H_2O \longrightarrow (RO)_2\overset{O}{\overset{\|}{P}}-OH + HCl$$

4.7.3　羧酸盐型阴离子表面活性剂

目前使用的羧酸盐类阴离子表面活性剂主要是饱和及不饱和高级脂肪酸的盐类以及取代的羧酸盐类，前者以皂类为主，后者则以 *N*-甲基酰胺羧酸盐为代表品种，其结构为

$$R-\overset{O}{\overset{\|}{C}}-\overset{CH_3}{\overset{|}{N}}-CH_2COOM$$

肥皂是最重要的羧酸盐类阴离子表面活性剂，其化学式为 RCOOM，其中 R 是含 8～22 个碳原子的烷基，M 为 Na、K，但多数为 Na。

肥皂是以天然动、植物油脂与碱的水溶液加热发生皂化反应制得的，其反应式为

$$\begin{matrix}RCOOCH_2\\ | \\ RCOOCH \\ | \\ RCOOCH_2\end{matrix} + 3NaOH \longrightarrow 3RCOONa + \begin{matrix}CH_2OH\\ | \\ CHOH \\ | \\ CH_2OH\end{matrix}$$

式中的 R 可以相同，也可以不同。皂化反应所用的碱可以是氢氧化钠或氢氧化钾。用氢氧化钠皂化油脂得到的肥皂称为钠皂，一般用作洗涤用肥皂；用氢氧化钾皂化油脂得到的肥皂称为钾皂，一般用作化妆用肥皂。

肥皂的性质与其金属离子的种类有关，钠皂质地较钾皂硬，胺皂最软。此外肥皂的性质还与脂肪酸部分的烃基组成有很大关系：脂肪酸的碳链越长，饱和度越大，凝固点越高，用其制成的肥皂越硬。例如用硬脂酸（$C_{17}H_{35}COOH$）、月桂酸（$C_{11}H_{23}COOH$）和油酸（$C_{17}H_{33}COOH$）制成的三种肥皂，硬脂酸皂最硬，月桂酸皂次之，油酸皂最软。

参 考 文 献

[1]　李宗石，徐明新. 表面活性剂的合成与工艺. 北京：中国轻工业出版社，1990.
[2]　杜巧云，葛虹. 表面活性剂基础及应用. 北京：中国石化出版社，1996.
[3]　王载纮，张余善. 阴离子表面活性剂. 北京：中国轻工业出版社，1983.
[4]　刘程，米裕民. 表面活性剂性质理论与应用. 北京：北京工业大学出版社，2003.
[5]　夏纪鼎，倪永全. 表面活性剂和洗涤剂化学与工艺学. 北京：中国轻工业出版社，1997.
[6]　赵德丰，程侣柏，姚蒙正，等. 精细化学品合成化学与应用. 北京：化学工业出版社，2002.

第5章

阳离子表面活性剂

阳离子表面活性剂在水溶液中呈现正电性，形成携带正电荷的表面活性离子。同阴离子表面活性剂相反，阳离子表面活性剂的亲水基由带正电荷的基团构成，而其疏水基的结构与阴离子表面活性剂相似，主要是不同碳原子数的碳氢链。例如

$$\left[\begin{array}{c} R^1 \\ | \\ R^2—\overset{+}{N}—R^4 \\ | \\ R^3 \end{array}\right]\cdot X^-$$

式中，R^1～R^4 四个基团中通常有一个碳链较长。由于阳离子型表面活性剂所带电荷正好与阴离子型所带电荷相反，因此常称之阳性皂或逆性肥皂，阴离子表面活性剂则称为阴性皂。

5.1 阳离子表面活性剂概述 >>>

阳离子表面活性剂主要是含氮的有机胺衍生物，由于其分子中的氮原子含有孤对电子，故能以氢键与酸分子中的氢结合，使氨基带上正电荷。因此，它们在酸性介质中才具有良好的表面活性；而在碱性介质中容易析出而失去表面活性。除含氮阳离子表面活性剂外，还有一小部分含硫、磷、砷等元素的阳离子表面活性剂。

阳离子表面活性剂在工业上大量使用的历史不长，需求量逐年都在快速增长，但是由于它的主要用途是杀菌剂、纤维柔软剂和抗静电剂等特殊用途，因此与阴离子和非离子表面活性剂相比，使用量相对较少。例如2016年全球表面活性剂产量约合2300万吨，其中阴离子表面活性剂产出接近1100万吨，阳离子表面活性剂产出145万吨，非离子表面活性剂产出920万吨，其他类型产品产出约合140万吨。2016年全球阳离子表面活性剂市场需求超过130万吨，市值达到55亿美元。

我国阳离子表面活性剂的研发和使用起步较晚，但发展速度较快。但由于阳离子表面活性剂应用范围窄、使用量较小，因此总产量也较小。2002年我国阳离子表面活性剂的年实际产量仅有几千吨，到2008年，全国生产阳离子表面活性剂的企业达到300多家，其产量也不足2万吨，不足表面活性剂总产量的2%，2019年我国阳离子表面活性剂产品产量10.18万吨，占比2.99%。主要生产脂肪胺盐、咪唑啉盐和季铵盐等品种。

阳离子表面活性剂一般都具有良好的乳化、润湿、洗涤、杀菌、柔软、抗静电和抗腐蚀等性能，由于其特殊的性能与应用，具有良好的发展潜力，随着工业用和民用应用范围的不

断扩大，其品种和需求量都将继续增加。

5.1.1　阳离子表面活性剂的分类

目前，具有商业价值的阳离子表面活性剂大多是有机氮化合物的衍生物，其正离子电荷由氮原子携带，也有一些新型阳离子表面活性剂的正离子电荷由磷、硫、碘和砷等原子携带。按照阳离子表面活性剂的化学结构，主要可分为胺盐型、季铵盐型、杂环型和镎盐型等四类。

5.1.1.1　胺盐型

胺盐型阳离子表面活性剂是伯胺盐、仲胺盐和叔胺盐表面活性剂的总称。它们的性质极其相似，且很多产品是伯胺与仲胺的混合物。这类表面活性剂主要是脂肪胺与无机酸形成的盐，只溶于酸性溶液中。而在碱性条件下，胺盐容易与碱作用生成游离胺而使其溶解度降低，因此使用范围受到一定的限制。

表 5-1 是胺盐型阳离子表面活性剂主要类型的结构通式及实例。

表 5-1　胺盐型阳离子表面活性剂主要类型的结构通式及实例

类　型	结构通式	实　例
伯胺盐	$RNH_2 \cdot HCl$	$C_{18}H_{37}NH_2 \cdot HCl$ 十八烷基胺(硬脂胺)盐酸盐
仲胺盐	$R^1NHR^2 \cdot HCl$	$(C_{18}H_{37})_2NH \cdot HCl$ 双十八烷基胺盐酸盐
叔胺盐	$R^1NR^2(R^3) \cdot HCl$	$C_{18}H_{37}N(CH_3)_2 \cdot HCl$ *N*,*N*-二甲基十八胺盐酸盐

5.1.1.2　季铵盐型

季铵盐型阳离子表面活性剂是最为重要的阳离子表面活性剂品种，其性质和制法均与胺盐型不同。此类表面活性剂既可溶于酸性溶液，又可溶于碱性溶液，具有一系列优良的性质，而且与其他类型的表面活性剂相容性好，因此，使用范围比较广泛。季铵盐型阳离子表面活性剂结构通式如下

$$\left[\begin{array}{c} R^1 \\ | \\ R^2-\overset{+}{N}-R^4 \\ | \\ R^3 \end{array}\right] \cdot X^-$$

具体品种实例如缓染剂 DC，即十八烷基二甲基苄基氯化铵。

$$\left[\begin{array}{c} CH_3 \\ | \\ C_{18}H_{37}-\overset{+}{N}-CH_2-C_6H_5 \\ | \\ CH_3 \end{array}\right] \cdot Cl^-$$

季铵盐型阳离子表面活性剂主要是通过叔胺与烷基化试剂反应制得，关于其合成将在本章 5.2 节中详细介绍。

5.1.1.3 杂环型

阳离子表面活性剂分子中所含的杂环主要是含氮的吗啉环、吡啶环、咪唑环、哌嗪环和喹啉环等。表 5-2 是杂环型阳离子表面活性剂的主要类型和结构通式。

表 5-2 杂环型阳离子表面活性剂的主要类型和结构通式

类型	结构通式
吗啉型	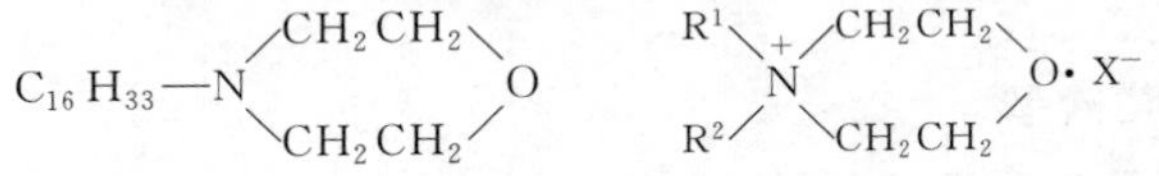 $C_{16}H_{33}-N(CH_2CH_2)_2O$；$[R^1R^2\overset{+}{N}(CH_2CH_2)_2O]\cdot X^-$
吡啶型	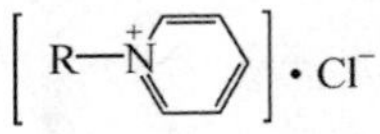 $[R-\overset{+}{N}C_5H_5]\cdot Cl^-$
咪唑型	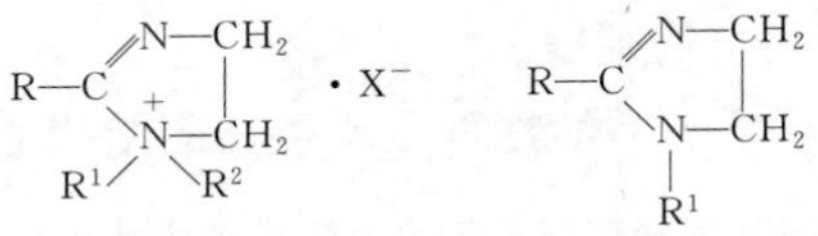 $R-C{=}N-CH_2-CH_2-\overset{+}{N}R^1R^2$（环）$\cdot X^-$；$R-C{=}N-CH_2-CH_2-NR^1$（环）
哌嗪型	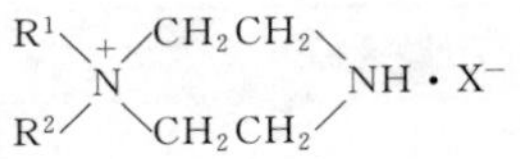 $R^1R^2\overset{+}{N}(CH_2CH_2)_2NH\cdot X^-$
喹啉型	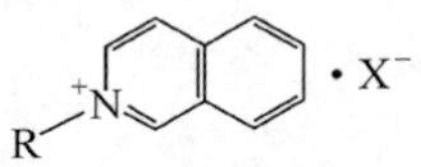 $R-\overset{+}{N}$（异喹啉环）$\cdot X^-$

5.1.1.4 鎓盐型

阳离子表面活性剂按照杂原子的不同，可分为含 N、P、As、S、I 等元素的表面活性剂，但这种分类方法很少使用。按照携带正电荷的原子不同，阳离子表面活性剂还包括鏻盐、锍盐、碘鎓和钾盐化合物等。

（1）鏻盐化合物　该类阳离子表面活性剂具有良好的杀菌性能，主要用作乳化剂、杀虫剂和杀菌剂等。此外，四羟甲基氯化鏻还具有优良的阻燃性能，可用作织物阻燃整理剂。鏻盐化合物多是由带三个取代基的膦与卤代烷反应制得。例如，十二烷基二甲基苯基溴化鏻的合成反应方程式如下

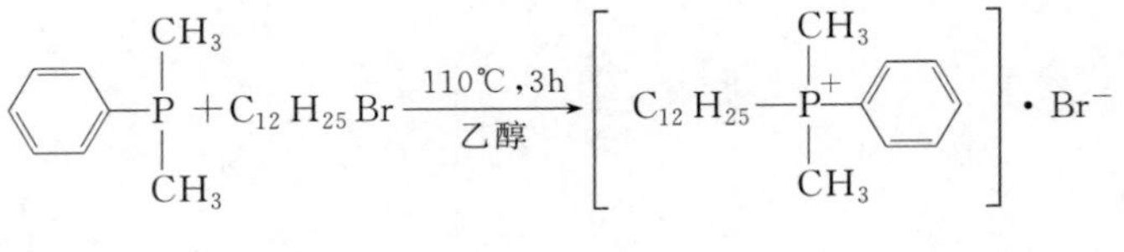

$$C_6H_5-P(CH_3)_2+C_{12}H_{25}Br\xrightarrow[\text{乙醇}]{110℃,3h}\left[C_{12}H_{25}-\overset{+}{P}(CH_3)_2-C_6H_5\right]\cdot Br^-$$

产品的收率为 85%。

（2）锍盐化合物　这类鎓盐类表面活性剂的通式为

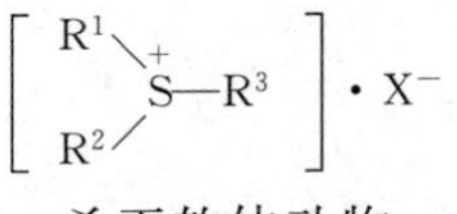

$$\left[R^1R^2\overset{+}{S}-R^3\right]\cdot X^-$$

锍盐化合物可溶于水，具有除草、杀灭软体动物、杀菌和杀真菌等作用，是有效的杀菌剂，而且对皮肤的刺激小，因此使用性能优于传统的季铵盐化合物。这类表面活性剂可通过硫醚与卤代烷反应制得，例如：

$$C_{16}H_{33}SC_2H_5 + CH_3X \longrightarrow \left[\begin{array}{c} C_{16}H_{33}\overset{+}{S}C_2H_5 \\ | \\ CH_3 \end{array} \right] \cdot X^-$$

氧化锍衍生物是锍盐型阳离子表面活性剂中性能十分优异的品种，它在阴离子洗涤剂和传统的松香皂配方中均能保持良好的杀菌性。它的合成方法是以带有一个或两个长链烷基的亚砜为原料，通过烷基化反应制得。例如，十二烷基甲基亚砜与硫酸二甲酯进行季铵化反应便可合成出具有表面活性的产品。

$$\underset{\downarrow \atop O}{C_{12}H_{25}SCH_3} + (CH_3)_2SO_4 \longrightarrow C_{12}H_{25}\overset{CH_3 \atop |}{\underset{\downarrow \atop O}{S^+}}CH_3 \cdot CH_3SO_4^-$$

(3) 碘镓化合物　碘镓化合物的优点是同阴离子型洗涤剂和肥皂具有较好的相容性，抗微生物效果好，而且对次氯酸盐的漂白作用有较好的稳定性。其结构通式为

$$[R^1—\overset{+}{I}—R^2] \cdot X^-$$

碘镓化合物的合成是通过环合反应，将碘原子转化成为杂环的组成部分得到的。例如活性剂联苯碘镓硫酸盐的合成方法为

邻碘联苯 $\xrightarrow[\text{氧化}]{\text{过氧乙酸}}$ 亚碘酰联苯 $\xrightarrow[\text{环化}]{H_2SO_4}$ [环状联苯碘镓] $\cdot HSO_4^-$

再如，氯气同碘二苯烷反应生成二氯化碘二苯烷，然后水解成亚碘酰二苯烷，最后闭合成环，其反应过程为

$$\text{(R-二苯, I)} \xrightarrow{Cl_2} \text{(R-二苯, ICl}_2) \xrightarrow{\text{水解}} \text{(R-二苯, IO)} \xrightarrow{\text{闭环}} [\text{环状 R, } \overset{}{I^+}] \cdot Cl^-$$

(4) 钾盐化合物　钾盐型阳离子表面活性剂的性质与鏻盐化合物近似，其化学通式为

$$\left[\begin{array}{c} R^3 \\ | \\ R^1—\overset{+}{As}—R^4 \\ | \\ R^2 \end{array} \right] \cdot Cl^-$$

上述几种主要的镓盐型阳离子表面活性剂大都具有优良的杀菌、抑菌性能，可广泛用作杀菌剂，但是现有表面活性剂的种类少，产量也较小，一般工业上没有大生产。

5.1.2　阳离子表面活性剂的性质

季铵盐型阳离子表面活性剂是阳离子表面活性剂的主要类别，应用最为广泛，且具有代表性，是人们研究阳离子表面活性剂结构与性能关系的重点。

5.1.2.1　溶解性

一般情况下阳离子表面活性剂的水溶性很好，但随着烷基碳链长度的增加，水溶性呈下降趋势。例如长链烷基二甲基苄基氯化铵在水和 95% 的乙醇中的溶解度数据如表 5-3 所示。

表 5-3 烷基二甲基苄基氯化铵的溶解性（25℃）

$$\left[R-\overset{\displaystyle CH_3}{\underset{\displaystyle CH_3}{\overset{|}{\underset{|}{N^+}}}}-CH_2-C_6H_5 \right] \cdot Cl^-$$

烷基R的碳原子数	11	12	13	14	15	16	17	18	19
水中溶解度/(g/100mL)	70	50～75	52	26.7	16.1	0.85	0.48	0.10	0.096
95%乙醇中溶解度/(g/100mL)	84	75	81	74.5	74	62	72	52.6	54

通过表 5-3 中的数据可以看出，随着季铵盐型阳离子表面活性剂碳链长度的增加，其水溶性和醇溶性均呈下降趋势。从水中的溶解度数据可以看出，烷基链的碳原子数在 15 个以下时表面活性剂易溶于水，超过 15 个碳原子，水溶性急剧降低。

此外，疏水性烷基链的个数和链上的取代基对表面活性剂的溶解性能也有影响。例如季铵盐分子中含有单个长链烷基时，该化合物能溶于极性溶剂，但不溶于非极性溶剂；而含有两个长链烷基的季铵盐几乎不溶于水，但溶于非极性溶剂。而且，当季铵盐的烷基链上带有亲水性或不饱和基团时，能增加其水溶性。

5.1.2.2 Krafft 点

阳离子表面活性剂同其他离子型表面活性剂一样，具有 Krafft 点，即当达到某一温度时，表面活性剂在水中的溶解度急剧增加，这一温度点也称为临界溶解温度（critical solution temperature，CST）。当表面活性剂溶液为过饱和状态时，Krafft 点应是离子型表面活性剂单体、胶束和未溶解的表面活性剂固体共存的三相点。

阳离子表面活性剂的 Krafft 点是表征其在水溶液中溶解性能的特征指标。Krafft 点越高，表明该表面活性剂越难溶，溶解度越低；反之，Krafft 点越低，说明该表面活性剂越容易溶解，溶解性能越好。

通常 Krafft 点与表面活性剂疏水基碳链的长度呈线性关系，并可表示为

$$\text{Krafft 点} = a + bn \tag{5-1}$$

式中，a、b 为常数；n 为碳链所含碳原子的个数。根据上述关系式，碳链越长，n 值越大，则 Krafft 点越高。

除碳链长度的影响较大外，表面活性剂的 Krafft 点还与成盐的配对阴离子有关。例如十六烷基吡啶型阳离子表面活性剂的 Krafft 点，随配对阴离子的不同而有所差别，如表 5-4 所示。

表 5-4 配对阴离子对十六烷基吡啶 Krafft 点的影响

$$C_{16}H_{33}-\overset{+}{N}C_5H_5 \cdot X^-$$

X	Cl	Br	I
Krafft 点/℃	17	28	45

从这组数据可以看出，按照 Cl、Br、I 的次序，表面活性剂的 Krafft 点升高，由此可知，其溶解性能将按此顺序依次降低。

5.1.2.3 表面活性

通常表面活性剂的活性是用其稀溶液的表面张力比纯水的表面张力的下降程度来衡量的，可

见，表面张力是表面活性剂的重要性能之一。季铵盐型阳离子表面活性剂的表面张力有如下规律。

① 随着烷基碳链长度的增加，表面活性剂的表面张力逐渐下降，这一点可用不同碳链长度的烷基二甲基苄基氯化铵的表面张力加以说明，见表 5-5。

表 5-5　烷基二甲基苄基氯化铵的表面张力

$$\left[R-\overset{+}{N}(CH_3)_2-CH_2-C_6H_5 \right] \cdot Cl^-$$

R 的碳数	8	9	10	11	12	13	14	15	16	17	18	19
γ(0.1%溶液)/(mN/m)	67.5	64.3	60.6	53.9	47.6	43.6	43.6	43.5	43.5	43.2	43.0	43.0
γ(0.01%溶液)/(mN/m)	72.3	72.2	71.9	70.9	68.7	67.1	62.4	53.9	43.7	43.2	43.4	43.6

② 分子结构相同时，表面张力的大小还与溶液的浓度有关。通常情况下，在一定范围内，表面张力随表面活性剂溶液的浓度升高而降低，降低到一定数值时又随溶液浓度的升高而增加。例如十六烷基三甲基氯化铵的表面张力与其溶液浓度的关系如表 5-6 所示。

表 5-6　十六烷基三甲基氯化铵的表面张力与溶液浓度的关系

$[C_{16}H_{33}-N^+(CH_3)_3] \cdot Cl^-$

溶液浓度/(mol/L)	0.002	0.005	0.01	0.025	0.04	0.05	0.1
表面张力 γ/(mN/m)	69.8	59.4	41.3	38.0	31.3	35.0	35.6

可见，表面活性剂溶液的浓度低于 0.04mol/L 时，随溶液浓度的升高，表面张力逐渐降低；超过此浓度值，表面张力反而略有升高。

5.1.2.4　临界胶束浓度

表 5-7 给出了几种季铵盐型阳离子表面活性剂的临界胶束浓度，从表中数据可以看出，随着烷基碳链长度的增加，临界胶束浓度降低。

表 5-7　几种季铵盐型阳离子表面活性剂的临界胶束浓度（25℃）

表面活性剂结构	cmc/(mol/L)	表面活性剂结构	cmc/(mol/L)
$[C_{12}H_{25}-N^+(CH_3)_3] \cdot Cl^-$	1.5×10^{-2}	$[C_{14}H_{29}-N^+(CH_3)_3] \cdot Cl^-$	3.5×10^{-3}
$\left[C_{12}H_{25}-\overset{+}{N}(CH_3)_2-CH_2-C_6H_5 \right] \cdot Cl^-$	7.8×10^{-3}	$[C_{16}H_{33}-N^+(CH_3)_3] \cdot Cl^-$	9.2×10^{-4}

5.2　阳离子表面活性剂的合成 >>>

合成阳离子表面活性剂的主要是通过 *N*-烷基化反应，其中叔胺与烷基化试剂作用，生成季铵盐的反应也叫做季铵化反应。本节将重点介绍具有不同结构特点的季铵盐型阳离子表面活性剂的合成。

5.2.1 烷基季铵盐

烷基季铵盐是季铵盐型阳离子表面活性剂的重要品种之一，已作为杀菌剂、纤维柔软剂、矿物浮选剂、乳化剂等被广泛地应用。其结构特点是氮原子上连有四个烷基，即铵离子（NH_4^+）的四个氢原子全部被烷基所取代，通常这个烷基中只有一个或两个是长链碳氢烷基，其余烷基的碳原子数为一个或两个。根据其结构特点，烷基季铵盐的合成方法主要有三种，即由高级卤代烷与低级叔胺反应制得、由高级烷基胺和低级卤代烷反应制得和通过甲醛-甲酸法制得。

5.2.1.1 高级卤代烷与低级叔胺反应

由高级卤代烷与低级叔胺反应合成烷基季铵盐是目前使用比较多的方法，该方法的反应通式为

$$RX + N(R^1)(R^2)—R^3 \longrightarrow \left[R—\overset{+}{N}(R^1)(R^3)—R^2 \right] \cdot X^-$$

在这一反应中，卤代烷的结构对反应的影响主要表现在以下两个方面。

（1）卤离子的影响　当以低级叔胺为进攻试剂时，此反应为亲核取代反应，卤离子越容易离去，反应越容易进行。因此当烷基相同时，卤代烷的反应活性顺序为

$$R—I > R—Br > R—Cl$$

可见，使用碘代烷与叔胺反应效果最佳，反应速率快，产品收率高。但碘代烷的合成需要碘单质作原料，成本偏高，因此在合成烷基季铵盐时较少使用。多数情况下采用氯代烷与叔胺反应。

（2）烷基链的影响　卤原子相同时，烷基链越长，卤代烷的反应活性越弱。

此外，叔胺的碱性和空间效应对反应也有影响。叔胺的碱性越强，亲核性活性越大，季铵化反应越易于进行。当叔胺上烷基取代基存在较大的空间位阻作用时，对季铵化反应不利。

用高级卤代烷与低级叔胺反应合成的烷基季铵盐表面活性剂如十二烷基三甲基溴化铵和十六烷基三甲基溴化铵等。十二烷基三甲基溴化铵，即1231阳离子表面活性剂，主要用作杀菌剂和抗静电剂。它是由溴代十二烷与三甲胺按物质的量比1∶(1.2～1.6)、在水介质中于60～80℃反应制得的。反应中使用过量的三甲胺是为了保证溴代烷反应完全。

$$C_{12}H_{25}Br + (CH_3)_3N \xrightarrow[\text{水介质}]{60\sim80℃} [C_{12}H_{25}—\overset{+}{N}(CH_3)_3] \cdot Br^-$$

十六烷基三甲基溴化铵即1631阳离子表面活性剂，是一种性能优良的杀菌剂，也可用作织物柔软剂。它的合成是在醇溶剂中进行的，反应中要求三甲胺至少过量50%以上。

$$C_{16}H_{33}Br + (CH_3)_3N \xrightarrow[\text{回流}]{\text{醇介质}} [C_{16}H_{33}—\overset{+}{N}(CH_3)_3] \cdot Br^-$$

5.2.1.2 高级烷基胺与低级卤代烷反应

这种方法是由高级脂肪族伯胺与氯甲烷反应先生成叔胺，再进一步经季铵化反应得到季铵盐。例如十二烷基三甲基氯化铵的合成即可采用此种方法。

$$C_{12}H_{25}NH_2 + 2CH_3Cl + 2NaOH \longrightarrow C_{12}H_{25}—N(CH_3)_2 + 2NaCl + 2H_2O$$

$$C_{12}H_{25}-N(CH_3)_2 + CH_3Cl \xrightarrow[\text{加压}]{\text{加热}} \left[C_{12}H_{25}-\overset{+}{N}(CH_3)_3 \right] \cdot Cl^-$$

这种表面活性剂也称为乳胶防粘剂 DT，易溶于水，溶液呈透明状，具有良好的表面活性，主要用于乳胶的防粘和杀菌。

再如，十六烷基二甲基胺与氯甲烷在石油醚溶剂中于 80℃加压反应 1h，再经重结晶可以制得纤维柔软剂 CTAC，即十六烷基三甲基氯化铵。

$$C_{16}H_{33}-N(CH_3)_2 + CH_3Cl \xrightarrow[\text{加压},80^\circ C,1h]{\text{石油醚溶剂}} \left[C_{16}H_{33}-\overset{+}{N}(CH_3)_3 \right] \cdot Cl^-$$

5.2.1.3　甲醛-甲酸法

甲醛-甲酸法是制备二甲基烷基胺的最古老的方法，这种方法工艺简单，成本低廉，因此在工业上得到广泛的应用，占有重要的地位。但是用该法生产的产品质量略差。

甲醛-甲酸法是以椰子油或大豆油等油脂的脂肪酸为原料，与氨反应经脱水制成脂肪腈，再经催化加氢还原制得脂肪族伯胺，这两步反应的方程式为

$$RCOOH \xrightarrow{NH_3} RCOONH_4 \xrightarrow[360^\circ C]{-H_2O} RCONH_2 \xrightarrow[360^\circ C]{-H_2O} RCN$$

$$RCN + 2H_2 \xrightarrow[\text{莫尼镍催化加氢}]{150^\circ C,1.38\times10^7 Pa} RCH_2NH_2$$

然后以此脂肪族伯胺为原料，先将其溶于甲醇溶剂中，在 35℃下加入甲酸，升温至 50℃后再加入甲醛溶液，最后在 80℃回流反应数小时即可得到二甲基烷基胺，产物中叔胺的含量为 85%～95%。

$$RNH_2 + 2HCHO + 2HCOOH \xrightarrow[\text{加热}]{\text{甲醇溶剂}} R-N(CH_3)_2 + 2CO_2\uparrow + 2H_2O$$

甲醛-甲酸法的反应历程是伯胺首先与甲醛反应，生成席夫碱，后经甲酸还原得到脂肪族仲胺。仲胺再进一步与甲醛缩合，被甲酸还原便可制得脂肪族叔胺，即

$$RCH_2NH_2 + HCHO \xrightleftharpoons{\text{缩合}} RCH_2NHCH_2OH \xrightleftharpoons{\text{脱水}} RCH_2N=CH_2$$

$$\xrightarrow[-CO_2]{HCOOH\text{ 还原}} RCH_2NHCH_3 \xrightleftharpoons[HCHO]{\text{再缩合}} RCH_2N(CH_3)-CH_2OH \xrightleftharpoons{\text{脱水}}$$

$$RCH_2-\overset{+}{N}(CH_3)=CH_2 \xrightarrow[-CO_2]{HCOOH\text{ 还原}} RCH_2N(CH_3)_2$$

反应过程中的中间产物席夫碱在一定条件下有可能发生异构化，并水解生成醛和甲胺，这一副反应将导致叔胺收率的降低。

$$RCH_2N=CH_2 \xrightleftharpoons{\text{异构化}} RCH=N-CH_3 \xrightarrow{\text{水解}} RCHO + CH_3NH_2$$

为了提高反应的收率，应当控制适宜的原料配比。研究表明，提高甲酸的投料量有助于主产物收率的提高。例如，当脂肪胺、甲酸和甲醛的物质的量（mol）比为 1∶5.2∶2.2 时，叔胺的收率可达到 95%。

由甲醛-甲酸法制得的叔胺与氯甲烷反应便可制得烷基季铵盐阳离子表面活性剂。

$$R-N(CH_3)_2 + CH_3Cl \xrightarrow{加热} \left[R-\overset{CH_3}{\underset{CH_3}{N^+}}-CH_3 \right] \cdot Cl^-$$

通过此种方法合成的季铵盐阳离子表面活性剂的主要品种和性能如表 5-8 所示。

表 5-8 甲醛-甲酸法合成的部分烷基季铵盐

结构通式	X	商品名称	主要应用
$[C_{12}H_{25}-N^+(CH_3)_3]\cdot X^-$	Cl	乳胶防粘剂 DT	浮选剂、杀菌剂
	Br	1231 阳离子表面活性剂	抗静电剂、杀菌剂
$[C_{16}H_{33}-N^+(CH_3)_3]\cdot X^-$	Cl	纤维柔软剂 CTAC	纤维柔软剂
	Br	1631 阳离子表面活性剂	纤维柔软剂、直接染料固色剂
	$^-O-C_6Cl_5$（五氯苯氧基）	Hyamine 3258	杀菌剂

5.2.2 含杂原子的季铵盐

这里所谓的含杂原子的季铵盐一般是指疏水性碳氢链中含有 O、N、S 等杂原子的季铵盐，也就是指亲油基中含有酰胺键、醚键、酯键或硫醚键的表面活性剂。由于亲水基团季铵阳离子与烷基疏水基是通过酰胺、酯、醚或硫醚等基团相连，而不是直接连接在一起，故也有人将这类季铵盐称作间接连接型阳离子表面活性剂。

5.2.2.1 含氧原子

含氧原子的季铵盐多是指疏水链中带有酰氨基或醚基的季铵盐。

(1) 含酰氨基的季铵盐　酰氨基的引入一般是通过酰氯与胺反应实现的。在表面活性剂的合成过程中，先制备含有酰氨基的叔胺，最后进行季铵化反应得到目的产品。

例如表面活性剂 Sapamine MS 的合成主要有三步反应。

第一步，油酸与三氯化磷反应制得油酰氯。

$$3C_{17}H_{33}COOH + PCl_3 \xrightarrow{NaOH} 3C_{17}H_{33}COCl + H_3PO_4$$

第二步，油酰氯与 *N*,*N*-二乙基乙二胺缩合制得带有酰氨基的叔胺 *N*,*N*-二乙基-2-油酰氨基乙胺。

$$C_{17}H_{33}COCl + H_2N-CH_2CH_2-N(C_2H_5)_2 \longrightarrow C_{17}H_{33}CONHCH_2CH_2N(C_2H_5)_2$$

第三步，*N*,*N*-二乙基-2-油酰氨基乙胺与硫酸二甲酯剧烈搅拌反应 1h 左右，分离后得到产品 Sapamine MS。

$$C_{17}H_{33}CONHCH_2CH_2N(C_2H_5)_2 + (CH_3O)_2SO_2 \longrightarrow \left[C_{17}H_{33}CONHCH_2CH_2\overset{C_2H_5}{\underset{C_2H_5}{N^+}}-CH_3 \right] \cdot CH_3SO_4^-$$

此外，由脂肪酸和伯胺直接进行 *N*-酰化反应是获得酰氨基化合物的另一种方法。例如柔软剂ES是硬脂酸双酰胺的典型产品。它的制备方法是先由硬脂酸与二亚乙基三胺按物质的量（mol）比1∶0.5、在氮气保护和140～170℃的温度下以熔融状态脱水反应数小时制得双酰胺，然后再在110～120℃同环氧氯丙烷反应，在氮原子上引入环氧基团。其合成反应方程式如下

$$2C_{17}H_{35}COOH + H_2NCH_2CH_2NHCH_2CH_2NH_2 \xrightarrow[-2H_2O]{140\sim170℃, N_2}$$

$$C_{17}H_{35}CONHCH_2CH_2NHCH_2CH_2NHCOC_{17}H_{35} \xrightarrow[110\sim120℃]{\overset{O}{CH_2-CH}-CH_2Cl}$$

$$C_{17}H_{35}CONHCH_2CH_2\overset{+}{N}(CH_2-\overset{O}{CH-CH_2})HCH_2CH_2NHCOC_{17}H_{35} \cdot Cl^-$$

（2）含醚基的季铵盐　含有醚基的季铵盐型表面活性剂通常具有类似如下化合物的结构

$$[C_{18}H_{37}OCH_2N^+(CH_3)_3] \cdot Cl^-$$

该表面活性剂的合成方法是：在苯溶剂中将十八醇与三聚甲醛和氯化氢充分反应，分离并除去水，减压蒸馏得到十八烷基氯甲基醚。以此化合物为烷基化试剂，同三甲胺进行 *N*-烷基化反应制得产品。

$$C_{18}H_{37}OH + HCHO + HCl \xrightarrow{5\sim10℃} C_{18}H_{37}OCH_2Cl$$

$$C_{18}H_{37}OCH_2Cl + N(CH_3)_3 \longrightarrow [C_{18}H_{37}OCH_2\overset{+}{N}(CH_3)_3] \cdot Cl^-$$

5.2.2.2　含氮原子

在亲油基团长链烷基中含有氮原子的表面活性剂如 *N*-甲基-*N*-十烷基氨基乙基三甲基溴化铵，它是由 *N*-甲基-*N*-十烷基溴乙胺与三甲胺在苯溶剂中、于密闭条件下120℃反应12h，经冷却、加水稀释得到的透明状液体产品。

$$C_{10}H_{21}-\overset{CH_3}{\overset{|}{N}}-CH_2CH_2Br + N(CH_3)_3 \xrightarrow[120℃, 12h]{苯溶剂} [C_{10}H_{21}\overset{CH_3}{\overset{|}{N}}CH_2CH_2-\overset{+}{N}(CH_3)_3] \cdot Br^-$$

类似的产品还有以碘负离子作为配对阴离子的表面活性剂，即

$$[C_{12}H_{25}-\overset{CH_3}{\overset{|}{N}}-CH_2CH_2-\overset{+}{N}(CH_3)_3] \cdot I^-$$

5.2.2.3　含硫原子

合成长链烷基中含有硫原子的季铵盐，首先要制备长链烷基甲基硫醚的卤化物，即具有烷化能力的含硫亲油基，并以此为烷基化试剂进行季铵化反应。

长链烷基甲基硫醚的卤化物的合成通常采用长链烷基硫醇与甲醛和氯化氢反应的方法。例如，十二烷基氯甲基硫醚的合成反应如下所示

$$C_{12}H_{25}SH + HCHO + HCl \xrightarrow{-H_2O} C_{12}H_{25}SCH_2Cl$$

反应中向十二烷基硫醇与40%甲醛溶液的混合物中通入氯化氢气体，脱水后即可得到无色液态的产品。将生成的硫醚与三甲胺在苯溶剂中于70～80℃加热反应2h即到达反应终点，分离、纯化，可以制得无色光亮的板状结晶产品。其反应式为

$$C_{12}H_{25}SCH_2Cl + N(CH_3)_3 \xrightarrow[70\sim80℃,2h]{\text{苯溶剂}} [C_{12}H_{25}SCH_2\overset{+}{N}(CH_3)_3]\cdot Cl^-$$

用十二烷基氯甲基硫醚与 N,N-二甲基月桂胺和 N,N-二甲基氨基乙醇反应还可分别合成如下两种含硫的季铵盐型阳离子表面活性剂。

$$[C_{12}H_{25}—S—CH_2—\overset{+}{N}(CH_3)_2(C_{12}H_{25})]\cdot Cl^- \qquad [C_{12}H_{25}—S—CH_2—\overset{+}{N}(CH_3)_2(CH_2CH_2OH)]\cdot Cl^-$$

5.2.3 含有苯环的季铵盐

含有苯环的季铵盐类表面活性剂主要用作杀菌剂、起泡剂、润湿剂和染料固色剂等。在合成过程中，引入芳环的主要方法是用氯化苄作烷基化试剂与叔胺反应。氯化苄是由甲苯的侧链氯化反应制得的，其反应式为

$$C_6H_5—CH_3 + Cl_2 \xrightarrow{100℃} C_6H_5—CH_2Cl + HCl$$

为了避免苯环上的氯化，要求该反应在搪瓷釜或搪玻璃塔式反应器中进行。

以氯化苄为原料合成的含苯环的季铵盐型阳离子表面活性剂的种类较多，这里仅就代表性品种做简要介绍。

5.2.3.1 洁尔灭

$$\left[C_{12}H_{25}—\overset{+}{N}(CH_3)_2—CH_2—C_6H_5\right]\cdot Cl^-$$

洁尔灭的化学名称为十二烷基二甲基苄基氯化铵，又叫1227阳离子表面活性剂。该表面活性剂易溶于水，呈透明溶液状，质量分数为万分之几的溶液即具有消毒杀菌的能力，对皮肤无刺激，无毒性，对金属不腐蚀，是一种十分重要的消毒杀菌剂。使用时将其配制成20%的水溶液应用，主要用于外科手术器械、创伤的消毒杀菌和农村养蚕的杀菌。此外，该产品还具有良好的发泡能力，也可用作聚丙烯腈的缓染剂。

它是由氯化苄与 N,N-二甲基月桂胺在80～90℃下反应3h制得的。

$$C_{12}H_{25}—N(CH_3)_2 + ClCH_2—C_6H_5 \xrightarrow[3h]{80\sim90℃} \left[C_{12}H_{25}—\overset{+}{N}(CH_3)_2—CH_2—C_6H_5\right]\cdot Cl^-$$

如果将配对的负离子由氯变为溴，则得到的表面活性剂称为新洁尔灭，是性能更加优异的杀菌剂。值得注意的是其合成方法与洁尔灭有所不同。它是由氯化苄先与六亚甲基四胺（乌洛托品）反应，得到的中间产物再先后与甲酸和溴代十二烷反应制得的，其合成过程如下

$$C_6H_5-CH_2Cl+(CH_2)_6N_4 \xrightarrow{40\sim60℃} C_6H_5-CH_2[(CH_2)_6N_4]Cl$$

$$\xrightarrow[\text{水解}]{+4HCOOH} C_6H_5-CH_2N(CH_3)_2 \xrightarrow{C_{12}H_{25}Br} [C_6H_5-CH_2-N^+(CH_3)_2-C_{12}H_{25}]\cdot Br^-$$

5.2.3.2 NTN

NTN 即 *N*,*N*-二乙基-(3′-甲氧基苯氧乙基)苄基氯化铵，也可命名为 *N*,*N*-二乙基-(3′-甲氧基苯氧乙基)苯甲胺氯化物，这是一种杀菌剂，其结构式如下

$$[3\text{-}CH_3O-C_6H_4-OCH_2CH_2-N^+(C_2H_5)_2-CH_2-C_6H_5]\cdot Cl^-$$

该表面活性剂的疏水部分含有醚基，因此首先应合成含有醚基的叔胺，再与氯化苄反应，具体反应步骤如下

$$3\text{-}CH_3O-C_6H_4-OH \xrightarrow{NaOH} 3\text{-}CH_3O-C_6H_4-ONa \xrightarrow[-NaCl]{ClCH_2CH_2N(C_2H_5)_2} 3\text{-}CH_3O-C_6H_4-OCH_2CH_2-N(C_2H_5)_2$$

$$\xrightarrow[\text{高压釜中 }100℃,24h]{ClCH_2-C_6H_5} [3\text{-}CH_3O-C_6H_4-OCH_2CH_2-N^+(C_2H_5)_2-CH_2-C_6H_5]\cdot Cl^-$$

5.2.3.3 Zephirol M

Zephirol M 的分子中疏水基团部分含有磺酰胺基团，其合成过程如下

$$\underset{\delta-}{CN-CH}=\underset{\delta+}{CH_2}+(H_3C)_2N-H \xrightarrow{\text{加成}} CN-CH=CH-N(CH_3)_2 \xrightarrow[\text{加氢还原}]{H_2} H_2NCH_2CH_2CH_2-N(CH_3)_2$$

$$\xrightarrow[-HCl]{R'-CH(SO_2Cl)-CH_3} R'-CH(CH_3)-SO_2NH(CH_2)_3N(CH_3)_2 \xrightarrow[\text{季铵化}]{ClCH_2-C_6H_5}$$

$$[R'-CH(CH_3)-SO_2NH(CH_2)_3-N^+(CH_3)_2-CH_2-C_6H_5]\cdot Cl^-$$

5.2.3.4 Hyamine 1622

Hyamine 1622 表面活性剂的结构较为复杂，如下式

$$[CH_3-C(CH_3)_2-CH_2-C(CH_3)_2-C_6H_4-OCH_2CH_2OCH_2CH_2-N^+(CH_3)_2-CH_2-C_6H_5]\cdot Cl^-$$

合成此产品的关键是对叔辛基苯氧乙基氯乙基醚的合成，它可以以对叔辛基苯酚和二氯二乙基醚为原料制备。对叔辛基苯酚、氢氧化钠、二氯二乙基醚和少量水在115～120℃下加热反应6.5h，经脱除食盐、减压蒸馏后制得无色油状的对叔辛基苯氧乙基氯乙基醚。反应式为

$$CH_3-\overset{CH_3}{\underset{CH_3}{\overset{|}{\underset{|}{C}}}}-CH_2-\overset{CH_3}{\underset{CH_3}{\overset{|}{\underset{|}{C}}}}-C_6H_4-OH + ClCH_2CH_2OCH_2CH_2Cl \xrightarrow[115\sim120^\circ C,\ 6.5h]{H_2O,20mL;\ NaOH,22g}$$

$$CH_3-\overset{CH_3}{\underset{CH_3}{\overset{|}{\underset{|}{C}}}}-CH_2-\overset{CH_3}{\underset{CH_3}{\overset{|}{\underset{|}{C}}}}-C_6H_4-OCH_2CH_2OCH_2CH_2Cl \quad (\text{I})$$

将上述产品与N,N-二甲基苯甲胺在油浴加热下于120～135℃回流反应15.5h，经分离、精制后得到的黄色黏稠状液体便是最终产品表面活性剂Hyamine 1622。

$$\text{I} + (CH_3)_2N-CH_2-C_6H_5 \xrightarrow[120\sim135^\circ C,\ 15.5h]{\text{油浴加热,回流}} \text{Hyamine 1622}$$

与Hyamine 1622结构类似的表面活性剂还有润湿起泡剂Phemerol型表面活性剂，即

$$\left[CH_3-\overset{CH_3}{\underset{CH_3}{\overset{|}{\underset{|}{C}}}}-CH_2-\overset{CH_3}{\underset{CH_3}{\overset{|}{\underset{|}{C}}}}-C_6H_4-OCH_2CH_2OCH_2CH_2-\overset{+}{N}(C_2H_5)(CH_2CH_2OH)_2\right]\cdot OSO_2OC_2H_5^-$$

5.2.4 含杂环的季铵盐

在阳离子表面活性剂的分类中已经提到，季铵盐分子中所含的杂环主要是吗啉环、哌嗪环、吡啶环、喹啉环和咪唑环等（见5.1.1.3），本节主要介绍此类表面活性剂的合成。

5.2.4.1 含有吗啉环的季铵盐

合成含吗啉环的季铵盐型阳离子表面活性剂可以先在特定的化合物分子中引入吗啉环，再经季铵化反应制得。

其代表品种如N-甲基-N-十六烷基吗啉的甲基硫酸酯盐，该表面活性剂是由N-十六烷基吗啉与硫酸二甲酯反应制得。

$$C_{16}H_{33}-N\langle^{CH_2CH_2}_{CH_2CH_2}\rangle O + CH_3OSO_2OCH_3 \longrightarrow \left[C_{16}H_{33}-\overset{+}{N}(CH_3)\langle^{CH_2CH_2}_{CH_2CH_2}\rangle O\right]\cdot CH_3OSO_2O^-$$

再如，前面提到的中间体对叔辛基苯氧乙基氯乙基醚与吗啉在100～120℃下回流反应7h，用氢氧化钠水溶液中和至碱性，经分离、减压蒸馏，得到淡黄色的对叔辛基苯氧乙基吗啉-N-乙基醚。该中间体继续与硫酸二乙酯反应便制得了含吗啉环的季铵盐型阳离子表面活性剂，这种活性剂主要用作起泡剂。其合成的各步反应为

$$(CH_3)_3C-CH_2-C(CH_3)_2-C_6H_4-OCH_2CH_2OCH_2CH_2Cl + HN(CH_2CH_2)_2O \xrightarrow{100\sim120℃，回流7h}$$

$$(CH_3)_3C-CH_2-C(CH_3)_2-C_6H_4-OCH_2CH_2OCH_2CH_2-N(CH_2CH_2)_2O \xrightarrow[C_2H_5OSO_2OC_2H_5]{成盐}$$

$$\left[(CH_3)_3C-CH_2-C(CH_3)_2-C_6H_4-OCH_2CH_2OCH_2CH_2-\overset{+}{N}(C_2H_5)(CH_2CH_2)_2O\right]\cdot(SO_3OC_2H_5)^-$$

另外，利用仲胺与双(2-氯乙基)醚反应可以一步合成季铵化的吗啉衍生物。反应既可以在溶剂中进行，也可以不加溶剂，同时用无机碱或过量的胺作缩合剂进行反应。生成的吗啉季铵盐可以作为润湿剂、洗净剂、杀菌剂，还可用作润滑油的成分之一。

$$R_2NH + (ClCH_2CH_2)_2O \longrightarrow R_2\overset{+}{N}(CH_2CH_2)_2O\cdot Cl^-$$

利用类似的反应，由脂肪族伯胺同双(2-氯乙基)硫醚反应，生成烷基硫代吗啉，脂肪族仲胺同双(2-氯乙基)硫醚反应，可直接合成硫代吗啉季铵盐。

$$RNH_2 + (ClCH_2CH_2)_2S \longrightarrow R-N(CH_2CH_2)_2S$$

$$R_2NH + (ClCH_2CH_2)_2S \longrightarrow R_2\overset{+}{N}(CH_2CH_2)_2S\cdot Cl^-$$

5.2.4.2　含哌嗪环的季铵盐

含哌嗪环的季铵盐阳离子表面活性剂的合成方法与含吗啉环的产品十分类似。例如，对叔辛基苯氧乙基氯乙基醚与哌嗪反应的产物进一步与氯化苄反应，可以合成对叔辛基苯氧乙基-*N*-苄基哌嗪-*N*-乙基醚氯化物，这是一种杀菌剂的分散剂。

$$(CH_3)_3C-CH_2-C(CH_3)_2-C_6H_4-OCH_2CH_2OCH_2CH_2-N(CH_2CH_2)_2NH \xrightarrow[75℃,1h;\ 苯作溶剂]{ClCH_2-C_6H_5}$$

$$\left[(CH_3)_3C-CH_2-C(CH_3)_2-C_6H_4-OCH_2CH_2OCH_2CH_2-\overset{+}{N}(CH_2C_6H_5)(CH_2CH_2)_2NH\right]\cdot Cl^-$$

5.2.4.3　含吡啶环的季铵盐

含吡啶环的季铵盐类表面活性剂是 1932 年由 Bohme 发明的，可以用作分散剂、润湿剂和固色剂等，由于吡啶具有刺激性异味，使这类表面活性剂的应用受到较大限制。其代表品种有氯化十二烷基吡啶、氯化十六烷基吡啶、溴化十六烷基吡啶和氯化硬脂酰甲氨基吡啶等。这些表面活性剂主要用作纤维防水剂，也可用作染色助剂和杀菌剂，但用量都很少。

$C_{12}H_{25}$—$\overset{+}{N}C_5H_5 \cdot Cl^-$

氯化十二烷基吡啶

$C_{16}H_{33}$—$\overset{+}{N}C_5H_5 \cdot Cl^-$

氯化十六烷基吡啶

$C_{16}H_{33}$—$\overset{+}{N}C_5H_5 \cdot Br^-$

溴化十六烷基吡啶

$C_{17}H_{35}CONHCH_2\overset{+}{N}C_5H_5 \cdot Cl^-$

氯化硬脂酰甲氨基吡啶

含吡啶环的季铵盐表面活性剂多采用卤代烷与吡啶或烷基吡啶在加热条件下反应的合成方法，其反应式如

$$RCl(RBr) + C_5H_5N \longrightarrow [R{-}\overset{+}{N}C_5H_5] \cdot Cl^-(Br^-)$$

例如，溴代十六烷与吡啶在 140～150℃下反应 5h 生成溴化十六烷基吡啶，冷却后得到肥皂样的无色块状产品。

$$C_{16}H_{33}Br + C_5H_5N \xrightarrow[5h]{140\sim150℃} [C_{16}H_{33}{-}\overset{+}{N}C_5H_5] \cdot Br^-$$

含有吡啶环的季铵盐表面活性剂中另一个比较重要的品种是 Emcol E-607，这是一种矿物浮选剂，该表面活性剂的分子中还含有酯键，其结构式为

$$[CH_3{-}CH(\overset{+}{N}C_5H_5){-}CONHCH_2CH_2OC(=O){-}C_{11}H_{23}] \cdot Cl^-$$

其实验室制法是将 6.1g 乙醇胺溶解于 50mL 水中，冷却至 0℃，在剧烈搅拌下缓慢加入 α-溴丙酰溴，同时缓慢加入 10%的氢氧化钠溶液 46.5mL。反应 15min 后，用 500mL 热的异丙醇萃取出生成物，滤掉萃取液中的溴化钠等无机盐，蒸掉溶剂，得到黏稠状液体 α-溴丙酰氨基乙醇。

$$CH_3{-}CH(Br)COBr + H_2NCH_2CH_2OH \xrightarrow[\text{异丙醇萃取}]{-NaBr} CH_3CH(Br)CONHCH_2CH_2OH$$

将 10g 上述生成物溶解于冷却到 5～10℃的吡啶盐中，在剧烈搅拌下滴加 8g 月桂酰氯。反应中温度上升到 85℃，反应结束后，在常温下放置 12h，分离后得到褐色黏稠状液体 Emcol E-607 表面活性剂。

$$CH_3CH(Br)CONHCH_2CH_2OH + C_5H_5N \xrightarrow{5\sim10℃} [CH_3{-}CH(\overset{+}{N}C_5H_5){-}CONHCH_2CH_2OH] \cdot Br^-$$

$$\xrightarrow{C_{11}H_{23}COCl} [CH_3{-}CH(\overset{+}{N}C_5H_5){-}CONHCH_2CH_2OC(=O){-}C_{11}H_{23}] \cdot Cl^-$$

此外，含有醚键和酰胺键的吡啶型阳离子表面活性剂还有 Velan PF 和 Zelan A 等，Velan 和Zelan 系产品都属反应型表面活性剂，有关内容将在特殊类型表面活性剂的有关章节（第 8 章）中介绍。

$$[C_{16}H_{33}OCH_2-\overset{+}{N}C_5H_5]\cdot Cl^-$$

Velan PF

$$[C_{12}H_{25}CONHCH_2-\overset{+}{N}C_5H_5]\cdot Cl^-$$

Zelan A

5.2.4.4　含喹啉环的季铵盐

含喹啉环的季铵盐型阳离子表面活性剂由喹啉或异喹啉和卤代烷反应制得，主要用作杀菌剂，也可用于柔软剂、润湿剂及矿物浮选剂等。例如 Isothan Q 系列产品是卤代烷与异喹啉反应制得，其中代表性品种如

$$[C_{11}H_{25}-\overset{+}{N}C_9H_7]\cdot Cl^-$$

5.2.4.5　含咪唑啉环的季铵盐

该类表面活性剂的结构通式为

$$\left[R-C\begin{matrix}\nearrow N-CH_2\\ \searrow \overset{+}{N}-CH_2\end{matrix}\right]\cdot Cl^-\quad (\overset{+}{N}\text{ 上连 } R' \text{ 和 } C_2H_4OH)$$

式中，取代基 R 是含 8～22 个碳原子的长链烷基；R′是低级烷基或苄基等。此类表面活性剂主要用作优良的纤维柔软剂和平滑剂，能赋予腈纶、棉、尼龙等织物优异的柔软性，并能提高织物的使用性能。也常用作性能优异的起泡剂和直接染料固色剂。

它的合成方法一般分为两步，即成环和季铵化。

（1）成环　这一步反应主要是用脂肪酸与 *N*-羟乙基乙二胺缩合，然后脱水成环制备烷基-*N*-羟乙基咪唑啉。反应式为

$$RCOOH+H_2NCH_2CH_2NHCH_2CH_2OH\xrightarrow[-H_2O]{150\sim180^\circ C}RCO-NHCH_2CH_2NHCH_2CH_2OH \text{ 或 } RC(=O)-N(CH_2CH_2OH)(CH_2CH_2NH_2)$$

$$\underset{\text{酮式}}{RCO-NHCH_2CH_2NHCH_2CH_2OH}\xrightleftharpoons{\text{异构化}}\underset{\text{烯醇式}}{RC(OH)=N-CH_2CH_2-NH-CH_2CH_2OH}$$

$$\left.\begin{matrix}\text{烯醇式}\\ R-C(=O)-N(CH_2CH_2OH)-CH_2CH_2NH_2\end{matrix}\right\}\xrightarrow[-H_2O\ \text{成环}]{250\sim300^\circ C}R-C\begin{matrix}\nearrow N-CH_2\\ \searrow N-CH_2\end{matrix}\quad (N\text{ 上连 } CH_2CH_2OH)$$

（2）季铵化　烷基-*N*-羟乙基咪唑啉与氯甲烷、硫酸二甲酯、硫酸二乙酯、氯化苄和环氧氯丙烷等进行季铵化反应并成盐，得到含咪唑啉环的季铵盐。咪唑啉季铵化反应属于双分

子亲核取代反应，其反应速率取决于亲核试剂的强弱和离去基团的离去能力。该步反应的方程式如下。

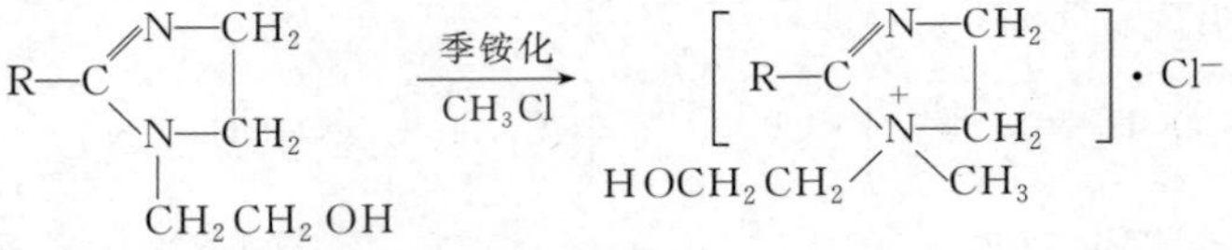

$$R-C(=N-CH_2)(N(CH_2CH_2OH)-CH_2) \xrightarrow[CH_3Cl]{季铵化} \left[R-C(=N-CH_2)(\overset{+}{N}(HOCH_2CH_2)(CH_3)-CH_2)\right]\cdot Cl^-$$

采用不同的季铵化试剂所得表面活性剂的结构如表 5-9 所示。

表 5-9 不同季铵化试剂合成的表面活性剂的结构

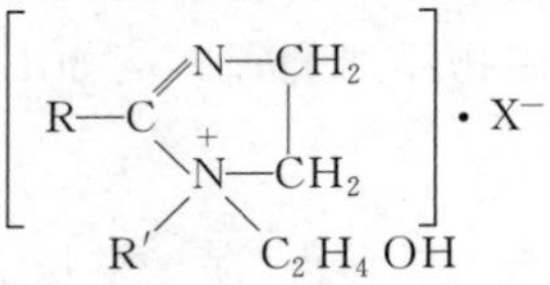

$$\left[R-C(=N-CH_2)(\overset{+}{N}(R')(C_2H_4OH)-CH_2)\right]\cdot X^-$$

季铵化试剂	R′	X
$(CH_3O)_2SO_2$	CH_3	CH_3OSO_2O
$(C_2H_5O)_2SO_2$	C_2H_5	$C_2H_5OSO_2O$
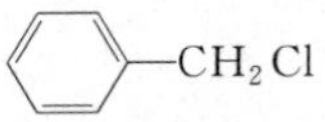 C_6H_5—CH_2Cl	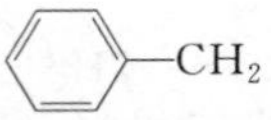 C_6H_5—CH_2	Cl

在此类表面活性剂中，以十四酸为原料，经成环并与氯化苄反应成盐制得的产品 Alrosopt MB 是一种强力杀菌剂，其结构式如下

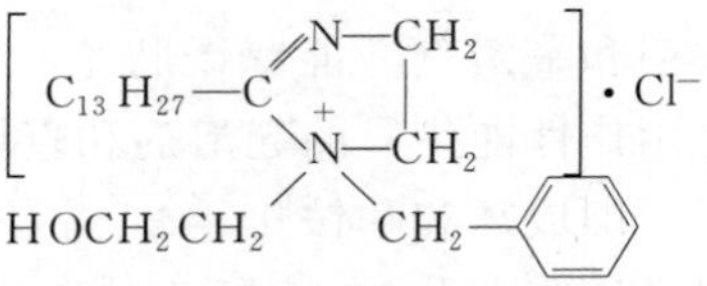

$$\left[C_{13}H_{27}-C(=N-CH_2)(\overset{+}{N}(HOCH_2CH_2)(CH_2-C_6H_5)-CH_2)\right]\cdot Cl^-$$

使用不同的脂肪酸原料与 *N*-羟乙基乙二胺反应成环可以得到含不同碳原子数的烷基 R，例如，使用月桂酸（$C_{11}H_{23}COOH$）、十四碳酸（$C_{13}H_{27}COOH$）、软脂酸（$C_{15}H_{31}COOH$）、油酸（$C_{17}H_{33}COOH$）、硬脂酸（$C_{17}H_{35}COOH$）和二十碳酸（$C_{19}H_{39}COOH$）为原料制得的产品，对应的烷基取代基 R 分别为 $C_{11}H_{23}$—、$C_{13}H_{27}$—、$C_{15}H_{31}$—、$C_{17}H_{33}$—、$C_{17}H_{35}$—和 $C_{19}H_{39}$—。

5.2.4.6 含其他杂环的季铵盐

含噁唑环的季铵盐可以分为两类：一类是长链烷基连接在噁唑环的 2-位上，是由脂肪酸与烷醇酰胺通过缩合反应合成的；另一类是长链烷基直接连接在噁唑环的氮原子上，是由卤代烷与噁唑反应合成的。这两类物质的结构如下

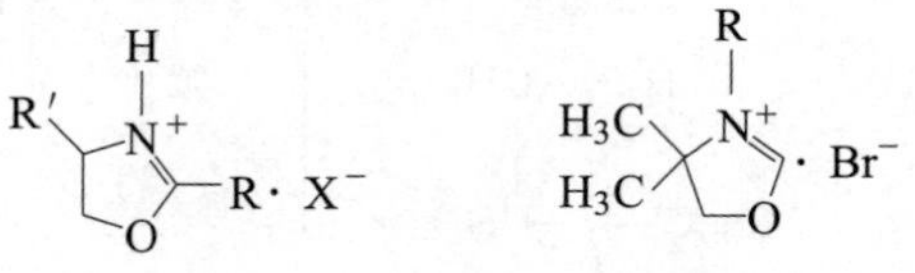

H, R′, N^+, O, R · X^-　　　　R, H_3C, H_3C, N^+, O, · Br^-

$R = C_9H_{19} \sim C_{13}H_{27}$，$C_{12}H_{25} \sim C_{16}H_{33}$

$R' = H$，CH_3

$X = CH_3COO$，$CH_3CHOHCOO$

噁唑类季铵盐类在碱性条件下易于开环形成开链季铵盐表面活性剂

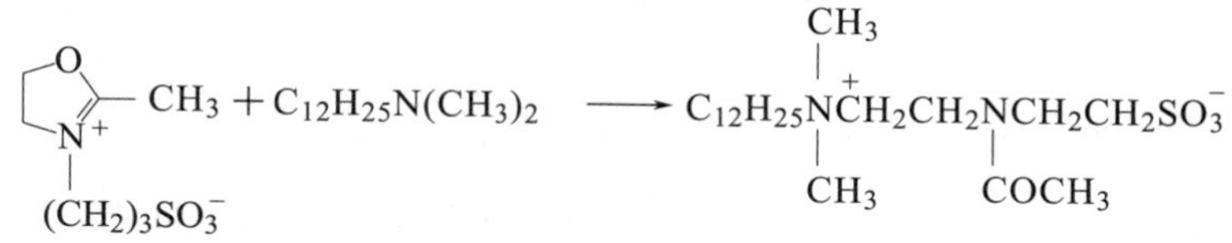

$$\text{(噁唑啉环, }N^+\text{-}(CH_2)_3SO_3^-\text{, 2-}CH_3) + C_{12}H_{25}N(CH_3)_2 \longrightarrow C_{12}H_{25}\overset{+}{N}(CH_3)_2CH_2CH_2N(COCH_3)CH_2CH_2SO_3^-$$

含嘧唑环的季铵盐主要由取代的嘧唑与卤代烷反应合成，如 4-氨基-5-苯基嘧唑和卤代烷反应生成的季铵盐

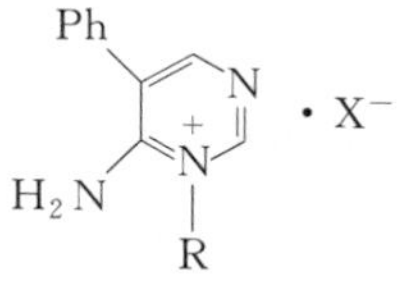

$$\text{(4-}H_2N\text{-5-Ph-嘧啶环, }\overset{+}{N}\text{-R)} \cdot X^-$$

此类季铵盐结构较为稳定，不易分解。

5.2.5 胺盐型

胺盐型阳离子表面活性剂主要有长链烷基伯胺盐、仲胺盐、叔胺盐三大类。

5.2.5.1 长链烷基伯胺盐酸盐

这类表面活性剂是用长碳链的伯胺与无机酸的反应制得。所用的原料是以椰子油、棉籽油、大豆油或牛脂等油脂制得的胺类的混合物，结构和合成均比较简单，主要用作纤维柔软剂和矿物浮选剂等。

$$RNH_2 + HCl \longrightarrow RNH_2 \cdot HCl$$

5.2.5.2 仲胺盐

仲胺盐型表面活性剂的产品种类不多，目前市售商品主要是 Priminox 系列，此类产品的结构式及对应商品的牌号如表 5-10 所示。

表 5-10　Priminox 系列商品结构式及牌号

$C_{12}H_{25}NH(CH_2CH_2O)_nCH_2CH_2OH$

n	0	4	14	24
商品牌号	Priminox 43	Priminox 10	Priminox 20	Priminox 32

Priminox 表面活性剂可以有两种合成方法。一种是由高级卤代烷与乙醇胺的多乙氧基物反应制备，即

$$C_{12}H_{25}Br + H_2N(CH_2CH_2O)_nCH_2CH_2OH \longrightarrow C_{12}H_{25}NH(CH_2CH_2O)_nCH_2CH_2OH$$

另一种是由高级脂肪胺与环氧乙烷反应制备。

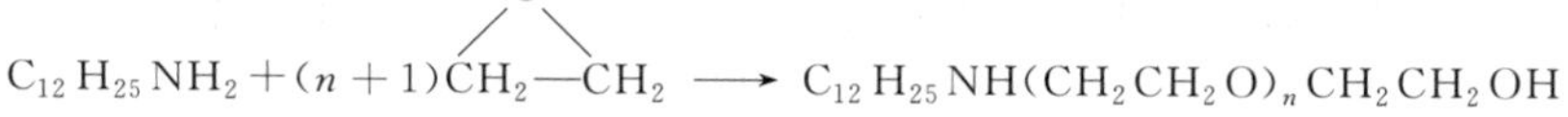

$$C_{12}H_{25}NH_2 + (n+1)\underset{\diagdown O \diagup}{CH_2-CH_2} \longrightarrow C_{12}H_{25}NH(CH_2CH_2O)_nCH_2CH_2OH$$

5.2.5.3 叔胺盐

叔胺盐型阳离子表面活性剂中最重要的品种是亲油基中含有酯基的 Soromine 系列和含有酰胺基的 Ninol、Sapamine 系列产品。

(1) Soromine 系列　该系列表面活性剂中最重要的品种为 Soromine A，是由 IG 公司开发生产的，其国内商品牌号为乳化剂 FM，具有良好的渗透性和匀染性。其结构式为

$$C_{17}H_{35}COOCH_2CH_2-N\begin{matrix} CH_2CH_2OH \\ CH_2CH_2OH \end{matrix}$$

它是由脂肪酸和三乙醇胺在 160～180℃下长时间加热缩合制得的。

$$C_{17}H_{35}COOH+N(CH_2CH_2OH)_3 \xrightarrow{160\sim180℃} C_{17}H_{35}COOCH_2CH_2N(CH_2CH_2OH)_2$$

Soromine 系列其他产品还有 Soromine DB、Soromine AF 和 Soromine A 等。

$$C_{17}H_{35}COOCH_2CH_2N(C_4H_9)_2$$

Soromine DB

$$C_{17}H_{35}COOCH_2CH_2NHCH_2CH_2O(CH_2CH_2O)_{2\sim3}H$$

Soromine AF

$$C_{17}H_{35}CON(CH_3)CH_2COOCH_2CH_2N(CH_2CH_2OH)_2$$

Soromine A

（2）Ninol（尼诺尔）系列　该系列产品结构通式为

$$RCON\begin{matrix} CH_2CH_2OH \\ CH_2CH_2OH \end{matrix}$$

此类产品的长碳链烷基和酰胺键相连，抗水解性能较好。日本战后最初生产的柔软剂即采用此化合物。它的合成方法是由脂肪酸与二乙醇胺反应制得，例如

$$C_{17}H_{35}COOH+NH(CH_2CH_2OH)_2 \xrightarrow[-H_2O]{150\sim175℃} C_{17}H_{35}CON(CH_2CH_2OH)_2$$

（3）Sapamine 系列　这一系列产品由瑞士汽巴-嘉基公司最先投产，其分子中烷基和酰胺基相连，具有一定的稳定性，不易水解。其价格高于 Soromine 系列产品。此类表面活性剂主要用作纤维柔软剂和直接染料的固色剂等。其结构通式为

$$C_{17}H_{33}CONHCH_2CH_2N(C_2H_5)_2 \cdot HX$$

根据成盐所使用的酸不同，可以得到不同牌号的产品，见表 5-11。

表 5-11　Sapamine 系列主要产品牌号

HX	CH_3COOH	HCl	$CH_3CHOHCOOH$
商品牌号	Sapamine A	Sapamine CH	Sapamine L

该类表面活性剂由油酸与三氯化磷反应生成油酰氯，再与 *N*,*N*-二乙基乙二胺缩合，最后用酸处理制得，其反应式为

$$3C_{17}H_{33}COOH+PCl_3 \longrightarrow 3C_{17}H_{33}COCl$$

$$C_{17}H_{33}COCl+H_2NCH_2CH_2N(C_2H_5)_2 \xrightarrow[-HCl]{缩合} C_{17}H_{33}CONHCH_2CH_2N(C_2H_5)_2$$

$$\xrightarrow{酸处理} C_{17}H_{33}CONHCH_2CH_2N(C_2H_5)_2 \cdot HX$$

5.2.5.4　阿柯维尔系列产品

阿柯维尔系列表面活性剂主要有两个代表品种，即 Ahcovel F 和 Ahcovel G。

Ahcovel F 是一种纤维柔软剂，它是由硬脂酸和二亚乙基三胺反应，在 160～180℃脱水生成酰胺，然后与尿素发生脱氨缩合，最后用盐酸中和制得。其反应式为

$$C_{17}H_{35}COOH + H_2NCH_2CH_2NHCH_2CH_2NH_2 \xrightarrow[-H_2O]{160\sim180℃} C_{17}H_{35}CONHCH_2CH_2NHCH_2CH_2NH_2$$

$$2C_{17}H_{35}CONHCH_2CH_2NHCH_2CH_2NH_2 + 2H_2N-\overset{\overset{\displaystyle O}{\|}}{C}-NH_2 \xrightarrow[-NH_3]{180\sim190℃} \xrightarrow[中和]{HCl}$$

$$\begin{array}{l} C_{17}H_{35}CONHCH_2CH_2N-CH_2CH_2-NH \\ \qquad\qquad\qquad\qquad\quad | \qquad\qquad\quad\ | \\ \qquad\qquad\qquad\qquad\quad C{=}O \qquad\quad C{=}O \cdot 2HCl \\ \qquad\qquad\qquad\qquad\quad | \qquad\qquad\quad\ | \\ C_{17}H_{35}CONHCH_2CH_2N-CH_2CH_2-NH \end{array}$$

Ahcovel F

这种表面活性剂的缺点是耐热性差，易变黄，容易使染料变色。如果在反应中增加尿素的比例，并在反应后加入乳酸使其成盐，则可以提高产品的耐热性，从而减轻处理织物因熨烫受热而发黄的现象。

Ahcovel G 是一种溶于水的纤维柔软剂，大多产于日本。它比 Ahcovel F 的耐热性和耐日光性好，长时间保存不变黄、不发臭，性质稳定。其结构通式为

$$\begin{array}{l} C_{17}H_{35}CONHCH_2CH_2N-CH_2CH_2OH \\ \qquad\qquad\qquad\qquad\quad | \\ \qquad\qquad\qquad\qquad\quad C{=}NH \qquad\qquad \cdot 2CH_3COOH \\ \qquad\qquad\qquad\qquad\quad | \\ C_{17}H_{35}CONHCH_2CH_2N-CH_2CH_2OH \end{array}$$

其合成方法是先由硬脂酸与羟乙基乙二胺缩合，缩合产物再与碳酸胍混合并缓慢加热到 185～190℃，脱去两分子氨，最后用醋酸处理成盐得到。其反应式为

$$C_{17}H_{35}COOH + H_2NCH_2CH_2NHCH_2CH_2OH \xrightarrow{缩合} C_{17}H_{35}CONHCH_2CH_2NHCH_2CH_2OH$$

$$C_{17}H_{35}CONHCH_2CH_2NHCH_2CH_2OH + (H_2N-\overset{\overset{\displaystyle NH}{\|}}{C}-NH_2)_2 \cdot H_2CO_3 \xrightarrow[-NH_3]{185\sim190℃}$$

$$\xrightarrow{CH_3COOH} 2 \begin{array}{l} C_{17}H_{35}CONHCH_2CH_2N-CH_2CH_2OH \\ \qquad\qquad\qquad\qquad\quad | \\ \qquad\qquad\qquad\qquad\quad C{=}NH \qquad\qquad \cdot 2CH_3COOH \\ \qquad\qquad\qquad\qquad\quad | \\ C_{17}H_{35}CONHCH_2CH_2N-CH_2CH_2OH \end{array}$$

Ahcovel G

类似的产品还有如下结构的表面活性剂，该产品可使处理后的纤维织物耐洗涤，有羊毛似的手感，经加热和长时间保存后不变色，是性能优异的纤维处理剂。

$$\begin{array}{l} C_{17}H_{35}CONHCH_2CH_2N-CH_2CH_2OH \\ \qquad\qquad\qquad\qquad\quad | \\ \qquad\qquad\qquad\qquad\quad C{=}O \qquad\qquad \cdot 2HCl \\ \qquad\qquad\qquad\qquad\quad | \\ C_{17}H_{35}CONHCH_2CH_2N-CH_2CH_2OH \end{array}$$

用月桂酸与羟乙基乙二胺的缩合产物在 185℃下与硫脲反应，可以得到褐色黏稠液体，即为如下结构的表面活性剂

$$2C_{11}H_{23}CONHCH_2CH_2NHCH_2CH_2OH + S{=}C\begin{array}{l} \diagup NH_2 \\ \diagdown NH_2 \end{array} \xrightarrow[-NH_3]{185\sim190℃}$$

$$\xrightarrow[(酸处理)]{中和} \begin{array}{l} C_{11}H_{23}CONHCH_2CH_2NCH_2CH_2OH \\ \qquad\qquad\qquad\qquad\quad | \\ \qquad\qquad\qquad\qquad\quad C{=}S \qquad\qquad \cdot 2HX \\ \qquad\qquad\qquad\qquad\quad | \\ C_{11}H_{23}CONHCH_2CH_2NCH_2CH_2OH \end{array}$$

这种表面活性剂分子中含有硫原子，既可溶于水又可溶于酸，用作蛋白质纤维的处理剂具有防虫蛀作用。

5.2.6 咪唑啉盐

该类表面活性剂的结构通式如下

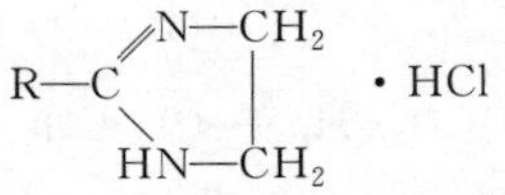

$$\mathrm{R-C}\begin{matrix}\mathrm{{}^{\nearrow}N-CH_2}\\ \quad\quad|\\ \mathrm{{}_{\searrow}HN-CH_2}\end{matrix}\cdot\mathrm{HCl}$$

它同前面介绍的含咪唑啉环的季铵盐型阳离子表面活性剂结构相近。其制备方法是将脂肪酸和乙二胺的混合物加热，先在180～190℃时脱水生成酰胺，然后再在高温（250～300℃）加热下脱水成环生成咪唑啉环。其反应过程为

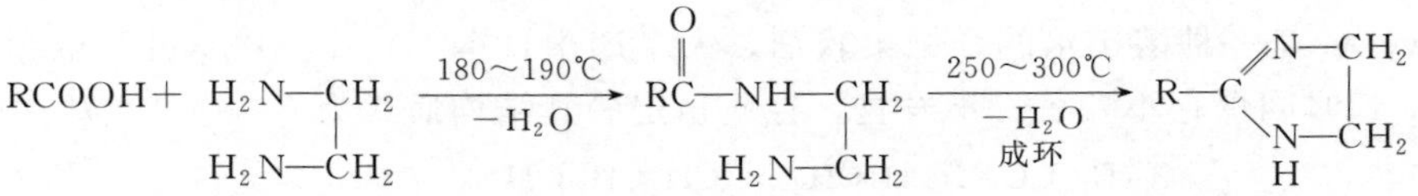

$$\mathrm{RCOOH}+\begin{matrix}\mathrm{H_2N-CH_2}\\ |\\ \mathrm{H_2N-CH_2}\end{matrix}\xrightarrow[-\mathrm{H_2O}]{180\sim190℃}\begin{matrix}\mathrm{O}\\ \|\\ \mathrm{RC-NH-CH_2}\\ |\\ \mathrm{H_2N-CH_2}\end{matrix}\xrightarrow[-\mathrm{H_2O}\ 成环]{250\sim300℃}\mathrm{R-C}\begin{matrix}\mathrm{{}^{\nearrow}N-CH_2}\\ |\\ \mathrm{{}_{\searrow}N-CH_2}\\ \mathrm{H}\end{matrix}$$

使用不同的羧酸和胺为原料，可以合成多种咪唑啉盐表面活性剂的产品，而且合成条件也有差别。这些品种的合成反应方程式如下

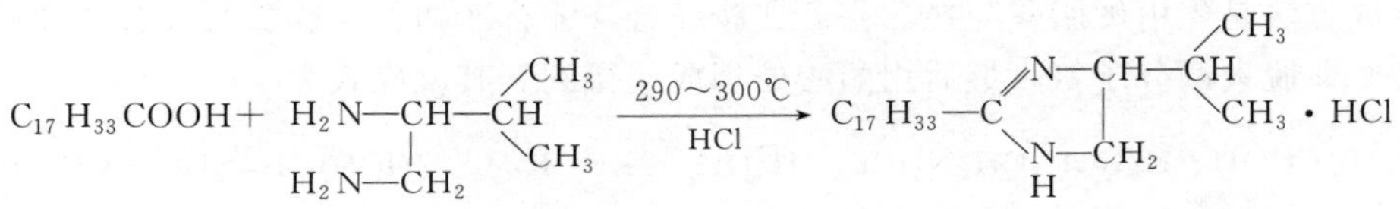

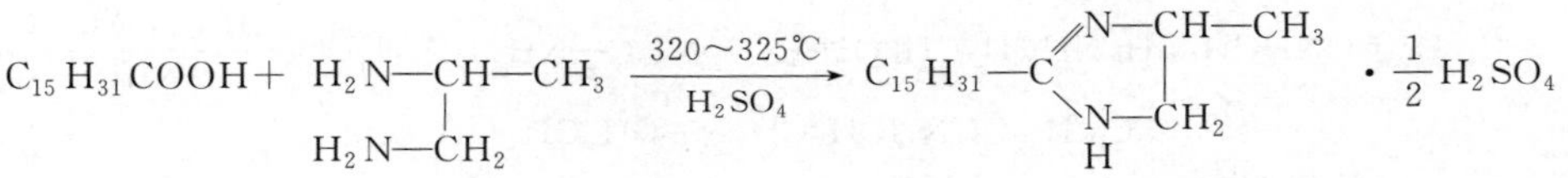

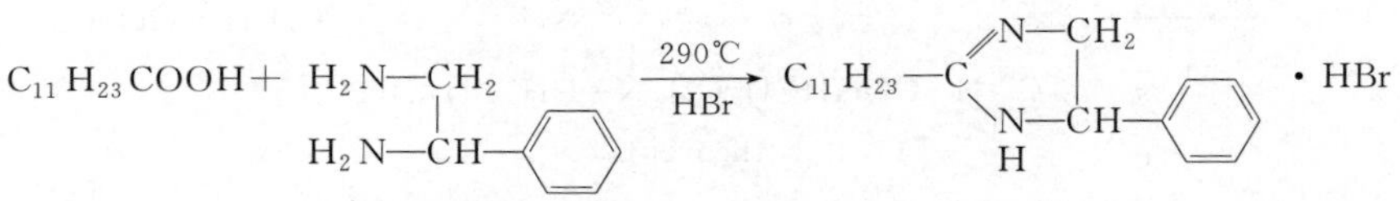

$$\mathrm{C_{17}H_{33}COOH}+\begin{matrix}\mathrm{H_2N-CH-CH(CH_3)_2}\\ |\\ \mathrm{H_2N-CH_2}\end{matrix}\xrightarrow[\mathrm{HCl}]{290\sim300℃}\mathrm{C_{17}H_{33}-C}\begin{matrix}\mathrm{{}^{\nearrow}N-CH-CH(CH_3)_2}\\ |\\ \mathrm{{}_{\searrow}N-CH_2}\\ \mathrm{H}\end{matrix}\cdot\mathrm{HCl}$$

$$\mathrm{C_{15}H_{31}COOH}+\begin{matrix}\mathrm{H_2N-CH-CH_3}\\ |\\ \mathrm{H_2N-CH_2}\end{matrix}\xrightarrow[\mathrm{H_2SO_4}]{320\sim325℃}\mathrm{C_{15}H_{31}-C}\begin{matrix}\mathrm{{}^{\nearrow}N-CH-CH_3}\\ |\\ \mathrm{{}_{\searrow}N-CH_2}\\ \mathrm{H}\end{matrix}\cdot\frac{1}{2}\mathrm{H_2SO_4}$$

$$\mathrm{C_{11}H_{23}COOH}+\begin{matrix}\mathrm{H_2N-CH_2}\\ |\\ \mathrm{H_2N-CH-C_6H_5}\end{matrix}\xrightarrow[\mathrm{HBr}]{290℃}\mathrm{C_{11}H_{23}-C}\begin{matrix}\mathrm{{}^{\nearrow}N-CH_2}\\ |\\ \mathrm{{}_{\searrow}N-CH-C_6H_5}\\ \mathrm{H}\end{matrix}\cdot\mathrm{HBr}$$

5.3 阳离子表面活性剂的应用

阳离子表面活性剂具有良好的杀菌、柔软、抗静电、抗腐蚀等作用和一定的乳化、润湿性能，也常常用作相转移催化剂。但这类表面活性剂很少单独用作洗涤剂，因为很多基质的表面在水溶液中，特别是在碱性水溶液中通常带有负电荷，在应用过程中，带正电荷的表面活性剂会在基质表面形成亲水基向内、疏水基向外的排列，使基质表面疏水而不利于洗涤，甚至产生负面作用。此外，这类表面活性剂的主要应用领域也不像其他表面活性剂，用来降低表面张力，而是利用其结构上的特点，用于其他特殊方面。

5.3.1 消毒杀菌剂

阳离子表面活性剂最突出的特点是具有消毒杀菌作用，常用于医药、原油开采等的消毒杀菌。代表品种如洁尔灭，即十二烷基二甲基苄基氯化铵。这种带有苄基的季铵盐型阳离子

表面活性剂具有较强的消毒杀菌作用，其 10%的水溶液的杀菌能力相当于苯酚杀菌能力的 50～60 倍，因此被广泛用作外科手术和医疗器械等的消毒杀菌剂。此外，它还能杀死蚕业生产中的败血菌、白僵菌和曲霉菌等。在石油开采和化工设备中，水中的铁细菌和硫酸盐还原菌对铁质及不锈钢质设备和管路有腐蚀性，使用洁尔灭作杀菌剂可以杀灭细菌并起到防止金属腐蚀的作用。

5.3.2　腈纶匀染剂

腈纶（聚丙烯腈）分子的主链上往往含有少量的衣康酸或乙烯磺酸之类的化学组分，它们使纤维带有一定的负电荷，在用阳离子染料染色时，纤维与染料之间产生较强的电荷作用。在染色过程中，如果染料的吸附和上染速度太快，容易将织物染花。因此在染色初期需要加入阳离子表面活性剂，抢先占领染席，然后随温度的升高，染料再缓慢地把表面活性剂取代下来，达到匀染的目的。通常使用的匀染剂如

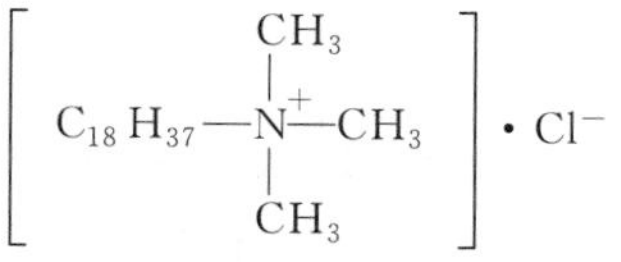

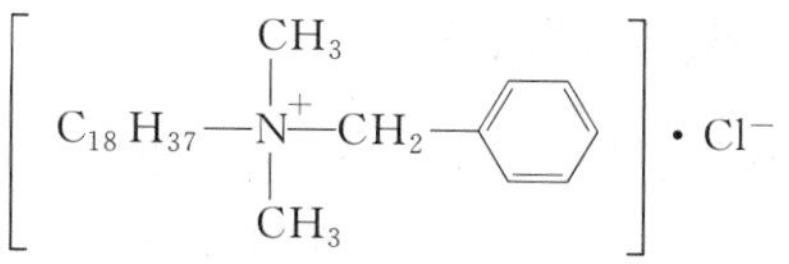

$$\left[C_{18}H_{37}-\overset{\overset{CH_3}{|}}{\underset{\underset{CH_3}{|}}{N^+}}-CH_3 \right] \cdot Cl^- \qquad \left[C_{18}H_{37}-\overset{\overset{CH_3}{|}}{\underset{\underset{CH_3}{|}}{N^+}}-CH_2-C_6H_5 \right] \cdot Cl^-$$

季铵盐阳离子表面活性剂匀染作用的大小随烷基链长度的增大而上升，并受与氮原子相连的各基团大小和种类的影响。

此外，由于阳离子表面活性剂带有正电荷，对于通常带有负电荷的纺织品、金属、玻璃、塑料、矿物、动物或人体组织等具有较强的吸附能力，易在这些基质的表面上形成亲油性膜或产生正电性，因此可广泛用作纺织品的防水剂、柔软剂、抗静电剂、染料匀染剂、固色剂等。

5.3.3　抗静电剂

高分子材料大多是电的不良导体，但又容易产生静电而不能传导，生成的静电给使用和加工带来困难。阳离子表面活性剂可以将其分子的非极性部分吸附于高分子材料上，极性基则朝向空气一侧，形成离子导电层，从而使电荷得以传导起到抗静电的作用。

5.3.4　矿物浮选剂

在采矿工业中，矿石杂质较多，要去除矿石中的杂质，需要进行矿物的泡沫浮选，表面活性剂可以作为矿物浮选的发泡剂和捕集剂。阳离子表面活性剂一般用作捕集剂，其特点是和矿物的反应迅速，有时甚至不需要搅拌槽，在短时间内即可浮选完毕。而且分选效果很好，多半不需要进一步精选。

矿物浮选中常用的阳离子捕获剂主要是脂肪胺及其盐、松香胺、季铵盐、二元胺及多元胺类化合物等阳离子表面活性剂。胺类阳离子表面活性剂，如正十四胺、十六胺等是有色金属氧化矿、石英矿、长石、云母等硅铝酸盐和钾盐的捕获剂。伯、仲、叔胺及季铵盐都可以作铬铁矿的捕获剂。作为浮选捕获剂的季铵盐类主要是十六烷基三甲基溴化铵、十八烷基三甲基溴化铵等烷基季铵盐及烷基吡啶盐两类。

5.3.5 相转移催化剂

相转移催化是指用少量试剂（如季铵盐）作为一种反应物的载体，将此反应物通过界面转移至另一相，使非均相反应顺利进行，此种试剂在反应中无消耗，实际是起催化剂的作用，通常称为相转移催化剂。

相转移催化剂（PTC）在有机合成反应中的应用范围相当广泛，主要集中在烷基化反应、二卤卡宾加成反应、氧化还原反应及其他特殊反应等四个方面。作为相转移催化剂的阳离子表面活性剂以季铵盐为主，还有叔胺和聚醚等，例如冠醚亦是相转移催化剂的一种。

广泛使用的代表性季铵盐相转移催化剂有四正丁基氯化铵、三正辛基甲基氯化铵、十六烷基三甲基溴化铵和苄基三乙基氯化铵等。反应类型不同，需要选用不同结构的相转移催化剂。

5.3.6 织物柔软剂

当衣物被重复洗涤时，棉花的微小纤维容易发生断裂和拆散，加之洗涤过程中的机械摩擦产生静电，使变干的微纤维与纤维束垂直，这些微纤维像一个个“倒钩”，抑制了纤维与纤维间的滑动，从而干扰纤维的柔性，当纤维经过皮肤时，便会使人有粗糙的感觉。

向这些织物中加入柔软剂后，柔软剂通过化学作用和物理作用吸附在织物上，能够降低织物表面的静电积累、改善纤维-纤维间的相互作用，使得微纤维躺倒与纤维束平行，消除了“倒钩”，并且通过覆盖和润滑纤维束，减少了纤维间的摩擦，得到了更柔软、易弯曲的纤维。

目前用于织物柔软剂的主要阳离子表面活性剂见表 5-12。

表 5-12 常用的阳离子型织物柔软剂

阳离子型织物柔软剂		
$(R)_2N^+(CH_3)_2 \cdot X^-(X=Cl,CH_3SO_4)$	$(RCOOC_2H_4)_2N^+(CH_3)_2 \cdot Cl^-$	$(RCOOC_2H_4)(RCOOH_2C)N^+(CH_3)_2 \cdot Cl^-$
$RCONHC_2H_4N^+(CH_3)((R'O)_nH)C_2H_4NHCOR \cdot CH_3SO_4^-$	$(RCOOC_2H_4)_2N^+(CH_3)(C_2H_4OH) \cdot CH_3SO_4^-$	$(RCOHNC_2H_4)_2N^+(CH_3)(C_2H_4OH) \cdot CH_3SO_4^-$
N R N^+ $\cdot CH_3SO_4^-$ H_3C C_2H_4NHCOR	$(CH_3)_3N^+CH_2CH(OCOR)CH_2OCOR \cdot Cl^-$	$(RCOOC_2H_4)(RCOHNH_2C)N^+(CH_3)_2 \cdot Cl^-$
N H N^+ $\cdot Cl^-$ H C_2H_4NHCOR		

除上述应用外，阳离子表面活性剂的其他用途还包括金属防腐剂、头发调理剂、沥青乳化剂、农药杀虫剂、化妆品添加剂、抗氧剂和发泡剂等。

参考文献

[1] 李宗石，徐明新. 表面活性剂合成与工艺. 北京：中国轻工业出版社，1990.
[2] 郭祥峰，贾丽华. 阳离子表面活性剂及应用. 北京：化学工业出版社，2002.
[3] 王一尘. 阳离子表面活性剂的合成. 北京：中国轻工业出版社，1984.
[4] 夏纪鼎，倪永全. 表面活性剂和洗涤剂化学与工艺学. 北京：中国轻工业出版社，1997.
[5] 赵德丰，程侣柏，姚蒙正，等. 精细化学品合成化学与应用. 北京：化学工业出版社，2002.

第6章 两性表面活性剂

两性表面活性剂是20世纪40年代中期由H. S. Mannheimer第一次提出的，是表面活性剂的重要组成部分。同阴离子、阳离子和非离子等类型的表面活性剂相比，两性表面活性剂开发较晚。1937年，美国专利率先开始了关于这类化合物的报道。1940年，美国杜邦公司研究开发了甜菜碱（Betaine）型两性表面活性剂。1948年，德国人Adolf Schmitz发表了关于氨基酸型两性表面活性剂在电解质溶液中的性质以及该表面活性剂应用于外科消毒杀菌等方面的研究成果。1950年以后，各国才逐渐开始重视两性表面活性剂的研究和开发工作，商品化的品种逐渐增多。20世纪80年代，美国生产的两性表面活性剂有20多种，而日本的产品则达到170余种，总产量达1.9万吨。20世纪90年代以来，两性表面活性剂的新品种开发较少，产量增加不多，但也能占到表面活性剂总产量的2%～3%。2016年全球两性表面活性剂年产量超过45万吨，产值达18亿美元，而到2018年，产值则达到了25亿美元。

从产量上讲，两性表面活性剂远不如阴离子、非离子和阳离子表面活性剂。但是由于该类表面活性剂具有许多优异的性能，加上近年来环境保护要求日益严峻，人们对消费品的要求越来越高，促进了这类表面活性剂的快速发展。从增长率来看，它的发展速度高于表面活性剂行业的总体增长率。

我国是在20世纪70年代前后开始对两性表面活性剂进行研究和生产的，到20世纪90年代初期，仅有3个系列4种产品投放市场，产量仅1000吨左右，主要是甜菜碱型、氨基酸型和咪唑啉型两性表面活性剂。2002年，我国两性表面活性剂的品种达到200余种，年产量为5000吨。到2005年其品种增加到370余个，占全部表面活性剂品种数的7.87%，产量1万吨左右，在表面活性剂总产量中占不到1%的份额。而到了2016年，我国两性表面活性剂产量则快速增加到6.73万吨。由于两性表面活性剂的产量少，价格贵，在一定程度上限制了它的推广和应用，同国外发达国家相比，发展速度比较缓慢。因此，从总体上讲，我国两性表面活性剂的研究和应用与发达国家比仍有较大的差距。

由于两性表面活性剂性能优异，而且低毒、基本上无公害和污染，因此这类表面活性剂的发展前景是相当广阔的，社会需求量将不断增加。国际上目前相当重视两性表面活性剂的研究开发工作，而且取得了一定进展，他们的研究工作主要集中在以下几方面：

① 改造原有两性表面活性剂的分子结构，使其各种性能更加优异，产品更加实用；

② 设计和合成新型结构的两性表面活性剂，利用其能够和所有其他类型的表面活性剂复配的特性，产生各种加和增效作用，达到最佳的配方效果；

③ 深入研究两性表面活性剂结构与性能的关系，为开拓新型结构的两性表面活性剂品种，扩大其应用领域提供重要的理论指导。

总之两性表面活性剂的发展速度将会越来越快，在整个表面活性剂中所占的比重也将日益增加，因此我国应更加重视对此类表面活性剂的理论研究和新产品开发，尽快缩小与国际先进水平的差距。

6.1 两性表面活性剂概述 >>>

从广义上讲两性表面活性剂是指在分子结构中，同时具有阴离子、阳离子和非离子中的两种或两种以上离子性质的表面活性剂。根据分子中所含的离子类型和种类，可以将两性表面活性剂分为以下四种类型。

（1）同时具有阴离子和阳离子亲水基团的两性表面活性剂，如

$$R{-}NH{-}CH_2{-}COOH \qquad R{-}\overset{\displaystyle CH_3}{\underset{\displaystyle CH_3}{\overset{|}{\underset{|}{N^+}}}}{-}CH_2COO^-$$

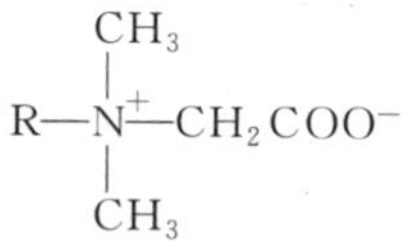

式中，R 为长碳链烷基或烃基。

（2）同时具有阴离子和非离子亲水基团的两性表面活性剂，如

$$R{-}O{+}CH_2{-}CH_2O{)_n}SO_3^-\,Na^+ \qquad R{-}O{+}CH_2{-}CH_2O{)_n}CH_2COO^-\,Na^+$$

（3）同时具有阳离子和非离子亲水基团的两性表面活性剂，如

$$R{-}\underset{\displaystyle CH_3}{\underset{|}{\overset{+}{N}}}\begin{matrix}\diagup (CH_2CH_2O)_pH\\ \diagdown (CH_2CH_2O)_qH\end{matrix}$$

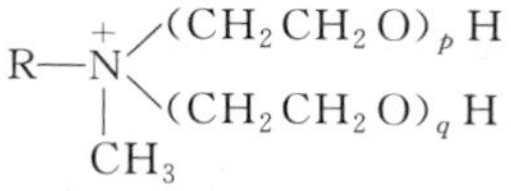

（4）同时具有阳离子、阴离子和非离子亲水基团的两性表面活性剂，如

$$R{-}O(CH_2CH_2O)_nCH_2{-}\underset{\displaystyle OH}{\underset{|}{CH}}{-}CH_2{-}\overset{\displaystyle CH_3}{\underset{\displaystyle CH_3}{\overset{|}{\underset{|}{\overset{+}{N}}}}}{-}CH_2{-}COO^-$$

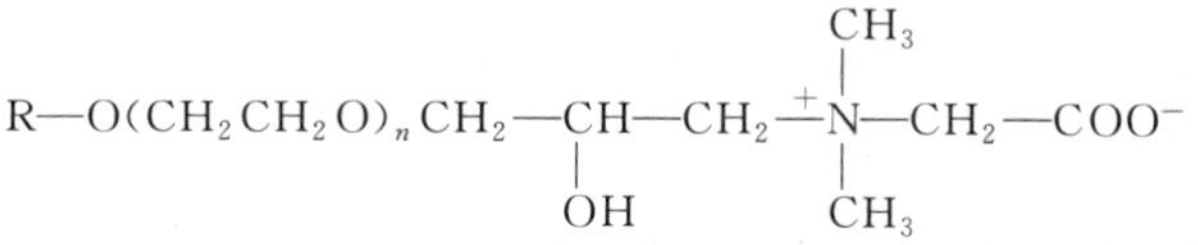

通常情况下人们所提到的两性表面活性剂大多是狭义的两性表面活性剂，主要指分子中同时具有阳离子和阴离子亲水基团的表面活性剂，也就是前面提到的（1）和（4）类型的表面活性剂，而其余两种则分别归属于阴离子和阳离子表面活性剂。

两性表面活性剂的正电荷绝大多数负载在氮原子上，少数是磷或硫原子。负电荷一般负载在酸性基团上，如羧基（$-COO^-$）、磺酸基（$-SO_3^-$）、硫酸酯基（$-OSO_3^-$）、磷酸酯基（$-OPO_3H^-$）和磺酸酯基（$-OSO_2^-$）等。其结构的特殊性决定了两性表面活性剂具有独特的性质与功能。

6.1.1 两性表面活性剂的特性

根据狭义的定义，两性表面活性剂的分子中带有阴、阳两种亲水基团，兼有两种离子类型表面活性剂的表面活性。它们在水溶液中能够发生电离，在某种介质条件下可以表现出阴离子表面活性剂的特性，而在另一种介质条件下，又可以表现出阳离子表面活

性剂特性。

近年来，两性表面活性剂之所以日益受到人们的重视、发展较快，主要是由于它们具有以下几个方面的特性。

① 两性表面活性剂具有等电点，在 pH 值低于等电点的溶液中带正电荷，表现为阳离子表面活性剂的性能；而在 pH 值高于等电点的溶液中带负电荷，表现为阴离子表面活性剂的性质。因此，该类表面活性剂在相当宽的 pH 值范围内都有良好的表面活性。

② 几乎可以同所有其他类型的表面活性剂进行复配，而且在一般情况下都会产生加和增效作用。

③ 具有较低的毒性和对皮肤、眼睛刺激性。磺酸盐和硫酸酯盐型阴离子表面活性剂对人的皮肤和眼睛都有较强的刺激性，而两性表面活性剂的刺激性非常小，因此可以用在化妆品和洗发香波中。

④ 具有极好的耐硬水性和耐高浓度电解质性，甚至在海水中也可以有效地使用。

⑤ 对织物有优异的柔软平滑性和抗静电性。

⑥ 具有良好的乳化性和分散性。

⑦ 可以吸附在带有负电荷或正电荷的物质表面上，而不产生憎水薄层，因此有很好的润湿性和发泡性。

⑧ 有一定的杀菌性和抑霉性。

⑨ 有良好的生物降解性。

正是由于两性表面活性剂的上述特点，它在日用化工、纺织工业、染料、颜料、食品、制药、机械、冶金及洗涤等方面的应用范围日益扩大。

6.1.2 两性表面活性剂的分类

在两性表面活性剂中，已经实用化的品种相对于其他类型的表面活性剂而言仍然较少。在大多数情况下，两性表面活性剂的阳离子部分都是由胺盐或季铵盐作为亲水基，而阴离子部分则有所不同，因此对两性表面活性剂进行分类时，可以按照阴离子部分的种类分类，也可以按照表面活性剂的整体化学结构分类。

6.1.2.1 按阴离子部分的亲水基类型分类

按照阴离子部分亲水基的种类，可以将两性表面活性剂分为羧酸盐型、磺酸盐型、硫酸酯盐型和磷酸酯盐型等四类，如表 6-1 所示。

表 6-1 两性表面活性剂按阴离子分类的主要类型

阴离子类型	阴离子基团结构	活性剂结构	活性剂结构通式
羧酸盐型	—COOM	氨基酸型	R—NH—CH_2CH_2COOH
		甜菜碱型	R—$N^+(CH_3)_2$—CH_2COO^-
		咪唑啉型	H_2 C N　CH_2 R—C—$^+$N—CH_2COO^- CH_2CH_2OH

续表

阴离子类型	阴离子基团结构	活性剂结构	活性剂结构通式
磺酸盐型	$—SO_3M$	氨基酸型	$R—NHCH_2CH_2CH_2SO_3Na$
		甜菜碱型	$R—N^+(CH_3)_2—CH_2CH_2CH_2SO_3^-$
		咪唑啉型	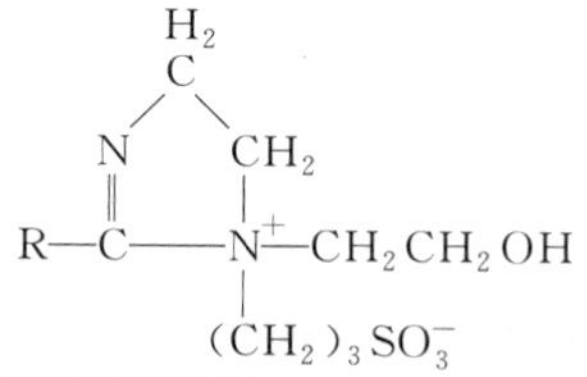 H_2 C N　CH_2 R—C——N^+—CH_2CH_2OH $(CH_2)_3SO_3^-$
硫酸酯盐型	$—OSO_3M$	氨基酸型	$R—NHCH(OH)—CH_2OSO_3Na$
		甜菜碱型	$R—N^+(CH_3)_2—CH_2CH_2OSO_3^-$
		咪唑啉型	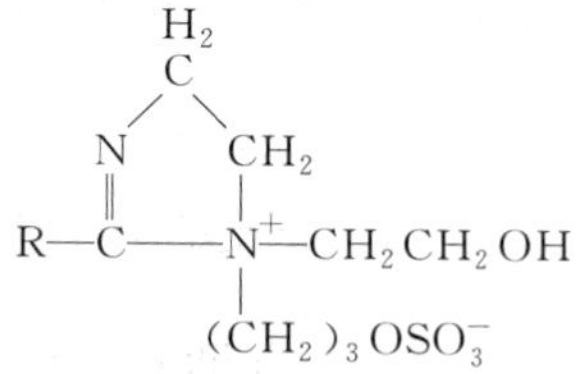 H_2 C N　CH_2 R—C——N^+—CH_2CH_2OH $(CH_2)_3OSO_3^-$
磷酸酯盐型	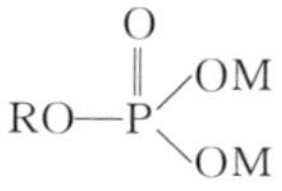 O ‖　OM RO—P 　OM	单酯	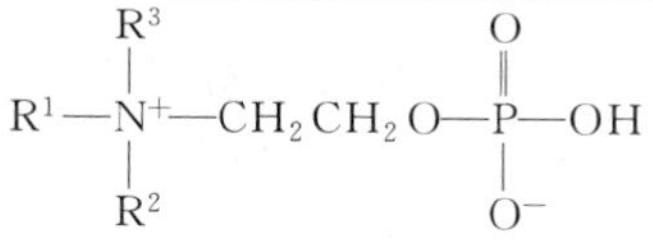 R^3　　　　　　O │　　　　　　‖ R^1—N^+—CH_2CH_2O—P—OH │　　　　　　│ R^2　　　　　　O^-
	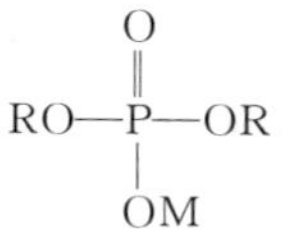 O ‖ RO—P—OR │ OM	双酯	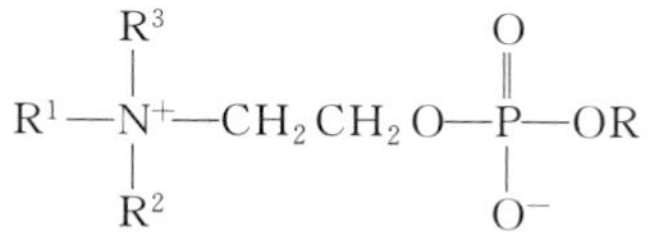 R^3　　　　　　O │　　　　　　‖ R^1—N^+—CH_2CH_2O—P—OR │　　　　　　│ R^2　　　　　　O^-

6.1.2.2　按整体化学结构分类

按照整体化学结构，两性表面活性剂主要分为甜菜碱型、咪唑啉型、氨基酸型和氧化胺型四类。

（1）甜菜碱型　甜菜碱型两性表面活性剂的分子结构如下式所示

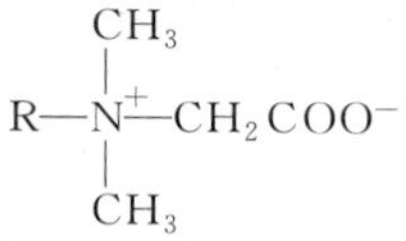

$$
\begin{array}{c}
CH_3 \\
| \\
R—\overset{+}{N}—CH_2COO^- \\
| \\
CH_3
\end{array}
$$

其中阴离子部分还可以是磺酸基、硫酸酯基等，阳离子还可以是磷和硫等。

（2）咪唑啉型　分子中含有咪唑啉环，如

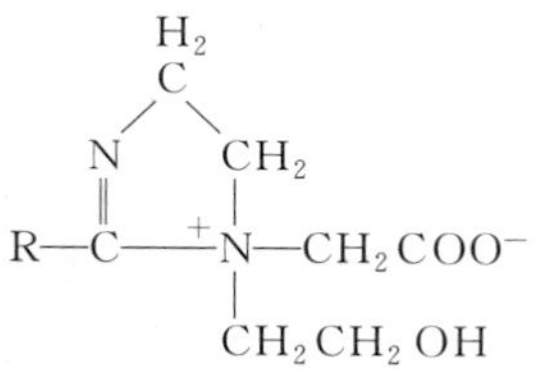

$$
\begin{array}{c}
H_2 \\
C \\
N \qquad CH_2 \\
R—C——\overset{+}{N}—CH_2COO^- \\
| \\
CH_2CH_2OH
\end{array}
$$

（3）氨基酸型　此类表面活性剂的结构主要是 β-氨基丙酸型和 α-亚氨基羧酸型，它们

的分子结构如下

$$R\overset{+}{N}H_2—CH_2CH_2COO^-$$

N-烷基-β-氨基丙酸

$$\begin{array}{c} RCHCOO^- \\ | \\ {}^+NH_2R \end{array}$$

N-烷基-α-亚氨基羧酸

（4）氧化胺型　氧化胺型两性表面活性剂的分子结构通式如下

$$\begin{array}{c} R^2 \\ | \\ R^1—N^+ \rightarrow O^- \\ | \\ R^3 \end{array}$$

在上述两种分类方法中，按整体结构分类的方法比较常用，其中最重要的表面活性剂品种是甜菜碱型和咪唑啉型两类表面活性剂。

6.2 两性表面活性剂的性质 >>>

与其他类型的表面活性剂相比，两性表面活性剂具有很多特殊的性质，例如作为两性物质存在等电点，介质的 pH 值对表面活性剂的离子性质有较大影响等。

6.2.1 两性表面活性剂的等电点

两性表面活性剂分子中同时具有阴离子和阳离子亲水基团，也就是说它的分子中同时含有酸性基团和碱性基团。因此两性表面活性剂最突出的特性之一是它具有两性化合物所共同具有的等电点的性质，这是两性表面活性剂区别于其他类型表面活性剂的重要特点。其正电荷中心显碱性，负电荷中心显酸性，这决定了它在溶液中既能给出质子，又能接受质子。

例如，N-烷基-β-氨基羧酸型两性表面活性剂在酸性和碱性介质中呈现如下的电离平衡

$$\underset{pH>4}{RNHCH_2CH_2COO^-} \underset{OH^-}{\overset{H^+}{\rightleftharpoons}} \underset{pH\approx 4}{RNHCH_2CH_2COOH} \underset{OH^-}{\overset{H^+}{\rightleftharpoons}} \underset{pH<4}{R\overset{+}{N}H_2CH_2CH_2COOH}$$

在 pH 值大于 4 的介质，如氢氧化钠溶液中，该物质以负离子形式存在，呈现阴离子表面活性剂的特征；在 pH 值小于 4 的介质，如盐酸溶液中，则以正离子形式存在，呈现阳离子表面活性剂的特征；而在 pH 值为 4 左右的介质中，表面活性剂以内盐的形式存在。可见两性表面活性剂的所带电荷随其应用介质或溶液的 pH 值的变化而不同。

在静电场中，由于电荷作用，阴离子形式存在的两性表面活性剂离子将向阳极移动，以阳离子形式存在的离子将向阴极移动。在一个狭窄的 pH 值范围内，两性表面活性剂以内盐的形式存在，此时将该表面活性剂的溶液放在静电场中时，溶液中的双离子将不向任何方向移动，即分子内的净电荷为零。此时溶液的 pH 值被称为该表面活性剂的等电点（或等电区，等电带）。如 N-烷基-β-氨基羧酸型两性表面活性剂的等电点为 4.0 左右。

若以 pK_a 和 pK_b 分别表示两性表面活性剂酸性基团和氨基的解离常数，那么该表面活性剂的等电点（pI）可由下式表示

$$pI=\frac{pK_a+pK_b}{2} \tag{6-1}$$

两性表面活性剂的等电点可以反映该活性剂正、负电荷中心的相对解离强度。若 pI<7.0，则表明负电荷中心解离强度大于正电荷中心解离强度；若 pI>7.0，表明正电荷中心解离强度较大。

两性表面活性剂的等电点可以用酸碱滴定的方法确定。即用盐酸或氢氧化钠标准溶液滴定，并测定 pH 值的变化曲线，从而确定等电点。

对于两性表面活性剂，由于所含阴离子和阳离子基团的种类、数量及位置的不同，它们的等电点也有很大差别，大部分两性表面活性剂的等电点在 2～9 之间。例如 *N*-烷基-*β*-氨基丙酸的等电区因烷基链的不同而不同，如表 6-2 所示。

表 6-2　*N*-烷基-*β*-氨基丙酸的等电点（pH 值）

$R—NHCH_2CH_2COOH$

R	C_{12}～C_{14}的混合物	纯 C_{12}	纯 C_{18}
等电点(pH 值)	2～4.5	6.6～7.2	6.8～7.5

羧酸咪唑啉型两性表面活性剂的等电点在 pH 值 6～8 之间（大约为 7）。甜菜碱型两性表面活性剂的等电点根据其结构不同而有所差别，如表 6-3 所示。

表 6-3　甜菜碱型两性表面活性剂的等电点

活性剂结构	$R—N^+(CH_3)_2—CH_2CH_2COO^-$		$R—N^+(CH_2CH_2OH)_2—CH_2COO^-$		$CH_3—N^+(CH_3)_2—CH(R)COO^-$		
R	C_{12}	C_{18}	C_{12}	C_{18}	C_8	C_{10}	C_{12}
等电点	5.1～6.1	4.8～6.8	4.7～7.5	4.6～7.6	5.5～9.5	6.1～9.5	6.7～9.5

从以上数据可以看出，等电点确切地说应称为等电区或等电带，也就是说它在某一 pH 值范围内呈电中性。由于 pH 值的变化会引起两性表面活性剂所带电荷和离子性质的不同，因此在使用过程中，介质或溶液 pH 值的变化将引起表面活性剂性质的很大变化。

6.2.2　临界胶束浓度与 pH 值的关系

一般两性表面活性剂的临界胶束浓度随着溶液 pH 值的增加而增大。例如 *N*-十二烷基-*N*,*N*-双乙氧基氨基乙酸钠的临界胶束浓度随其溶液的 pH 值有如表 6-4 所示的变化。

表 6-4　*N*-十二烷基-*N*,*N*-双乙氧基氨基乙酸钠的临界胶束浓度（25℃）**随 pH 值的变化**

$$C_{12}H_{15}—N^+(CH_2CH_2OH)_2—CH_2COO^-\ Na^+$$

溶液 pH 值	2	4	7	9	11
cmc/(g/100mL)	0.25	0.50	0.75	0.94	100

6.2.3　pH 值对表面活性剂溶解度和发泡性的影响

两性表面活性剂的溶解度和发泡性也会随着溶液 pH 值的不同而发生变化。例如 *N*-十二烷基-*β*-氨基丙酸的溶解度和发泡性与 pH 值的关系分别如图 6-1 和图 6-2 所示。

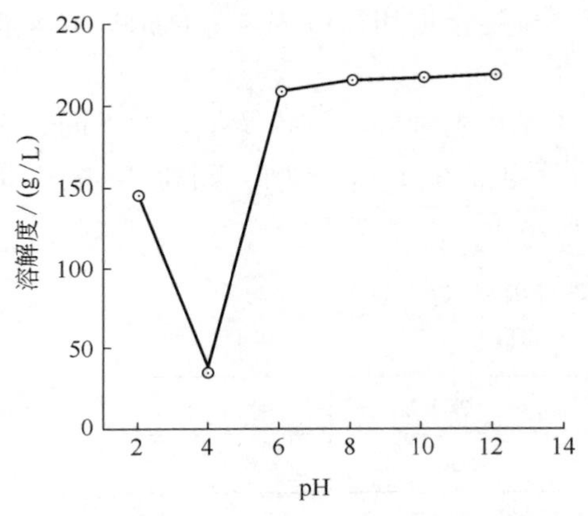

图 6-1 N-十二烷基-β-氨基丙酸的溶解度与 pH 值的关系

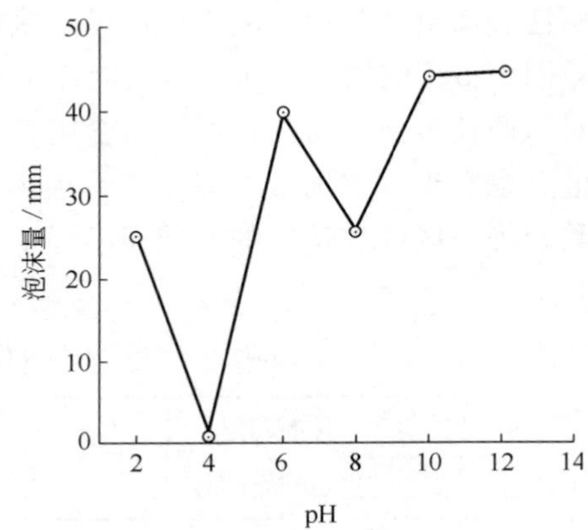

图 6-2 N-十二烷基-β-氨基丙酸的发泡性与 pH 值的关系

可以看出 N-十二烷基-β-氨基丙酸（$C_{12}H_{25}—NHCH_2CH_2COOH$）的溶解度和泡沫量随 pH 值的变化有如下规律：

① 该表面活性剂等电点时溶液的 pH 值约为 4，在等电点时，由于活性剂以内盐形式存在，其溶解度及泡沫量均最低；

② 当介质的 pH 值大于 4，即高于等电点时，呈现阴离子表面活性剂的特征，发泡快，泡沫丰富而且松大，溶解度迅速增加；

③ 当介质的 pH 值小于 4，即低于等电点时，呈现阳离子表面活性剂的特征，泡沫量和溶解度也较高。

6.2.4 在基质上的吸附量及杀菌性与 pH 值的关系

两性表面活性剂在 pH 值低于等电点的溶液中，由于显示阳离子表面活性剂的特征，在羊毛和毛发上的吸附量大，亲和力强，杀菌力也比较强。而在 pH 值高于等电点的溶液中以阴离子的形式存在，上述性能不理想。

6.2.5 甜菜碱型两性表面活性剂的临界胶束浓度与碳链长度的关系

对于甜菜碱型两性表面活性剂，其临界胶束浓度与烷基 R 碳链长度的关系可用下式表示

$$\lg cmc = A - Bn \tag{6-2}$$

式中，n 为烷基长碳链中碳原子的个数；常数 $A=1.5\sim2$，$B=29$。

此类表面活性剂的临界胶束浓度除可由式（6-2）计算外，也可以由实验测得。表 6-5 给出了部分甜菜碱型两性表面活性剂的临界胶束浓度，从表中数据可以看出，随着烷基链碳数的增加，临界胶束浓度明显降低。

表 6-5 甜菜碱型两性表面活性剂的临界胶束浓度（23℃）

$$R—\overset{CH_3}{\underset{CH_3}{\overset{|}{\underset{|}{N^{\pm}}}}}—(CH_2)_nCOO^-$$

R 的碳原子数	11	13	15
cmc/(mmol/L)	1.8	0.17	0.015

此外，改变两性表面活性剂中的阳离子或阴离子基团，也会对临界胶束浓度产生影响，例如含季铵阳离子的两性表面活性剂的临界胶束浓度高于含季鏻阳离子的品种，而带有不同的阴离子的表面活性剂的临界胶束浓度按照下述顺序递减

$$—COO^- > —SO_3^- > —OSO_3^-$$

6.2.6　两性表面活性剂的溶解度和 Krafft 点

以烷基甜菜碱型表面活性剂为例，两性表面活性剂的结构对其溶解度和 Krafft 点产生如下影响。

① 对于羧酸甜菜碱，当表面活性剂分子中的羧基与氮原子之间的碳原子数由 1 增加至 3 时，对其溶解度和 Krafft 点影响不大。

② 当烷基取代基的结构相同时，磺酸甜菜碱和硫酸酯甜菜碱的 Krafft 点明显高于羧酸甜菜碱，即前两者的溶解度较低。这一规律可由表 6-6 中的数据加以说明。

表 6-6　阴离子对 Krafft 点的影响

$C_{16}H_{33}N^+(CH_3)_2—(CH_2)_nX^-$

X^-	Krafft 点/℃	
	$n=2$	$n=3$
COO^-	<4	<4
SO_3^-	—	27
OSO_3^-	>90	—

通常羧基甜菜碱型两性表面活性剂的 Krafft 点低于 4～18℃，而大部分磺酸甜菜碱的 Krafft 点在 20～89℃之间，硫酸酯甜菜碱则均高于 90℃。

除自身的结构外，电解质的存在对表面活性剂的 Krafft 点也有影响。通常电解质在阴离子或阳离子表面活性剂溶液中会起盐析作用，从而使表面活性剂的溶解度降低，Krafft 点上升。在非离子表面活性剂中，这种影响不十分明显，会使活性剂的溶解度略有降低，Krafft 点略有提高。而在两性表面活性剂溶液中，加入电解质所产生的作用是使溶解度提高，Krafft 点降低。

6.2.7　表面活性剂结构对钙皂分散力的影响

钙皂分散力（lime soap disporsing rate，LSDR）或钙皂分散性是指 100g 油酸钠在硬度为 333mg $CaCO_3$/L 的硬水中维持分散，恰好无钙皂沉淀发生时所需钙皂分散剂的质量（g）。所谓钙皂分散剂是指具有能防止在硬水中形成皂垢悬浮物功能的物质。可见，LSDR 数值越低，表面活性剂对钙皂的分散能力越高。

（1）两性表面活性剂烷基 R 的碳链增长，或氮原子与羧基间的碳原子数 n 由 1 增加至 3 时，活性剂的钙皂分散力有所提高，LSDR 值降低。例如表面活性剂结构不同（表 6-7），其 LSDR 值不同。

表 6-7　烷基链对表面活性剂钙皂分散力的影响

$C_{12}H_{25}N^+(CH_3)_2—(CH_2)_nCOO^-$

n	1	2	3
LSDR/(g/100g)	20	17	11

（2）当表面活性剂分子中引入酰氨基或将羧基转换成磺酸基或硫酸酯基时，会使钙皂分散力大大改善，LSDR 数值降低（表 6-8）。

表 6-8 部分两性表面活性剂的钙皂分散力

两性表面活性剂	LSDR /(g/100g)	两性表面活性剂	LSDR /(g/100g)
$C_{12}H_{25}N^+(CH_3)_2$—$CH_2CH_2COO^-$	17	$C_{12}H_{25}N^+(CH_3)_2$—CH_2COO^-	20
$C_{12}H_{25}N^+(CH_3)_2$—$CH_2CH_2SO_3^-$	4	$C_{11}H_{23}CONHC_3H_6N^+(CH_3)_2$—$CH_2COO^-$	7
$C_{16}H_{33}N^+(CH_3)_2$—$CH_2CH_2COO^-$	16	$C_{16}H_{33}N^+(CH_3)_2$—CH_2COO^-	16
$C_{16}H_{33}N^+(CH_3)_2$—$CH_2CH_2OSO_3^-$	4	$C_{15}H_{31}CONHC_3H_6N^+(CH_3)_2$—$CH_2COO^-$	6

6.2.8 去污力

表面活性剂 *N*-烷基-*N*,*N*-二甲基磺酸甜菜碱的结构式如下

$$R—N^+(CH_3)_2—CH_2CH_2CH_2SO_3^-$$

该表面活性剂在棉和聚酯/棉混纺织物上的去污力同其分子中烷基 R 碳链长度的关系分别如图 6-3 和图 6-4 所示。

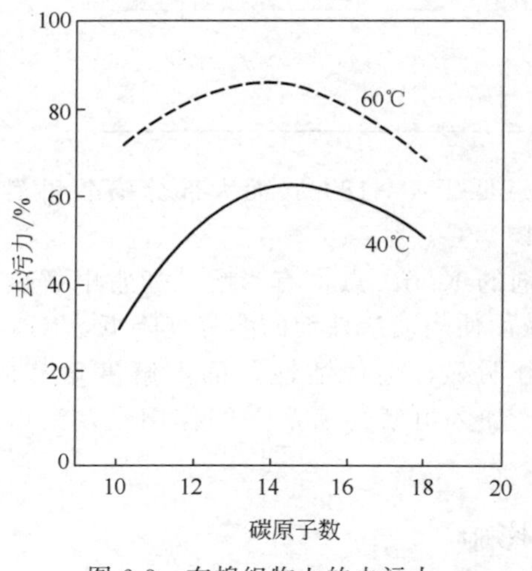

图 6-3 在棉织物上的去污力

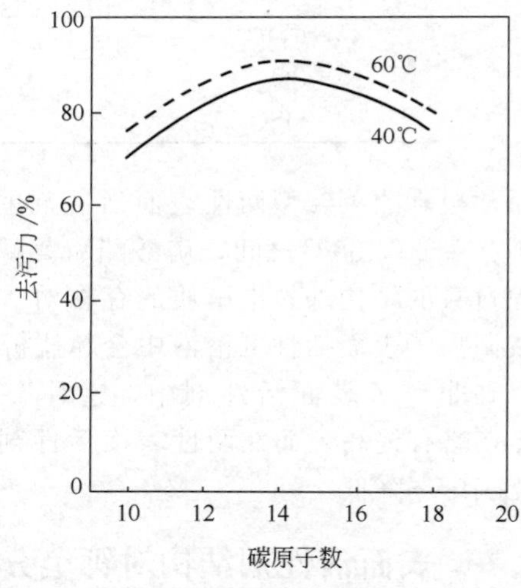

图 6-4 在聚酯/棉混纺织物上的去污力

从这两个图可以看出，该表面活性剂对棉或聚酯/棉混纺织物的去污力均随烷基链碳数的不同而有所变化，且均在含 12～16 个碳原子时去污效果最佳。

除上述特性外，两性表面活性剂还具有较好的抗静电能力和很好的生物降解性。例如咪唑啉型两性表面活性剂的水溶液在 12h 之内的生物降解率可以达到 90%以上，不产生公害。

6.3 两性表面活性剂的合成 >>>

本节重点介绍甜菜碱型和咪唑啉型两性表面活性剂的合成。

6.3.1 羧酸甜菜碱型两性表面活性剂的合成

甜菜碱型两性表面活性剂多用于抗静电剂、纤维加工助剂、干洗剂或香波中的表面活性

剂成分。天然甜菜碱主要存在于甜菜中，其结构是三甲胺乙（酸）内酯，即

$$(CH_3)_3\overset{+}{N}CH_2COO^-$$

甜菜碱型两性表面活性剂的分子结构便是以它为主要参照设计出来的。根据甜菜碱表面活性剂中阴离子的不同，该类表面活性剂可分为羧酸甜菜碱、磺酸甜菜碱和硫酸酯甜菜碱等。

羧酸甜菜碱型两性表面活性剂最典型的结构为 N-烷基二甲基甜菜碱，其结构通式为

$$R—\overset{CH_3}{\underset{CH_3}{\overset{|}{\underset{|}{N^+}}}}—CH_2COO^-$$

其中最常用、最重要的品种是十二烷基甜菜碱，商品名为 BS-12，它的合成大多采用氯乙酸钠法制备。

6.3.1.1 氯乙酸钠法合成羧酸甜菜碱

所谓氯乙酸钠法是用氯乙酸钠与叔胺反应制备羧基甜菜碱。在制备过程中先用等摩尔的氢氧化钠溶液将氯乙酸中和至 pH 值为 7，使其转化成为氯乙酸的钠盐，该步反应方程式为

$$ClCH_2COOH + NaOH \xrightarrow{pH\approx4} ClCH_2COONa + H_2O$$

然后氯乙酸钠与十二烷基二甲胺在 50～150℃反应 5～10h 即可制得产品，反应式为

$$C_{12}H_{25}—\overset{CH_3}{\underset{CH_3}{\overset{|}{\underset{|}{N}}}} + ClCH_2COONa \xrightarrow[5\sim10h]{50\sim150℃} C_{12}H_{25}—\overset{CH_3}{\underset{CH_3}{\overset{|}{\underset{|}{N^+}}}}—CH_2COO^- + NaCl$$

反应结束后向反应混合物中加入异丙醇，过滤除去反应生成的盐（氯化钠），再蒸馏除去异丙醇后即可得浓度约为 30%的产品，该商品呈透明状液体。这种表面活性剂具有良好的润湿性和洗涤性，对钙、镁离子具有良好的螯合能力，可在硬水中使用。

改变叔胺中的长碳链烷基，可以合成一系列带有不同烷基的 N-烷基二甲基甜菜碱，例如用十四烷基二甲胺、十六烷基二甲胺与氯乙酸钠反应，可分别合成十四烷基甜菜碱和十六烷基甜菜碱。

为了合成烷基链中带有酰氨基或醚基的羧基甜菜碱，首先应合成含有酰氨基和醚基的叔胺，再进一步与氯乙酸钠反应。例如，由脂肪酸与氨基烷基叔胺反应合成酰氨基叔胺，即

$$R'COOH + H_2NCH_2CH_2CH_2N(CH_3)_2 \xrightarrow[-H_2O]{} R'CONHCH_2CH_2CH_2N(CH_3)_2$$

$$\xrightarrow{ClCH_2COONa} R'CONHCH_2CH_2CH_2—\overset{CH_3}{\underset{CH_3}{\overset{|}{\underset{|}{N^+}}}}—CH_2COO^-$$

再如，通过下列反应可以合成疏水基部分含有醚基的羧酸甜菜碱。

$$CH_3—\overset{CH_3}{\underset{CH_3}{\overset{|}{\underset{|}{C}}}}—CH_2—\overset{CH_3}{\underset{CH_3}{\overset{|}{\underset{|}{C}}}}—C_6H_4—OCH_2CH_2OCH_2CH_2Cl \xrightarrow{NH(CH_3)_2}$$

$$CH_3—\overset{CH_3}{\underset{CH_3}{\overset{|}{\underset{|}{C}}}}—CH_2—\overset{CH_3}{\underset{CH_3}{\overset{|}{\underset{|}{C}}}}—C_6H_4—OCH_2CH_2OCH_2CH_2—N\begin{matrix}CH_3\\CH_3\end{matrix} \xrightarrow{ClCH_2COONa}$$

$$t\text{-}C_8H_{17}-C_6H_4-OCH_2CH_2OCH_2CH_2-\overset{CH_3}{\underset{CH_3}{N^+}}-CH_2COO^-$$

用烷基二乙醇胺与氯乙酸钠反应制得的羧基甜菜碱，分子中的羟乙基直接连在亲水基的氮原子上，即

$$C_{12}H_{25}-\overset{CH_2CH_2OH}{\underset{CH_2CH_2OH}{N}} + ClCH_2COONa \longrightarrow C_{12}H_{25}-\overset{CH_2CH_2OH}{\underset{CH_2CH_2OH}{N^+}}-CH_2COO^-$$

此外，还有的表面活性剂分子以苄基作为疏水基，例如

$$(C_{12}H_{25}-C_6H_4-CH_2)_2\overset{+}{N}\begin{matrix}CH_2CH_2OH\\CH_2COO^-\end{matrix}$$

该表面活性剂的合成首先是对十二烷基氯化苄和乙醇胺在碳酸氢钠的异丙醇溶液中回流反应 2h，过滤、干燥浓缩，制得双十二烷基苄基乙醇胺。然后该中间体和氯乙酸钠在异丙醇中、碘化钾的催化下回流反应 12h，反应结束经后处理可得最终产品。其合成反应式为

$$2C_{12}H_{25}-C_6H_4-CH_2Cl + H_2NCH_2CH_2OH \xrightarrow[\text{异丙醇}]{NaHCO_3} (C_{12}H_{25}-C_6H_4-CH_2)_2NCH_2CH_2OH$$

$$\xrightarrow[\text{KI,异丙醇}]{ClCH_2COONa} (C_{12}H_{25}-C_6H_4-CH_2)_2\overset{+}{N}\begin{matrix}CH_2CH_2OH\\CH_2COO^-\end{matrix}$$

氯乙酸钠法是合成羧酸甜菜碱型两性表面活性剂最重要的方法之一，使用最为广泛，除此之外还有其他五种合成方法。

6.3.1.2 卤代烷和氨基酸钠反应合成羧酸甜菜碱

卤代烷和氨基酸钠反应合成的方法的第一步是由胺与氯乙酸钠反应制备氨基酸钠，然后再与卤代烷反应制备甜菜碱。例如，*N*-烷基-*N*-苄基-*N*-甲基甘氨酸的合成方法反应方程式如下

$$C_6H_5-CH_2NHCH_3 + ClCH_2COONa \xrightarrow[40^\circ C]{95\%\text{乙醇}} C_6H_5-CH_2\overset{CH_3}{N}CH_2COONa$$

$$\xrightarrow[\text{回流}]{\text{RBr,无水乙醇}} R-\overset{CH_3}{\underset{H_2C-C_6H_5}{N^+}}-CH_2COO^-$$

N-甲基苄基胺与氯乙酸钠按物质的量比 3∶1 投料，在 95%的乙醇中于 40℃反应过夜，脱掉一分子氯化氢。反应结束后用碳酸钠处理反应液，并蒸出过量的 *N*-甲基苄基胺，经脱水后得到 *N*-甲基-*N*-苄基甘氨酸钠。该中间体溶于无水乙醇中，与过量的溴代烷 RBr 在回流条件下反应，蒸出溶剂，分离出未反应的溴代烷即可得到所需产品。

6.3.1.3 卤代烷与氨基酸酯反应再经水解合成羧酸甜菜碱

卤代烷与氨基酸酯反应再经水解合成的方法可用于制备长碳链中含有酰氨基的甜菜碱，如 *N*,*N*,*N*-三甲基-*N′*-酰基赖氨酸等，这种表面活性剂的结构为：

$$\mathrm{RCONH(CH_2)_4CH(\overset{+}{N}(CH_3)_3)COO^-}$$

它的合成主要包括以下五个步骤。

第一步，由脂肪酸与赖氨酸经 N-酰化反应制备 N'-酰基赖氨酸。

$$\mathrm{RCOOH + H_2N(CH_2)_4CH(NH_2)COOH \longrightarrow RCONH(CH_2)_4CH(NH_2)COOH}$$

第二步，用甲醇将羧基酯化。

$$\mathrm{RCONH(CH_2)_4CH(NH_2)COOH \xrightarrow[-H_2O]{CH_3OH} RCONH(CH_2)_4CH(NH_2)COOCH_3}$$

第三步，用甲醛和氢气与 N'-酰基赖氨酸甲酯反应进行 N-烷基化反应，生成 N,N-二甲基-N'-酰基赖氨酸甲酯。

$$\mathrm{RCONH(CH_2)_4CH(NH_2)COOCH_3 + 2HCHO + H_2 \longrightarrow RCONH(CH_2)_4CH(N(CH_3)_2)COOCH_3}$$

第四步，用碘甲烷季铵化。

$$\mathrm{RCONH(CH_2)_4CH(N(CH_3)_2)COOCH_3 + CH_3I \longrightarrow [RCONH(CH_2)_4CH(\overset{+}{N}(CH_3)_3)COOCH_3]I^-}$$

第五步，季铵化反应的产物用氢氧化钠在碱性条件下水解，使酯基水解为羧基即得到最终产品。

$$\mathrm{[RCONH(CH_2)_4CH(\overset{+}{N}(CH_3)_3)COOCH_3]I^- \xrightarrow[水解]{NaOH} RCONH(CH_2)_4CH(\overset{+}{N}(CH_3)_3)COO^-}$$

6.3.1.4　α-溴代脂肪酸与叔胺反应合成羧酸甜菜碱

用 α-溴代脂肪酸与叔胺反应合成的方法制备的甜菜碱型两性表面活性剂为 α-烷基取代的甜菜碱。例如 α-十四烷基三甲基甜菜碱的合成。

$$\mathrm{C_{14}H_{29}{-}CH(\overset{+}{N}(CH_3)_3){-}COO^-}$$

α-十四烷基-N,N,N-三甲基甘氨酸

首先，十六碳酸和三氯化磷用水浴加热，在 90℃下缓慢滴加溴，加完后继续搅拌 6h。然后加入水，并通入二氧化硫，使反应液由暗褐色逐渐变为浅黄色。分去水分得到 α-溴代十六酸，即

$$\mathrm{C_{14}H_{29}CH_2COOH + Br_2 \xrightarrow[-HBr]{90℃,6h} C_{14}H_{29}CH(Br)COOH}$$

然后，由 α-溴代十六酸与过量的三甲胺反应制得表面活性剂，即

$$\mathrm{C_{14}H_{29}{-}CH(Br){-}COOH + N(CH_3)_3 \xrightarrow[48h]{25\%三甲胺} C_{14}H_{29}{-}CH(\overset{+}{N}(CH_3)_3){-}COO^-}$$

利用此法以不同的叔胺或脂肪酸为原料还可制备其他结构相似的产品，例如

$$\mathrm{RCH(Br)COOH + C_5H_5N \longrightarrow RCH(\overset{+}{N}C_5H_5)COO^-}$$

6.3.1.5 长链烷基氯甲基醚与叔氨基乙酸反应合成羧酸甜菜碱

长链烷基氯甲基醚与叔氨基乙酸反应合成的方法主要用于制备含有醚基的甜菜碱，其结构通式为

$$ROCH_2-\overset{\overset{\displaystyle CH_3}{|}}{\underset{\underset{\displaystyle CH_3}{|}}{N^+}}-CH_2COO^-$$

该表面活性剂的合成分两步进行。

第一步，高碳醇的氯甲基化，即高碳醇与甲醛、氯化氢反应制取烷基氯甲醚。

$$ROH + HCHO + HCl \xrightarrow[\text{苯溶剂}]{5\sim10℃} ROCH_2Cl$$

第二步，烷基氯甲醚与 N,N-二甲氨基乙酸反应，制得长碳链中含有醚基的甜菜碱型两性表面活性剂。

$$ROCH_2Cl + \overset{\overset{\displaystyle CH_3}{|}}{\underset{\underset{\displaystyle CH_3}{|}}{N}}-CH_2COOH \xrightarrow[\text{NaOH}]{\text{醇溶剂}} ROCH_2-\overset{\overset{\displaystyle CH_3}{|}}{\underset{\underset{\displaystyle CH_3}{|}}{N^+}}-CH_2COO^-$$

6.3.1.6 不饱和羧酸与叔胺反应合成羧酸甜菜碱

以带有一个或两个长碳链烷基的叔胺为原料，以丙烯酸、顺丁烯二酸等不饱和羧酸为烷基化试剂，经 N-烷基化反应可制备羧酸甜菜碱。例如，丙烯酸与十二烷基二甲基胺的反应方程式如下

$$C_{12}H_{25}N(CH_3)_2 + CH_2{=}CHCOOH \longrightarrow C_{12}H_{25}-\overset{\overset{\displaystyle CH_3}{|}}{\underset{\underset{\displaystyle CH_3}{|}}{N^+}}-CH_2CH_2COO^-$$

再如，叔胺与顺丁烯二酸反应可制得含有两个羧基的表面活性剂

$$R^1-\overset{\overset{\displaystyle R}{|}}{\underset{\underset{\displaystyle R^2}{|}}{N}} + \begin{matrix} HC-COOH \\ \| \\ HC-COOH \end{matrix} \longrightarrow R^1-\overset{\overset{\displaystyle R}{|}}{\underset{\underset{\displaystyle R^2}{|}}{N^+}}-\underset{\underset{\displaystyle CH_2COOH}{|}}{CHCOO^-}$$

6.3.2 磺酸甜菜碱的合成

磺酸甜菜碱合成的这一类表面活性剂最早由 James 在 1885 年合成出来，当时他采用三甲胺和氯乙基磺酸反应制得表面活性剂 2-三甲基铵乙基磺酸盐［$(CH_3)_3N^+CH_2CH_2SO_3^-$］。后来人们逐渐使用带有长碳链烷基的叔胺与氯乙基磺酸钠反应，制得了很多品种的磺酸甜菜碱型两性表面活性剂。

这类表面活性剂最典型的结构通式如下

$$R-\overset{\overset{\displaystyle CH_3}{|}}{\underset{\underset{\displaystyle CH_3}{|}}{N^+}}-(CH_2)_nSO_3^-$$

它的合成可以有很多种方法，其关键在于磺酸基的引入。

与合成羧酸甜菜碱的氯乙酸钠法类似，叔胺与氯乙基磺酸钠反应是制备磺酸甜菜碱的传

统的方法，这一反应可以用来合成磺酸基和季铵盐之间相隔两个亚甲基基团的磺基甜菜碱。其合成主要过程包括氯乙基磺酸钠的制备及其与叔胺的反应。

氯乙基磺酸钠是通过二氯乙烷与亚硫酸钠的反应制备而得。

$$ClCH_2CH_2Cl + Na_2SO_3 \longrightarrow ClCH_2CH_2SO_3Na$$

由氯乙基磺酸钠与特定结构的叔胺反应，便可合成出所需的磺基甜菜碱型两性表面活性剂，即

$$RN(CH_3)_2 + ClCH_2CH_2SO_3Na \longrightarrow R-N^+(CH_3)_2-CH_2CH_2SO_3^-$$

带有苄基的磺酸甜菜碱是此类表面活性剂中的常见品种，如 *N*-烷基-*N*-甲基-*N*-苄基铵乙基磺酸

$$R-N^+(CH_3)(CH_2C_6H_5)-CH_2CH_2SO_3^-$$

该表面活性剂的合成关键是 *N*-苄基牛磺酸的制备。*N*-甲基苄基胺与氯乙基磺酸钠反应制得 *N*-甲基-*N*-苄基牛磺酸钠，再进一步与溴代烷进行季铵化反应制得上述结构的表面活性剂。

$$C_6H_5CH_2NHCH_3 + ClCH_2CH_2SO_3Na \longrightarrow C_6H_5CH_2N(CH_3)CH_2CH_2SO_3Na \xrightarrow{RBr} R-N^+(CH_3)(CH_2C_6H_5)-CH_2CH_2SO_3^-$$

为了满足应用性能的要求，磺酸甜菜碱两性表面活性剂的分子中还常常含有羟基，例如

$$R-N^+(CH_3)_2-CH_2-CH(OH)-CH_2SO_3^-$$

该表面活性剂的合成与氯乙基磺酸钠法类似，只是将与叔胺反应的原料由氯乙基磺酸钠改为 2-羟基-3-氯丙基磺酸钠反应，该中间体是由环氧氯丙烷与亚硫酸氢钠反应得到的。

$$ClCH_2CH\underset{O}{—}CH_2 + NaHSO_3 \longrightarrow ClCH_2CH(OH)CH_2SO_3Na$$

$$RN(CH_3)_2 + ClCH_2CH(OH)CH_2SO_3Na \longrightarrow R-N^+(CH_3)_2-CH_2-CH(OH)-CH_2SO_3^- + NaCl$$

磺酸甜菜碱型两性表面活性剂分子中磺酸基的引入方法除采用氯乙基磺酸外，还可通过叔胺和磺酸环内酯反应来实现，其反应通式为

$$RN(CH_3)_2 + \underset{\text{(1,3-丙磺酸内酯)}}{H_2C(CH_2)CH_2OSO_2} \longrightarrow R-N^+(CH_3)_2-CH_2CH_2CH_2SO_3^-$$

例如，表面活性剂 *N*-十六烷基-*N*-(3-磺基亚丙基) 二甲基甜菜碱的合成就采用此种方法。

$$C_{16}H_{33}N(CH_3)_2 + \underset{\text{(1,3-丙磺酸内酯)}}{H_2C(CH_2)_2OSO_2} \longrightarrow C_{16}H_{33}-\overset{CH_3}{\underset{CH_3}{\overset{|}{\underset{|}{N^+}}}}-CH_2CH_2CH_2SO_3^-$$

磺酸环内酯具有一定的致癌作用，目前多采用氯代丙烯代替它与叔胺反应，然后再与亚硫酸氢钠反应引入磺酸基。其反应式为

$$RN(CH_3)_2 + ClCH_2CH{=}CH_2 \longrightarrow [R-\overset{CH_3}{\underset{CH_3}{N^+}}-CH_2CH{=}CH_2]Cl^- \xrightarrow{NaHSO_3} R-\overset{CH_3}{\underset{CH_3}{N^+}}-CH_2CH_2SO_3^-$$

除以上方法外还有许多其他方法可以合成磺酸甜菜碱型两性表面活性剂，这里不作一一介绍。

6.3.3 硫酸酯甜菜碱的合成

硫酸酯甜菜碱两性表面活性剂的典型结构为

$$R-\overset{CH_3}{\underset{CH_3}{N^+}}-(CH_2)_nOSO_3^-\ ,\ n=2\sim3$$

它的制备方法主要有以下三种。

(1) 先由叔胺和氯醇反应引入羟基后，再用硫酸、氯磺酸或三氧化硫进行硫酸酯化制得，其反应式为

$$RN(CH_3)_2 + Cl(CH_2)_nOH \longrightarrow [R-\overset{CH_3}{\underset{CH_3}{N^+}}-(CH_2)_nOH]Cl^- \xrightarrow{HSO_3Cl,2NaOH} R-\overset{CH_3}{\underset{CH_3}{N^+}}-(CH_2)_nOSO_3^-$$

以 N-(4-硫酸酯亚丁基)二甲基十六烷基铵为例，其制备过程是用十六烷基二甲基胺与氯丁醇反应制得 N-(4-羟基丁基）二甲基十六烷基氯化铵，然后与氯磺酸反应，再用氢氧化钠中和，最后经后处理得到产品。

$$C_{16}H_{33}N(CH_3)_2 + Cl(CH_2)_4OH \longrightarrow [C_{16}H_{33}-\overset{CH_3}{\underset{CH_3}{N^+}}-(CH_2)_4OH]Cl^-$$

$$\xrightarrow{HSO_3Cl} \xrightarrow{NaOH} C_{16}H_{33}-\overset{CH_3}{\underset{CH_3}{N^+}}-(CH_2)_4OSO_3^-$$

(2) 由卤代烷与带有羟基的叔胺反应，然后用三氧化硫酯化制得。

例如，用对十二烷基氯化苄和羟乙基叔胺反应，制得含有羟基的季铵盐，然后用三氧化硫酯化便合成出含有苄基的硫酸酯甜菜碱，其反应式为

$$C_{12}H_{25}-C_6H_4-CH_2Cl + (CH_3)_2N-CH_2CH_2OH \longrightarrow [C_{12}H_{25}-C_6H_4-CH_2-\overset{CH_3}{\underset{CH_3}{N^+}}-CH_2CH_2OH]Cl^-$$

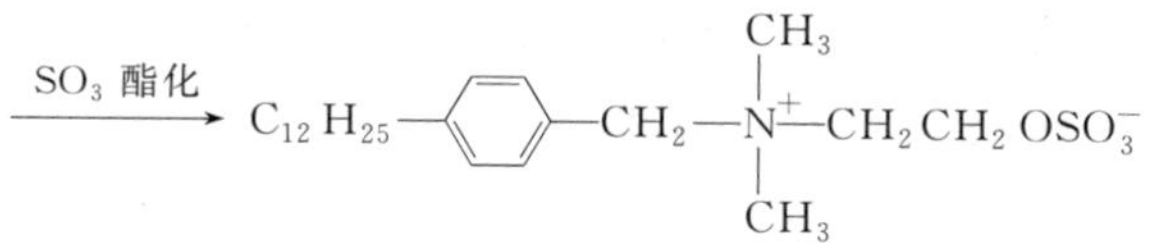

$$\xrightarrow{SO_3\ 酯化} C_{12}H_{25}-C_6H_4-CH_2-\overset{CH_3}{\underset{CH_3}{N^+}}-CH_2CH_2OSO_3^-$$

（3）先由高级脂肪族伯胺与环氧乙烷反应，再经卤代烷季铵化和三氧化硫酯化制得。

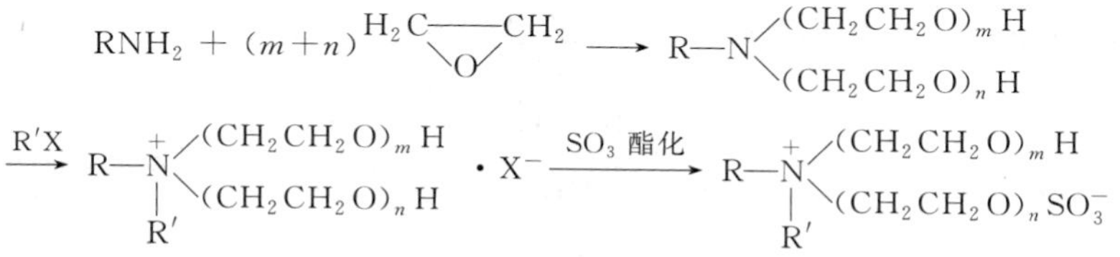

$$RNH_2 + (m+n)\,H_2C\overset{O}{—}CH_2 \longrightarrow R—N\begin{cases}(CH_2CH_2O)_mH\\(CH_2CH_2O)_nH\end{cases}$$

$$\xrightarrow{R'X} R—\overset{+}{N}(R')\begin{cases}(CH_2CH_2O)_mH\\(CH_2CH_2O)_nH\end{cases}\cdot X^- \xrightarrow{SO_3\ 酯化} R—\overset{+}{N}(R')\begin{cases}(CH_2CH_2O)_mH\\(CH_2CH_2O)_nSO_3^-\end{cases}$$

该反应合成的产品是一种毛纺织品的匀染剂。

6.3.4　含磷甜菜碱的合成

含磷甜菜碱型两性表面活性剂可用来改进洗涤功能。例如叔膦和磺酸环内酯反应可制得下列含磷的表面活性剂，该表面活性剂由于磷元素的引入而使洗涤效果有所提高。

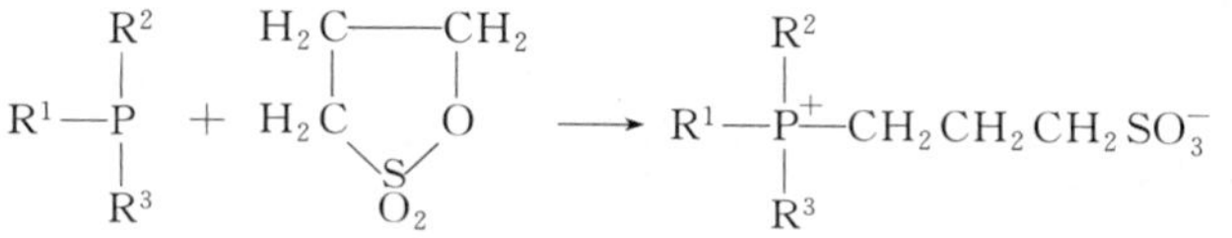

$$R^1—\overset{R^2}{\underset{R^3}{P}} + \begin{matrix}H_2C—CH_2\\ | \quad\quad | \\ H_2C \quad O\\ \diagdown S \diagup \\ O_2\end{matrix} \longrightarrow R^1—\overset{R^2}{\underset{R^3}{P^+}}—CH_2CH_2CH_2SO_3^-$$

综上所述，甜菜碱型两性表面活性剂的合成在一定程度上与季铵盐型阳离子表面活性剂的合成类似，可以借鉴季铵盐阳离子表面活性剂的合成路线和方法，但关键是羧基、磺酸基或硫酸酯基等阴离子的引入。

6.3.5　咪唑啉型两性表面活性剂的合成

咪唑啉型两性表面活性剂是开发较晚的品种，属于改良型和平衡型两性表面活性剂。由于它特殊的结构组成，具有独特的性质和突出的性能，在两性表面活性剂中占有相当重要的地位。近几年来，国外对咪唑啉型表面活性剂新品种的研制和扩大应用工作进展较快，有关文献报道也较多。据统计，在美国生产的两性表面活性剂中，咪唑啉衍生物占其总量的 60%以上。

咪唑啉型两性表面活性剂最突出的优点就是具有极好的生物降解性能，能迅速完全地降解，无公害产生；而且对皮肤和眼睛的刺激性极小，发泡性很好，因此较多地用在化妆品助剂、香波、纺织助剂等方面。此外也应用在石油工业、冶金工业、煤炭工业等作为金属缓蚀剂、清洗剂以及破乳剂等使用。

该类表面活性剂的代表品种是 2-烷基-*N*-羧甲基-*N*′-羟乙基咪唑啉和 2-烷基-*N*-羧甲基-*N*-羟乙基咪唑啉，它们的结构通式为

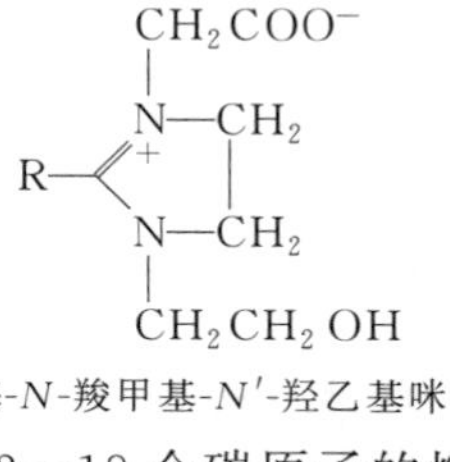

$$R—C\begin{cases}\overset{+}{=}N(CH_2COO^-)—CH_2\\ \quad N(CH_2CH_2OH)—CH_2\end{cases}$$

2-烷基-*N*-羧甲基-*N*′-羟乙基咪唑啉

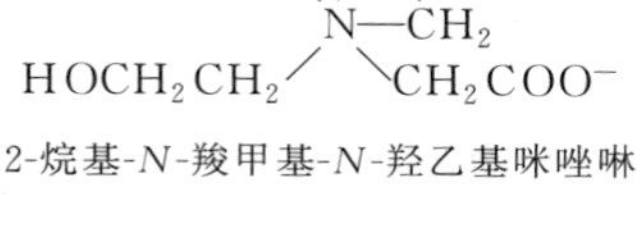

$$R—C\begin{cases}=N—CH_2\\ \quad \overset{+}{N}(CH_2CH_2OH)(CH_2COO^-)—CH_2\end{cases}$$

2-烷基-*N*-羧甲基-*N*-羟乙基咪唑啉

式中，R 是含 12～18 个碳原子的烷基。

合成咪唑啉型两性表面活性剂的反应分三步进行。

第一步，脂肪酸和羟乙基乙二胺（AEEA）发生酰化反应，同时得到两种酰胺，其反应式为

$$RCOOH + H_2NCH_2CH_2NHCH_2CH_2OH \xrightarrow[-H_2O]{\text{脱水}} RCONHCH_2CH_2NHCH_2CH_2OH + RCON\begin{cases}CH_2CH_2NH_2\\CH_2CH_2OH\end{cases}$$

第二步，酰胺脱水成环生成 2-烷基-*N*-羟乙基咪唑啉（HEAI）。

$$\begin{matrix}RC(=O)-NHCH_2\\ \vert\\ HN-CH_2\\ \vert\\ CH_2CH_2OH\end{matrix} + \begin{matrix}CH_2CH_2OH\\ \vert\\ RC(=O)-N-CH_2\\ \vert\\ H_2N-CH_2\end{matrix} \xrightarrow[\text{环合}]{\text{脱水}} R-C\begin{matrix}=N-CH_2\\ \vert\\ -N-CH_2\\ \vert\\ CH_2CH_2OH\end{matrix}$$

第三步，2-烷基-*N*-羟乙基咪唑啉与氯乙酸钠反应，得到两性表面活性剂产品。

$$R-C\begin{matrix}=N-CH_2\\ \vert\\ -N-CH_2\\ \vert\\ CH_2CH_2OH\end{matrix} + ClCH_2COONa \longrightarrow R-C\begin{matrix}=N-CH_2\\ \vert\\ -\overset{+}{N}-CH_2\end{matrix}\quad (HOCH_2CH_2)(CH_2COO^-)$$

应当注意的是，经过研究，人们证实了由 2-烷基-*N*-羟乙基咪唑啉和氯乙酸钠合成的咪唑啉型两性表面活性剂并非像如上结构那样以环状存在，而是复杂的线状结构的混合体系。这一现象可以从该反应的历程进行说明。

一般认为咪唑啉型两性表面活性剂的复杂体系是由 2-烷基-*N*-羟乙基咪唑啉（HEAI）与氯乙酸钠（CIA）反应的复杂历程以及外部条件造成的。其反应历程如下

a：H_2C-CH_2 环，$N{=}C(R)-N-CH_2CH_2OH$（键①、②）$\xrightarrow[\text{水解}]{+H_2O}$ $RCON\begin{cases}CH_2CH_2NH_2\\CH_2CH_2OH\end{cases}$（c，①断）$+ RCONHC_2H_4NHC_2H_4OH$（d，②断）

c $\xrightarrow{-HCl\ \ CIA}$ e：$RCON\begin{cases}C_2H_4NHCH_2COONa\\CH_2CH_2OH\end{cases}$

d $\xrightarrow{-HCl\ \ CIA}$ g：$RCONHC_2H_4N\begin{cases}C_2H_4OH\\CH_2COONa\end{cases}$

a $\xrightarrow{CIA}$ b：$^-OOCH_2C-N{=}\overset{+}{C}(R)-N-CH_2CH_2OH$（$H_2C-CH_2$ 环，键③、④）

b $\xrightarrow[\text{③断}]{+H_2O\ \text{水解}}$ e

e $\xrightarrow{-HCl\ \ CIA}$ h：$RCON\begin{cases}C_2H_4N\begin{cases}CH_2COONa\\CH_2COONa\end{cases}\\CH_2CH_2OH\end{cases}$

b $\xrightarrow[\text{④断}]{\text{水解}\ +H_2O}$ f：$RCON\begin{cases}CH_2COONa\\C_2H_4NHC_2H_4OH\end{cases}$

f $\xrightarrow{-HCl\ \ CIA}$ i：$RCON\begin{cases}CH_2COONa\\C_2H_4N\begin{cases}CH_2COONa\\CH_2CH_2OH\end{cases}\end{cases}$

在反应过程中，结构 b 可能存在是因为咪唑啉环上 1 位和 3 位的氮原子可以处于共振状态，结构稳定。正是由于它的存在，其水解最终得到 e 和 f 两种异构体。它们分别与氯乙酸钠反应得到产物 h 和 i。

咪唑啉在酸性条件下通常是稳定的，但在碱性条件下容易水解开环而形成线状结构。特别是在介质的 pH 值大于 10 时，其开环水解速率迅速增大。在合成咪唑啉型两性表面活性剂时，反应介质的 pH 值达到 13，在这种条件下合成产物大部分会转化为线状结构。2-烷基-*N*-羟乙基咪唑啉在此条件下水解，造成①和②两个化学键的断裂，生成 c 和 d 两种异构体，它们与氯乙酸钠反应分别得到产物 e 和 g。

由此可见，咪唑啉型两性表面活性剂产品是一个由多种组分混合而成的复杂体系，因此商品咪唑啉型两性表面活性剂很难用某一具体结构来表征。事实上，一般市售商品的主要活性组分是 e 和 g 两种化合物。

2-烷基-*N*-羟乙基咪唑啉用氯乙基磺酸、2-羟基-3-氯丙基磺酸和磺酸环内酯等进行季铵化可分别制得下列咪唑啉磺酸盐型表面活性剂。

$$\text{R—C}\begin{matrix}=N—CH_2\\ \quad|\\ —N—CH_2\end{matrix}(N\text{—}CH_2CH_2OH) + ClCH_2CH_2SO_3H \xrightarrow[\text{控制一定的 pH 值}]{\text{不开环}} \text{R—C}\begin{matrix}=N—CH_2\\ \quad|\\ —\overset{+}{N}—CH_2\end{matrix}(\overset{+}{N}: HOCH_2CH_2,\ CH_2CH_2SO_3^-)$$

$$\text{R—C}\begin{matrix}=N—CH_2\\ \quad|\\ —N—CH_2\end{matrix}(N\text{—}CH_2CH_2OH) + ClCH_2\underset{}{\overset{OH}{\overset{|}{C}}}HCH_2SO_3H \longrightarrow \text{R—C}\begin{matrix}=N—CH_2\\ \quad|\\ —\overset{+}{N}—CH_2\end{matrix}(\overset{+}{N}: HOCH_2CH_2,\ CH_2\underset{\underset{OH}{|}}{C}HCH_2SO_3^-)$$

$$\text{R—C}\begin{matrix}=N—CH_2\\ \quad|\\ —N—CH_2\end{matrix}(N\text{—}CH_2CH_2OH) + \begin{matrix}SO_2\text{——}O\\ |\qquad\quad |\\ CH_2CH_2CH_2\end{matrix} \longrightarrow \text{R—C}\begin{matrix}=N—CH_2\\ \quad|\\ —\overset{+}{N}—CH_2\end{matrix}(\overset{+}{N}: HOCH_2CH_2,\ CH_2CH_2CH_2SO_3^-)$$

咪唑啉硫酸酯型两性表面活性剂可由 2-烷基-*N*-羟乙基咪唑啉用硫酸等酯化制得，即

$$\underset{\text{HEAI}}{\text{R—C}\begin{matrix}=N—CH_2\\ \quad|\\ —N—CH_2\end{matrix}(N\text{—}CH_2CH_2OH)} + H_2SO_4 \xrightarrow[\text{不开环，}-H_2O]{\text{控制一定的 pH 值}} \text{R—C}\begin{matrix}=N—CH_2\\ \quad|\\ —N—CH_2\end{matrix}(N\text{—}CH_2CH_2OSO_3H)$$

6.3.6　氨基酸型表面活性剂的合成

氨基酸型两性表面活性剂的制备方法大致有以下三种。

（1）高级脂肪胺与丙烯酸甲酯反应，再经水解制得　例如月桂胺与丙烯酸甲酯反应引入羧基，制得 *N*-十二烷基-*β*-氨基丙酸甲酯，该化合物在沸水浴中加热，并在搅拌下加入氢氧化钠水溶液进行水解，生成表面活性剂 *N*-十二烷基-*β*-氨基丙酸钠。该反应方程式为

$$C_{12}H_{25}NH_2 + CH_2{=}CHCOOCH_3 \longrightarrow C_{12}H_{25}NHCH_2CH_2COOCH_3$$

$$C_{12}H_{25}NHCH_2CH_2COOCH_3 + NaOH \longrightarrow C_{12}H_{25}NHCH_2CH_2COONa + CH_3OH$$

这类表面活性剂洗涤力极强，可用作特殊用途的洗涤剂。

（2）高级脂肪胺与丙烯腈反应，再经水解制得　使用丙烯腈代替丙烯酸甲酯可以降低成本，使产品价格低廉。例如用这种方法合成 *N*-十八烷基-*β*-氨基丙酸钠的反应如下

$$C_{18}H_{37}NH_2 + CH_2{=}CHCN \longrightarrow C_{18}H_{37}NHCH_2CH_2CN$$

$$\xrightarrow[H_2O]{NaOH} C_{18}H_{37}NHCH_2CH_2COONa$$

以上两种方法合成的均是烷基胺丙酸型两性表面活性剂，若合成氨基与羧基之间只有一个亚甲基的品种时，可采用高级脂肪胺与氯乙酸反应的方法。

（3）高级脂肪胺与氯乙酸钠反应制得　烷基甘氨酸（$RNHCH_2COOH$）是最简单的氨基酸型两性表面活性剂，它的氨基与羧基之间相隔一个亚甲基（—CH_2—），其制备方法是由脂肪胺与氯乙酸钠直接反应制得。

$$RNH_2 + ClCH_2COONa \longrightarrow RNHCH_2COONa$$

合成过程是先将氯乙酸钠溶于水，然后加入脂肪胺，在 70～80℃下加热搅拌反应即可制得 *N*-烷基甘氨酸钠。

6.4 两性表面活性剂的应用 >>>

两性表面活性剂具有许多优异的性质，这是由其结构特点决定的。它的应用范围在近年来不断扩大，涉及洗涤用品、化妆品、合成纤维等很多领域。

6.4.1 洗涤剂及香波组分

两性表面活性剂大多配用在液体洗涤剂中，包括衣用洗涤剂、厨房用洗涤剂和住宅家具用洗涤剂等。由于两性表面活性剂的结构特点，使其具有良好的配伍性，能与其他离子或非离子类型的表面活性剂复配使用，产生很好的协同效应，提高洗涤剂的洗净力和起泡力。此外，两性表面活性剂具有很好的安全性，毒性低，对皮肤和眼睛刺激性也很小，因此是洗发香精和婴儿香波的理想原料之一。

用于洗涤剂中的两性表面活性剂包括甜菜碱型和咪唑啉型，前者具有水溶性好、洗涤效果好、适用的温度范围宽、刺激性低等优点，而后者则具有对皮肤和眼睛的刺激性小、发泡性好及性质温和等优点。

总之，两性表面活性剂用作洗涤剂及香波组分具有以下优点：

① 适用于较广范围 pH 值的使用介质，耐硬水性好；

② 刺激性小，毒性低；

③ 与其他类表面活性剂成分配伍性好，易产生加和增效的协同作用；

④ 不与香精发生作用。

6.4.2 杀菌剂

两性表面活性剂用作消毒杀菌剂在近年来报道较多，大多应用在外科手术、医疗器具等方面。最早用于杀菌的两性表面活性剂是氨基羧酸型表面活性剂。例如 Tego 系列两性表面活性剂对革兰菌具有很强的杀菌能力，而其自身的毒性大大低于阳离子表面活性剂和苯酚类消毒杀菌剂，此类表面活性剂如 $RNHCH_2CH_2NHCH_2CH_2NHCH_2COOH \cdot HCl$（Tego 51）。

6.4.3　纤维柔软剂

纤维的柔软加工是在其精练、漂白、染色等加工整理后，为赋予织物柔软感和平滑感，以满足最终成品所要求的性能而对纤维实施的处理过程。两性表面活性剂用作纤维柔软剂效果良好，且适用范围广，既能用于棉、羊毛等天然纤维，也适用于合成纤维制品。该种表面活性剂不与其他后整理助剂发生有害的相互作用，能在广泛的 pH 值范围内使用，不影响纤维的色光，不易使之泛黄，也不产生污染，应用效果良好。

据报道甜菜碱型、氨基酸型及咪唑啉型两性表面活性剂均可用作纤维柔软剂，例如下面咪唑啉型两性表面活性剂即可用作纤维柔软剂。

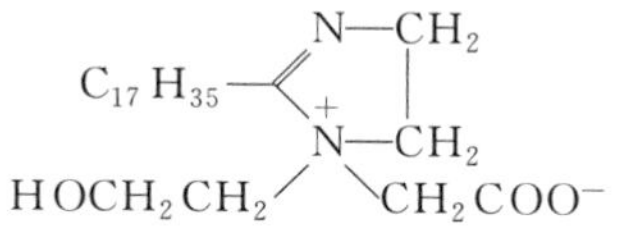

$$\begin{array}{c} C_{17}H_{35}\text{—}\!\!\left\langle \begin{array}{l} N\text{—}CH_2 \\ \overset{+}{N}\text{—}CH_2 \end{array} \right. \\ HOCH_2CH_2 \diagup \quad \diagdown CH_2COO^- \end{array}$$

咪唑啉型两性表面活性剂

6.4.4　缩绒剂

羊毛织成呢后，需要进行缩绒，目的是使织物在长度和亮度上达到一定程度的收缩，同时使其厚度增加，手感柔软厚实，这样可使保暖性更好。使用两性表面活性剂作缩绒剂可以产生显著的效果。

6.4.5　抗静电剂

由于合成纤维本身绝缘性能较好，静电产生的电荷就很难泄漏，因而更容易产生静电。在纺织过程中，静电的存在会引起丝束发散，断头较多等现象，给生产带来困难，影响产品产量和质量，甚至造成事故。

消除静电最简单的方法是使用抗静电剂。两性表面活性剂是一类理想的抗静电剂，特别是甜菜碱型两性表面活性剂。这类表面活性剂用作抗静电剂的特点是选择限制性小，几乎对各种纤维都能适用，而且抗静电能力普遍强于阴离子型和非离子型表面活性剂。

目前文献中报道的较为理想的抗静电剂如

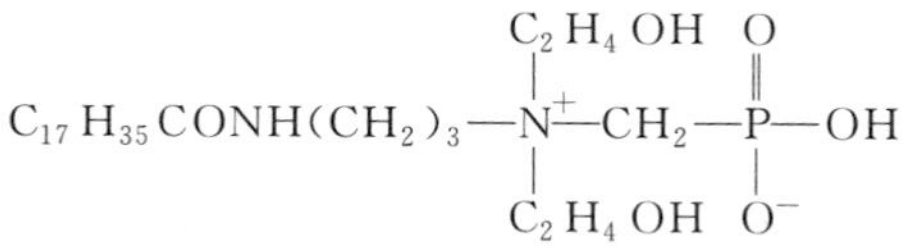

$$C_{17}H_{35}CONH(CH_2)_3\text{—}\overset{\overset{\displaystyle C_2H_4OH}{|}}{\underset{\underset{\displaystyle C_2H_4OH}{|}}{N^+}}\text{—}CH_2\text{—}\overset{\overset{\displaystyle O}{\|}}{\underset{\underset{\displaystyle O^-}{|}}{P}}\text{—}OH$$

6.4.6　金属防锈剂

金属在空气或加工过程中极易生锈腐蚀造成重大损失，使用金属防锈剂可以控制腐蚀的速度，防止大气腐蚀而引起的生锈。氨基酸、咪唑啉型两性表面活性剂均可作为有机缓蚀剂的成分，起到减缓金属腐蚀的作用。

6.4.7　电镀助剂

电镀是用电解的方法在金属表面覆盖一层其他金属以防止制品的腐蚀、增加其表面硬度或达到装饰的目的。添加表面活性剂可以得到致密的微晶，使电镀层光亮平整均匀，与金属结合力强，无麻点，提高镀件质量。两性表面活性剂用于电镀液中，是一种性能良好的电镀助剂。

总之，随着两性表面活性剂研究的不断深入和性能优良的新品种的不断开发，它在国民经济各个领域中的应用将会越来越广泛。

参考文献

[1] 王祖模，徐玉佩. 两性表面活性剂. 北京：中国轻工业出版社，1990.

[2] 李宗石，徐明新. 表面活性剂合成与工艺. 北京：中国轻工业出版社，1990.

[3] 夏纪鼎，倪永全. 表面活性剂和洗涤剂化学与工艺学. 北京：中国轻工业出版社，1997.

[4] 赵德丰，程侣柏，姚蒙正，等. 精细化学品合成化学与应用. 北京：化学工业出版社，2002.

第7章

非离子表面活性剂

非离子表面活性剂在产量上是仅次于阴离子表面活性剂的重要品种，在各种工业和民用领域被大量使用。这类表面活性剂在结构上的特点是含有能与水生成氢键的醚基、自由羟基等亲水基。非离子型表面活性剂因其结构上的特点，而具有不同于离子型表面活性剂的物理化学性质。随着石油化工的发展，合成这类表面活性剂所用的原料——环氧乙烷等的成本不断降低，因此消费量正在逐渐增长。

7.1 概述 >>>

7.1.1 非离子表面活性剂的发展状况

非离子表面活性剂是较晚应用于工业生产中的一类表面活性剂，起始于 20 世纪 30 年代，最早由德国学者 C·肖勒（C. Schuller）发现，并首次于 1930 年 11 月申请德国专利。在此之后美国先后开发了烷基酚聚氧乙烯醚、聚醚以及脂肪醇聚氧乙烯醚等产品。在 20 世纪 50～60 年代，又开发了多元醇型非离子表面活性剂。

随着石油化学工业的发展，环氧乙烷供应量大大增加，促进了聚氧乙烯型非离子表面活性剂生产的迅速发展。20 世纪 50 年代开始在民用市场应用。60 年代人们对非离子表面活性剂的反应机理、制造方法、基本物性等进行了深入研究，为该类表面活性剂的迅速发展奠定了基础。

非离子表面活性剂自 20 世纪 30 年代开始应用以来，发展非常迅速，由于它的很多性能优于离子型表面活性剂，所以应用非常广泛而且应用领域不断扩大，很快就成为仅次于阴离子表面活性剂的另一大类表面活性剂，在表面活性剂总量中所占的比重越来越大（其产量占表面活性剂总产量的百分比越来越高），逐渐有超过其他表面活性剂的趋势。例如，2016 年世界表面活性剂产量接近 2300 万吨，各种类型产品的份额如表 7-1 所示。非离子型表面活性剂产量较大，产值高，而且年增长率高于阴离子表面活性剂。

表 7-1 2016 年世界表面活性剂产量

表面活性剂种类	产量/万吨	份额/%	市场份额年增长率/%
阴离子型	1100	48.14	4～5
阳离子型	135	5.91	7～8
非离子型	940	41.14	6～7
两性及其他	110	4.81	6～7
合计	2285	100	5.5

由此可见，非离子表面活性剂是发展十分迅速的一类表面活性剂，它具有洗涤、分散、乳化、发泡（泡沫）、润湿、增溶、抗静电、保护胶体、匀染、防腐蚀、杀菌等多方面作用。除大量用于合成洗涤剂和化妆品工业的洗涤活性物外，还广泛应用于纺织、造纸、食品、塑料、皮革、玻璃、石油、化纤、医药、农药、油漆、染料、化肥、胶片、照相、金属加工、选矿、环保、消防等工业部门。

7.1.2 非离子表面活性剂的定义

非离子表面活性剂具有非常广泛的应用，因此能很快成为第二大类的表面活性剂品种。到底什么是非离子表面活性剂，它在结构上有什么特点呢？在前面几章介绍了离子型表面活性剂，包括阴离子型、阳离子型和两性型表面活性剂，它们的一个共同特点就是在水溶液中发生电离，而两性表面活性剂还存在一个等电点的电离平衡（此时是电中性），它们的亲水基团均是由带正电荷或负电荷的离子构成。而非离子表面活性剂与它们不同，这类表面活性剂在水溶液中不会形成离子，在水中的溶解性完全凭借化合物分子中的活性基团与水形成的氢键。

因此所谓的非离子型表面活性剂是一类在水溶液中不电离出任何形式的离子，亲水基主要由具有一定数量的含氧基团（一般为醚基或羟基）构成亲水性，靠与水形成氢键实现溶解的表面活性剂。

正是由于非离子表面活性剂在水中不电离，不以离子形式存在，因此决定了它在某些方面比离子型表面活性剂优越，这类表面活性剂具有如下特点：

① 稳定性高，不易受强电解质无机盐类存在的影响；

② 不易受 Mg^{2+}、Ca^{2+} 的影响，在硬水中使用性能好；

③ 不易受酸碱的影响；

④ 与其他类型表面活性剂的相容性好；

⑤ 在水和有机溶剂中皆有较好的溶解性能；

⑥ 此类表面活性剂的产品大部分呈液态或浆态，使用方便；

⑦ 随着温度的升高，很多种类的非离子表面活性剂变得不溶于水，存在“浊点”，这也是这类表面活性剂的一个重要特点。后面将作详细介绍。

正是由于以上特点，非离子表面活性剂具有较阴离子表面活性剂更好的发泡性、渗透性、去污性、乳化性、分散性，并且在低浓度时有更好的使用效果，被广泛应用于纺织、造纸、食品、塑料、皮革、玻璃、石油、化纤、医药、农药、油漆、染料等行业。有关非离子表面活性剂的应用及性能将在后面结合品种进行介绍。

7.1.3 非离子表面活性剂的分类

非离子表面活性剂的疏水基多是含有活泼氢原子的疏水基团（非离子表面活性剂的疏水基来源是具有活泼氢原子的疏水化合物），如高碳脂肪醇、脂肪酸、高碳脂肪胺、脂肪酰胺等物质。目前使用量最大的是高碳脂肪醇。亲水基的来源主要有环氧乙烷、聚乙二醇、多元醇、氨基醇等物质。

按其亲水基结构的不同，非离子表面活性剂主要分为聚乙二醇型和多元醇型两大类，其他还有聚醚型、配位键型非离子表面活性剂。

7.1.3.1　聚乙二醇型

聚乙二醇型非离子表面活性剂包括高级醇环氧乙烷加成物、烷基酚环氧乙烷加成物、脂肪酸环氧乙烷加成物、高级脂肪酰胺环氧乙烷加成物。

7.1.3.2　多元醇型

多元醇型非离子表面活性剂主要有甘油的脂肪酸酯、季戊四醇的脂肪酸酯、山梨醇及失水山梨醇的脂肪酸酯。

如果进一步按化学结构可以分为以下几类。

（1）脂肪醇聚氧乙烯醚　$RO{+}CH_2CH_2O{+}_nH$，$n=1\sim30$，$R=C_{10}\sim C_{18}$，平平加（商品）。

（2）烷基酚聚氧乙烯醚　$R-C_6H_4-O{+}CH_2CH_2O{+}_nH$，$n=1\sim30$，$R=C_{10}\sim C_{18}$，OP系列。如 $C_9H_{19}-C_6H_4-O{+}CH_2CH_2O{+}_{10}H$，壬基酚聚氧乙烯醚（OP-10）。

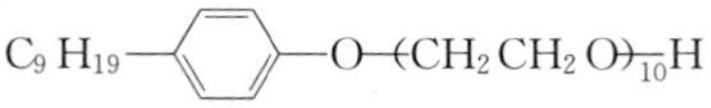

（3）聚氧乙烯烷基酰醇胺

$$RCONH(CH_2CH_2O)_nH \qquad RCON\begin{cases}(CH_2CH_2O)_xH\\(CH_2CH_2O)_yH\end{cases}$$

当 x、y、n 均为1时，则有如下表面活性剂

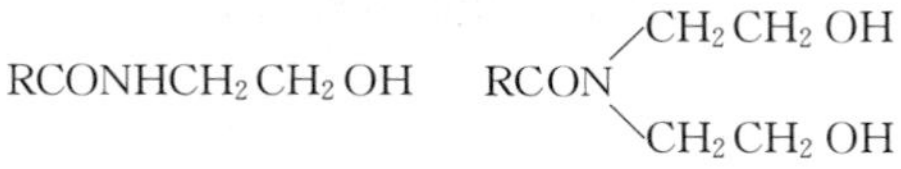

$$RCONHCH_2CH_2OH \qquad RCON\begin{cases}CH_2CH_2OH\\CH_2CH_2OH\end{cases}\text{（尼诺尔）}$$

（4）脂肪酸聚氧乙烯酯　$RCOO(CH_2CH_2O)_nH$，如 $R=C_{17}H_{33}$（油酸酯），或 $R=C_{17}H_{35}$（硬脂酸酯）。

（5）聚氧乙烯烷基胺

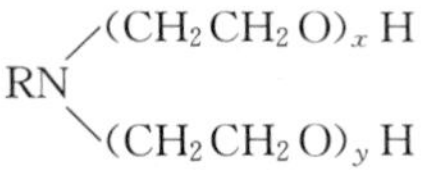

$$RN\begin{cases}(CH_2CH_2O)_xH\\(CH_2CH_2O)_yH\end{cases}$$

（6）多元醇表面活性剂　这类表面活性剂主要是脂肪酸与多羟基物作用而生成的酯，如单硬脂酸甘油酯 $\left(\begin{array}{l}C_{17}H_{35}COOCH_2\\ \qquad\qquad\quad | \\ \qquad\qquad\quad CHOH\\ \qquad\qquad\quad | \\ \qquad\qquad\quad CH_2OH\end{array}\right)$，季戊四醇酯 $\left(C_{17}H_{35}COOCH_2-C(CH_2OH)_3\right)$ 和失水山梨醇酯

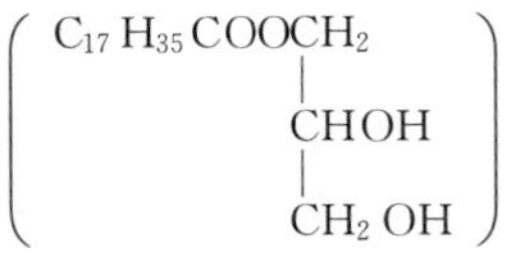

$$\left(\begin{array}{c}C_{17}H_{35}COOCH_2CH\overset{O}{\frown}CH_2\\ HOCH\qquad CHOH\\ \diagdown\ \diagup\\ CH\\ |\\ OH\end{array}\right)$$

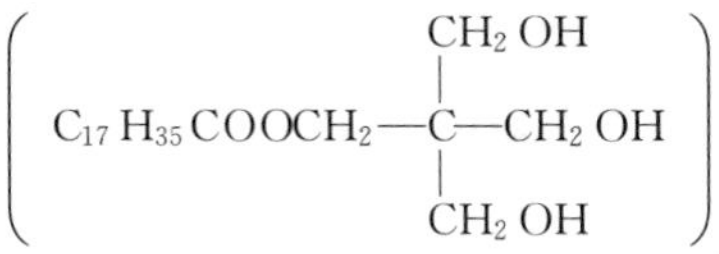

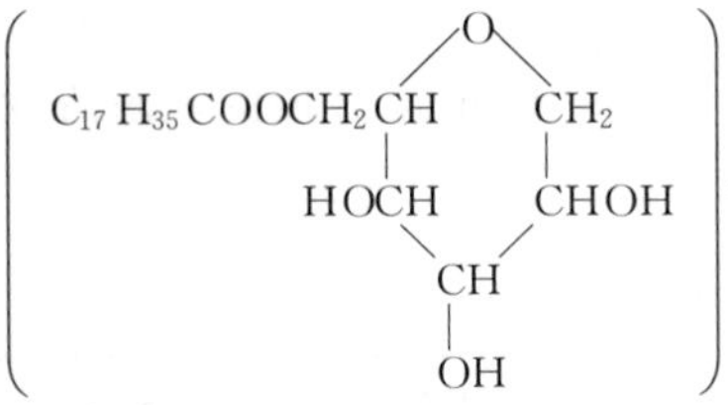

等。

（7）聚醚（聚氧乙烯-聚氧丙烯共聚）型表面活性剂　是环氧乙烷及环氧丙烷的嵌段聚合物。

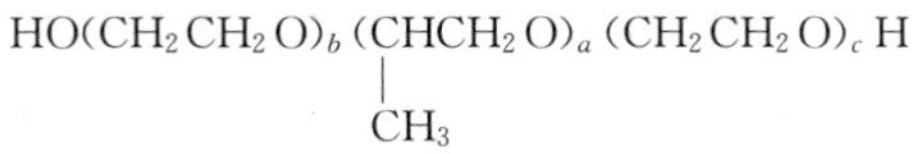

$$HO(CH_2CH_2O)_b(\underset{\displaystyle CH_3}{\underset{|}{CH}}CH_2O)_a(CH_2CH_2O)_cH$$

这类表面活性剂商品名为Pluronie，是应用比较广泛的一种表面活性剂，其中 $a\geqslant15$，

$(CH_2CH_2O)_{b+c}$ 含量占 20%～90%。

(8) 其他类型表面活性剂　包括如下。

① 高级硫醇 $RS{-}(CH_2CH_2O)_n{-}H$；

② 冠醚（结构式：R 取代的冠醚环，含 O 原子，重复单元下标 n）；

③ 配位键型 $C_{12}H_{25}{-}P(CH_3)_2{\rightarrow}O$，其中 P 也可用 N、As 等代替。

以上是非离子表面活性剂的主要类型，将在 7.4 节非离子表面活性剂的合成及应用中选择重要品种进行较详细的介绍。

7.2 非离子表面活性剂的性质 >>>

非离子表面活性剂在水中不电离，其表面活性是由中性分子体现出来的。该类表面活性剂具有较高的表面活性，其水溶液的表面张力低，临界胶束浓度亦低于离子型表面活性剂；胶束聚集数大，导致其增溶作用强，并具有良好的乳化能力和润湿能力。

7.2.1 HLB 值

HLB（hydrophile-lipophile balance）值是亲水亲油平衡值，表示表面活性剂亲水性与亲油性的强弱，但主要是描述亲水性，HLB 值越高，亲水性越强。表面活性剂的 HLB 值一般在 0～20 之间。

非离子型表面活性剂 HLB 值的计算方法如下。

(1) 聚乙二醇型非离子表面活性剂

$$\mathrm{HLB}=E/5$$

式中，E 为加成环氧乙烷的质量分数。

(2) 多元醇型非离子表面活性剂

$$\mathrm{HLB}=20(1-S/A)$$

式中，S 为多元醇酯的皂化值；A 为原料脂肪酸的酸值。

HLB 值的引入在表面活性剂分子结构和应用性能之间搭起了桥梁，不同 HLB 值的表面活性剂可参考的应用性能如表 7-2 所示。

表 7-2　不同 HLB 值的表面活性剂应用性能

HLB 值	3～6	7～15	8～18	13～15	15～18
用途	W/O 乳液	润湿渗透	O/W 乳液	洗涤去污	增溶

因此在实际生产和应用中，可以根据不同用途的要求来适当调节非离子表面活性剂的聚合度，即环氧乙烷的加成数，就可改变表面活性剂的 HLB 值，从而达到比较好的应用性能。

7.2.2　浊点及亲水性

7.2.2.1　浊点的定义和意义

环氧乙烷加成数量愈多，表面活性剂的亲水性就愈好。因此为了达到一定的 HLB 值及应用性能，可以改变环氧乙烷的加成数。

非离子型表面活性剂的亲水性是通过表面活性剂与水分子之间形成氢键的形式体现出来的。在无水状态下，通常聚氧乙烯链呈现锯齿形，而在水溶液中则是呈现蜿曲形，如下所示

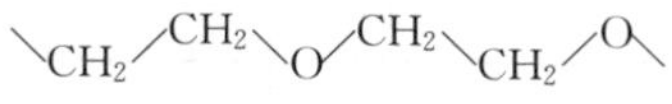

$—CH_2—CH_2—O—CH_2—CH_2—O—$

锯齿形

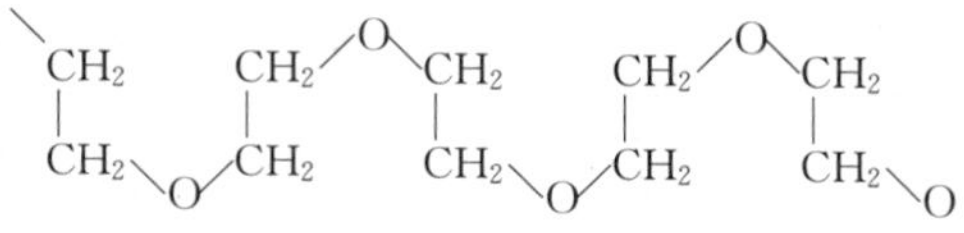

蜿曲形

当非离子表面活性剂在水溶液中以蜿曲形式存在时，聚氧乙烯基中亲水的氧原子均处于分子链的外侧，疏水性的—CH_2—基团被围在内侧，有利于水与氧原子形成氢键，从而使表面活性剂能够溶解在水中。

氢键的键能较低，结构松弛。当表面活性剂的水溶液温度升高时，分子的热运动加剧，结合在氧原子上的水分子脱落，形成的氢键遭到破坏，使其亲水性降低，表面活性剂在水中的溶解度下降。当温度升高到一定程度时，表面活性剂就会从溶液中析出，使原来透明的溶液变浑浊，这时的温度称为非离子表面活性剂的浊点（cloud point，CP）。

非离子表面活性剂的浊点与离子型表面活性剂的 Krafft 点相比有所不同。离子型表面活性剂在温度高于 Krafft 点时，溶解度显著增加，而非离子表面活性剂只有当温度低于浊点时，在水中才有较大的溶解度。如果温度高于浊点，非离子表面活性剂就不能很好地溶解并发挥作用。

因此浊点是非离子表面活性剂的一个重要指标，可以用它来表示非离子表面活性剂亲水性的高低。非离子表面活性剂的浊点越高，表面活性剂越不易自水中析出，亲水性越好。实际上非离子表面活性剂的质量和使用等都要靠其浊点的测定来指导。

7.2.2.2　影响非离子型表面活性剂浊点的因素

（1）疏水基的种类　疏水基种类不同，即使环氧乙烷（EO）加成数相同，表面活性剂的浊点也不相同。疏水基即亲油基的亲油性越大，所得表面活性剂的亲水性越低，浊点就低；反之，由亲油性小的疏水基构成的表面活性剂水溶性较大，其浊点较高。

例如月桂胺、月桂醇和月桂酸酯的 10mol 环氧乙烷加成物的浊点分别如表 7-3 所示。可见疏水基种类不同，表面活性剂的浊点不同，按照月桂胺、月桂醇和月桂酸酯的顺序，由它们制得的非离子表面活性剂浊点降低，即亲水性（或水溶性）降低。

表 7-3　疏水基的种类对浊点的影响

疏水基	月桂胺	月桂醇	月桂酸酯
浊点/℃	98	88	32

（2）疏水基碳链的长度　同族化合物或同类型亲油基中，疏水基愈长，碳数愈多，疏水性愈强，相应的亲水性就愈弱，则浊点愈低。这一点可由表 7-4 中的数据（10mol 环氧乙烷加成物）看出。由月桂醇到十八醇，碳原子数增加 6，浊点降低了 20℃，亲水性明显下降。

表 7-4 疏水基碳链的长度对浊点的影响

疏水基	月桂醇(C_{12})	十四醇(C_{14})	十六醇(C_{16})	十八醇(C_{18})
浊点/℃	88	78	74	68

(3) 亲水基的影响　聚氧乙烯以及其他一些类型的非离子表面活性剂的亲水基主要是聚氧乙烯链。当疏水基固定时，浊点随环氧乙烷加成数或聚氧乙烯链长的增加而升高，亲水性增强。例如月桂基聚乙二醇醚的氧乙烯基化程度和浊点有如表 7-5 所示的关系。

表 7-5 $C_{12}H_{25}(OCH_2CH_2)_nOH$ 的浊点

n	4	5	6	7	8	9	10	11	12
浊点/℃	7.0	31.0	51.6	67.2	79.0	87.8	94.8	100.3	>100

(4) 添加剂的影响　通常向非离子表面活性剂的溶液中添加非极性物质，浊点会升高；而添加芳香族化合物或极性物质时，浊点会下降；当加入 NaOH 等碱性物质时，会使浊点急剧下降。

7.2.2.3 水数

水数是用来表示非离子表面活性剂性能的另一个概念，它的含义是：将 1.0g 非离子表面活性剂溶于 30mL 二氧六环中，向得到的溶液中滴加水直到溶液浑浊，这时所消耗的水的体积（mL），即称为水数。水数也可用来表示非离子表面活性剂的亲水性，即水数上升，亲水性增强。

7.2.3 临界胶束浓度（cmc）

非离子表面活性剂的临界胶束浓度较低，一般比阴离子型表面活性剂低 1～2 个数量级。例如，同以十六烷基为疏水基的阴离子表面活性剂和非离子表面活性剂，其 cmc 相差较多，十六烷基硫酸钠的 cmc 为 5.8×10^{-4} mol/L，而十六醇的 6mol 环氧乙烷加成物的 cmc 为1.0×10^{-6} mol/L。

非离子表面活性剂具有较低的临界胶束浓度主要有以下两个原因：

① 非离子表面活性剂本身不发生电离，不带电荷，没有静电斥力，易形成胶束；

② 分子中的亲水部分体积较大，只靠极性原子形成氢键溶于水，与离子型表面活性剂相比，与溶剂作用力较弱，易形成胶束。

影响非离子表面活性剂临界胶束浓度的因素符合表面活性剂的一般规律：

① 随着疏水基碳链长度的增加，表面活性剂的亲水性下降，cmc 降低；

② 随着聚氧乙烯聚合度的增加，表面活性剂的亲水性增强，cmc 提高。

例如，表 7-6 和表 7-7 两组数据充分说明了疏水基碳链长度和聚氧乙烯聚合度对临界胶束浓度的影响。

表 7-6 $C_nH_{2n+1}O(CH_2CH_2O)_6H$ 的临界胶束浓度（20℃）

疏水基	正丁醇(C_4)	正己醇(C_6)	正辛醇(C_8)	正癸醇(C_{10})	十二醇(C_{12})
cmc/(mol/L)	8.0×10^{-1}	7.4×10^{-2}	1.1×10^{-2}	9.2×10^{-4}	8.2×10^{-5}

表 7-7　$C_{16}H_{33}O(CH_2CH_2O)_nH$ 的临界胶束浓度（25℃）

n	6	7	9	12	15	21
cmc/(mol/L)	1.0×10^{-6}	1.7×10^{-6}	2.1×10^{-6}	2.3×10^{-6}	3.1×10^{-6}	3.9×10^{-6}

7.2.4　表面张力

表面活性剂最重要的性能就是有效地降低表面或表面张力，对于非离子表面活性剂，影响其表面张力性质的因素主要有三个。

（1）疏水基官能团的影响　例如同为聚氧乙烯亲水基团的表面活性剂，当疏水基种类不同，其溶液表面张力不同，例如表 7-8 中不同疏水基的表面活性剂具有不同的表面张力。

表 7-8　不同疏水基对表面张力的影响

疏水基种类	异辛基酚聚氧乙烯醚	月桂酸聚乙二醇酯	油醇聚乙二醇醚	聚氧乙烯聚氧丙烯醚
γ/(mN/m)	29.7	32.0	37.2	45.2

（2）亲水基的影响　随聚氧乙烯链长度的增加，即环氧乙烷加成数的增加，表面张力升高，从图 7-1 各种烷基酚聚氧乙烯醚表面张力与含量的关系可以看出，相同含量时，环氧乙烷（EO）加成数越低，表面张力也越低。

（3）温度的影响　通常随温度的升高，表面张力下降。

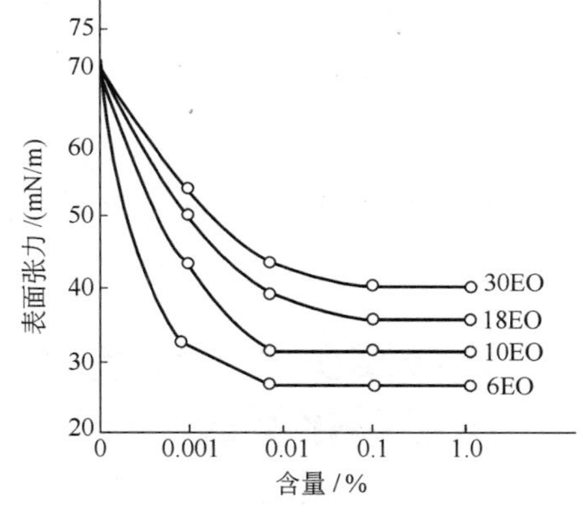

图 7-1　烷基酚聚氧乙烯醚含量与表面张力的关系

7.2.5　润湿性

润湿性的测定方法一般采用纱带沉降法。所谓纱带沉降法，即在给定的温度下，一定的时间内，使纱带下降所需要的表面活性剂的浓度。浓度越低，说明表面活性剂的润湿性越高。例如，25℃时 25s 内使纱带下沉时表面活性剂的含量变化如表 7-9 所示。

表 7-9　25s 内使纱带下沉时表面活性剂的含量变化（25℃）

脂肪醇碳数	10			12			14		
EO 加成数	2.9	8.8	19.1	4.4	11.2	23.5	4.9	13.9	26.4
含量/%	0.03	0.05	2.0	0.05	0.09	3.5	0.21	0.4	6.25

从表 7-9 中可以看出，非离子表面活性剂的润湿性有如下规律：

① 随碳数的增加，亲油基碳链长度的增长，使纱带下沉所需表面活性剂的含量增高，即润湿性降低；

② 在疏水基相同时，环氧乙烷 EO 加成数越多，亲水性越强、润湿力越差，使纱带下沉所需的表面活性剂含量越高。

7.2.6 起泡性和洗涤性

聚醚型非离子表面活性剂的起泡性通常比离子型低，而且因为不能电离出离子，对硬水不敏感。此外，它的起泡性随 EO 加成数的不同而发生变化，并出现最高值。例如，十三醇聚氧乙烯醚的起泡性如图 7-2 所示，其中以环氧乙烷加成数为 9.5mol 时最高。

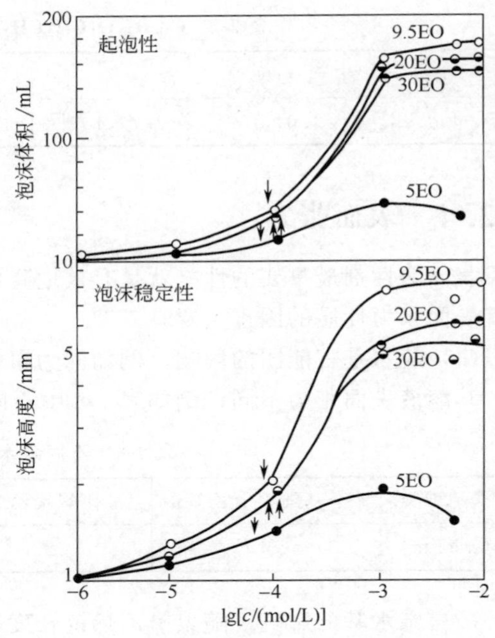

图 7-2 十三醇聚氧乙烯醚的起泡性（55℃）（箭头指 cmc）

在低温时，非离子表面活性剂的临界胶束浓度低于离子型表面活性剂的临界胶束浓度，因此其低温洗涤性较好。此外，用于不同纤维的洗涤时，得到最佳洗涤效果的表面活性剂的 EO 加成数不同，例如壬基酚聚氧乙烯醚用于羊毛洗涤时，EO 加成数以 6～12 为最好；而用于棉布洗涤时，则以 10 为最好。但十二醇聚氧乙烯醚在 EO 加成数为7～8 时，对羊毛和棉布均显示最高的洗涤效果。

7.2.7 生物降解性和毒性

非离子表面活性剂不带电荷，不会与蛋白质结合，对皮肤的刺激性较小，毒性也较低。

生物降解性一般以直链烷基为好，烷基酚类则较差；此外 EO 加成数越多，生物降解性越差。

7.3 合成聚氧乙烯表面活性剂的基本反应——氧乙基化反应 >>>

合成聚氧乙烯型表面活性剂的基本反应是氧乙基化反应，也叫环氧乙烷加成聚合反应。这一反应包括环氧乙烷与脂肪醇（ROH）、酚类（R-C₆H₄-OH）、硫醇（RSH）、羧酸（RCOOH）、酰胺（$RCONH_2$）以及脂肪胺（RNH_2）等含有活泼氢原子的化合物的反应。其反应式可表示为：

$$RXH^{*} + n\ \underset{\backslash O /}{CH_2—CH_2} \xrightarrow[\text{催化}]{OH^- \text{或} H^+} RX(CH_2CH_2O)_nH^{*}$$

式中，RXH^{*} 为脂肪醇等含有活泼氢原子的物质；X 为使氢原子致活的杂原子，如 O、N、S 等；R 为疏水基团，如烷基、烷基芳烃、酯和醚等；n 则代表平均聚合度，例如产品标明 $n=8$，实际上聚合度 n 的范围在 0～20 之间，平均聚合度为 8。下面详细介绍氧乙基化反应的机理。

7.3.1 反应机理

环氧乙烷因自身结构的特点具有很大的活泼性，易发生开环反应，和含有活泼氢的化合物发生加成反应。这一反应多数采用碱性条件下 EO 开环加成，即碱催化的氧乙基化反应。少数情况下采用酸性条件即酸催化的氧乙基化反应。采用的催化剂不同，反应机理也不同，因此将分别介绍碱催化和酸催化的氧乙基化反应机理。

7.3.1.1　采用 LiOH、NaOH、KOH 等碱作催化剂的氧乙基化反应

碱性条件下的 EO 开环加成反应是工业上合成非离子表面活性剂的常用方法。反应分两步进行：第一步是 EO 开环加成，得到一元加成物；第二步则是聚合反应，得到表面活性剂。

（1）环氧乙烷（EO）开环

$$RXH^{*} + NaOH(LiOH,KOH) \xrightarrow{快} RX^{-} + Na^{+}(K^{+},Li^{+}) + H^{*}OH$$

$$RX^{-} + \underset{\diagdown O \diagup}{CH_2—CH_2} \xrightarrow{慢} RXCH_2CH_2O^{-}$$

$$RXCH_2CH_2O^{-} + RXH^{*} \xrightarrow{快} RX^{-} + RXCH_2CH_2OH^{*}$$

在这一反应机理中，第二步慢反应是反应的控制步骤，它是二级亲核加成取代反应，反应速度取决于 RX^{-} 和 EO 的浓度。

该反应生成的氧乙基化阴离子 $RXCH_2CH_2O^{-}$ 与原料 RXH^{*} 经历一个很快的质子交换反应得到环氧乙烷的一元加成物 $RXCH_2CH_2OH^{*}$。

（2）聚合　根据以上的机理，氧乙基化阴离子 $RXCH_2CH_2O^{-}$ 除可以同 RXH^{*} 发生质子交换反应而终止反应外，还可以同 EO 进一步聚合形成聚氧乙烯链亲水部分，即发生下列一系列反应

$$RXCH_2CH_2O^{-} + \underset{\diagdown O \diagup}{CH_2—CH_2} \longrightarrow RXCH_2CH_2OCH_2CH_2O^{-}$$

$$RXCH_2CH_2OCH_2CH_2O^{-} + RXH^{*} \longrightarrow RXCH_2CH_2OCH_2CH_2OH^{*} + RX^{-}$$

$$\vdots$$

$$RX(CH_2CH_2O)_{n-2}CH_2CH_2O^{-} + \underset{\diagdown O \diagup}{CH_2—CH_2} \longrightarrow RX(CH_2CH_2O)_{n-1}CH_2CH_2O^{-}$$

$$RX(CH_2CH_2O)_{n-1}CH_2CH_2O^{-} + RXH^{*} \longrightarrow RX(CH_2CH_2O)_{n}H^{*} + RX^{-}$$

从以上反应历程可以看出，反应过程中可生成不同聚合度的化合物，因此一般所指的环氧乙烷加成数实际上是一个平均值。

7.3.1.2　采用 BF_3、$SnCl_4$、$SnCl_5$ 及质子酸作催化剂的氧乙基化反应

酸性条件下的开环机理尚不十分清楚，多数认为是 S_N1 型亲核取代反应，即反应按下列过程进行

$$\underset{\diagdown O \diagup}{CH_2—CH_2} + H^{+} \xrightarrow{快} \underset{\underset{H}{\diagdown \overset{+}{O} \diagup}}{CH_2—CH_2} \qquad ①$$

$$\underset{\underset{H}{\diagdown \overset{+}{O} \diagup}}{CH_2—CH_2} \xrightarrow{慢} (HOCH_2CH_2)^{+} \qquad ②$$

$$(HOCH_2CH_2)^+ + RXH \xrightarrow{快} RXCH_2CH_2OH + H^+ \quad ③$$

当以 BF_3 为催化剂时反应机理如下

$$ROH + BF_3 \longrightarrow RO^- + HBF_3^+$$

$$HBF_3^+ + \underset{\diagdown O \diagup}{CH_2—CH_2} \longrightarrow \underset{\underset{H}{\diagdown \overset{+}{O} \diagup}}{CH_2—CH_2} + BF_3$$

接下去反应可以按②和③继续进行。

在上面介绍的酸催化机制中，第二步反应是整个反应的速率控制步骤。反应中生成的 EO 一元加成物还可以继续反应得到多分子加成物，即

$$RXCH_2CH_2OH + (HOCH_2CH_2)^+ \longrightarrow RX(CH_2CH_2O)_2H + H^+$$

$$\vdots$$

$$RX(CH_2CH_2O)_{n-1}H + (HOCH_2CH_2)^+ \longrightarrow RX(CH_2CH_2O)_nH + H^+$$

酸催化反应在非离子表面活性剂的制备中不常采用，其中一个重要原因就是会有较多的副产物生成。副产物的生成过程如下

$$RX(CH_2CH_2O)_nCH_2CH_2OH + H^+ \longrightarrow RX(CH_2CH_2O)_nCH_2CH_2\overset{+}{O}H_2$$

$$RX(CH_2CH_2O)_{n-2}CH_2CH_2\overset{+}{O}(\text{环: }CH_2—CH_2—O—CH(CH_3)—) \xrightarrow{+H_2O} RX(CH_2CH_2O)_{n-2}CH_2CH_2\overset{+}{O}H_2 + \text{环: }O—CH_2—CH_2—O—CH(CH_3)$$

2-甲基二氧戊烷

$$RX(CH_2CH_2O)_{n-2}CH_2CH_2\overset{+}{O}(\text{环: }CH_2CH_2—O—CH_2CH_2) \xrightarrow{+H_2O} RX(CH_2CH_2O)_{n-2}CH_2CH_2\overset{+}{O}H_2 + \text{环: }O(CH_2CH_2)_2O$$

二氧六环

除此之外还有聚乙二醇副产物的生成，这些副反应会影响表面活性剂的合成产率及产品的质量，因此工业上一般多使用碱作催化剂，而不采用酸作催化剂。

7.3.2 影响反应的主要因素

7.3.2.1 原料的影响

（1）环氧化物的影响　环氧化合物结构不同，反应活性不同。表 7-10 列出了不同环氧化合物的反应速率。

表 7-10　不同环氧化合物对反应速率的影响

环氧化物种类	环氧乙烷	环氧丙烷	环氧丁烷
相对反应速率	1	0.4	0.1

可以看出环氧乙烷反应速率最快，反应活性高。这一点可以这样来理解，由于环氧乙烷开环反应属于亲核取代反应，被进攻的质点为 $\underset{\diagdown \underset{\delta^-}{\mathrm{O}} \diagup}{\overset{\delta^+}{\mathrm{CH_2}}—\mathrm{CH}—\mathrm{R}}$ ，进攻位置为 $\overset{\delta^+}{\mathrm{CH_2}}$ 。烷基 R 是供电子基团，使 $\overset{\delta^+}{\mathrm{CH_2}}$ 正电荷分布下降，因此影响了反应速率。而且 R 越长，空间位阻越大，反应速率越低。

（2）含活泼氢原料的影响　一般的规律是，给出氢原子的能力越强，反应活性越高。因此有如下几点结论：

① 碳链长度增加，醇的活性降低，反应速率减慢；

② 按羟基的位置不同，氧乙基化反应速率为伯醇＞仲醇＞叔醇；

③ 在酚类反应物中，取代基也对乙氧基化反应速率有影响，并按下列顺序递减：CH_3O—＞—CH_3＞H＞—Br＞—NO_2。

7.3.2.2　催化剂的影响

氧乙基化反应的催化剂有酸性催化剂和碱性催化剂两类，但一般用碱性催化剂，只有在某些局部的场合才使用酸性催化剂。碱性催化剂中比较常用的有金属钠、甲醇钠、氢氧化钠、碳酸钾、碳酸钠、醋酸钠等。

关于催化剂对反应的影响可以归纳为以下几条结论。

① 使用酸性催化剂比使用碱性催化剂时的反应速率快 80～100 倍。

② 碱性催化剂碱性的强弱会影响反应速率，即碱性越强，催化反应速率越快，不同的碱性催化剂催化下的反应速率为：KOH＞CH_3ONa＞C_2H_5ONa＞NaOH＞K_2CO_3＞Na_2CO_3。

③ 一般情况下，催化剂浓度增高，反应速率加快，且随浓度增高，在低浓度时反应速率的增加高于高浓度。例如催化剂 KOH 浓度对 EO 加成速率有较大的影响，如图 7-3 所示。

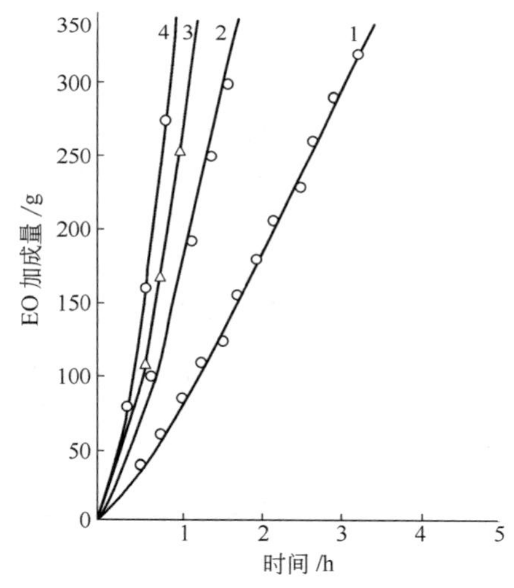

图 7-3　催化剂 KOH 浓度对 EO 加成速率的影响（135～140℃）

KOH 物质的量：1—0.018mol；2—0.036mol；3—0.072mol；4—0.143mol；十三醇物质的量＝1mol

④ 采用不同催化剂会影响产物的组成，即环氧乙烷加成数或聚合度 n 的分布。一般情况下采用酸催化剂的 n 符合泊松（Poisson）分布，而采用碱催化剂的 n 符合韦伯（Weibull）分布。二者性质对比见表 7-11。

表 7-11　不同催化剂对产物组成的影响

催化剂类型	聚合度 n 分布	产品性能	反应速率	其　他	工业用途
酸催化剂	窄	好	快	有副产物	×
碱催化剂	宽	差	慢	无副产物	√

由此可以看出，尽管酸催化剂存在许多优点，但因副产物的生成且其用途不大，故工业生产上主要应用仍是碱性催化剂。

7.3.2.3 温度的影响

温度是影响环氧乙烷加成速率的一个重要因素，一般随着温度的升高，反应速率加快。但这一变化规律并不是呈线性关系，而是在不同的温度范围内，反应速率随温度升高而加快的幅度不同。

例如图 7-4 是在甲醇钠催化下，用 1mol 十三醇与 220g 环氧乙烷反应生成$C_{13}H_{27}O(CH_2CH_2O)_5H$的反应时间与反应温度关系图。从图中结果可以看出，在相同温度增量下，环氧乙烷加成速率曲线在高温下的斜率比在低温时的斜率大。

图 7-4 中四条线每相邻两条线的温度差别即温度升高量均为 30℃，当在 105～110℃反应时，需要 3.5h 左右，而在 135～140℃反应，到结束时需要 1.2h。当反应温度分别为 165～170℃和 195～200℃时，反应时间则分别仅需要 0.6h 和 0.4h。

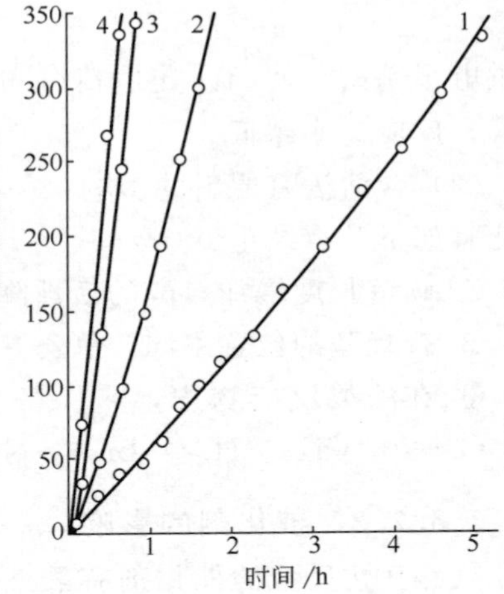

图 7-4 温度对 EO 加成速率的影响

十三醇物质的量＝1mol；KOH 物质的量＝0.036mol

1—105～110℃；2—135～140℃；3—165～170℃；4—195～200℃

7.3.2.4 压力的影响

通常情况下，随着反应体系压力的升高，反应速率加快，这是因为在反应体系中反应压力与环氧乙烷的浓度成正比，压力升高，则环氧乙烷浓度加大，因此反应速率加快。例如 1mol 的十三醇与 350g 环氧乙烷在不同压力下的反应完成时间，其结果列在表 7-12 中。

表 7-12 1mol 的十三醇与 350g 环氧乙烷反应压力对反应时间的影响

反应压力 p/kPa	6	4	2	1
反应时间/h	1.4～1.5	约 2	约 1.5	约 2.6

7.4 非离子表面活性剂的合成 >>>

非离子表面活性剂的工业品种很多，国外的商品牌号多于千余种，是仅次于阴离子表面活性剂的重要品种。本书选择工业上常用的一些典型品种作介绍，对它们的合成方法、应用性能及其原料的制备进行说明。在介绍合成的过程中，主要按化学结构分类进行介绍。

7.4.1 脂肪醇聚氧乙烯醚（AEO）

脂肪醇聚氧乙烯醚的结构通式为 $RO(CH_2CH_2O)_nH$，是最重要的非离子表面活性剂品种之一，商品名为平平加。它具有润湿性好、乳化性好、耐硬水、能用于低温洗涤、易生物降解以及价格低廉等优点。其物理形态随聚氧乙烯基聚合度的增加从液体到蜡状固体，但一般情况下以液体形式存在，不易加工成颗粒状。

脂肪醇聚氧乙烯醚按其脂肪链和环氧乙烷加成数的不同，可以得到多种性能不同的产品，表 7-13 是国内生产的主要商品，按其 HLB 值的变化列出。

表 7-13 脂肪醇聚氧乙烯醚主要商品

商品名	HLB 值	脂肪链长	引入乙氧基数(n)	用途
乳化剂 FO		12	2	乳化剂
乳化剂 MOA	5		4	液体洗涤剂、合纤油剂
净化剂 FAE			8	印染渗透剂
渗透剂 JFC	12	7～9	5	渗透剂
乳百灵 A	13			矿油乳化剂
平平加 OS-15	14.5			匀染剂
平平加 0～20	16.5	12		乳化剂
平平加 O		12～16	15～22	匀染剂、乳化剂
匀染剂 102			25～30	匀染剂、石油乳化剂

现以 Peregal O（平平加 O）为例介绍脂肪醇聚氧乙烯醚的具体合成方法。月桂醇 186g（1mol）与催化剂 NaOH 1g 加热至 150～180℃，在良好搅拌下通入环氧乙烷（EO，常温为气体，沸点 11℃），则反应不断进行，其反应式如下

$$C_{12}H_{25}OH + nCH_2\text{—}CH_2(\text{—O—}) \xrightarrow[150\sim180℃]{NaOH\ 催化} C_{12}H_{25}O(CH_2CH_2O)_nH$$

控制通入环氧乙烷的量，则在 150～180℃的温度下可以得到不同摩尔比的加成物。工业上一般采用加压聚合法，以提高反应速率。

脂肪醇聚氧乙烯醚的合成可认为是由如下两反应阶段完成

$$C_{12}H_{25}OH + CH_2\text{—}CH_2(\text{—O—}) \xrightarrow{NaOH} C_{12}H_{25}OCH_2CH_2OH$$

$$C_{12}H_{25}OCH_2CH_2OH + n\ CH_2\text{—}CH_2(\text{—O—}) \xrightarrow{NaOH} C_{12}H_{25}O(CH_2CH_2O)_nCH_2CH_2OH$$

这两个阶段具有不同的反应速率。第一阶段反应速率略慢，当形成一分子环氧乙烷加成物（$C_{12}H_{25}OCH_2CH_2OH$）后，反应速率迅速增加。

合成脂肪醇聚氧乙烯醚的原料为高碳醇（高级脂肪醇）和环氧乙烷，下面分别介绍这两种原料的合成方法及脂肪醇聚氧乙烯醚表面活性剂的生产过程。

7.4.1.1 高碳醇的制备方法

高碳醇的制备主要有三种方法：即天然油脂和脂肪酸还原法、有机合成法和石蜡法。

(1) 天然油脂和脂肪酸还原法　这种方法可以制备月桂醇（$C_{12}H_{25}OH$）、油醇[$CH_3(CH_2)_7CH{=}CH(CH_2)_7CH_2OH$] 及鲸蜡醇（$C_{16}H_{33}OH+C_{18}H_{35}OH$）等，其反应式为

$$RC(=O)\text{—}OH + 2H_2 \xrightarrow{Ni} RCH_2OH + H_2O$$

$$RC(=O)\text{—}OR' + 2H_2 \xrightarrow{Ni} RCH_2OH + R'OH$$

随着脂肪醇合成技术的不断发展，天然脂肪酸和油脂还原法制高碳醇有所衰落，但由于原料来源丰富，至今仍占有一席之地。特别是椰子油还原制十二碳醇在我国仍广泛使用，将椰子油在 2.5～10MPa、200～300℃温度下，催化加氢还原制得椰子油醇，是国内洗涤剂用脂肪醇的重要品种，其产品组成见表 7-14。

表 7-14 椰子油醇的组成

组分	辛酸(C_8)	癸醇(C_{10})	十二醇	十四醇	十六醇	十八醇
含量/%	9	8	45	15	5	8

生产非离子表面活性剂时，需要再进行分馏切割，前馏分（C_8～C_{14}）作洗涤剂，后馏分（C_{14}～C_{18}）作乳化剂和匀染剂。

根据这一反应原理，合成脂肪酸或脂肪酸酯也可经还原得高碳醇，但只有少数国家使用。

（2）有机合成法　有机合成制备高碳醇的方法中比较重要的有两种，羰基合成法和齐格勒法。

① 羰基合成法　羰基合成法是 1938 年德国鲁尔公司的奥托罗伦（Ottoroelen）发现的，1944 年该公司首先采用这种方法建成了年产万吨的 C_{12}～C_{14} 脂肪醇生产装置并顺利投产。在此之后法国、美国、日本、英国等国也先后建成了该工业装置，使得羰基合成法有很大发展，而高碳醇的产量也有大幅提高。

所谓羰基合成法，就是指烯烃、氢气和二氧化碳在催化剂及高温、高压条件下生成醛的反应。其反应式为

$$RCH{=}CH_2 + CO_2 + H_2 \xrightarrow{Co_2(CO)_8} RCH_2CH_2CHO + R\underset{}{\overset{\overset{CHO}{|}}{C}}HCH_3$$

生成的醛加氢可得到醇，即

$$RCH_2CH_2CHO,\ R\overset{\overset{CHO}{|}}{C}HCH_3 + H_2 \xrightarrow{Ni} RCH_2CH_2CH_2OH,\ R\overset{\overset{CH_2OH}{|}}{C}HCH_3$$

故反应产物一般是伯醇与仲醇的混合物。

② 齐格勒法　该法最早于 1954 年由联邦德国马克斯-普兰克（Max-Plank）研究所的基尔-齐格勒发现，并于 1962 年建成了年产 5 万吨高级直链伯醇的工厂并正式投入生产。该法亦是齐格勒（Ziegler）低压法聚乙烯的发展。

所谓齐格勒法是指乙烯与烷基铝在加热、加压的条件下反应得到三烷基铝，它进一步与乙烯反应制得高级三烷基铝，最后经氧化、水解制得高碳醇，其反应过程分为四个步骤。

第一步，三乙基铝的制备。可以看作由如下反应制得

$$3CH_2{=}CH_2 + \frac{3}{2}H_2 + Al \longrightarrow Al(CH_2CH_3)_3 \qquad ①$$

实际上是铝粉、氢气在三乙基铝存在下生成二乙基铝化合物，再进一步与乙烯反应生成三乙基铝，即

$$Al+\frac{3}{2}H_2+2Al(CH_2CH_3)_3 \longrightarrow 3Al(CH_2CH_3)_2H \qquad ②$$

$$Al(CH_2CH_3)_2H+CH_2{=}CH_2 \longrightarrow Al(CH_2CH_3)_3 \qquad ③$$

可以将反应①看作是反应②与③综合作用的结果。

第二步，高级三烷基铝的生成，即烷基链增长的过程。

$$Al(CH_2CH_3)_3+nCH_2{=}CH_2 \longrightarrow Al{<}\begin{matrix}R^1\\R^2\\R^3\end{matrix}$$

第三步，高级三烷基铝氧化得醇化铝。

$$Al{<}\begin{matrix}R^1\\R^2\\R^3\end{matrix}+\frac{3}{2}O_2 \longrightarrow Al{<}\begin{matrix}OR^1\\OR^2\\OR^3\end{matrix}$$

第四步，醇化铝水解制得高碳醇。

$$Al{<}\begin{matrix}OR^1\\OR^2\\OR^3\end{matrix}+H_2SO_4 \longrightarrow Al_2(SO_4)_3+R^1OH+R^2OH+R^3OH$$

齐格勒法制得的高碳醇均为伯醇，但它是不同碳链长度醇的混合物，其典型产品的分布见表 7-15。

表 7-15　齐格勒法制得的伯醇组成

组分	C_2	C_4	C_6	C_8	C_{10}	C_{12}	C_{14}	C_{16}	C_{18}	C_{20}	C_{22}
含量/%	1.1	9.6	17.4	24.5	20.9	13.8	7.2	3.5	1.30	0.5	0.2

经过分离后可以得到不同碳数的醇。这种方法存在的问题是得到的是多种醇的混合物，改进方法可以是调整产品比例，开发副产醇的应用。

(3) 石蜡法（此法由石油产品生产）　石蜡法生产高碳醇得到的是仲醇，其反应为自由基反应，反应方程式为

$$RCH_2CH_2CH_2CH_3+Cl_2 \xrightarrow{\text{氧化}} RCH_2CH_2\underset{}{\overset{Cl}{\overset{|}{C}}}HCH_3 \xrightarrow[-HCl]{\text{消除}} RCH_2CH_2CH{=}CH_2$$

$$\xrightarrow[\text{磺酸化}]{+H_2SO_4} RCH_2CH_2\overset{OSO_3H}{\overset{|}{C}}HCH_3 \xrightarrow[-H_2SO_4]{\text{水解}} RCH_2CH_2\overset{OH}{\overset{|}{C}}HCH_3$$

7.4.1.2　环氧乙烷的制备方法

环氧乙烷是制备非离子表面活性剂的重要原料，它的部分物理化学常数见表 7-16。

表 7-16　环氧乙烷的物理化学常数

项　　目	指　标	项　　目	指　标
沸点(101.325kPa)/℃	10.7	生成热(25℃,101.325kPa)/(kJ/mol)	71.06
凝固点/℃	−111.3	燃烧热(25℃,101.325kPa)/(kJ/mol)	1306.46

续表

<table>
<tr><th>项　　目</th><th>指　标</th><th colspan="2">项　　目</th><th>指　标</th></tr>
<tr><td>熔点/℃</td><td>−112.51</td><td colspan="2">溶解热(101.325kPa)/(kJ/mol)</td><td>6.27</td></tr>
<tr><td>闪点(开杯)/℃</td><td><-18</td><td colspan="2">聚合热(液态)/(kJ/mol)</td><td>83.60</td></tr>
<tr><td>自燃温度(101.325kPa)/℃</td><td>591</td><td colspan="2">分解热(气态)/(kJ/mol)</td><td>83.60</td></tr>
<tr><td>着火温度(101.325kPa 空气中)/℃</td><td>429</td><td rowspan="2">比热容
/[J/(g·℃)]</td><td>(液态)</td><td>1.95</td></tr>
<tr><td>临界温度/℃</td><td>195.8</td><td>(气态,34℃,101.325kPa)</td><td>1.096</td></tr>
<tr><td>临界压力/MPa</td><td>7.17</td><td rowspan="5">蒸气压
/kPa</td><td>10.7℃</td><td>87.99</td></tr>
<tr><td>密度(20℃)/(g/cm³)</td><td>0.8697</td><td>20℃</td><td>146.00</td></tr>
<tr><td>相对密度(d_{20}^{20})</td><td>0.8711</td><td>30℃</td><td>207.98</td></tr>
<tr><td>黏度(0℃)/Pa·s</td><td>0.032</td><td>50℃</td><td>395.57</td></tr>
<tr><td>折射率(7℃)</td><td>1.3597</td><td>109℃</td><td>1695.86</td></tr>
</table>

环氧乙烷的合成方法主要有氯乙醇法和直接氧化法。

（1）氯乙醇法　1925 年，美国联合碳化物公司建成第一套氯乙醇法生产环氧乙烷的装置，该法生产技术简单、乙烯消耗定额低，所以长期以来为人们所采用，目前在国内仍有使用。

这种方法的生产过程可由下列反应表示。

首先在水中通入氯气生成次氯酸

$$Cl_2 + H_2O \longrightarrow HOCl + HCl$$

乙烯同次氯酸反应生成氯乙醇

$$HOCl + CH_2{=}CH_2 \longrightarrow CH_2Cl{-}CH_2OH$$

氯乙醇与石灰相互作用获得环氧乙烷

$$2CH_2Cl{-}CH_2OH + Ca(OH)_2 \longrightarrow 2\,\underset{\diagdown O \diagup}{CH_2{-}CH_2} + 2H_2O + CaCl_2$$

除生成环氧乙烷外，反应过程中还有 1,2-二氯乙烷（$ClCH_2CH_2Cl$）、二氯乙醚（$ClCH_2CH_2OCH_2CH_2Cl$）和一氯醋酸（$ClCH_2COOH$）等副产品生成。它们是按下列过程形成的。

$$Cl_2 + CH_2{=}CH_2 \longrightarrow CH_2Cl{-}CH_2Cl$$

$$Cl_2 + CH_2Cl{-}CH_2OH \longrightarrow CH_2Cl{-}CH_2OCl + HCl$$

$$CH_2Cl{-}CH_2OCl + CH_2Cl{-}CH_2OH \longrightarrow ClCH_2CH_2OCH_2CH_2Cl + HOCl$$

$$CH_2Cl{-}CH_2OH + 2Cl_2 + H_2O \longrightarrow CH_2ClCOOH + 4HCl$$

该方法的工艺流程如图 7-5 所示。

这种方法的缺点是消耗大量的氯气和石灰，氯化钙溶液给污水处理造成很大困难，而且副产物盐酸对设备腐蚀严重。因此氯乙醇法后来逐渐被直接氧化法取代，美国则在 1971 年前后将此法全部淘汰。

（2）直接氧化法　1953 年，美国设计（SD）公司成功建立了年产 27t 的空气氧化法生

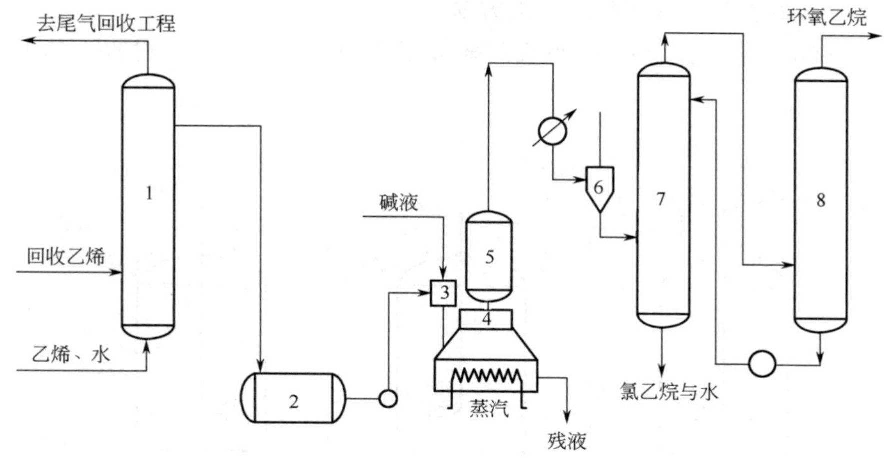

图7-5 氯乙醇法生产环氧乙烷工艺流程

1—氯乙醇反应器；2—氯乙醇贮槽；3—混合器；4—皂化釜；5—回流冷凝器；6—气液分离器；7—初馏塔；8—精馏塔

产环氧乙烷的工业装置，此后该法被广泛使用并逐步取代氯乙醇法。1958年美国的壳牌开发（Shell Development）公司发展了氧气氧化法，建立了年产2万吨环氧乙烷的生产装置。由于廉价的纯氧易于制得，因此该法颇受人们的重视，到1975年世界上氧气氧化法生产环氧乙烷的生产能力已超过空气氧化法。

该法的生产过程是乙烯和氧在银催化剂的催化下氧化制得环氧乙烷，反应式为

$$CH_2{=}CH_2 + \frac{1}{2}O_2 \xrightarrow[Ag]{250℃} \underset{\diagdown O \diagup}{CH_2{-}CH_2}$$

此外反应中还有副反应发生，产生副产物，如

$$CH_2{=}CH_2 + 3O_2 \xrightarrow{250℃} 2CO_2 + 2H_2O$$

$$CH_2{=}CH_2 + 2H_2O \longrightarrow 2CH_3OH$$

$$CH_2{=}CH_2 + \frac{1}{2}O_2 \longrightarrow CH_3CHO$$

$$\underset{\diagdown O \diagup}{CH_2{-}CH_2} + \frac{5}{2}O_2 \longrightarrow 2CO_2 + 2H_2O$$

$$\underset{\diagdown O \diagup}{CH_2{-}CH_2} \longrightarrow CH_3CHO$$

因此生产过程中要严格控制反应条件，否则副反应会加剧，破坏正常生产。另外，直接氧化法对原料乙烯的纯度要求较高，含量应高于98%；而且此法操作复杂，技术要求高，更适合于大规模工业生产。

但氧化法工艺新，反应过程中不用氯气，生产费用比氯乙醇法低，而且产品质量较好，环氧乙烷纯度＞99.9%，醛含量（以乙醛计）＜0.01%，水分含量＜0.03%。而氯乙醇法产品中醛含量在0.1%～0.3%之间。一般对环氧乙烷质量要求为纯度＞98%，乙醛含量≤0.4%，水分≤0.2%。

7.4.1.3 非离子表面活性剂的合成方法

以 $C_{18}H_{37}(OCH_2CH_2)_{10}OH$ 为例介绍非离子表面活性剂的生产过程，其工艺流程如图 7-6所示。

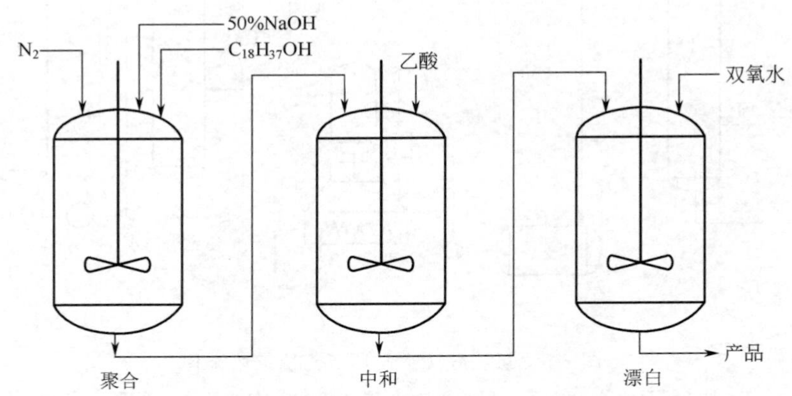

图 7-6 $C_{18}H_{37}(OCH_2CH_2)_{10}OH$ 生产工艺流程

生产 $C_{18}H_{37}(OCH_2CH_2)_{10}OH$ 的主要设备为不锈钢压力釜。将十八醇加入不锈钢压力反应釜中，然后加入 50％NaOH 溶液，其用量为十八醇用量的 0.5％。加热至 100℃真空脱水 1h。然后通入氮气以赶走空气，防止环氧乙烷发生危险，最后加热到 150℃，用氮气连续将 EO 压入反应釜中，压力维持（0.2MPa），温度保持在 130～180℃反应数小时，控制通入 EO 的量，保证一定的摩尔比和聚合度。

聚合反应结束后，物料经乙酸中和，最后在漂白釜内用双氧水漂白除去反应杂质的深黄色色素，使表面活性剂有良好的外观，最终得到产品 $C_{18}H_{37}(OCH_2CH_2)_{10}OH$。

7.4.1.4 脂肪醇聚氧乙烯醚的应用

脂肪醇聚氧乙烯醚类非离子表面活性剂品种较多，应用广泛，一般可以用做液体洗涤剂、乳化剂、匀染剂、泡沫稳定剂、增白剂、增稠剂以及皮革助剂等。

7.4.2 烷基酚聚氧乙烯醚

烷基酚聚氧乙烯醚是非离子表面活性剂早期开发的品种之一，其结构通式为

$$R-C_6H_4-O(CH_2CH_2O)_nH$$

式中，R 为碳氢链烷基，一般为八碳烷基（C_8H_{17}）或九碳烷基（C_9H_{19}），很少有十二个碳原子以上的烷基做取代基。苯酚也可以用其他酚如萘酚、甲苯酚等代替，但这些取代物很少使用。

7.4.2.1 烷基酚的制备

烷基酚可通过苯酚与烯烃或卤代烷经 C-烷基化反应制得。

（1）与烯烃的反应　苯酚与烯烃的 C-烷基化反应是在酸性催化剂存在下进行的，所用的催化剂如浓硫酸、强酸性阳离子交换树脂、活性白土、三氟化硼（BF_3）、三氯化铝、硼酸、磷酸等。使用三聚丙烯作为烷基化试剂可制得壬基苯酚（$C_9H_{19}-C_6H_4-OH$），四聚丙烯为原料制得十二烷基苯酚（$C_{12}H_{25}-C_6H_4-OH$），辛基酚（$C_8H_{17}-C_6H_4-OH$）则采用丁烯二聚物制得。它们的反应式如下

$$3CH_2{=}\underset{}{\overset{CH_3}{\overset{|}{C}}}H \xrightarrow{聚合} H{+}CH_2{-}\overset{CH_3}{\overset{|}{C}}H{+}_2CH{=}\overset{CH_3}{\overset{|}{C}}H$$

$$\xrightarrow[酸催化]{C_6H_5OH} CH_3{-}\overset{CH_3}{\overset{|}{C}}H{-}CH_2{-}\overset{CH_3}{\overset{|}{C}}H{-}CH_2{-}\overset{CH_3}{\overset{|}{C}}H{-}C_6H_4{-}OH$$

$$4CH_2{=}\overset{CH_3}{\overset{|}{C}}H \xrightarrow{聚合} H{+}CH_2{-}\overset{CH_3}{\overset{|}{C}}H{+}_3CH{=}\overset{CH_3}{\overset{|}{C}}H \xrightarrow[酸催化]{C_6H_5OH}$$

$$CH_3{-}\overset{CH_3}{\overset{|}{C}}H{-}CH_2{-}\overset{CH_3}{\overset{|}{C}}H{-}CH_2{-}\overset{CH_3}{\overset{|}{C}}H{-}CH_2{-}\overset{CH_3}{\overset{|}{C}}H{-}C_6H_4{-}OH$$

$$2CH_2{=}\overset{CH_3}{\overset{|}{C}}{-}CH_3 \xrightarrow{聚合} CH_3{-}\underset{CH_3}{\overset{CH_3}{C}}{-}CH{=}\underset{CH_3}{\overset{CH_3}{C}} \xrightarrow[酸催化]{C_6H_5OH} CH_3{-}\underset{CH_3}{\overset{CH_3}{C}}{-}CH_2{-}\underset{CH_3}{\overset{CH_3}{C}}{-}C_6H_4{-}OH$$

（2）与卤代烷的反应 长链烷烃经氯化制得卤代烷烃，再在无水 $AlCl_3$ 催化下与苯酚反应发生芳环上的烷基化，制得烷基苯酚，其反应过程如下

$$RCH_2CH_3 + Cl_2 \xrightarrow{自由基反应} R\overset{Cl}{\overset{|}{C}}HCH_3 \xrightarrow[AlCl_3]{C_6H_5OH} R\overset{CH_3}{\overset{|}{C}}{-}C_6H_4{-}OH$$

7.4.2.2 烷基酚聚氧乙烯醚的合成

例如壬基酚聚氧乙烯醚的合成反应如下

$$C_9H_{19}{-}C_6H_4{-}OH + n\ \underset{O}{CH_2{-}CH_2} \longrightarrow C_9H_{19}{-}C_6H_4{-}O(CH_2CH_2O)_nH$$

该反应为两个阶段，第一阶段是壬基酚与等摩尔量的环氧乙烷加成，直到壬基酚全部转化为其单一的加成物后，才开始第二阶段即环氧乙烷的聚合反应。反应过程如下

$$C_9H_{19}{-}C_6H_4{-}OH + \underset{O}{CH_2{-}CH_2} \longrightarrow C_9H_{19}{-}C_6H_4{-}OCH_2CH_2OH$$

$$C_9H_{19}{-}C_6H_4{-}OCH_2CH_2OH + m\ \underset{O}{CH_2{-}CH_2} \longrightarrow C_9H_{19}{-}C_6H_4{-}OCH_2CH_2O(CH_2CH_2O)_mH$$

这类表面活性剂的生产大多采用间歇法，在不锈钢高压釜中进行氧乙基化反应，反应器内装有搅拌和蛇管，釜外带有夹套。

在生产过程中，首先将烷基酚和氢氧化钠或氢氧化钾催化剂（用量为烷基酚用量的0.1%～0.5%）加入反应釜内，抽真空并用氮气保护，在无水无氧条件下，用氮气将环氧乙烷加入釜内，维持0.15～0.3MPa压力和170℃±30℃的温度进行氧乙烯化加成反应，直至环氧乙烷加完为止。冷却后用乙酸或柠檬酸中和反应物，再用双氧水（H_2O_2）漂白或活性炭脱色以改善产品颜色，最终制得烷基酚聚氧乙烯醚产品。

此外，按应用需要，烷基酚中的烷基可用芳香族取代基替换，如二苄基联苯基聚氧乙烯醚，是很好的乳化剂。其合成路线如下

$$C_6H_5{-}C_6H_4{-}OH + 2\ C_6H_5{-}CH_2Cl \longrightarrow C_6H_5{-}CH_2{-}C_6H_4{-}C_6H_3(CH_2C_6H_5){-}OH$$

$$\text{C}_6\text{H}_5\text{-CH}_2\text{-C}_6\text{H}_4\text{-C}_6\text{H}_3(\text{CH}_2\text{C}_6\text{H}_5)\text{-OH} + n\,\underset{\diagdown O \diagup}{\text{CH}_2\text{—CH}_2} \longrightarrow \text{C}_6\text{H}_5\text{-CH}_2\text{-C}_6\text{H}_4\text{-C}_6\text{H}_3(\text{CH}_2\text{C}_6\text{H}_5)\text{-O(CH}_2\text{CH}_2\text{O)}_n\text{H}$$

7.4.2.3 性质与用途

烷基酚聚氧乙烯醚类表面活性剂商品名为 OP 系列，具有如下特性。

① 由于环氧乙烷加入量不同，可制得油溶性，弱亲水性及浊点达 100℃以上的强亲水性化合物，例如

C_9H_{19}—C_6H_4—$O(CH_2CH_2O)_nH$

$n=1\sim6$　油溶性，不溶于水

$n>8$　可溶于水，浊点>50℃

$n=8\sim9$　润湿性、去污力、乳化性皆好，应用极广

$n>10$　润湿、去污力下降，浊点升高

② 表面张力随环氧乙烷加成数不同发生变化。$n=8\sim10$ 时，水溶液润湿性好，表面张力低。$n>15$，可在强电解质溶液中使用。随着 n 的增加，水溶液的表面张力逐渐升高。

③ 化学性质稳定，耐酸和强碱，在高温时亦不容易被破坏。

④ 可用于金属酸洗及强碱性洗净剂中。

⑤ 还可用作渗透剂、乳化剂、洗涤剂及染色中的剥色剂等。

⑥ 对氧化剂稳定，遇某些氧化剂如次氯酸钠、高硼酸盐及过氧化物等不易被氧化。

⑦ 不易生物降解。

7.4.3 聚乙二醇脂肪酸酯

聚乙二醇脂肪酸酯（工业上也称脂肪酸聚乙二醇酯）的合成方法有：脂肪酸与环氧乙烷酯化、脂肪酸与聚乙二醇酯化、脂肪酸酐与聚乙二醇反应、脂肪酸金属盐与聚乙二醇反应、脂肪酸酯与聚乙二醇酯交换等五种方法。其中前两种方法原料价廉，易得、工艺简单，在工业上经常使用。

7.4.3.1 脂肪酸与环氧乙烷（EO）反应

脂肪酸聚乙二醇酯的通式为 $RCOO(CH_2CH_2O)_nH$，脂肪酸与环氧乙烷在碱性条件下发生氧乙基化反应，制备此种表面活性剂，其反应过程分两阶段进行。

第一阶段，是在碱的作用下脂肪酸与 1mol 环氧乙烷反应生成脂肪酸酯。此阶段也可叫做引发阶段，其反应式为

$$RCOOH + OH^- \longrightarrow RCOO^- + H_2O$$

$$RCOO^- + \underset{\diagdown O \diagup}{CH_2\text{—}CH_2} \longrightarrow RCOOCH_2CH_2O^-$$

$$RCOOCH_2CH_2O^- + RCOOH \longrightarrow RCOOCH_2CH_2OH + RCOO^-$$

第二阶段，是聚合阶段，由于醇盐负离子碱性高于羧酸盐离子，因此它可以不断地从脂肪酸分子中夺取质子，生成羧酸盐离子，直至脂肪酸全部耗尽，便迅速发生聚合反应。反应式为

$$RCOOCH_2CH_2O^- + (n-1)\underset{\diagdown O \diagup}{CH_2\text{—}CH_2} \longrightarrow RCOO(CH_2CH_2O)_n^-$$

$$RCOO(CH_2CH_2O)_n^- + RCOOH \longrightarrow RCOO(CH_2CH_2O)_nH + RCOO^-$$

两步总反应式为

$$RCOOH + \underset{\diagdown O \diagup}{CH_2—CH_2} \xrightarrow{NaOH} RCOOCH_2CH_2OH$$

$$RCOOCH_2CH_2OH + (n-1)\underset{\diagdown O \diagup}{CH_2—CH_2} \longrightarrow RCOO(CH_2CH_2O)_nH$$

例如硬脂酸 15mol EO 加成物的制备可通过下列反应进行

$$C_{17}H_{35}COOH + 15\underset{\diagdown O \diagup}{CH_2—CH_2} \xrightarrow{碱} C_{17}H_{35}COO(CH_2CH_2O)_{15}H$$

7.4.3.2　脂肪酸与聚乙二醇反应

由脂肪酸与聚乙二醇直接酯化制备脂肪酸聚乙二醇酯的反应为

$$RCOOH + HO(CH_2CH_2O)_nH \rightleftharpoons RCOO(CH_2CH_2O)_nH + H_2O$$

由于聚乙二醇两端均有羟基，因此可以同两分子羧酸反应，即

$$2RCOOH + HO(CH_2CH_2O)_nH \rightleftharpoons RCOO(CH_2CH_2O)_nOCR + 2H_2O$$

为了主要获得单酯，通常要加入过量的聚乙二醇。这一酯化反应常采用酸性催化剂如硫酸、苯磺酸等。

以月桂酸聚乙二醇酯为例，其合成反应式为

$$C_{11}H_{23}COOH + HO(CH_2CH_2O)_{14}H \xrightarrow[H_2SO_4]{110 \sim 120℃ \ 2 \sim 3h} C_{11}H_{23}COO(CH_2CH_2O)_{14}H + H_2O$$

月桂酸 200g（1mol）和分子量约为 600 的聚乙二醇 600g（1mol，EO 聚合度约为 14mol），加入催化剂浓硫酸 1.6g。在搅拌下于 110～130℃反应 2～3h，经酯化制得羧酸酯，中和残留的硫酸，再经脱色、脱臭等处理即可制得产品。

7.4.3.3　产品的性质和应用

此类产品与高级醇或烷基酚的环氧乙烷加成物相比，一般渗透力和去污力较差，但具有低泡和生物降解性好的特点。主要用作乳化剂、分散剂、纤维油剂（纺织用或整理用）和染料助剂等使用，此外在皮革、橡胶、制药等部门也有应用。

此类化合物由于结构中具有酯键，因此对热、酸、碱不够稳定，易水解成肥皂。

7.4.4　脂肪酰醇胺（聚氧乙烯酰胺）

脂肪酰醇胺或聚氧乙烯酰胺的结构通式为

$$RCON\begin{cases}(CH_2CH_2O)_pH \\ (CH_2CH_2O)_qH\end{cases}$$

制取该类表面活性剂的主要反应为

$$C_{17}H_{33}CONH_2 + n\underset{\diagdown O \diagup}{CH_2—CH_2} \xrightarrow{NaOH} C_{17}H_{33}CON\begin{cases}(CH_2CH_2O)_pH \\ (CH_2CH_2O)_qH\end{cases}$$

式中，$p+q=n$。这类表面活性剂中比较重要的品种有 $p=q=1$，即尼诺尔系列。

脂肪酰醇胺类表面活性剂按其结构可以分为两种形式，即 1∶1 型和 1∶2 型（Ninol 产品）。

（1）1∶1 型　即由 1mol 脂肪酸酯与 1mol 二乙醇胺反应制得的表面活性剂，如

$$C_{11}H_{23}COOCH_3 + HN\begin{matrix} \diagup CH_2CH_2OH \\ \diagdown CH_2CH_2OH \end{matrix} \longrightarrow C_{11}H_{23}CON\begin{matrix} \diagup CH_2CH_2OH \\ \diagdown CH_2CH_2OH \end{matrix} + CH_3OH$$

这类表面活性剂水溶性差，但在洗涤溶液中具有很好的稳泡作用，故可用作泡沫稳定剂。

（2）1∶2 型　通常由 1mol 脂肪酸与 2mol 二乙醇胺反应制得，如

$$C_{11}H_{23}CON\begin{matrix} \diagup CH_2CH_2OH \\ \diagdown CH_2CH_2OH \end{matrix} \cdot HN\begin{matrix} \diagup CH_2CH_2OH \\ \diagdown CH_2CH_2OH \end{matrix}$$

它也是脂肪酰醇胺型表面活性剂中的一类重要品种，其水溶性优于 1∶1 型。它的制备方法是将 1mol 月桂酸或椰子油脂肪酸与 2mol 乙醇胺在氮气保护条件下脱水缩合制得。

$$C_{11}H_{23}COOH + 2HN\begin{matrix} \diagup CH_2CH_2OH \\ \diagdown CH_2CH_2OH \end{matrix} \xrightarrow[-H_2O]{N_2} C_{11}H_{23}CON\begin{matrix} \diagup CH_2CH_2OH \\ \diagdown CH_2CH_2OH \end{matrix} \cdot HN\begin{matrix} \diagup CH_2CH_2OH \\ \diagdown CH_2CH_2OH \end{matrix}$$

对于这类表面活性剂，有人认为可能形成了下列化合物，也有人认为是二乙醇酰胺与胺皂的共胶束现象造成的。

$$C_{11}H_{23}CON\begin{matrix} \diagup CH_2CH_2OH \\ \diagdown CH_2CH_2\overset{+}{\underset{H}{N}}\begin{matrix} \diagup CH_2CH_2OH \cdot OH^- \\ \diagdown CH_2CH_2OH \end{matrix} \end{matrix}$$

脂肪酸和二乙醇胺按摩尔比 1∶2 来缩合时，产物的组成较为复杂。例如在 160～180℃反应 2～4h，可得到如表 7-17 组成的产物。

表 7-17　脂肪酸∶二乙醇胺＝1∶2 时的缩合产物

结　构　式	含量/%	名　称	结　构　式	含量/%	名　称
$RCON\begin{matrix} \diagup CH_2CH_2OH \\ \diagdown CH_2CH_2OH \end{matrix}$	65	脂肪酰醇胺	$RCO_2(CH_2)_2NH(CH_2)_2O_2CR$	5	二酯胺
			$RCO_2^- N^+H_2(C_2H_4OH)_2$	2	胺皂
			$HN(CH_2CH_2OH)_2$	23	游离二乙醇胺
$RCO_2(CH_2)_2NH(CH_2)_2OH$	5	单酯胺			

产品的多组分说明了反应的复杂性。

这类表面活性剂的特点是水溶性好，起泡力强，而且泡沫稳定洗净力强，另外还可作为增稠剂使用。

对于脂肪酰醇胺类表面活性剂可使用的脂肪酸还有：

油酸 $C_{17}H_{33}COOH[CH_3(CH_2)_7CH{=}CH(CH_2)_7COOH]$

硬脂酸 $C_{17}H_{35}COOH$

软脂（鲸、蜡、棕榈）酸 $C_{15}H_{31}COOH$

肉豆蔻酸 $C_{13}H_{27}COOH$

月桂酸 $C_{11}H_{23}COOH$

7.4.5　聚氧乙烯烷基胺

聚氧乙烯烷基胺也是非离子表面活性剂的重要品种之一，是国外 20 世纪 60 年代开始兴

起的化学品，具有洗涤、渗透、乳化和分散等多种功能。广泛用作洗涤剂、乳化剂、起泡剂、润湿剂、染料匀染剂及纺织整理剂。

这类表面活性剂同时具有非离子和阳离子表面活性剂的性质，聚氧乙烯基链越长，非离子表面活性剂的性质越突出。这类表面活性剂的通式如下

$$R-N\begin{cases}(CH_2CH_2O)_nH\\(CH_2CH_2O)_nH\end{cases} \quad 或 \quad \begin{matrix}R^1\\R^2\end{matrix}\rangle N-(CH_2CH_2O)_nH$$

它们分别由脂肪族伯胺和仲胺同环氧乙烷反应制得。

由于高级脂肪胺极易同环氧乙烷反应，故可进行无催化剂反应。反应分两个阶段进行，即脂肪胺先与 2mol 环氧乙烷反应，在无催化剂作用下可制得 N,N-二羟乙基胺。然后在氢氧化钠或醇钠等催化剂作用下，发生聚氧乙烯链增长反应，其反应式可表示如下

$$C_{12}H_{25}NH_2 + 2\underset{\diagdown O \diagup}{CH_2-CH_2} \xrightarrow{无催化剂} C_{12}H_{25}N\begin{cases}CH_2CH_2OH\\CH_2CH_2OH\end{cases} \xrightarrow[NaOH或NaOR]{nEO} C_{12}H_{25}N\begin{cases}(CH_2CH_2O)_pH\\(CH_2CH_2O)_qH\end{cases}$$
$$(p+q=n+2)$$

用伯胺为起始原料，同环氧乙烷进行加成反应，可获得 Ethomeens 聚氧乙烯脂肪胺产品，其结构和性能见表 7-18。

表 7-18　Ethomeens 的结构和性能

名　称	平均分子量	烷基来源	环氧乙烷加成数	相对密度(25℃/25℃)	表面张力/(mN/m)	
					0.1%	1%
Ethomeen C/12	285	椰子胺	2	0.874		
Ethomeen C/15	422	椰子胺	5	0.976	33	33
Ethomeen C/20	645	椰子胺	10	1.017	39	38
Ethomeen C/25	860	椰子胺	15	1.042	41	41
Ethomeen S/15	483	豆油胺	5	0.951	33	33
Ethomeen S/20	710	豆油胺	10	1.020	40	39
Ethomeen S/25	930	豆油胺	15	1.040	43	43
Ethomeen T/15	482	牛酯胺	5	0.966	34	33
Ethomeen T/25	925	牛酯胺	15	1.028	41	40

仲胺和环氧乙烷的反应式如下

$$R_2NH + n\underset{\diagdown O \diagup}{CH_2-CH_2} \longrightarrow R_2N(CH_2CH_2O)_nH$$

但反应较为困难，反应中有聚乙二醇生成。

由叔胺和环氧乙烷加成可得到商品 Priminox。反应方程式如下

$$R-\underset{CH_3}{\overset{CH_3}{\underset{|}{\overset{|}{C}}}}-NH_2 + n\underset{\diagdown O \diagup}{CH_2-CH_2} \longrightarrow R-\underset{CH_3}{\overset{CH_3}{\underset{|}{\overset{|}{C}}}}-NH(CH_2CH_2O)_nH$$

聚氧乙烯脱氢松香胺是由脱氢松香胺制备的一种表面活性物质。由于脱氢松香胺是含有两个活性氢的物质，均可同环氧乙烷发生加成反应，得到商品 Polyrad。反应式如下。

$$\text{(}H_3C\text{, }CH_2NH_2\text{, }H_3C\text{, }CH(CH_3)_2\text{)} + 2CH_2\underset{O}{—}CH_2 \longrightarrow \text{(}H_3C\text{, }CH_2N(CH_2CH_2OH)—CH_2CH_2OH\text{, }H_3C\text{, }CH(CH_3)_2\text{)}$$

$$\text{(}H_3C\text{, }CH_2N(CH_2CH_2OH)—CH_2CH_2OH\text{, }H_3C\text{, }CH(CH_3)_2\text{)} + 2nCH_2\underset{O}{—}CH_2 \longrightarrow \text{(}H_3C\text{, }CH_2N[(CH_2CH_2O)_{n+1}H]_2\text{, }H_3C\text{, }CH(CH_3)_2\text{)}$$

7.4.6 聚醚

这里所讲的聚醚型非离子表面活性剂是指整嵌型聚醚，它们是环氧乙烷和环氧丙烷的整体共聚物。其中主要品种有以乙二醇为引发剂的 Pluronic 和以乙二胺为引发剂的 Tetronic 两类。

7.4.6.1 Pluronic 类聚醚型非离子表面活性剂

Pluronic 类非离子表面活性剂的结构如下

$$HO(CH_2CH_2O)_b(\underset{|}{\overset{CH_3}{C}}HCH_2O)_a(CH_2CH_2O)_cH$$

其中聚氧丙烯基为疏水基团，且 $a \geqslant 15$，两端的聚氧乙烯基为亲水基团，占化合物总量的10％～80％。

这类表面活性剂的合成方法如下列方程式所示

$$HO\overset{CH_3}{\overset{|}{C}}HCH_2OH + (a-1)\overset{CH_3}{\overset{|}{C}}H\underset{O}{—}CH_2 \xrightarrow[\text{碱催化}]{120\sim150℃,\ (2.03\sim5.07)\times10^5\,Pa} HO(\overset{CH_3}{\overset{|}{C}}HCH_2O)_aH$$

$$\xrightarrow{(b+c)\ CH_2\underset{O}{—}CH_2} HO(CH_2CH_2O)_b(\overset{CH_3}{\overset{|}{C}}HCH_2O)_a(CH_2CH_2O)_cH$$

首先将丙二醇与氢氧化钠加热至120℃，当 NaOH 全部溶解后通入环氧丙烷，控制通入速度维持反应温度在120～135℃，直至加完环氧丙烷。然后再通入规定量的环氧乙烷，反应完毕后经中和及后处理即可得到所需产品。

Pluronic 产品分子量范围为1000～16000，吸湿性差，在水中的溶解度随 EO 加成量的增多而增加，随 PO 加成量的增加而下降。此系列产品的组成可以从它的商品格子图查找。

图 7-7 即为 Pluronic 表面活性剂的商品格子图。图中横轴表示分子中聚氧乙烯的质量分数，纵轴是聚氧丙烯的分子量。格子图中的符号如 L101、P75 和 F77 等均表示商品的牌号。其中 L(liquid) 表示产品状态为液状，P(paste) 表示膏状，F(flakable solid) 表示片状固体。字母后面的数字个位数表示分子中聚氧乙烯的质量分数，十位和百位表示分子中聚氧丙烯的分子量。

通过 Pluronic 商品的牌号，即可在格子图中找到该产品的位置，从而查到其分子组成，例如 Pluronic P84，从格子图可知其产品聚氧乙烯含量为40％，聚氧丙烯分子量为2250，该产品为膏状（或浆状）产品。

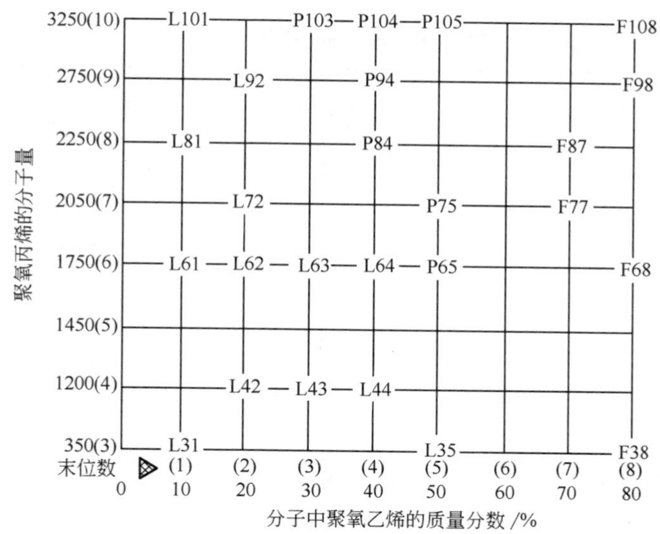

图 7-7　Pluronic 表面活性剂的商品格子图

Pluronic 系列非离子表面活性剂主要用在石油工业中，且在此范围内用途很广泛，其中主要用于以下两个方面。

(1) 二次采油　一次采油后，一部分原油仍牢固地吸附在沙层和岩石的表面，加入表面活性剂后，可降低原油的附着力，使原油能很容易地采出，一般二次采油量为 40%～50%。

(2) 原油破乳　水能够以细微的水珠分散在原油中，形成稳定的油包水乳液加重运输负担，同时亦会给炼油带来困难。加入 0.5%的表面活性剂，就能使乳液破乳，破乳后油的含水量可降至 1%，污水采油量（可理解为水中油的含量）可降至 0.3%以下。

7.4.6.2　Tetronic 类聚醚型非离子表面活性剂

Tetronic 类非离子表面活性剂的通式如下

$$\begin{array}{c} H(OCH_2CH_2)_y(OCH(CH_3)CH_2)_x \\ H(OCH_2CH_2)_y(OCH(CH_3)CH_2)_x \end{array} \!\!> NCH_2CH_2N < \!\! \begin{array}{c} (CH_2CH(CH_3)O)_x(CH_2CH_2O)_yH \\ (CH_2CH(CH_3)O)_x(CH_2CH_2O)_yH \end{array}$$

它们的产品系列列于表 7-19。

Tetronic 的商品常用三位数字表示，第一、二位常表示为憎水基的平均分子量，第三位数字是亲水基占质量分数的 1/10，例如 501 表示憎水基的平均分子量在1501～2000 的范围，亲水基占总分子量的 10%～19%。

此类商品和 Pluronic 的区别：除引发剂的活泼氢有 4 和 2 的区别之外，Tetronic 具有较高的分子量，可达 30000，而 Pluronic 最大分子量则为 13000；Tetronic 由于氮原子上的未共用电子对有弱氧离子的效应，但分子量较大时，氮原子上的未共用电子对被掩盖，而失去氧离子的效应。

表 7-19 Tetronic 商品网格表

憎水基分子量	第一、二位数字	第三位数字							
		10～19	20～29	30～39	40～49	50～59	60～69	70～79	80～89
		1	2	3	4	5	6	7	8
501～1000	30	—	—	—	304	—	—	—	—
1001～1500	40	—	—	—	—	—	—	—	—
1501～2000	50	501	—	—	504	—	—	—	—
2001～2500	60	—	—	—	—	—	—	—	—
2501～3000	70	701	702	—	704	—	—	707	—
3001～3600	80	—	—	—	—	—	—	—	—
3601～4500	90	901	—	—	904	—	—	—	908

Tetronic 系列产品可用作消泡剂和破乳剂。

以上介绍的六类非离子表面活性剂均为聚氧乙烯型，下面将重点介绍另一大类非离子型表面活性剂，即多元醇型非离子表面活性剂。

7.4.7 多元醇的脂肪酸酯类

所谓多元醇型表面活性剂是指分子中含有多个羟基，并以之作为亲水基团的表面活性剂。该类表面活性剂以脂肪酸和多元醇为原料经酯化反应制得。所用的多元醇主要是指甘油、季戊四醇、山梨醇、失水山梨醇和糖类等。

这类表面活性剂具有良好的乳化、分散、润滑和增溶性能，而且毒性低，因此广泛应用于医药、化妆品、纺织印染及金属加工等行业。

在这一部分中主要介绍该类表面活性剂的三个重要品种，即失水山梨醇的脂肪酸酯、甘油或季戊四醇的脂肪酸酯以及蔗糖的脂肪酸酯。

7.4.7.1 脂肪酸失水山梨醇酯

这类表面活性剂商品名为 Span，具有润湿性好的特点，但水溶性差。它是由脂肪酸与失水山梨醇酯化制得。

（1）失水山梨醇的制备　山梨醇在硫酸存在下，于 140℃加热处理可得到 1,4 位脱水的 1,4-失水山梨醇和 1,4 位脱水后 3,6 位再脱水的异山梨醇，其反应式为

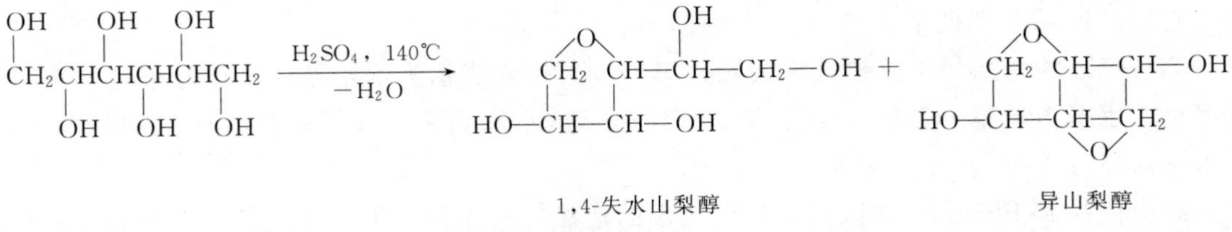

$$\underset{\text{OH}}{\overset{\text{OH}}{CH_2}}\underset{\text{OH}}{CH}\overset{\text{OH}}{CH}\underset{\text{OH}}{CH}\overset{\text{OH}}{CH}\underset{\text{OH}}{CH_2} \xrightarrow[-H_2O]{H_2SO_4,\ 140℃} \underset{\text{1,4-失水山梨醇}}{\text{(1,4-失水山梨醇)}} + \underset{\text{异山梨醇}}{\text{(异山梨醇)}}$$

1,4-失水山梨醇　　异山梨醇

（2）羧酸酯的制备　由于山梨醇羟基失水位置不定，所以一般所说的失水山梨醇是各种失水山梨醇的混合物，因此可由下列反应式表示其与羧酸的酯化反应，即

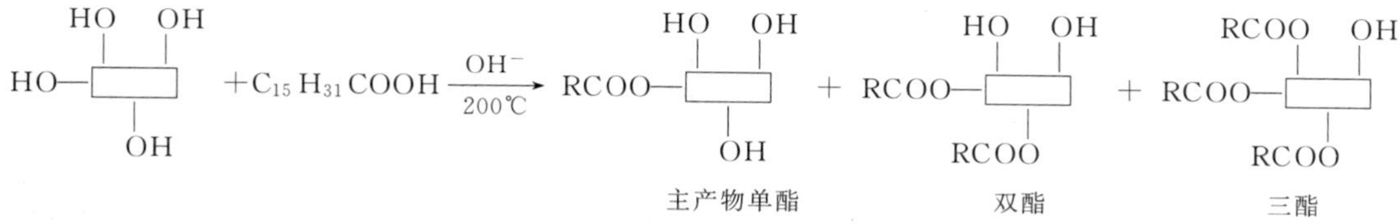

$$\begin{array}{c}\text{HO}\quad\text{OH}\\ \text{HO}-\boxed{}\\ \text{OH}\end{array}+C_{15}H_{31}COOH\xrightarrow[200℃]{OH^-}\underset{\text{主产物单酯}}{\begin{array}{c}\text{HO}\quad\text{OH}\\ \text{RCOO}-\boxed{}\\ \text{OH}\end{array}}+\underset{\text{双酯}}{\begin{array}{c}\text{HO}\quad\text{OH}\\ \text{RCOO}-\boxed{}\\ \text{RCOO}\end{array}}+\underset{\text{三酯}}{\begin{array}{c}\text{RCOO}\quad\text{OH}\\ \text{RCOO}-\boxed{}\\ \text{RCOO}\end{array}}$$

实际上得到的产物是单酯、双酯和三酯的混合物（单酯、双酯和三酯均是 Span 的系列商品），可以用做润滑剂、抗静电剂等。

Span 产品水溶性较差，为改进其溶解性能，可以将其聚氧乙烯化，在分子中引入亲水性聚氧乙烯基，得到商品名为 Tween 系列的表面活性剂产品，从而大大改进其应用性能。

Tween 系列表面活性剂的结构式和制备方法为

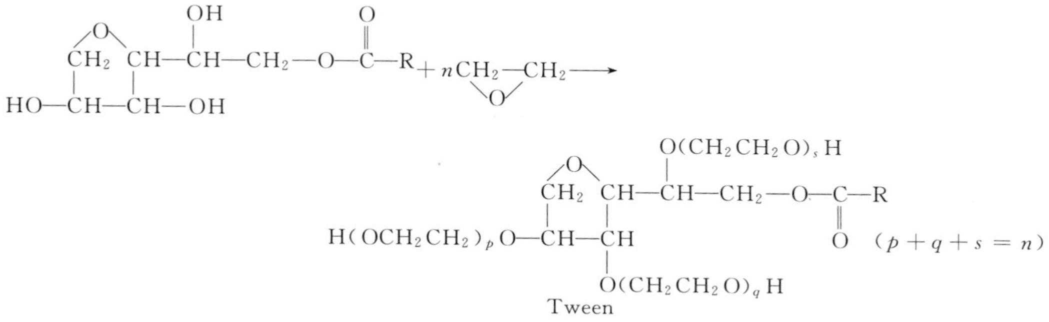

$$\begin{array}{l}\quad\ \ \overset{\frown O\frown}{\ }\qquad\quad\ \ \text{OH}\qquad\qquad\qquad\ \ \text{O}\\ CH_2\ \ CH-\overset{|}{C}H-CH_2-O-\overset{\|}{C}-R+nCH_2-CH_2\longrightarrow\\ \ \ |\qquad\ \ |\qquad\qquad\qquad\qquad\qquad\qquad\quad \diagdown O\diagup\\ HO-CH-CH-OH\end{array}$$

$$\underset{\text{Tween}}{\begin{array}{l}\qquad\qquad\qquad\qquad\qquad\qquad\qquad O(CH_2CH_2O)_sH\\ \qquad\qquad\qquad\quad\ \overset{\frown O\frown}{\ }\qquad\quad |\\ \qquad\qquad\qquad\quad CH_2\ \ CH-CH-CH_2-O-C-R\\ \qquad\qquad\qquad\qquad |\qquad\ \ |\qquad\qquad\qquad\qquad\ \ \|\\ H(OCH_2CH_2)_pO-CH-CH\qquad\qquad\qquad\quad\ O\quad (p+q+s=n)\\ \qquad\qquad\qquad\qquad\qquad\ \ |\\ \qquad\qquad\qquad\qquad\qquad O(CH_2CH_2O)_qH\end{array}}$$

7.4.7.2　脂肪酸甘油酯和季戊四醇酯

尽管这一产品可以由脂肪酸与甘油或季戊四醇酯化制得，但工业上多采用酯交换法去生产，这种方法简单而且价廉，成本较低。

例如，将甘油与椰子油或牛脂等按 2∶1 的配料比投料，以 0.5%～1%的氢氧化钠作催化剂，在 200～240℃下搅拌反应 2～3h，即可发生酯交换反应，生成甘油单月桂酸酯，其反应式为

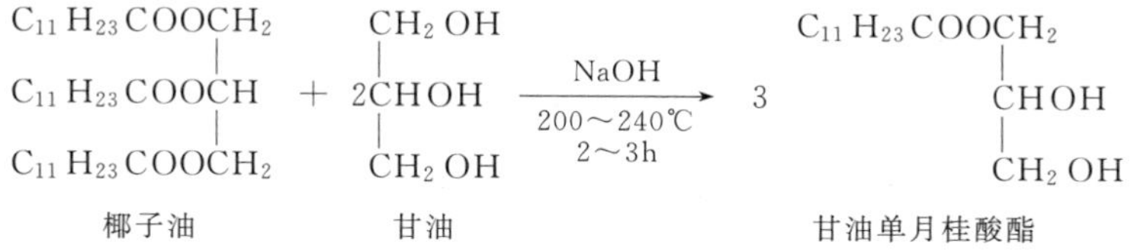

$$\underset{\text{椰子油}}{\begin{array}{l}C_{11}H_{23}COOCH_2\\ \qquad\qquad\quad\ \ |\\ C_{11}H_{23}COOCH\\ \qquad\qquad\quad\ \ |\\ C_{11}H_{23}COOCH_2\end{array}}+\underset{\text{甘油}}{\begin{array}{l}\ \ CH_2OH\\ \quad |\\ 2CHOH\\ \quad |\\ \ \ CH_2OH\end{array}}\xrightarrow[\substack{200\sim240℃\\ 2\sim3h}]{NaOH}3\underset{\text{甘油单月桂酸酯}}{\begin{array}{l}C_{11}H_{23}COOCH_2\\ \qquad\qquad\quad\ \ |\\ \qquad\qquad\quad CHOH\\ \qquad\qquad\quad\ \ |\\ \qquad\qquad\quad CH_2OH\end{array}}$$

类似地，季戊四醇和牛脂反应可制得季戊四醇单硬脂酸酯，同时副产甘油单硬脂酸酯，反应式为

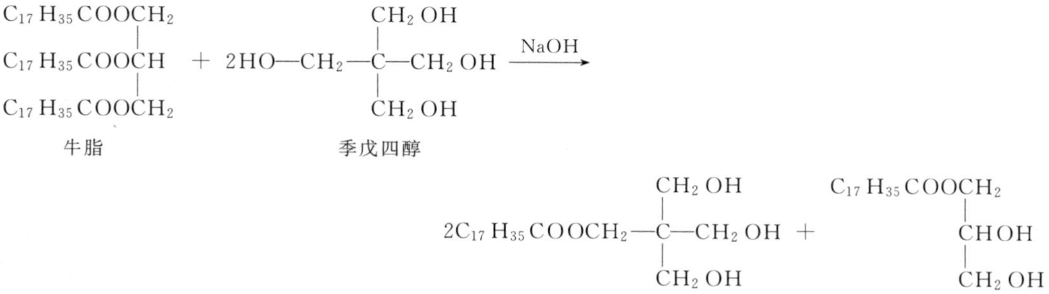

$$\underset{\text{牛脂}}{\begin{array}{l}C_{17}H_{35}COOCH_2\\ \qquad\qquad\quad\ \ |\\ C_{17}H_{35}COOCH\\ \qquad\qquad\quad\ \ |\\ C_{17}H_{35}COOCH_2\end{array}}+\underset{\text{季戊四醇}}{2HO-CH_2-\overset{\overset{\textstyle CH_2OH}{|}}{\underset{\underset{\textstyle CH_2OH}{|}}{C}}-CH_2OH}\xrightarrow{NaOH}$$

$$2C_{17}H_{35}COOCH_2-\overset{\overset{\textstyle CH_2OH}{|}}{\underset{\underset{\textstyle CH_2OH}{|}}{C}}-CH_2OH+\begin{array}{l}C_{17}H_{35}COOCH_2\\ \qquad\qquad\quad\ \ |\\ \qquad\qquad\quad CHOH\\ \qquad\qquad\quad\ \ |\\ \qquad\qquad\quad CH_2OH\end{array}$$

这两种表面活性剂主要用作乳化剂及纤维油剂，同时因对人体无害，也常用作食品及化妆品的乳化剂。

7.4.7.3 蔗糖的脂肪酸酯

蔗糖的脂肪酸酯类表面活性剂的制备方法是将原料脂肪酸甲酯和蔗糖用溶剂溶解后，在碱催化下加热发生酯交换反应，即可制得。

例如，将硬脂酸甲酯 1mol 与蔗糖 3mol、碳酸钾 0.1mol 溶解于 DMF 中，减压至 80～90mmHg（1mmHg＝133.322Pa）下，维持 90～100℃反应 3～6h，所得的产品是单酯和双酯的混合物。然后加水使双酯水解为单酯。

$C_{17}H_{35}COOCH_3$ ＋ 蔗糖（结构式：CH_2OH，H，OH，OH，H，HO，H，OH，O，CH_2OH，H，O，H，OH，CH_2OH，OH，H） $\xrightarrow[90\sim100℃,\ 3\sim6h]{DMF,K_2CO_3}$

单酯和双酯的混合物 $\xrightarrow[水解]{90\sim100℃}$ （结构式：$C_{17}H_{35}COOCH_2$，H，OH，OH，H，HO，H，OH，O，CH_2OH，H，O，H，HO，CH_2OH，OH，H）

蔗糖的单硬脂酸酯

这种表面活性剂无毒、无味，用后可消化为脂肪酸和蔗糖，生物降解性好，是表面活性剂向天然化发展的一种趋势，可以用作洗涤剂及食品乳化剂等。

本章重点介绍了非离子表面活性剂的基本反应及重要品种，可以看出聚乙二醇型非离子表面活性剂多易溶于水，主要用作洗涤剂染色助剂、乳化剂等使用，很少用做纤维柔软剂。它和阴离子表面活性剂的性能比较如表 7-20 所示。

表 7-20 阴离子与非离子表面活性剂主要性能比较

特　　性	阴离子表面活性剂	聚乙二醇型非离子表面活性剂
发泡性	一般较大	一般较小(在工业上有利)
渗透性	以渗透剂 OT 为最好	可制成同等程度或更好的渗透剂
去污性	中等程度	易制成高去污程度的
乳化性、分散性	良好	可变换 EO 聚合度制成适合各种用途的产品
用作染色助剂	酸性染料匀染剂	士林染料的匀染剂
低浓度时使用效果	性能下降	性能良好
产品状态	多为粒状物，部分为粉状	主要为液状，使用方便
价格	最低	部分品种比阴离子型高

可以看出，聚乙二醇型非离子表面活性剂在许多方面存在着优异的性能，但其劣势是价格较阴离子表面活性剂高。但是随着石油工业的日益发展，非离子型表面活性剂必将越来越多地应用于日常生活及工业中。而多元醇型非离子表面活性剂大多数不溶于水，主要用作纤维柔软剂和乳化剂等使用。

参考文献

[1] 段世铎，王万兴. 非离子表面活性剂. 北京：中国铁道出版社，1990.
[2] N. 勋弗尔特. 非离子表面活性剂的制造、性能和分析. 苏聚汉，张万福，等译. 北京：中国轻工业出版社，1990.
[3] 翁星华，张万福. 非离子表面活性剂的应用. 北京：中国轻工业出版社，1983.
[4] 刘程，米裕民. 表面活性剂性质理论与应用. 北京：北京工业大学出版社，2003.
[5] 朱领地. 表面活性剂清洁生产工艺. 北京：化学工业出版社，2005.

第8章 特殊类型的表面活性剂

前面几章主要对工业上广泛应用的四大类表面活性剂进行了介绍，它们是按亲水基的种类进行分类的，分别是阴离子、阳离子、非离子和两性表面活性剂。上述表面活性剂的疏水基均为含不同碳原子数的碳氢链，分子量一般低于500或在500左右，这些常规表面活性剂的性质及应用在一定程度上受到其分子大小和分子组成的限制。本章将重点介绍具有特殊的结构特点、特殊的用途或特别优异的性能的表面活性剂，主要包括碳氟表面活性剂、含硅表面活性剂以及高分子型、冠醚型、反应型和生物表面活性剂等。

8.1 碳氟表面活性剂 >>>

碳氟表面活性剂是20世纪60年代研制开发的一类特种表面活性剂，也叫做含氟表面活性剂（fluorine containing surfactant）、氟化表面活性剂（florinated surfactant）或全氟表面活性剂（perfluoro surfactant）等。传统类型表面活性剂的疏水基是由碳氢链组成的，而碳氟表面活性剂中的疏水基主要是由碳、氟两种元素组成。氟原子部分或全部代替碳氢链中的氢原子形成碳氟化学键，其中部分取代的碳氟表面活性剂较少，不是研究和应用的重点。

碳氟表面活性剂通常情况下是固体或黏稠液体产物，不易挥发，对大气、环境无明显的影响，也没有明显的毒性，可以像普通表面活性剂一样安全使用。碳氟表面活性剂与碳氢表面活性剂的差别主要在于非极性疏水基的结构，传统碳氢表面活性剂的碳原子数通常在8～20，而碳氟表面活性剂分子中的非极性基则由碳氟链组成，而且氟原子的数量和位置对碳氟表面活性剂的性质有重要的影响。由于氟原子代替氢原子，即碳氟键代替了碳氢键，因此，表面活性剂的非极性基不仅具有疏水性质，而且具有疏油的性能。由于氟原子电负性大，碳氟键的键能大，氟原子的原子半径也比氢原子大，所以碳氟表面活性剂具有很多独特的性能。

8.1.1 碳氟表面活性剂的性质

8.1.1.1 化学稳定性和热稳定性

由于氟是自然界中电负性最大的元素，使碳氟共价键具有离子键的性能，碳氟键的键能可达452kJ/mol，又因为氟原子半径比氢原子大，屏蔽碳原子的能力较强（图8-1），使原来键能不太高的碳碳键的稳定性有所提高，因此碳氟表面活性剂与碳氢表面活性剂相比，具有良好的化学稳定性和热稳定性。如固态的全氟壬基磺酸钾加热到420℃以上才开始分解。碳氟表面活性剂在

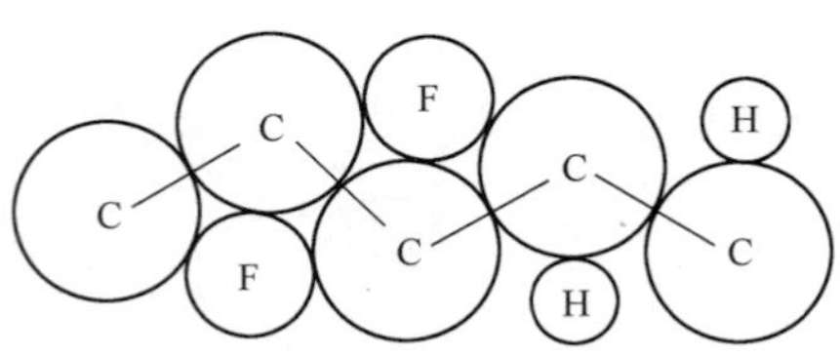

图8-1 氟原子在C—C上的立体效应

使用中还表现出很好的化学稳定性，不会因与各种氧化剂、强酸和强碱反应而分解。

8.1.1.2　溶解性

由于氟原子既能对全氟化的碳原子形成屏蔽，又不出现立体障碍，所以由全氟甲基或全氟亚甲基形成的化合物分子间作用力非常弱，其结果是不溶于普通的有机溶剂。因而在碳氢表面活性剂中碳氢链称为疏水亲油基，而碳氟表面活性剂中碳氟链则称为疏水疏油基。例如甲烷在水中的溶解度是四氟甲烷的 7 倍。

碳氟表面活性剂在水中的溶解度取决于极性基团和碳氟基的结构。与传统表面活性剂类似，其溶解度随着链长的增加而降低。总的来讲，碳氟表面活性剂具有高熔点、高 Krafft 点和在溶剂中溶解度低的特点。

由于碳氟链不但憎水，而且憎油，难溶于极性和非极性有机溶剂，因此它在固体表面的单分子层不能被非极性液体所润湿，从而使全氟表面活性剂不但能大大降低水的表面张力，也能降低碳氢化合物液体或其他有机溶剂的表面张力。

8.1.1.3　表面活性

具有相同的极性基团和相同碳数的碳氟表面活性剂与常规的碳氢表面活性剂相比，由于碳氟链的憎水性比碳氢链强，因此碳氟表面活性剂的表面活性强于常规的碳氢链表面活性剂。例如，一般碳氢表面活性剂的表面张力在 30～40mN/m 范围内，而碳氟表面活性剂的表面张力大部分在 15～20mN/m 之间，有的甚至可达 12mN/m。

常规表面活性剂一般在碳氢链的碳原子数达到 12 以上才具有很好的活性，而碳氟表面活性剂在 6 个碳原子时即能呈现较好的表面活性，在 8～12 个碳原子时为最佳，而且碳氟链不宜过长，否则会因在水中的溶解度太低而不能使用。

8.1.1.4　临界胶束浓度

碳氟表面活性剂的临界胶束浓度要比结构相似的碳氢表面活性剂低 10～100 倍。例如脂肪酸钾（RCOOK）和全氟羧酸（$C_nF_{2n+1}COOH$）的临界胶束浓度如表 8-1 所示。

表 8-1　脂肪酸钾和全氟羧酸的临界胶束浓度

单位：mol/L

表面活性剂名称	C_6	C_8	C_{10}
脂肪酸钾	1.68	0.39	0.095
全氟羧酸	0.054	0.0056	0.00048

8.1.2　碳氟表面活性剂的分类

与碳氢表面活性剂相同，碳氟表面活性剂也分为离子型和非离子型两大类，离子型碳氟表面活性剂又可分为阴离子、阳离子和两性碳氟表面活性剂，即

碳氟表面活性剂
- 非离子型碳氟表面活性剂
- 离子型碳氟表面活性剂
  - 阴离子型碳氟表面活性剂
  - 阳离子型碳氟表面活性剂
  - 两性型碳氟表面活性剂

8.1.2.1　阴离子型碳氟表面活性剂

阴离子型碳氟表面活性剂是该类表面活性剂中很重要的一种类型，也是应用比较早的一

种碳氟表面活性剂，其表面活性离子带有负电荷。按其极性基的结构不同又可分为羧酸盐、磺酸盐、硫酸酯盐和磷酸酯盐四类。有些阴离子碳氟表面活性剂中含有非离子的聚氧乙烯基片段，而增加碳氟表面活性剂的水溶性及其与阳离子或两性表面活性剂的兼容性。表 8-2 列出一些阴离子碳氟表面活性剂，其中 R_F 为碳氟疏水基（也是疏油基），M^+ 为无机的或有机的阳离子。

表 8-2　阴离子碳氟表面活性剂的主要品种

活性剂类型		结构通式	品种举例
羧酸盐型		$R_FCOO^- M^+$	$CF_3(CF_2)_6COONa$ $C_8F_{17}CH_2CH_2OCH_2CH_2COONa$ $CF_3(CF_2)_2OCF(CF_3)CF_2OCF(CF_3)COONa$ $C_9F_{19}CH_2CH(OH)CH_2N(CH_3)CH_2COOK$
磺酸盐型		$R_FSO_3^- M^+$	$(C_2F_5)_3CO(CH_2)_3SO_3K$ $CF_3CF_2OCF_2CF(CF_3)OCF_2CF(CF_3)OCF_2CF_2SO_3Na$ $CF_3(CF_2)_6SO_3Na$
硫酸酯盐型		$R_FOSO_3^- M^+$	$C_7F_{15}CH_2OSO_3Na$ $CF_3(CF_2CF_2)_nCH_2(OCH_2CH_2)_mOSO_3NH_4$ $(CF_3)_2CFO(CH_2)_6OSO_3Na$
磷酸酯盐型	单酯	$R_FOP(O)O_2^{2-} M_2^+$	$CF_3(CF_2)_nCH_2CH_2OP(O)(ONa)_2$
	双酯	$(R_FO)_2P(O)O^- M^+$	$[CF_3(CF_2)_nCH_2CH_2O]_2P(O)(ONH_4)$

从上述四种阴离子碳氟表面活性剂的分子结构可以看出，碳氟非极性基是通过羧基、磺酸基、硫酸酯基或磷酸酯基与阳离子相连。如果 M^+ 是有机阳离子，碳氟非极性基通常是通过羧酸酰氨基或磺酸酰氨基连接表面活性剂分子的架构。虽然碳氟羧酸比相应的碳氢羧酸具有更强的酸性，但碳氟羧酸盐在强酸或含有二价或三价金属离子的水中溶解度仍很小。

与羧酸盐型比较，磺酸盐型碳氟表面活性剂在实际应用中具有更强的耐氧化性能，对强酸性介质、电解质及钙离子敏感性小。硫酸酯盐型碳氟表面活性剂与磺酸盐型碳氟表面活性剂相比有更优良的水溶性，而且可方便地从含氟醇制备，但是硫酸酯盐型碳氟表面活性剂对水解的稳定性低，从而限制了其应用。通常磷酸酯盐型碳氟表面活性剂比其他阴离子碳氟表面活性剂的起泡性低，故有些磷酸酯盐是很好的抗泡沫剂。

8.1.2.2　阳离子型碳氟表面活性剂

阳离子型碳氟表面活性剂几乎都是含氮的化合物，也就是有机胺的衍生物，碳氟非极性基直接或间接与季铵基团、质子化氨基或杂环碱相连接，有些阳离子碳氟表面活性剂含有季铵基和仲氨基及碳酰胺键或磺酰胺键等。此类碳氟表面活性剂在水中离解形成带正电荷的表面活性离子和带负电荷的配对离子，所以阳离子碳氟表面活性剂和阴离子碳氟表面活性剂一样对于电解质和介质的 pH 值比较敏感。比较常见的阳离子碳氟表面活性剂的实例如

$$CF_3(CF_2)_6CONH(CH_2)_3N^+(CH_3)_3 \cdot I^-$$

$$CF_3(CF_2)_2O[CF(CF_3)CF_2O]_2CF(CF_3)CONH(CH_2)_2N^+CH_3(C_2H_5)_2 \cdot I^-$$

8.1.2.3　两性型碳氟表面活性剂

在两性型碳氟表面活性剂分子中同时存在酸性基团和碱性基团，碱性基团主要是氨基或

季铵基，酸性基主要是羧酸基和磺酸基、磷酸基等。

两性碳氟表面活性剂根据应用时介质 pH 值的不同，既可表现为阴离子表面活性剂的特性，也可表现为阳离子表面活性剂的特性。处于同一两性碳氟表面活性剂分子中的阳离子基和阴离子基在等电点附近呈电中性，在等电点范围以外则依据介质的 pH 值而作为阳离子或阴离子碳氟表面活性剂显示其表面活性。

两性型碳氟表面活性剂的主要类型如表 8-3 所示。

表 8-3 两性型碳氟表面活性剂的主要类型

表面活性剂类型		品种举例
甜菜碱型	羧基甜菜碱	$R_FCH_2CH(OH)CH_2N^+(CH_3)_3CH_2COO^-$
	磺酸甜菜碱	$C_8F_{17}CH_2CH_2CONH(CH_2)_3N^+(CH_3)_3SO_3^-$
	硫酸甜菜碱	$R_FCH_2CH_2SCH_2CH(OSO_3^-)CH_2N^+(CH_3)_3$
氨基酸型		$R_FN^+H_2CH_2CH_2COO^-$

8.1.2.4 非离子型碳氟表面活性剂

非离子型碳氟表面活性剂在水溶液中不电离，其极性基通常由一定数量的含氧醚键或羟基构成。含氧醚键通常为聚氧乙烯链或聚氧丙烯链组成。这些基团的长度是可以调节的，通过链长度的改变可以调整非离子碳氟表面活性剂的亲水亲油平衡值，而非离子碳氟表面活性剂的 HLB 值对其所在体系的界面性质及乳液的稳定性有很大的影响。常用的非离子型碳氟表面活性剂如下

$$CF_3(CF_2)_nCH_2O(CH_2CH_2O)_mH$$
$$C_9F_{19}CH_2CH(OH)CH_2OC_2H_5$$
$$C_6F_{13}CH_2CH_2S(CH_2CH_2O)_3H$$
$$C_nF_{2n+1}CONH(CH_2CH_2O)_mH \ (n=6\sim9, m=2\sim4)$$
$$C_8F_{17}CH_2CH_2SO_2N(CH_3)CH_2CH_2OH$$

8.1.3 碳氟表面活性剂的应用

8.1.3.1 碳氟表面活性剂在应用中的特性和选择

碳氟表面活性剂的分子结构和物理化学性质决定了它具有很多独特的性质。

(1) 很高的表面活性 由于碳氟链既疏水又疏油，且与其他碳氟链之间的相互作用力很弱，因此使碳氟表面活性剂在水中呈现很高的表面活性，即具有非常低的表面张力。很多不同结构的碳氟表面活性剂在很低浓度的水溶液中的表面张力可达 15～16mN/m，这是传统碳氢表面活性剂所不能达到的。

(2) 稳定性好 由于氟原子半径小、电负性高，碳—氟化学键稳定，使表面活性剂具有很高的热稳定性和化学稳定性，能够耐强酸、强碱和氧化剂等。

(3) 配伍性好 与其他表面活性剂的配伍性好，容易产生加和增效作用。碳氟表面活性剂可与很多非氟表面活性剂复配使用，由于协同效应，不仅能增强使用效果，还使总浓度降低。这一性质可以有效地降低碳氟表面活性剂的实际使用成本，产生较大的经济效益。

总之，碳氟表面活性剂在应用中的特性可以简练地描述为：高效稳定。在实际应用

中选择碳氟表面活性剂时，首先应考虑需要利用碳氟表面活性剂的哪些性能、性质，例如低表面张力、流平性、分散性以及铺展性等。其次，要考虑碳氟表面活性剂的物理化学性质是否适合所要使用的体系，以及在应用中是否会伴随出现一些不利的作用。例如，在某些情况下，尽管碳氟表面活性剂降低了体系的表面张力，大大提高了润湿性，可是却伴随大量泡沫的形成，其结果仍然达不到光亮流平的效果。再次，还必须了解成本是否可行，使用效果是否非常显著等。此外，还要确定所选用的碳氟表面活性剂是否容易得到或者合成方法较为方便。

8.1.3.2 碳氟表面活性剂在高效灭火剂中的应用

所谓高效灭火剂泛指比传统灭火剂在灭火速度、灭火效果方面更快更有效的灭火剂，也指一些可灭传统灭火剂灭火较困难的火灾的灭火剂。目前应用碳氟表面活性剂的高效灭火剂中效果最佳的是氟蛋白泡沫灭火剂。

普通蛋白泡沫灭火剂的应用已经有很长时间，其主要成分是从动物蹄、角、鸡皮或鱼粉水解得到的动物水解蛋白液和来自豆饼等的植物水解蛋白液。这种灭火剂的灭火效果并不十分理想，特别是对油类火灾的灭火效果较差。将碳氟表面活性剂添加到此类蛋白泡沫液中得到的蛋白泡沫灭火剂称为氟蛋白灭火剂。其灭火速度比不添加碳氟表面活性剂的普通蛋白泡沫液提高3～4倍，而且即使在已喷射覆盖氟蛋白泡沫灭火剂泡沫的油面上有局部燃烧的火苗，也不会扩散成新的火灾，而且泡沫有自封作用，能很快地将局部的燃烧火苗自行扑灭，不复燃，从而大大提高了蛋白泡沫的灭火速度和效果。

例如，如下结构的磺酸盐型阴离子碳氟表面活性剂的水溶液表面张力为22mN/m，在蛋白泡沫中的添加量小于1%时即可达到令人满意的效果。

$$(C_2F_5)_2(CF_3)C-C(CF_3)=C(CF_3)-O-C_6H_4-SO_3Na$$

氟蛋白泡沫灭火剂最显著的优势是可用作大型储油罐的液下喷射泡沫灭火剂。过去大型储油罐的灭火喷射装置都安装在油罐的最顶端，而油罐最常见的火灾都是从顶部开始的，因此，设在罐顶上的喷射装置很容易被烧毁。为了保护灭火剂喷射装置，考虑将喷射口装在油罐底部，当油罐罐顶起火时开启罐底喷射装置，将泡沫送到罐顶油面，隔绝空气，达到灭火的目的。但是由于使用的蛋白泡沫或其他泡沫在从罐底到达罐顶的过程中必须通过油罐中的油层，泡沫中携带大量的油浮在油面继续燃烧，不仅不能隔绝空气，更无法灭火。

将碳氟表面活性剂加到蛋白泡沫液中，利用其分子中碳氟链独特的疏油性能，使氟蛋白泡沫通过油层到达油罐顶部油面时，几乎不受油的污染，能够在油面形成一层基本不带油、且不会继续燃烧的泡沫层，将油与空气隔开，达到灭火的目的。

由于碳氟表面活性剂具有很低的表面张力，以及与其他类型表面活性剂良好的配伍性和加和增效作用，因此可以与其他成分配制成轻水泡沫灭火剂。这类灭火剂使很多油类、特别是轻油类火灾的扑灭效果得以提高，除了泡沫性能以外，能否在环己烷和汽油等油类表面迅速铺展成膜是决定轻水泡沫灭火剂灭火效果的另一个最重要的因素。

将含氟表面活性剂（例如全氟辛基磺酸/全氟辛酸及其盐类）添加到其他化学泡沫灭火

剂中，如酸碱泡沫灭火剂、化学泡沫灭火剂等可形成水成膜泡沫灭火剂（AFFF）。该类灭火剂可以在燃料油表面形成泡沫，极大地降低水的表面张力，使水成膜泡沫能在烃类表面迅速扩散并形成稳定的液膜，起到隔绝空气、迅速降温和抑制油品挥发的作用，从而快速灭火。当减少主链碳原子数时，可以显著降低该类表面活性剂对生态环境和生物体的毒害性。$C_4F_9SO_2NH(CH_2)_2Br$ 表面活性剂的灭火剂性能良好，其 25%析液时间可达 5min，发泡倍数超过 7 倍，水成膜泡沫灭火剂铺展系数可达 3.1，可在油面上迅速铺展，灭火及抗烧时间均可达到国标 Ⅰ A 级标准。

8.1.3.3　碳氟表面活性剂在电镀方面的应用

电镀是应用碳氟表面活性剂比较早且成功的领域。传统的表面活性剂无法适应电镀过程中苛刻的工艺条件，如强酸、强氧化还原介质，电镀液配方的严格配比等，从而难以满足镀层的质量要求。碳氟表面活性剂则以其很高的热稳定性和化学稳定性、很高的表面活性在电解液中迅速得到应用。例如，镀铬的电镀槽在电镀过程会逸出大量的铬酸雾，使操作人员很容易患鼻咽癌，也造成了严重的环境污染。非氟表面活性剂在电镀液表面形成的泡沫不能抵御电镀槽中强烈的氧化还原作用和很强的酸性介质，在很短时间内便遭到破坏。

使用全氟烷基醚磺酸盐作为抑铬雾剂效果良好，在每升标准铬镀液中添加 0.02～0.04g 抑铬雾剂后，三氧化铬的逸出浓度可以降低到 0.005～0.223mg/m^3，只有国家标准的 1/50～1/30，不仅不影响装饰铬、硬铬的镀层质量，而且在硬度和裂纹方面还有所改善。全氟烷基醚磺酸钾抑铬雾剂的结构为

$$F(CF_2CF_2)_nOCF_2CF_2SO_3K \quad (n=2,3,4)$$

8.1.3.4　碳氟表面活性剂在织物整理方面的应用

碳氟表面活性剂在织物整理剂中最重要的整理目的是达到防油防水的效果。早期使用的橡胶类涂层虽能起到防水和一定的防油作用，但经涂层处理的织物透气性差，穿着不舒适。有机硅化合物防水效果较好，但防油性能较差。而碳氟防油防水整理剂不仅具有较其他整理剂更优良的防油防水性能，而且保持了织物原有的透气性。

为了达到最大的防油防水效果，用作纤维防油防水整理剂的碳氟表面活性剂通常含有 8～10 个全氟化碳原子的烷基链。相同数量的碳原子，直链全氟烷基的防油防水性能比支链的更好。此外，全氟烷基链的结构对其性能也有影响。相同条件下，有着三氟甲基（—CF_3）密堆积的表面将具有较低的表面能和较高的防油防水性。例如，1*H*，1*H*-聚七氟丁基丙烯酸酯和聚七氟异丙基丙烯酸酯两种表面活性剂，可以发现后者的临界表面张力较低。

选择纤维防油防水整理剂不仅仅要考虑经整理过纤维的起始防油防水性能，还必须考虑其耐干洗、水洗的牢度，防止磨损、污染的能力，使用或穿着的舒适感以及价格等重要因素。

8.1.3.5　碳氟表面活性剂作为高聚物添加剂的应用

碳氟表面活性剂广泛应用于高聚物材料，作为添加剂具有各种各样不同的作用。例如，非离子碳氟表面活性剂可作为硫化或未硫化橡胶的防结块剂；聚氯乙烯薄膜或皂化乙烯-醋酸乙烯共聚物用碳氟表面活性剂［$C_8F_{17}SO_2NHCH_2CH_2O(CH_2CH_2O)_{10}H$］处理后，可降低摩擦力和结块程度。用阳离子碳氟表面活性剂作表面处理可以增加聚合物透析膜的水穿透性。聚苯乙烯和聚甲基丙烯酸甲酯等高聚物用如下结构的碳氟表面活性剂处理后临界表面张力明显降低。

$$\underset{\displaystyle CF_3}{F(CFCF_2O)_9}\underset{\displaystyle CF_3}{CFCOOCH_2CH_2}(OCH_2CH_2)_6OCH_3$$

此外，碳氟表面活性剂还能够改善纤维或复合树脂用填料的润湿性，使黏性树脂中包含的空气气泡更容易离开树脂本体；阳离子碳氟表面活性剂吸附在聚合物颗粒表面能使其表面带正电荷，更容易进行共电镀；阴离子碳氟表面活性剂可防止氰基橡胶密封剂周围的矿物油泄漏；两性碳氟表面活性剂可以使硅橡胶密封剂具有防污性能。

8.1.3.6 碳氟表面活性剂在感光材料中的应用

碳氟表面活性剂在感光材料的光敏涂层中起润湿剂、乳液乳化剂、乳液稳定剂等作用，并提供感光材料抗静电和不发黏的性质，防止斑点的形成。还能防止由于静电引起的雾翳和条纹，而且其添加对于光敏卤化银乳液没有不良影响。

此外，碳氟表面活性剂在医疗材料中可用于配制抗过敏剂、止咳剂、抗心绞痛剂等的自喷气溶胶，起分散剂作用。在杀虫剂配方中可帮助杀虫剂在昆虫表面润湿并穿透进入昆虫体内。在石油开采中可起稳定泡沫、强化开采、增加石油回收的作用。在矿物浮选、油漆涂料、化妆品、纸和皮革制品、玻璃材料等中的应用也表现了突出的优异性能。

8.1.4 碳氟表面活性剂的主要合成方法

碳氟表面活性剂的合成一般包括两步：即含氟非极性基的合成及亲水基团的引入。其中主要是含氟疏水基中间体即疏水、疏油碳氟链的合成，亲水基的引入同常规表面活性剂的合成方法类似，反应比较简单。目前合成碳氟化合物的主要方法有三种，即电解氟化法、调聚法和离子低聚法。

8.1.4.1 电解氟化法

电解氟化法是较早用于合成疏水疏油碳氟链的方法，它是通过碳氢羧酸或碳氢磺酸与电解产生的活泼氟原子直接置换氢原子完成的。这种方法最先由 Simons 开发，因此又称Simons 法，至今已有近半个世纪，而且已经广泛应用于工业和实验室合成碳氟链。

这种方法是将无水氟化氢和碳氢有机化合物在 Simons 电解槽中电解氟化，控制极间电压在 4～6V，在阳极碳氢链上的氢原子被氟原子取代，同时在阴极产生氢气。采用这种方法生产的一般是含 8 个碳原子的羧酰氟和磺酰氟，其反应式为

$$C_7H_{15}COCl + HF \longrightarrow C_7F_{15}COF + HCl + H_2$$

$$C_8H_{17}SO_2Cl + HF \longrightarrow C_8F_{17}SO_2F + HCl + H_2$$

所得产物全氟辛酰氟和全氟辛基磺酰氟在阳极产生。由于电解氟化过程中副反应较多，因此两种产物的收率较低，前者在 10%～40%，后者也只有 20%～50%，近年来通过改进，收率有所提高。

电解氟化法的优点是原料氟化氢价廉易得，而且可直接合成碳氟表面活性剂的反应性基团，如羧酰氟（—COF）或磺酰氟（$—SO_2F$）等，经进一步反应引入亲水基即可制得碳氟表面活性剂。例如，经过电解氟化制得的全氟辛酰氟及全氟辛基磺酰氟可以经过下列三个反应制取表面活性剂：

① 经水解、中和生成相应的羧酸盐或磺酸盐型阴离子表面活性剂；

② 与二烷基丙二胺反应制得酰胺，进一步经季铵化反应制备阳离子表面活性剂；

③ 与脂肪胺或醇反应生成酰胺或酯，再经进一步反应制备非离子表面活性剂。

全氟辛酰氟和全氟辛基磺酰氟经以上三步反应制取表面活性剂的过程如下

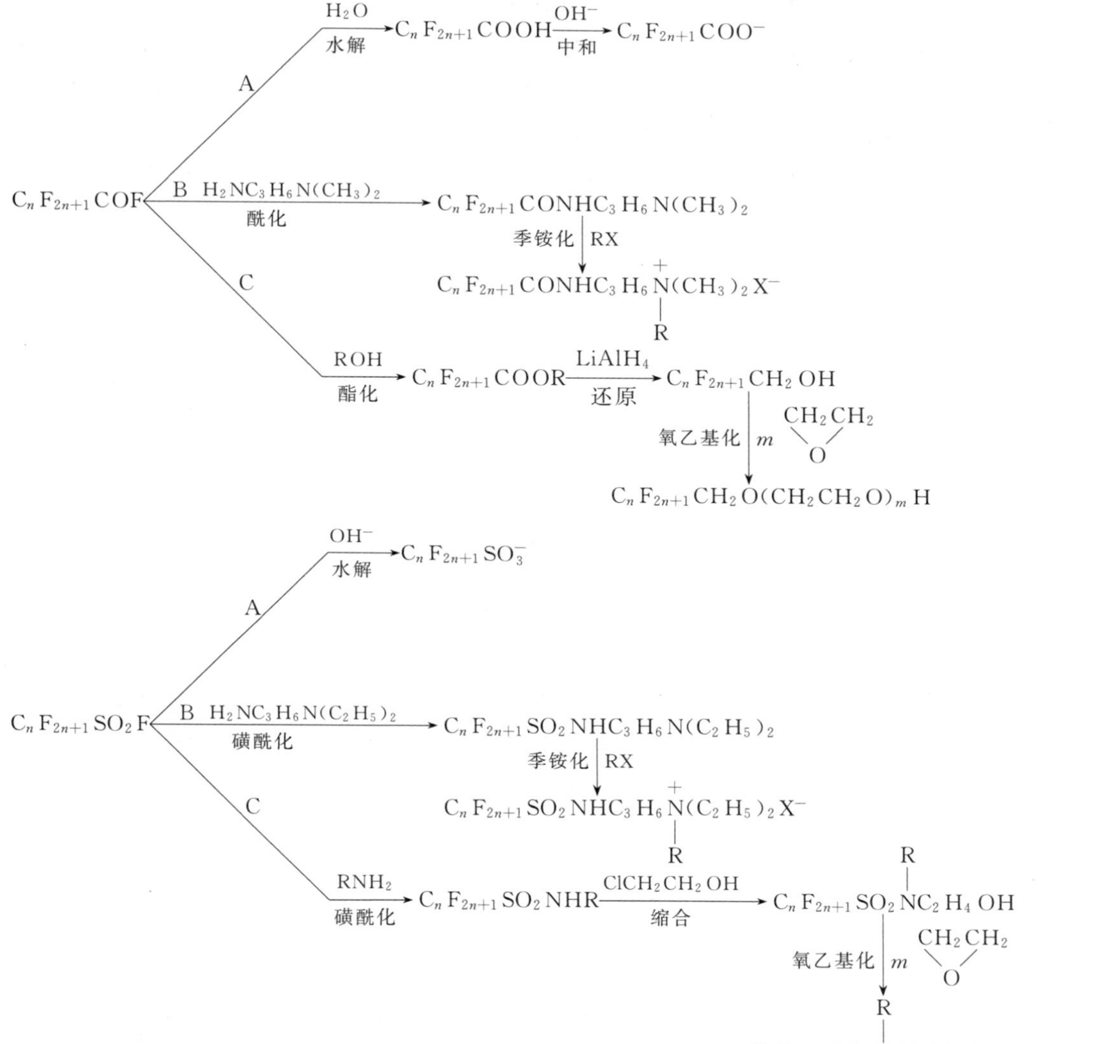

电解氟化法的缺点是氟化产率低、成本高。因此近几十年来主要研究如何提高氟化收率。

8.1.4.2　调聚法

调聚法是利用氟烯烃的调聚反应制取长链氟烷基中间体的反应，反应物包括调聚剂和调聚单体，二者反应可以得到不同链长的含氟中间体的混合物，然后根据需要进行分离，再经下一步反应便可合成表面活性剂。

调聚反应实际是自由基聚合反应，有时使用过氧化物作为引发剂。以光化催化下三氟碘甲烷与四氟乙烯的反应为例，调聚反应经过如下过程。

$$CF_3I + h\nu \longrightarrow CF_3\cdot + I\cdot$$

$$CF_3\cdot + CF_2{=}CF_2 \longrightarrow CF_3CF_2CF_2\cdot$$

$$CF_3CF_2CF_2 \cdot + CF_2{=}CF_2 \longrightarrow CF_3CF_2CF_2CF_2CF_2 \cdot$$
$$CF_3CF_2CF_2 \cdot + CF_3I \longrightarrow CF_3CF_2CF_2I + CF_3 \cdot$$
$$CF_3(CF_2CF_2)_n \cdot + CF_3I \longrightarrow CF_3(CF_2CF_2)_nI + CF_3 \cdot$$
$$2CF_3 \cdot \longrightarrow CF_3CF_3$$

反应的调聚单体主要是四氟乙烯，调聚剂主要有全氟烷基碘和低级醇等，前者如三氟碘甲烷和五氟碘乙烷等，后者如甲醇等。根据调聚法所用调聚剂的不同，可以制得全氟碘化物、ω-氢碳氟化物以及含氧杂原子的氟烷基碘。

（1）全氟碘化物的合成　合成这类中间体时，工业上常用的调聚剂为五氟碘乙烷，它同四氟乙烯的反应式如下。

$$IF_5 + 2I_2 \longrightarrow 5FI$$
$$CF_2{=}CF_2 + IF \longrightarrow \underset{\text{五氟碘乙烷}}{CF_3CF_2I}$$
$$CF_3CF_2I + nCF_2{=}CF_2 \longrightarrow \underset{\text{全氟碘化物}}{CF_3CF_2(CF_2CF_2)_nI}$$

式中，产物全氟碘化物分子式的 n 为 0～15，是直链型全氟碘化物。此外，还可采用下列方法制备链端具有分支链的化合物，即

$$KF + I_2 \longrightarrow IF + KI$$
$$CF_3CF{=}CF_2 + IF \xrightarrow{CH_3CN} (CF_3)_2CFI \text{（调聚剂）}$$
$$(CF_3)_2CFI + nCF_2{=}CF_2 \longrightarrow (CF_3)_2CF(CF_2CF_2)_nI \quad (n=0\sim10)$$

碳氟链具有强烈的吸电子性，在其分子上引入亲水基团的反应较难进行，因此还需采用其他方法引入反应性基团后再用于制备表面活性剂。例如全氟碘化物［$R_f(CF_2CF_2)_nI$］可以同乙烯、发烟硫酸及亚硫酰氯反应，生成容易进行下一步反应的中间体，即

$$R_f(CF_2CF_2)_nI \xrightarrow{CH_2{=}CH_2} R_f(CF_2CF_2)_nCH_2CH_2I$$
$$R_f(CF_2CF_2)_nI \xrightarrow{H_2SO_4 \cdot SO_3} R_f(CF_2CF_2)_{n-1}CF_2COF$$
$$R_f(CF_2CF_2)_nI \xrightarrow{SO_2Cl_2} R_f(CF_2CF_2)_nSO_2Cl$$

这些中间体可以进一步反应，制备表面活性剂，例如

$$R_f(CF_2CF_2)_nCH_2CH_2I \xrightarrow{H_2SO_4 \cdot SO_3} R'_fCH_2CH_2OH \xrightarrow{n\,CH_2CH_2O\text{（环氧乙烷）}} \underset{\text{非离子表面活性剂}}{R'_fCH_2CH_2O(CH_2CH_2O)_nH}$$
$$R'_fCH_2CH_2OH \xrightarrow{P_2O_5 \cdot NH_3} \underset{\text{阴离子表面活性剂}}{(R'_fCH_2CH_2O)_{1.5}P(=O)(ONH_4)_{1.5}}$$
$$R_f(CF_2CF_2)_nCH_2CH_2I \xrightarrow[-NaI]{+NaHS} R'_fCH_2CH_2SH \xrightarrow{CH_2{=}CHCONHCH_2CH_2SO_3M} \underset{\text{阴离子表面活性剂}}{R'_fCH_2CH_2SCH_2CH_2CONHCH_2CH_2SO_3M}$$
$$R'_fCH_2CH_2SH \xrightarrow[CH_3I]{CH_2{=}CHCOOCH_2CH_2N(CH_3)_2} \underset{\text{阳离子表面活性剂}}{R'_fC_2H_4SCH_2CH_2COOC_2H_4\overset{+}{N}(CH_3)_3 \cdot I^-}$$

（2）ω-氢碳氟化合物的合成　该化合物的合成可由四氟乙烯和甲醇、乙醇、异丙醇等低级醇类调聚剂经调聚法反应制得，其反应式如下

$$CH_3OH + nCF_2{=}CF_2 \longrightarrow H(CF_2CF_2)_nCH_2OH$$
$$CH_3CH_2OH + nCF_2{=}CF_2 \longrightarrow H(CF_2CF_2)_nCH(CH_3)OH$$

$$(CH_3)_2CHOH + n\,CF_2{=}CF_2 \longrightarrow H(CF_2CF_2)_nC(CH_3)_2OH$$

在以上合成的 ω-氢碳氟化合物中，$n=0\sim8$。这样 ω-氢碳氟化合物可进一步氧化得到羧酸，也可和环氧乙烷反应制得表面活性剂。例如

$$H(CF_2CF_2)_nCH_2OH \xrightarrow{氧化} H(CF_2CF_2)_nCOOH \xrightarrow[酰化]{SO_2Cl_2} H(CF_2CF_2)_nCOCl$$

$$H(CF_2CF_2)_nCH_2OH \xrightarrow{n\,\overset{O}{CH_2CH_2}} H(CF_2CF_2)_nCH_2O(CH_2CH_2O)_nH$$

(3) 含氧杂原子的氟烷基碘的合成　这类化合物可由全氟丙酮为原料合成，其反应式为

$$(CF_3)_2C{=}O + KF \longrightarrow (CF_3)_2CFO^-K^+ \xrightarrow{I_2,\ nCF_2=CF_2} (CF_3)_2CFO(CF_2CF_2)_nI + KI$$

也可通过以下反应合成带有反应性基团磺酰氟基的含氧氟烷基碘。

$$CF_2{=}CF_2 + SO_3 \longrightarrow \underset{O\text{———}SO_2}{CF_2\text{—}CF_2} \xrightarrow[ICl\ +\ KF(IF)]{nCF_2=CF_2} I(CF_2CF_2)_nOCF_2CF_2SO_2F + KCl$$

8.1.4.3　离子低聚法

这种方法是采用四氟乙烯、六氟丙烯或相应的环氧化合物（四氟环氧乙烯、六氟环氧丙烯）在氟离子（F^-）催化下发生阴离子聚合反应，合成碳原子数为 6～14 的碳氟表面活性剂中间体。以四氟乙烯、六氟丙烯合成的中间体为多支链烯烃，这是该法与电解氟化法和调聚法的区别。

(1) 四氟乙烯聚合产品　四氟乙烯在氟离子催化下发生低聚反应制得的产品有 90%左右是含 8～12 个碳原子的全氟烯烃，这种小分子量的化合物叫做低聚物或寡聚物，其组成如表 8-4 所示。

表 8-4　低聚物的组成

碳原子数	结构式	沸点/℃	比例/%
8	$(F_3C)_2C{=}C(C_2F_5)_2$	95	15
10	$C_2F_5\text{—}C(CF_3)(C_2F_5)\text{—}C(CF_3){=}CF\text{—}CF_3$	137	65
12	$C_2F_5\text{—}C(CF_3)(C_2F_5)\text{—}C({=}CF_2)\text{—}CF(C_2F_5)(CF_3) \rightleftharpoons C_2F_5\text{—}C(CF_3)(C_2F_5)\text{—}C(CF_3){=}C(C_2F_5)(CF_3)$	167～176	10

(2) 六氟丙烯聚合产品　六氟丙烯在氟离子存在下首先发生亲核反应，得到负离子中间体，该中间产物继续与六氟丙烷反应，最终生成含 9 个碳原子的支链碳氟中间体。该反应过

程如下

$$CF_2{=}CFCF_3 \xrightarrow{F^-} (F_3C)_2CF^- \xrightarrow{CF_2{=}CFCF_3} (F_3C)_2CF{-}CF_2{-}\bar{C}FCF_3$$

$$\downarrow -F^-$$

$$(F_3C)_2C{=}CF{-}CF_2{-}CF_3 \rightleftharpoons (F_3C)_2CF{-}CF{=}CF{-}CF_3$$

$$\downarrow (F_3C)_2CF^-$$

$$(F_3C)_2C{=}CF{-}CF(CF_3){-}CF(CF_3)_2 \xleftarrow{-F^-} (F_3C)_2CF{-}\bar{C}F{-}CF(CF_3){-}CF(CF_3)_2$$

$$\downarrow -F^-$$

$$(F_3C)_2CF{-}CF_2{-}C(CF_3){=}C(CF_3)_2 \rightleftharpoons (F_3C)_2CF{-}CF{=}C(CF_3){-}CF(CF_3)_2$$

（沸点 114℃）　　　　（沸点 110℃）

用上述支链碳氟中间体合成表面活性剂的方法简单，产品价格低廉，但性能较差。由该中间体合成阴离子、阳离子和非离子表面活性剂的过程如下式所示，所得表面活性剂分子中均含有较多支链。

$$C_9F_{18} \xrightarrow{HO-C_6H_5} C_9F_{17}O-C_6H_5 \xrightarrow{HSO_3Cl} C_9F_{17}O-C_6H_4-SO_2Cl \xrightarrow{NaOH} C_9F_{17}O-C_6H_4-SO_3Na$$

阴离子表面活性剂

$$C_9F_{17}O-C_6H_4-SO_2Cl \xrightarrow{H_2N(CH_2)_3N(CH_3)_2} C_9F_{17}O-C_6H_4-SO_2NH(CH_2)_3N(CH_3)_2 \xrightarrow{CH_3I} C_9F_{17}O-C_6H_4-SO_2NH(CH_2)_3\overset{+}{N}(CH_3)_3I^-$$

阳离子表面活性剂

$$C_9F_{17}O-C_6H_4-SO_2Cl \xrightarrow{CH_3NHCH_2COONa} C_9F_{17}O-C_6H_4-SO_2N(CH_3)CH_2COONa$$

阴离子表面活性剂

$$C_9F_{18} \xrightarrow{HO-C_6H_4-COOH} C_9F_{17}O-C_6H_4-COOH \xrightarrow{SO_2Cl_2} C_9F_{17}O-C_6H_4-COCl \xrightarrow{HO(CH_2CH_2O)_nH} C_9F_{17}O-C_6H_4-COO(CH_2CH_2O)_nH$$

非离子表面活性剂

（3）由六氟环氧丙烷制备的碳氟中间体及表面活性剂　六氟环氧丙烷是由六氟丙烯制得，它可以通过如下反应制备含有氧杂原子的碳氟中间体。

$$(n+2)CF_3CF\underset{O}{\diagdown\!\diagup}CF_2 \xrightarrow{F^-} CF_3CF_2CF_2O(\underset{CF_3}{CF}CF_2O)_n\underset{CF_3}{CF}COF$$

该中间体经进一步反应可分别制得阴离子、阳离子和非离子表面活性剂。

$$\underset{\qquad\qquad\qquad\qquad CF_3}{CF_3CF_2CF_2O(\underset{|}{C}FCF_2O)_n}\underset{\quad CF_3}{\overset{}{C}}FCOO^- \overset{+}{N}H_4$$

$$CF_3CF_2CF_2O(\underset{CF_3}{\underset{|}{C}}FCF_2O)_n\underset{CF_3}{\underset{|}{C}}FCOO^-\ \overset{+}{N}H_4$$

$$CF_3CF_2CF_2O(\underset{CF_3}{\underset{|}{C}}FCF_2O)_n\underset{CF_3}{\underset{|}{C}}FCONH(CH_2)_3\overset{+}{N}(CH_3)_3 \cdot I^-$$

$$CF_3CF_2CF_2O(\underset{CF_3}{\underset{|}{C}}FCF_2O)_n\underset{CF_3}{\underset{|}{C}}FCOO(CH_2CH_2O)_nR$$

以上讨论了合成碳氟表面活性剂疏水、疏油碳氟链的各种方法，它们各有特点，也都有工业化生产。综合比较各种因素可以看出，调聚法是比较理想的方法，该法不仅能生产碳氟表面活性剂，还可以生产一系列可用于各种领域的全氟化合物，如全氟辛烷（C_8F_{18}）是眼科手术不可缺少的医疗材料，溴代全氟辛烷（$C_8F_{17}Br$）是X射线造影剂。

8.2 含硅表面活性剂

简单地讲，含硅表面活性剂就是含有硅原子的表面活性剂，是20世纪60年代问世的一种新型特殊表面活性剂。此类表面活性剂的分子结构也是由亲水基和亲油基两部分构成，与传统碳氢表面活性剂不同的是其亲油基部分含有硅烷基链或硅氧烷基链。

8.2.1 分类

与传统表面活性剂类似，含硅表面活性剂按亲水基的结构可以分为阴离子型、阳离子型、两性型和非离子型等四类。如果按照疏水基的结构分类，则可分为硅烷基型和硅氧烷基型两类。

（1）硅烷基型　此类表面活性剂疏水部分的结构通式为

$$-\underset{|}{\overset{|}{Si}}-CH_2-\cdots-\underset{|}{\overset{|}{Si}}-$$

表面活性剂的品种如

$$(CH_3)_3Si(CH_2)_3COOH \qquad C_6H_5(CH_3)_2Si(CH_2)_2COOH$$

（2）硅氧烷基型　疏水基的结构为

$$-\underset{|}{\overset{|}{Si}}-O-CH_2\cdots$$

表面活性剂的品种如

$$[(CH_3)_3SiO]_3Si(CH_2)_3NH(CH_2)_2NH_2$$

由于硅烷基和硅氧烷基均具有很强的憎水性，因此它们成为除碳氟表面活性剂以外的另一类性能优异的表面活性剂，具有较高的热稳定性和耐气候性，以及良好的表面活性、润湿性、分散性、抗静电性、消泡和乳化性能。

正是由于具有以上这些性质，含硅表面活性剂具有十分广泛的用途。下面将重点介绍其合成方法。主要用于纤维和织物的防水、柔软和平滑整理以及化妆品中，阳离子型含硅表面活性剂还具有很强的杀菌能力。随着硅化学研究的逐渐深入，这类表面活性剂的开发和应用将有更进一步的发展。

8.2.2 合成方法

含硅表面活性剂的合成方法同碳氟表面活性剂的合成方法类似，通常也分为两步，即含硅疏水基中间体的合成及亲水基团的引入。含硅疏水基中间体一般由专业有机硅生产厂家完成，因此对于表面活性剂的合成，亲水基团的引入更为重要。

8.2.2.1 含硅非离子表面活性剂的合成

含硅非离子表面活性剂的合成，即亲水基团的引入主要有以下三种方法，即以聚醚为原料合成、通过环氧乙烷加成反应合成和通过烯基聚醚的加成反应合成。

(1) 以聚醚为原料的合成方法　使用聚醚 $RO(CH_2CH_2O)_nH$ 为原料合成此类表面活性剂主要是基于酯交换反应或置换反应等。例如

$$C_2H_5O{-}\overset{\displaystyle CH_3}{\underset{\displaystyle CH_3}{\overset{|}{\underset{|}{Si}}}}{-}(O\overset{\displaystyle CH_3}{\underset{\displaystyle CH_3}{\overset{|}{\underset{|}{Si}}}})_n OC_2H_5 + RO(CH_2CH_2O)_pH \xrightarrow[\text{酯交换反应}]{CF_3COOH\ \text{催化}}$$

烷氧基聚硅氧烷

$$C_2H_5O{-}\overset{\displaystyle CH_3}{\underset{\displaystyle CH_3}{\overset{|}{\underset{|}{Si}}}}{-}(O\overset{\displaystyle CH_3}{\underset{\displaystyle CH_3}{\overset{|}{\underset{|}{Si}}}})_n(OCH_2CH_2)_p{-}OR + C_2H_5OH$$

$$\text{+}(O\overset{\displaystyle CH_3}{\underset{\displaystyle CH_3}{\overset{|}{\underset{|}{Si}}}})_n NH_2 + HO(CH_2CH_2O)_pR \xrightarrow[-NH_3]{\text{置换反应}} \text{+}(O\overset{\displaystyle CH_3}{\underset{\displaystyle CH_3}{\overset{|}{\underset{|}{Si}}}})_n O(CH_2CH_2O)_pR$$

氨基或含氢聚硅氧烷

此外，带有环氧乙基的硅烷基中间体也可与聚醚反应，经环氧乙基开环引入聚氧乙烯基，其反应式为

$$-\overset{|}{\underset{|}{Si}}-(CH_2)_3-OCH_2-\underset{\diagdown O \diagup}{CH-CH_2} + HO(CH_2CH_2O)_pR \longrightarrow$$

$$-\overset{|}{\underset{|}{Si}}-(CH_2)_3-OCH_2-\underset{\displaystyle OH}{\underset{|}{CH}}-CH_2O(CH_2CH_2O)_pR$$

(2) 通过环氧乙烷加成反应合成　含有羟基的硅烷基化合物直接与环氧乙烷进行氧乙基化反应可制得非离子型含硅表面活性剂。反应式为

$$H_3C-\overset{\displaystyle CH_3}{\underset{\displaystyle CH_3}{\overset{|}{\underset{|}{Si}}}}-(CH_2)_3OH + p\underset{\diagdown O \diagup}{CH_2CH_2} \xrightarrow{KOH} H_3C-\overset{\displaystyle CH_3}{\underset{\displaystyle CH_3}{\overset{|}{\underset{|}{Si}}}}-(CH_2)_3-O(CH_2CH_2O)_pH$$

(3) 通过烯基聚醚的加成反应合成　含氢硅氧烷与烯基聚醚发生加成反应也可以引入非离子亲水基团，例如

$$(CH_3)_3Si\text{+}(O\overset{\displaystyle CH_3}{\underset{\displaystyle CH_3}{\overset{|}{\underset{|}{Si}}}})_n O\overset{\displaystyle CH_3}{\underset{\displaystyle CH_3}{\overset{|}{\underset{|}{Si}}}}-H + CH_2{=}CHCH_2O(CH_2CH_2O)_p CH_3 \longrightarrow$$

$$(CH_3)_3Si\text{-}\!(OSi\underset{CH_3}{\overset{CH_3}{|}})_n\!\!-\!OSi(CH_3)_2\text{—}CH_2\text{—}CH_2CH_2O(CH_2CH_2O)_pCH_3$$

8.2.2.2　含硅阳离子表面活性剂的合成

含硅阳离子表面活性剂的合成主要有以下两种方法。

（1）由含卤素的硅烷或硅氧烷与胺反应制得　例如，三甲氧基氯丙基硅烷与 *N*,*N*-二甲基十八胺反应可以制得如下结构的阳离子表面活性剂。

$$(CH_3O)_3Si(CH_2)_3Cl + C_{18}H_{37}N(CH_3)_2 \longrightarrow [(CH_3O)_3\text{—}Si(CH_2)_3\text{—}N(CH_3)_2\text{—}C_{18}H_{37}]^+ \cdot Cl^-$$

这是一种性能良好的抑菌剂，作用时间长，可用于袜品、内衣及寝具的卫生处理等。

再如，用上述反应还可以合成以下表面活性剂。

$$2C_{18}H_{37}N(CH_3)_2 + (RO)_2SiCl_2 \longrightarrow [(C_{18}H_{37}N(CH_3)_2)_2Si(OR)_2]^{2+} \cdot 2Cl^-$$

$$4C_{12}H_{25}NH_2 + SiCl_4 \longrightarrow [(C_{12}H_{25}NH_2)_4Si]^{4+} \cdot 4Cl^-$$

$$2C_{18}H_{37}N(CH_3)_2 + (C_2H_5)_2SiCl_2 \longrightarrow [(C_{18}H_{37}N(CH_3)_2)_2Si(C_2H_5)_2]^{2+} \cdot 2Cl^-$$

$$R_2SiC_nH_{2n}X + N(CH_3)_3 \longrightarrow R_2SiC_nH_{2n}\overset{+}{N}(CH_3)_3 \cdot X^-$$

上述反应中使用的含卤素的硅烷或硅氧烷原料可用下述方法合成，即先由卤代硅烷与含卤素的丙烯反应制得含卤素的硅烷，再由含卤素的硅烷与脂肪醇反应制得。

$$R_3SiX + CH_2 \!=\! CHCH_2X \longrightarrow R_3Si(CH_2)_3X$$

$$R_3Si(CH_2)_3X + ROH \longrightarrow (RO)_3Si(CH_2)_3X$$

（2）由含烯烃的胺与硅烷加成制得　含有烯烃的胺如 $CH_2 \!=\! CHCH_2N(CH_3)_2$ 加成到硅烷（Si—H）上即可制得季铵盐型阳离子表面活性剂，如

$$\text{—}\overset{|}{\underset{|}{Si}}H + CH_2 \!=\! CHCH_2N(CH_3)_2 \longrightarrow \text{—}\overset{|}{\underset{|}{Si}}CH_2CH_2CH_2N(CH_3)_2$$

$$\xrightarrow{CH_3Cl} \text{—}\overset{|}{\underset{|}{Si}}CH_2CH_2CH_2\overset{+}{N}(CH_3)_3 \cdot Cl^-$$

用这种方法合成的产品还有

$$(CH_3)_3Si\text{-}(O\underset{CH_3}{\overset{CH_3}{Si}})_n\text{-}CH_2CH_2CH_2\overset{+}{N}(CH_3)_3 \cdot Cl^- \qquad [(CH_3)_3SiO]_3SiCH_2CH_2CH_2\overset{+}{N}(CH_3)_3 \cdot Cl^-$$

8.2.2.3　含硅阴离子表面活性剂的合成

阴离子亲水基团的引入主要是通过含卤素的硅烷与活泼氢反应和通过环氧基有机硅化合

物与亚硫酸盐反应两种方式完成。

（1）由含卤素的硅烷与活泼氢反应　含卤素的硅烷，如 $R_3SiC_nH_{2n}X$ 同丙二酸酯中的活泼氢反应，然后经水解可制得含硅的羧酸盐型阴离子表面活性剂。其反应式为

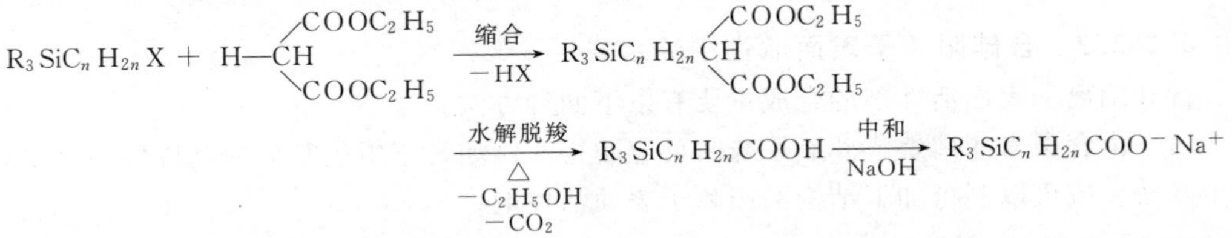

$$R_3SiC_nH_{2n}X + H-CH(COOC_2H_5)_2 \xrightarrow[-HX]{\text{缩合}} R_3SiC_nH_{2n}CH(COOC_2H_5)_2$$

$$\xrightarrow[\triangle,\ -C_2H_5OH,\ -CO_2]{\text{水解脱羧}} R_3SiC_nH_{2n}COOH \xrightarrow[NaOH]{\text{中和}} R_3SiC_nH_{2n}COO^-Na^+$$

（2）由环氧基有机硅化合物与亚硫酸盐反应　通过含有环氧基的有机硅化合物与亚硫酸盐反应可以在表面活性剂分子中引入磺酸盐型阴离子亲水基，例如

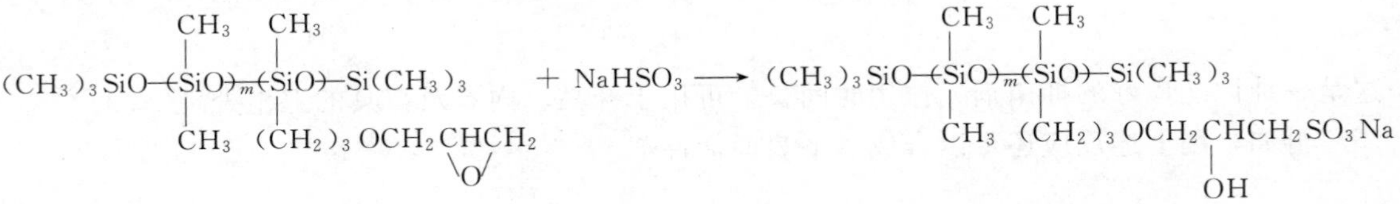

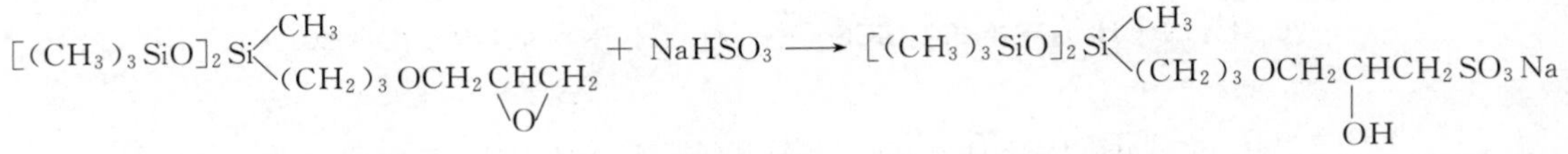

$$(CH_3)_3SiO-[Si(CH_3)_2O]_m-[Si(CH_3)((CH_2)_3OCH_2\underset{\backslash O/}{CHCH_2})O]-Si(CH_3)_3 + NaHSO_3 \longrightarrow (CH_3)_3SiO-[Si(CH_3)_2O]_m-[Si(CH_3)((CH_2)_3OCH_2CH(OH)CH_2SO_3Na)O]-Si(CH_3)_3$$

$$[(CH_3)_3SiO]_2Si(CH_3)(CH_2)_3OCH_2\underset{\backslash O/}{CHCH_2} + NaHSO_3 \longrightarrow [(CH_3)_3SiO]_2Si(CH_3)(CH_2)_3OCH_2CH(OH)CH_2SO_3Na$$

8.2.2.4　含氟硅氧烷表面活性剂

含氟硅氧烷表面活性剂是指普通硅氧烷表面活性剂中的部分氢原子被氟取代后得到的品种，这类表面活性剂具有以下特点。

① 具有良好的耐热稳定性和化学稳定性。

② 具有较低的表面张力和较好的表面活性。

③ 合成方法与普通硅氧烷相似，比较简单，大多采用含氢硅烷与不饱和化合物加成制得。

④ 可用于织物的防水、防污和防油整理，制造“三防”材料，而硅氧烷则不具有防油的能力。

⑤ 具有良好的消泡作用，可用作消泡剂，例如 3,3,3-三氟丙基（甲基）三聚硅氧烷在 0.005%的浓度时即可产生消泡效果。

8.3　高分子表面活性剂 >>>

顾名思义，高分子表面活性剂的分子量要比普通型表面活性剂高出很多，一般表面活性剂的分子量在数百左右，而分子量在数千以上并具有表面活性的物质被称为高分子表面活性剂。这类表面活性剂与低分子表面活性剂相比，具有特殊的性能。

8.3.1　高分子表面活性剂的特性

8.3.1.1　表面活性

虽然称为表面活性剂，但高分子表面活性剂的表面活性通常较弱，表面张力要经过很长时间才能达到恒定，降低表面、界面张力的能力并不显著。例如，高分子物质聚乙烯醇降低表面张力的能力随分子量的增加而降低。这可能是高分子物质分子内及分子间的复杂缠绕，

影响了表面吸附的缘故。

表面活性伴随着分子量的提高急剧下降，常用的高分子表面活性剂如聚乙烯醇的表面张力只有 50mN/m；已工业化的聚氧化乙烯氧化丙烯嵌段共聚物，表面张力可达 33.1mN/m，但其分子量仅为 8.1×10^3。因此，合成高分子量、高表面活性的两亲性聚合物，已成为近年来高分子表面活性剂的主要研究课题之一。

8.3.1.2　乳化性

高分子表面活性剂的乳化能力较好，多形成稳定的乳液，用量较大时还具有很好的乳化稳定性，并可作为稳泡剂使用。许多高分子表面活性剂还具有良好的保水作用、增稠作用，成膜性和黏附力也很优秀。

高分子表面活性剂的乳化性及表面张力因不同的制备方法而异，可分为以下几种情况。

（1）由表面活性单体共聚制备的高分子表面活性剂　很多离子型高分子表面活性剂可溶于水或盐水，有较高的表面活性和增溶乳化能力。两性离子单体还可用于无皂乳液聚合及制备无水处理剂。

（2）由亲水/疏水性单体共聚制备的高分子表面活性剂　采用阴离子聚合或开环聚合法可得到含亲水/疏水链段的嵌段型高分子表面活性剂。亲水链段可以是聚氧乙烯、聚乙烯亚胺等，疏水链段有聚氧丙烯、聚氧丁烯、聚苯乙烯、聚硅氧烷等。此类共聚物具有良好的乳化性能，但高分子量的两嵌段或三嵌段在水溶液中易缔合，可形成以亲水链段为外壳、疏水链段为内核的胶束，致使疏水链段不能在界面形成有效的覆盖。多嵌段共聚物如氧乙烯-氧丙烯多嵌段共聚物，其疏水性氧丙烯链段为亲水性氧乙烯链段所间隔而分布于整个分子链上，不易形成缔合，增大了大分子链向界面迁移的能力，因而呈现较高的表面活性。

（3）由大分子化学反应制备的高分子表面活性剂　聚丁二烯、聚异戊烯通过三氧化硫磺化反应，可得到分子量为 $1.0\times10^4\sim6.6\times10^4$ 的水溶液高分子表面活性剂，0.05%水溶液的表面张力（30℃）为 38mN/m，但表面张力达到恒定需要 48h 之久。羟丙基纤维素同样有这种滞后现象。另一个特点是分子量低于临界值时，水溶液表面张力随分子量的增大而上升，超过临界值后，0.1%水溶液表面张力（25℃）保持在43～44mN/m，不再与分子量及溶液浓度有关。

8.3.1.3　胶束性质

高分子表面活性剂一般不具备低分子表面活性剂在水溶液中形成胶束的性质，这可能是由于高分子表面活性剂分子大，链较长，分子内或分子间的缠绕使其很难按一定的顺序整齐排列。为获得必要的水溶性应对其引入亲水基，聚合物不同、分子结构不同，水溶性亦会有很大的变化。当疏水基作用加强时，水溶性高分子表面活性剂亦会形成胶体溶液，即以分子聚集体形式存在于溶液中。在多数情况下，水溶性高分子表面活性剂形成的是胶体溶液，这是一种热力学亚稳体系，各种形状的粒子以分子簇的形式悬浮于胶体溶液中。在力场、热场或电场改变时，可破坏这种亚稳态结构，导致粒子聚集。在胶体溶液中，粒子处于特殊分散状态，称为胶体分散系统。

8.3.1.4　分散性和絮凝性

由于高分子表面活性剂在各种表面、界面上有很好的吸附作用，因而分散性、凝聚性和增溶性均较好。随表面活性剂溶液浓度的升高，表面活性剂的分散和凝聚作用不同。在低浓度时，高分子表面活性剂吸附于两个或多个粒子表面，起到架桥作用，可以将两个粒子连接在一起，发生凝聚作用，如图 8-2 所示。当表面活性剂浓度较高时，高分子表面活性剂分子包围在粒子周围，起到隔离作用，防止粒子的凝聚，有助于粒子的分散，起到分散作用，如图 8-3 所示。

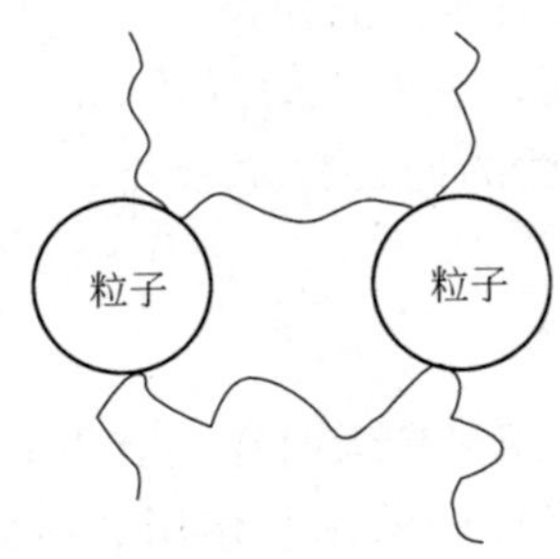

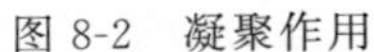
图 8-2　凝聚作用

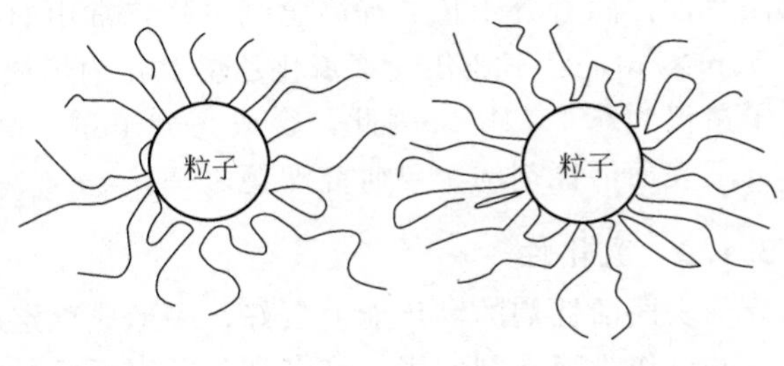

图 8-3　分散作用

普通表面活性剂虽然很多都具有分散作用，但由于受分子结构、分子量等因素的影响，它们的分散作用往往十分有限、用量较大。高分子表面活性剂由于亲水基、疏水基、位置、大小可调，分子结构可呈梳状，又可呈现多支链化，因而其分散体系更易趋于稳定、流动，成为很有发展前途的一类分散剂。如在造纸工业中可用作染料和颜料分散剂、浆内分散剂等；又如分散有机颜料铜酞菁蓝时，若采用壬基酚聚氧乙烯醚作为分散剂，加量为颜料量的26%，固含量最多达到35%。然而，采用高分子表面活性剂时，可将固含量提高到50%，同样能制得低黏度的酞菁蓝颜料。

高分子表面活性剂最引人注目的是对分散体系的稳定作用。除了被称为聚合物表面活性剂或表面活性剂外，当用作分散稳定剂时，这些两亲性聚合物还被称为乳化剂、洗涤剂或分散剂；当用于控制胶乳变性时，被称为增稠剂；当用于不相容聚合物的混合时，它们被称为增容剂。

8.3.1.5　增稠性

增稠性有两个含义：一是利用其水溶液本身的高黏度，提高其他水性体系的黏度；二是水溶性聚合物可与水中其他物质如小分子填料、高分子助剂等发生作用，形成化学或物理结合体，导致黏度的增加。后一种作用往往具有更强的增稠效果。一般作为增稠剂使用的高分子应有较高的分子量，如聚氧乙烯作为增稠剂时，分子量应在250万左右。常用的增稠剂有酪素、明胶、羟甲基纤维素、聚氧乙烯、硬脂酸聚乙二醇酯、聚乙烯吡咯烷酮、脂肪胺聚氧乙烯、阳离子淀粉等。

高分子表面活性剂作为增稠剂在石油开采方面的应用比较重要，但一般高分子材料在恶劣的使用条件下往往会使增稠性能降低。这主要是由于高聚物在高转数下的机械降解、在高温下黏度的降低、天然高分子材料的生物降解以及无机盐的存在和化学降解等原因造成的。

此外，由于分子量很大，分子体积大，高分子表面活性剂的渗透性较差，而且去污力和起泡力也较低，但对泡沫的稳定性较好，毒性也较小。

由于高分子表面活性剂的特殊性能决定了它的表面活性机制和用途与一般的表面活性剂有所不同。例如，水溶性蛋白质、树胶等天然高分子物质是有名的保护性胶体，现在仍在大量使用。此外许多合成高分子物质，如聚丙烯酸盐及部分水解的聚丙烯酰胺等一般多用作乳化剂、分散剂等。

8.3.2　高分子表面活性剂的分类

目前高分子表面活性剂尚没有明确的标准分类法。如果根据低分子表面活性剂的分类法，即按其在水中的离子性质来分类，可分为阴离子型、阳离子型、两性离子型和非离子型。按其来源则可分为天然型、半合成型和合成型三大类。此外还可根据表面活性剂在溶液中是否形成胶束，分为聚皂及传统高分子表面活性剂等。

表 8-5 列举了高分子表面活性剂的分类及其主要品种，其中半合成型是指采用天然高分子物质为原料合成的表面活性剂，实际上是天然高分子的改性品种；合成型则是以基本有机化工原料经聚合反应制得的高分子。

表 8-5　高分子表面活性剂的分类及其主要品种

类　型	天　然　型	半　合　成　型	合　　成　　型
阴离子型	藻酸钠 果胶酸钠 咕吨胶	羟甲基纤维素(CMC) 羧甲基淀粉(CMS) 甲基丙烯酸接枝淀粉	甲基丙烯酸共聚物 马来酸共聚物
阳离子型	壳聚酸	阳离子淀粉	乙烯吡啶共聚物 聚乙烯吡咯烷酮 聚乙烯亚胺
非离子型	各种淀粉	甲基纤维素(MC) 乙基纤维素(EC) 羟基纤维素(HEC)	聚氧乙烯-聚氧丙烯 聚乙烯醇(PVA) 聚乙烯醚 聚丙烯酰胺 烷基酚-甲醛缩合物的环氧乙烷加成物

8.3.3　高分子表面活性剂的主要品种及合成

8.3.3.1　木质素磺酸钠

木质素磺酸钠是造纸的副产品，其分子量一般是 1000～2500。该表面活性剂的化学结构十分复杂，有酚羟基、醇基和羧基等，磺酸基则位于与酚基相连接的 C_3 烷基的 α 及 β 位置上。一般是钠盐或钙盐，也有的是铵盐。

木质素磺酸盐常用作固体的分散剂，如颜料、分散染料的分散剂。也可用于水包油乳状液的稳定剂。这类表面活性剂价格便宜，使用时不易起泡，适合于大批量生产。

8.3.3.2　聚皂

聚皂是 1951 年合成的一种阳离子型高分子表面活性剂，聚 4-(或 2-)乙烯吡啶用溴代十二烷（$C_{12}H_{25}Br$）季铵化便可得到如下结构的聚皂。

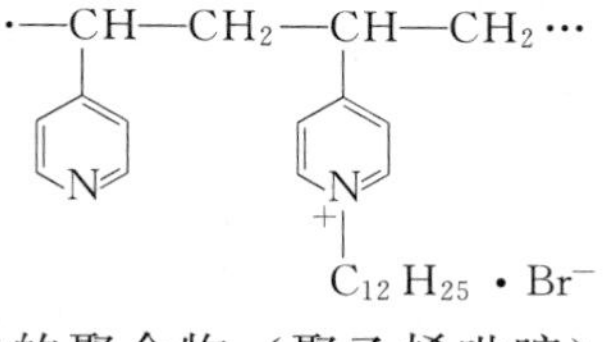

$$\cdots\text{—CH—CH}_2\text{—CH—CH}_2\cdots$$

（第一个 CH 上连吡啶环；第二个 CH 上连吡啶鎓环，N 上连 $C_{12}H_{25}$ ，$\cdot Br^-$）

季铵化后的表面活性剂比原来的聚合物（聚乙烯吡啶）具有更高的表面活性，在水溶液中显示出对苯及十二烷良好的加溶作用。

若将乙烯吡啶和丙烯酸共聚，则可得到如下具有两性表面活性剂性质的化合物

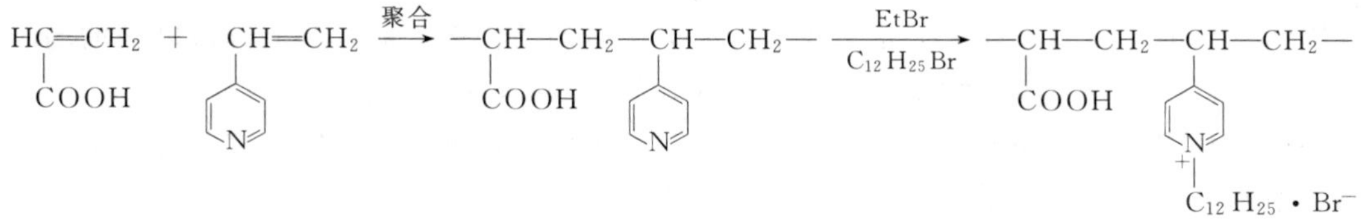

$$\underset{\text{COOH}}{\text{HC}}\text{=CH}_2 + \underset{\text{吡啶基}}{\text{CH}}\text{=CH}_2 \xrightarrow{\text{聚合}} \text{—}\underset{\text{COOH}}{\text{CH}}\text{—CH}_2\text{—}\underset{\text{吡啶基}}{\text{CH}}\text{—CH}_2\text{—} \xrightarrow[C_{12}H_{25}Br]{EtBr} \text{—}\underset{\text{COOH}}{\text{CH}}\text{—CH}_2\text{—}\underset{\text{吡啶鎓基}(N^+\text{—}C_{12}H_{25}\cdot Br^-)}{\text{CH}}\text{—CH}_2\text{—}$$

绝大多数的聚皂都带电荷，这一点与聚电解质类似。事实上，聚皂大多数都是对聚电解质进行疏水改性的产物（hydrophobically modified polyelectrolyte）。如果从离子性来看，也可分为阴离子型、阳离子型和非离子型等。阴离子型聚皂多是丙烯酸与疏水的丙烯酸衍生物如丙烯酸酯的共聚物，顺酐与乙烯基醚或烯烃的共聚物。阳离子型聚皂多是含氮杂环聚合物通过卤代烷烃（长链烷烃）季铵化改性的产物或丙烯酰胺与季铵化丙烯酰胺的共聚物。非离子型聚皂只有冠醚类聚合物、聚环氧乙烷接枝聚合物、纤维素的改性产物曾被报道。

8.3.3.3 由对烷基苯酚和甲醛制得的高分子表面活性剂系列

对烷基苯酚与甲醛缩合即得线性高分子 $\left[\mathrm{C_6H_2(R)(OH)}-\mathrm{CH_2}\right]_n$，如再与环氧乙烷进行反应则得到水溶性的非离子型高分子表面活性剂。将此高分子表面活性剂再加以硫酸化，就会得到阴离子型高分子表面活性剂。反应式如下

$$\left[\mathrm{C_6H_2(R)(OH)}-\mathrm{CH_2}\right]_n \xrightarrow{m\,\mathrm{CH_2CH_2}\ (\text{O})} \left[\mathrm{C_6H_2(R)(O(CH_2CH_2O)_mH)}-\mathrm{CH_2}\right]_n \xrightarrow{\text{硫酸化}} \left[\mathrm{C_6H_2(R)(O(CH_2CH_2O)_mSO_3^-Na^+)}-\mathrm{CH_2}\right]_n$$

8.3.3.4 由丙烯腈及丙烯酰胺制得的高分子表面活性剂系列

$$\mathrm{CH_2{=}CH{-}CN} \xrightarrow{\text{水解}} \mathrm{CH_2{=}CH{-}CONH_2} \xrightarrow{\text{聚合}} \left[\mathrm{CH(CONH_2)}-\mathrm{CH_2}\right]_n$$

聚丙烯酰胺（PAM）

丙烯腈经水解可制得丙烯酰胺，再聚合制得聚丙烯酰胺（PAM）。聚丙烯酰胺与甲醛和亚硫酸钠反应可以在高分子化合物上引入磺酸基，制备阴离子表面活性剂，也可以同甲醛和脂肪胺反应制取阳离子表面活性剂。

$$\left[\mathrm{CH(CONH_2)}-\mathrm{CH_2}\right]_n \xrightarrow{\mathrm{HCHO}} \left[\mathrm{CH(CONHCH_2OH)}-\mathrm{CH_2}\right]_n \xrightarrow{\mathrm{NaHSO_3}} \left[\mathrm{CH(CONHCH_2SO_3Na)}-\mathrm{CH_2}\right]_n$$

$$\left[\mathrm{CH(CONHCH_2OH)}-\mathrm{CH_2}\right]_n \xrightarrow[\mathrm{HX}]{\mathrm{RNH_2}} \left[\mathrm{CH(CONHCH_2\overset{+}{N}H_2R \cdot X^-)}-\mathrm{CH_2}\right]_n$$

8.3.3.5 超高分子量破乳剂

以前讲到的“聚醚”均为分子量较低的高分子表面活性剂，而作为原油破乳剂的超高分子量破乳剂，则是分子量达数十以至数百万的环氧乙烷-环氧丙烷聚合的聚醚。

总之，利用各种不同的聚合单体，可得到各种不同的高分子共聚物，按其分子量及引入基团的不同可得到实用性很强的各种类型的表面活性剂。

8.4 冠醚型表面活性剂

近年来迅速发展起来的冠醚类大环化合物，具有与金属离子络合，形成可溶于有机溶剂相的络合物的特性，因而广泛地用作“相转移催化剂”。由于冠醚大环主要由聚氧乙烯构成，与非离子表面活性剂极性基相似，因此在冠醚大环上引入烷基取代基后，则可得到与非离子表面活性剂类似，但又具有独特性质的新型表面活性剂，其基本结构为

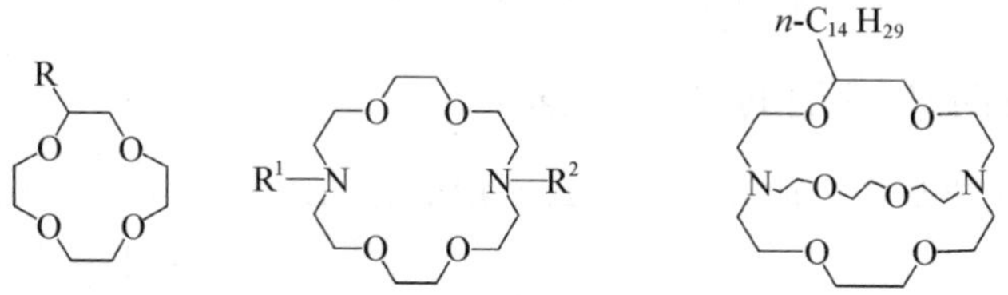

R　　R¹—N　N—R²　　n-$C_{14}H_{29}$

8.4.1 冠醚型表面活性剂的性质及应用

冠醚型表面活性剂是以冠醚作为亲水基团，且又在冠醚环上连接有长链烷基、苯基等憎水基团的化合物及其衍生物，属于大环多醚化合物，是一类特殊结构的聚醚。这类化合物除具有一般表面活性剂所共有的特点外，还有一些特殊的性质，例如可以选择性地络合金属阳离子或正离子，可改善某些抗生素的生物活性以及离子透过生物膜的传输行为，从而用来模拟天然酶和制备生物膜，也可以作为相转移催化剂以改进有机化学反应的转化率和反应能力。这类表面活性剂疏水链具有极强的疏水性，因而在化学或生物体系中具有碳氢表面活性剂无法比拟的高化学活性或生物活性。

冠醚型表面活性剂和普通聚醚类似，其水溶液的浊点随着形成冠醚的基本单体——氧乙烯单元数的增加和烷基链长度的缩短而升高，其临界胶束浓度（cmc）也相应升高。随着羟基的引入，冠醚开环变成典型的聚醚，即随着水溶性的增加，浊点升高，cmc 相应升高。正是由于表面活性剂冠醚分子本身具有特殊的表面活性，而且对不同的阳离子具有选择性的络合作用，使其成为一种新型的相转移催化剂。如以下反应

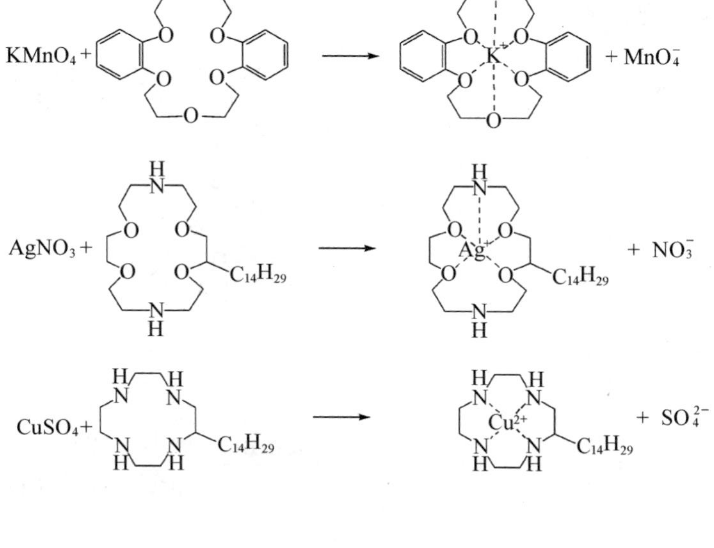

$KMnO_4$ + [二苯并-18-冠-6] ⟶ [K^+ 络合物] + MnO_4^-

$AgNO_3$ + [$C_{14}H_{29}$ 取代二氮杂冠醚] ⟶ [Ag^+ 络合物] + NO_3^-

$CuSO_4$ + [$C_{14}H_{29}$ 取代四氮杂大环] ⟶ [Cu^{2+} 络合物] + SO_4^{2-}

形成络合物之后，此类化合物实际上从非离子表面活性剂转变成离子表面活性剂，而且易溶于有机溶剂中，将本来不溶于有机溶剂的离子带入有机相参与反应，因此可用做相转移催化剂。在合成时还可以调节环的大小，使之适合于不同大小的离子。

目前冠醚化学及其应用领域已经得到广泛的研究，并已渗透进化学的很多分支学科，例如有机合成、配位化学、高分子合成、分析化学、萃取化学、液晶化学、感光化学、金属及同位素分离、光学异构体的识别及拆分，以及到其他学科，例如生物物理、生物化学、药物化学、土壤化学等。在这些领域中，冠醚以其特有的高表面活性、分散均匀性以及与各种离子和中性分子之间的高络合配位性等性质，获得了广泛的应用。

8.4.2 冠醚型表面活性剂的合成方法

（1）由烷烃的活性端基反应成环　这是最常用的方法之一，如

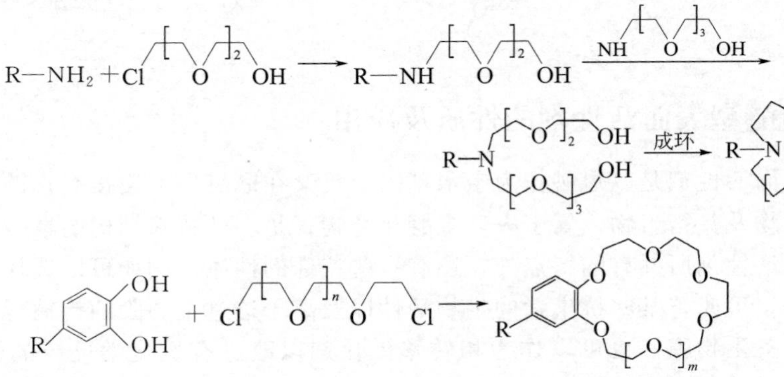

R—NH₂ + Cl[CH₂CH₂O]₂CH₂CH₂OH ⟶ R—NH[CH₂CH₂O]₂CH₂CH₂OH ⟶(NH[CH₂CH₂O]₃CH₂CH₂OH) R—N(CH₂CH₂[OCH₂CH₂]₂OH)(CH₂CH₂[OCH₂CH₂]₃OH) ⟶(成环) R—N 氮杂冠醚 [CH₂CH₂O]ₘ

4-R-邻苯二酚 + Cl[CH₂CH₂O]ₙCH₂CH₂OCH₂CH₂Cl ⟶ R-苯并冠醚 [CH₂CH₂O]ₘ

（2）由聚乙二醇合成

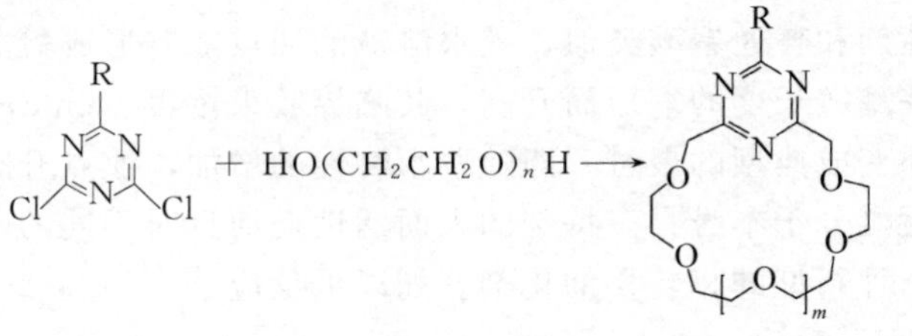

2-R-4,6-二氯-1,3,5-三嗪 + HO(CH₂CH₂O)ₙH ⟶ 三嗪冠醚 [CH₂CH₂O]ₘ

（3）由环氧化合物合成

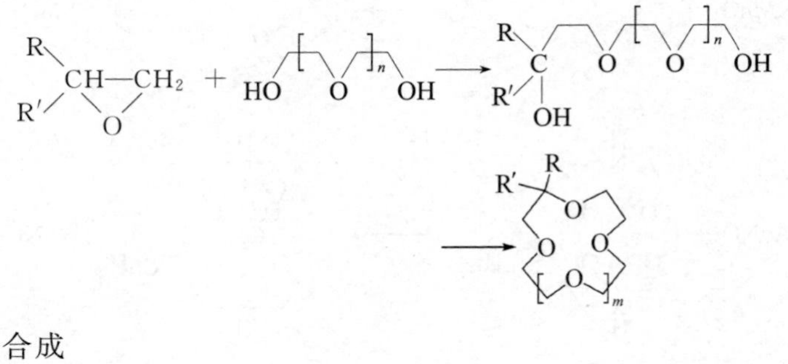

RR′C(—O—)CH₂（环氧化合物） + HO[CH₂CH₂O]ₙCH₂CH₂OH ⟶ RR′C(OH)CH₂O[CH₂CH₂O]ₙCH₂CH₂OH ⟶ R,R′-取代冠醚 [CH₂CH₂O]ₘ

（4）由 α-烯烃合成

$$R—CH=CH_2 \longrightarrow RCH(OH)—CH_2OH \xrightarrow{ClCH_2COOH} RCH(OCH_2COOH)CH_2OCH_2COOH$$

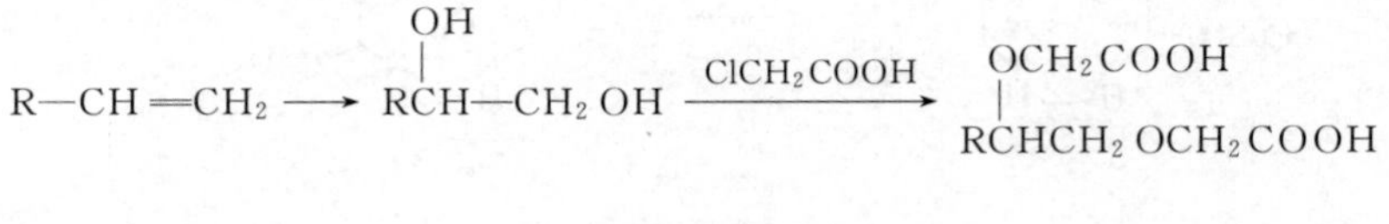

$$\underset{\text{RCHCH}_2\text{OCH}_2\text{COOH}}{\overset{\text{OCH}_2\text{COOH}}{|}} \xrightarrow{\text{LiAlH}_4} \underset{\text{RCHCH}_2\text{OCH}_2\text{CH}_2\text{OH}}{\overset{\text{OCH}_2\text{CH}_2\text{OH}}{|}} \xrightarrow{\text{CH}_2\text{OCH}_2\text{CH}_2\text{OH} \,|\, \text{CH}_2\text{OCH}_2\text{CH}_2\text{OH}} \text{[crown ether: 6 O, —R]}$$

$$\underset{\text{RCHCH}_2\text{OCH}_2\text{COOH}}{\overset{\text{OCH}_2\text{COOH}}{|}} \xrightarrow{\text{COCl}_2} \underset{\text{RCHCH}_2\text{OCH}_2\text{COCl}}{\overset{\text{OCH}_2\text{COCl}}{|}} \xrightarrow[\text{LiAlH}_4]{\text{CH}_2\text{OCH}_2\text{CH}_2\text{NH}_2 \,|\, \text{CH}_2\text{OCH}_2\text{CH}_2\text{NH}_2} \text{[aza crown ether: 4 O, HN, NH, R]}$$

（5）由醛类制得　由醛与二乙醇醚缩合制成的冠醚型化合物如下，但此化合物对酸不稳定。

$$\text{RCHO}+\text{HOCH}_2\text{CH}_2\text{OCH}_2\text{CH}_2\text{OH} \longrightarrow \text{RCH[O(EO)}_2\text{H]}_2 \xrightarrow{\text{HO(EO)}_2\text{H}} \text{R—CH [crown ether: 8 O]}$$

8.5 反应型表面活性剂 >>>

这里的反应型表面活性剂是指能同纤维织物反应，使之具有柔软性、防水性、防缩性、防皱性、防虫性、防霉性、防静电性的反应型表面活性剂，主要包括以下几类。

8.5.1 羟甲基化合物

硬脂酸酰胺极易与甲醛缩合，生成 *N*-羟基甲基硬脂酸酰胺。

$$\text{C}_{17}\text{H}_{35}\text{CONH}_2 + \text{HCHO} \longrightarrow \text{C}_{17}\text{H}_{35}\text{CONHCH}_2\text{OH}$$

它可以在一定的条件下和纤维发生如下反应，生成一种结合物，达到使织物柔软的效果，提高其柔软性和防水性。

$$\text{Cell—OH} + \text{C}_{17}\text{H}_{35}\text{CONHCH}_2\text{OH} \xrightarrow[\text{pH}=7.0\sim8.0,\ 110^\circ\text{C}]{\text{NH}_4\text{Cl}} \text{Cell—O—CH}_2\text{HNOCC}_{17}\text{H}_{35}$$

8.5.2 活性卤素化合物

活性卤素化合物品种很多，如脂肪酸酰氯即可发生如下反应

$$\text{Cell—OH} + \text{C}_{17}\text{H}_{35}\text{COCl} \xrightarrow{\text{pyridine}} \text{Cell—O—COC}_{17}\text{H}_{35} + \text{HCl}$$

用这种方法处理过的人造棉麻、羊毛或其他混纺制品都具有防水性和柔软性。

8.5.3 环氧化合物

英国的 Shell（壳牌）公司生产的 Aversin 1160 可采用如下方法合成，这种表面活性剂可使羊毛或棉制品具有良好的防水性、防皱性、永久柔软性及防静电作用。

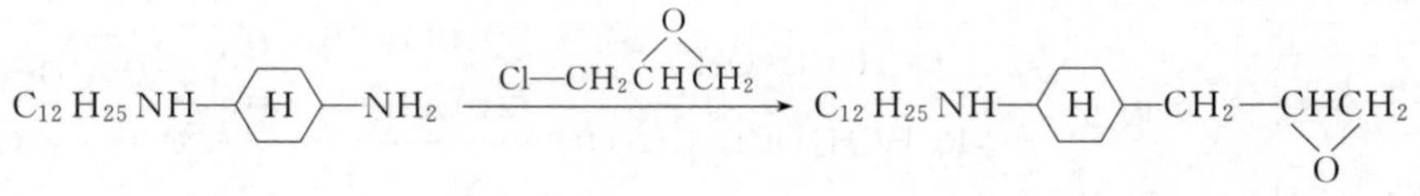

$$C_{12}H_{25}NH-\langle H \rangle-NH_2 \xrightarrow{Cl-CH_2\overset{O}{CHCH_2}} C_{12}H_{25}NH-\langle H \rangle-CH_2-\underset{O}{CHCH_2}$$

Aversin 1160

采用环氧树脂缩合单体双酚 A-二缩水甘油醚与聚醚单胺开环反应可以得到分子量在8000左右的含环氧基的交联型高分子表面活性剂。

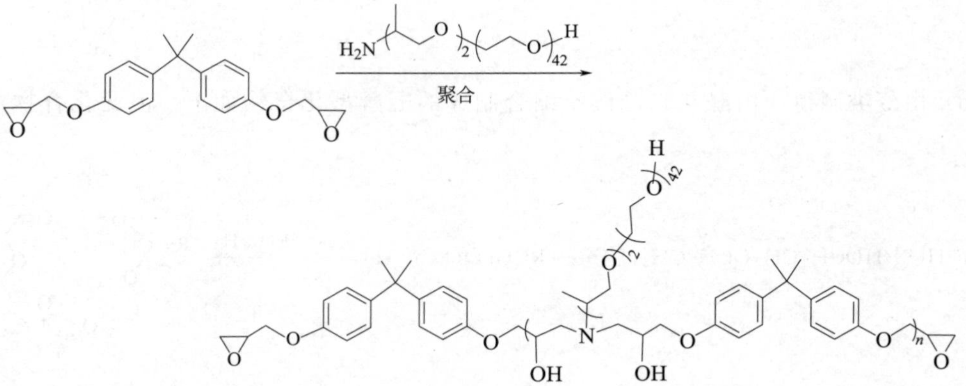

聚合

8.5.4 环氮乙烷衍生物

这类反应型表面活性剂中比较重要的是 Hoechst 公司的 Persistol 系列产品，它是十八烷基异氰酸酯与环氮乙烷缩合的产物，即

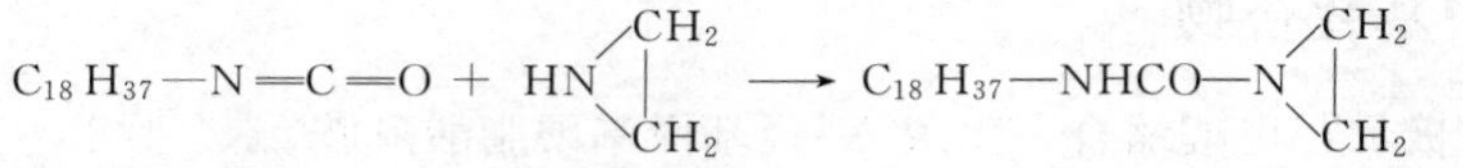

$$C_{18}H_{37}-N=C=O + HN\begin{matrix}CH_2\\|\\CH_2\end{matrix} \longrightarrow C_{18}H_{37}-NHCO-N\begin{matrix}CH_2\\|\\CH_2\end{matrix}$$

该表面活性剂可以与纤维素纤维发生如下反应

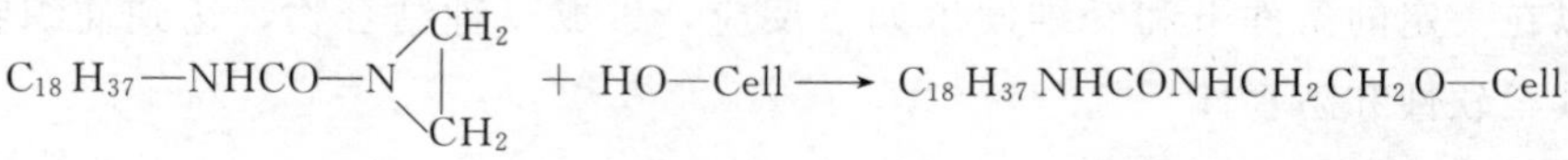

$$C_{18}H_{37}-NHCO-N\begin{matrix}CH_2\\|\\CH_2\end{matrix} + HO-Cell \longrightarrow C_{18}H_{37}NHCONHCH_2CH_2O-Cell$$

因此可以用它在5℃处理棉纤维，所得到的棉制品具有和羊毛一样的柔软手感，同时兼有防水性、染色性及好的手感。

8.5.5 含有双键的化合物

碳碳双键具有优异的聚合性能，能够在引发剂、催化剂或物理条件下产生自由基，具有良好的反应活性，因此含碳碳双键的高分子可聚合的表面活性剂得到了广泛使用。根据碳碳双键的化学结构，主要可分为（甲基）丙烯酸型、马来酸酯型、丙烯酰胺型等。

（1）（甲基）丙烯酸型高分子可聚合表面活性剂　该类表面活性剂不仅具有良好的乳化稳定性能，而且因其含有碳碳双键而表现出非常高的反应活性，更易于发生聚合反应，常作为分散稳定剂应用于乳液聚合过程。如下面的聚合物在浓度为0.0058mol/L时可降低表面张力至37mN/m。

$$CH_3O\!\left(\!\!\diagup\!\!\diagdown O\right)_n\!\!C(=O)\!-\!HN\!-\!\text{(trimethylcyclohexyl)}\!-\!CH_2\!-\!\underset{H}{N}\!-\!\overset{O}{\overset{\|}{C}}\!\left(OCH_2\overset{CH_3}{\overset{|}{C}H}\right)_n\!O\!-\!\overset{O}{\overset{\|}{C}}\!-\!NH\!-\!\text{(trimethylcyclohexyl)}\!-\!CH_2\!-\!\overset{H}{N}\!-\!C(=O)CH_2CH_2O\!-\!C(=O)CH\!=\!CH_2$$

（2）马来酸酯型可聚合表面活性剂　该类表面活性剂是以马来酸酐为原料制备的含碳碳双键的高分子表面活性剂，具有反应途径多元化和反应活性好的优势。马来酸酐可酯化开环，得到可聚合的高分子表面活性剂，酸酐同时转变为羧基，提高聚合物的亲水性。马来酸酯型高分子表面活性剂能够有效降低水的表面张力，在低于临界聚集浓度下自组装成球形，粒径分布窄，乳化效果好，常作为乳化剂和分散剂。但由于分子结构内含有酸根离子，所以表面活性受到电解质、pH 等因素影响较大。下面是马来酸酯型可聚合表面活性剂的典型代表

$$CH_3C_6H_3\left[\overset{H}{N}\!-\!\overset{O}{\overset{\|}{C}}\!-\!O\!\left[CH_2CH_2O\right]_n\!\overset{O}{\overset{\|}{C}}\!-\!CH\!=\!CH\!-\!COOH\right]_2$$

（3）丙烯酰胺型反应型高分子表面活性剂　该类表面活性剂一般是以丙烯酰胺及其衍生物对聚合物改性而引入碳碳双键。碳碳双键活性较高，容易进行聚合反应。其表面张力几乎不受 pH 的影响，在乳液聚合反应中常作为乳化剂，且其乳化性能优于传统的非离子表面活性剂 OP-10。下面是丙烯酰胺型反应型高分子表面活性剂的典型代表

$$CH_2\!=\!CH\!-\!\overset{O}{\overset{\|}{C}}\!-\!\overset{H}{N}\!-\!C_6H_3(CH_3)\!-\!HN\!-\!\overset{O}{\overset{\|}{C}}\!-\!O\!\left[CH_2CH_2\right]_n\!O\!-\!\overset{O}{\overset{\|}{C}}\!-\!NH\!-\!C_6H_3(CH_3)\!-\!\overset{H}{N}\!-\!\overset{O}{\overset{\|}{C}}\!-\!CH\!=\!CH_2$$

8.5.6　含有过氧基的化合物

采用过氧基高分子表面活性修饰剂，将过氧基引入到苯乙烯微球的表面，过氧基受热均裂产生活性自由基后接枝聚合，从而实现界面的聚合修饰。高分子表面活性修饰剂修饰后的界面能够实现不同的功能化，防止两性共聚物迁移，改善材料互容性，实现优异的复合材料性能。反应过程如下

乳胶离子

$$\left|-CH_2-CHR-CH_2-CHR-\right| \quad (H_3C)_2C-O-O-C(CH_3)_3,\ C\equiv C,\ \left[H_2C-CH\right]_m\left[\underset{COO^-}{CH}-\underset{COO^-}{CH}\right]_n \xrightarrow{\text{吸附}}$$

$$\xrightarrow{\text{过氧化物基团分解}} \left|-CH_2-CHR-CH_2-CHR-\right| \quad (H_3C)_2C-\dot{O}\,\dot{O}-C(CH_3)_3,\ C\equiv C,\ \left[H_2C-CH\right]_m\left[\underset{COO^-}{CH}-\underset{COO^-}{CH}\right]_n \xrightarrow{\text{链转移}}$$

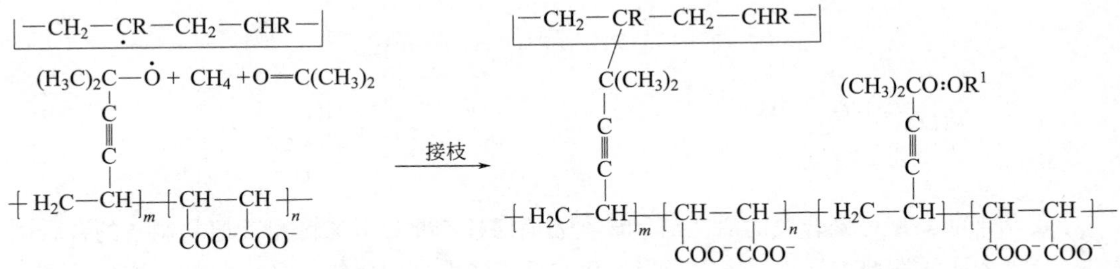

$$\left[-CH_2-\dot{C}R-CH_2-CHR-\right] \quad (H_3C)_2C-\dot{O}+CH_4+O{=}C(CH_3)_2 \quad (H_3C)_2C\text{ 经 }-C{\equiv}C-\text{ 连于 }\left[H_2C-CH\right]_m\left[CH(COO^-)-CH(COO^-)\right]_n$$

$$\xrightarrow{\text{接枝}}$$

$$\left[-CH_2-CR-CH_2-CHR-\right]\text{（CR 连 }C(CH_3)_2-C{\equiv}C-\text{）} \quad \left[H_2C-CH\right]_m\left[CH(COO^-)-CH(COO^-)\right]_n\left[H_2C-CH(-C{\equiv}C-CO(CH_3)_2{:}OR^1)\right]\left[CH(COO^-)-CH(COO^-)\right]$$

8.6 生物表面活性剂

生物表面活性剂是指在一定条件下培养微生物时，在其代谢过程中分泌出的具有一定表面活性的代谢产物，如糖脂、多糖脂、脂肽和中性类脂衍生物等。化学合成的表面活性剂会受到原材料、价格、产品性能等因素的影响，同时在生产和使用的过程中常常会带来严重的环境污染问题以及对人体的毒害问题。当今生物技术发展迅速，利用生物技术生产活性高、具有特效的表面活性剂，将有效避免这些问题。

由于生物表面活性剂的来源、生产方法、化学结构、用途多种多样而有各种分类，根据化学结构的不同可分为单糖脂类、多糖脂类、脂蛋白类、磷脂类等，如图 8-4 所示。

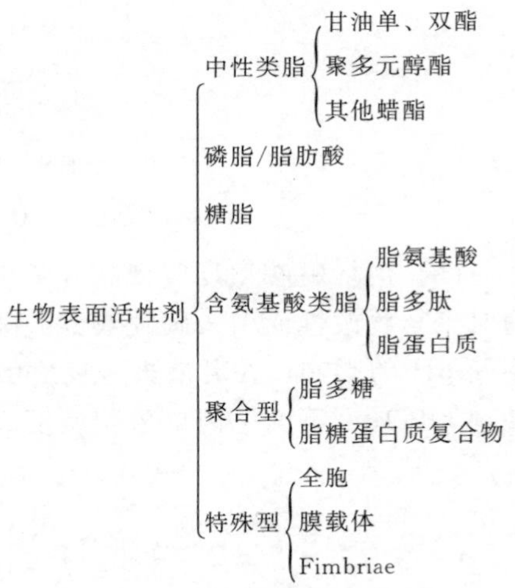

- 生物表面活性剂
  - 中性类脂
    - 甘油单、双酯
    - 聚多元醇酯
    - 其他蜡酯
  - 磷脂/脂肪酸
  - 糖脂
  - 含氨基酸类脂
    - 脂氨基酸
    - 脂多肽
    - 脂蛋白质
  - 聚合型
    - 脂多糖
    - 脂糖蛋白质复合物
  - 特殊型
    - 全胞
    - 膜载体
    - Fimbriae

图 8-4　生物表面活性剂分类

常见的生物表面活性剂有：纤维二糖脂，鼠李糖脂，槐糖脂，海藻糖二脂，海藻糖四脂，单、二、三糖脂，表面活性蛋白等。

8.6.1 生物表面活性剂的形成和制备

许多微生物都可能仅靠烃类为单一碳源而生长，例如，酵母菌和真菌主要利用直链饱和烃；细菌则降解异构烃或环烷烃，还可利用不饱和烃和芳香族化合物。微生物要利用这些烃类，就必须使烃类通过外层亲水细胞壁进入细胞，由于烃基水溶性非常小，一些细菌和酵母菌分泌出离子型表面活性剂，如 *Pseudomonas* sp. 产生的鼠李糖脂、*Torulopis* sp. 产生的槐糖脂，另一些微生物产生非离子型表面活性剂，如 *Candida lipolytica* 和 *Candida tropicalis* 在正构烷烃中培养时产生胞壁结合脂多糖、*Rhodococus erythropolis* 以及一些 *Mycobacterium* 和 *Arthrobacter* sp. 在原油或正构烷烃中产生非离子海藻糖棒杆霉菌酸酯。一些典型的生物表面活性剂如下。

(1) 鼠李糖脂　鼠李糖脂能显著降低表面张力，一般能使水的表面张力降低至 30.0mN/m 左右，使油水的界面张力降低至 1.0mN/m 左右。双糖双脂结构的鼠李糖脂的临界胶束浓度（cmc）是 5mg/L，单糖双脂结构的鼠李糖脂的 cmc 是 40mg/L，常见的鼠李

糖脂结构如下

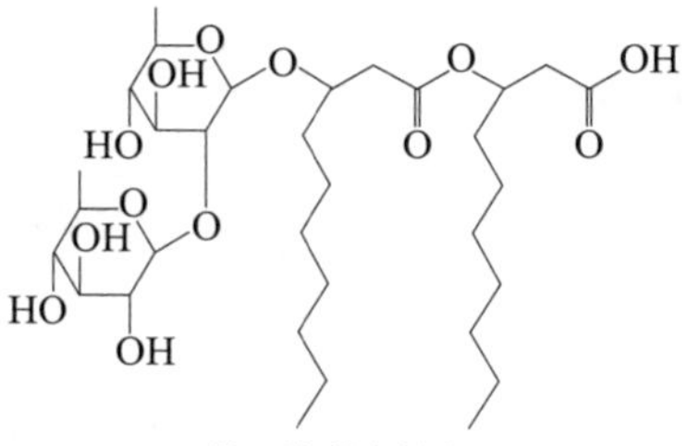

双糖双脂鼠李糖脂

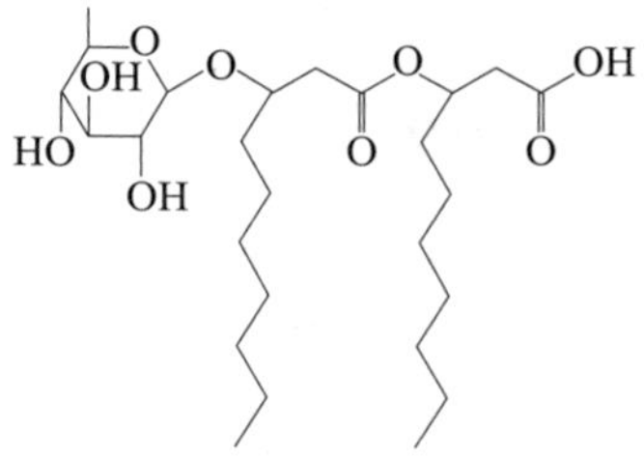

单糖双脂鼠李糖脂

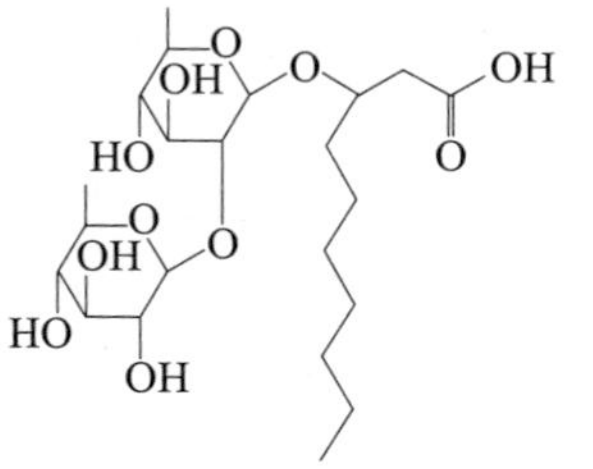

双糖单脂鼠李糖脂

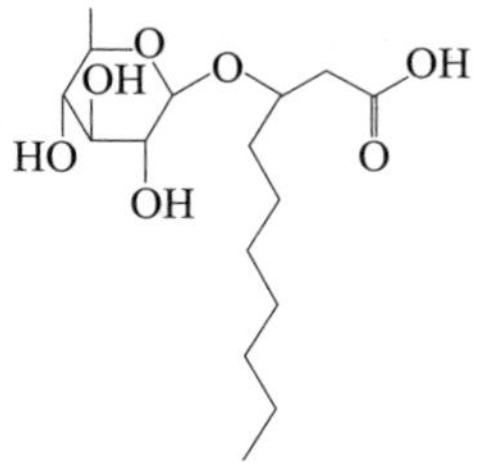

单糖单脂鼠李糖脂

（2）槐糖脂　槐糖脂的 cmc 为 40～100mg/L，亲水亲油平衡指数（HLB）为 10～13。一般情况下，酸型槐糖脂的起泡性和溶解度更好，内酯型槐糖脂具有更好的表面性能及抗菌活性。酸型槐糖脂和内酯型槐糖脂的结构如下

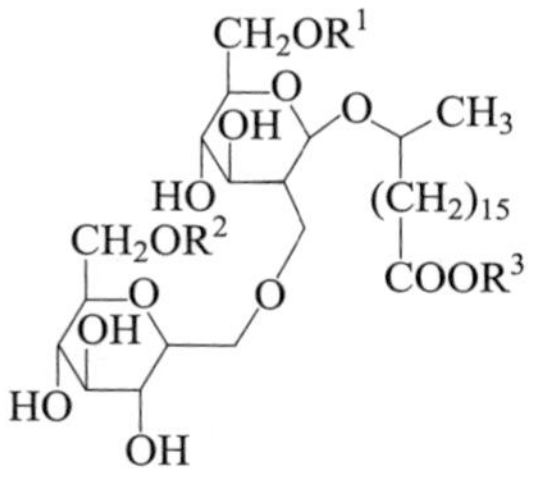

$R^1=R^2=Ac$，$R^3=H$或CH_3

酸型槐糖脂

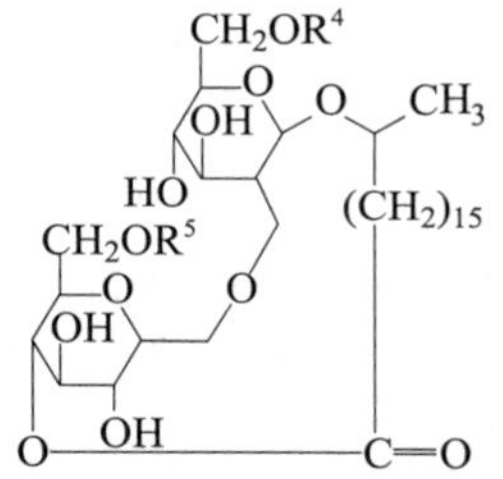

$R^4=R^5=Ac$或H

内酯型槐糖脂

（3）海藻糖脂　海藻糖脂的 cmc 是 37mg/L，能降低水的表面张力至 27.9mN/m，降低十六烷的界面张力至 5.0mN/m。主要用于石油开采，由于破乳性优越，可显著提高开采率。海藻糖脂还具有免疫作用，对各种分枝杆菌或霉菌有治病作用。几种主要类型的海藻糖脂结构如下所示

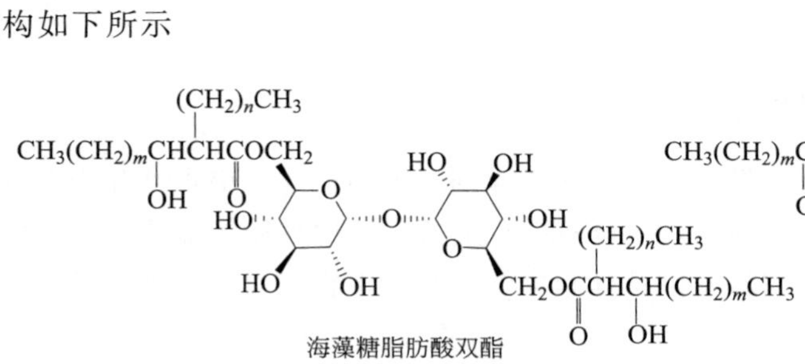

海藻糖脂肪酸双酯

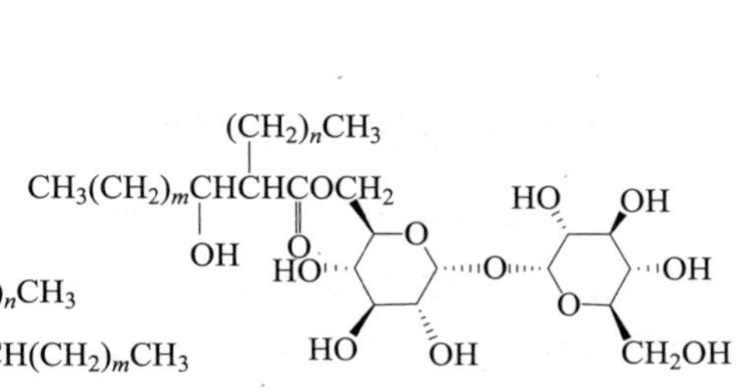

海藻糖脂肪酸单酯

$m+n=27\sim31$

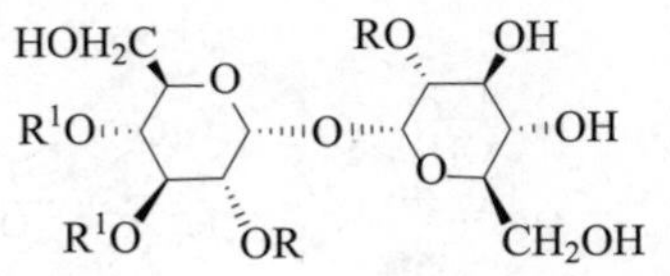

R:O═C(CH$_2$)$_2$COOH；R^1:O═C(CH$_2$)$_x$CH$_3$，x=5～9

琥珀酸海藻糖脂

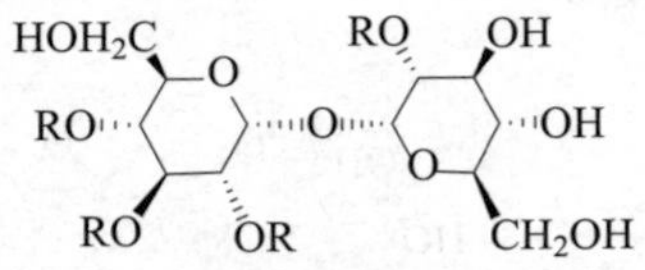

R:O═C(CH$_2$)$_x$CH$_3$+O═C(CH$_2$)$_2$CH$_3$

或O═C(CH$_2$)$_x$CH$_3$，x=5～9

海藻糖四酯

有时一种细菌在不同的培养基下和不同的环境中可分泌形成不同的表面活性剂，如 *Acinetobacter* sp. ATCC 31012 在淡水、海水、棕榈酸钠溶液以及十二烷烃中，辅以必要的成分，可分泌一种属于糖类的表面活性剂，而在十八烷烃中则分泌生成微结构相似的另一种表面活性剂。

生物表面活性剂的制备主要分为培养发酵、分离提取、粗产品纯化三大步骤。

（1）培养发酵　由于细菌种类成千上万，每种可分泌生成表面活性剂的细菌，其要求的碳源不同、辅助成分不同，加上所要求的发酵条件不同，因此各种细菌的培养发酵不同。应根据实际情况确定。

发酵法是一种活体内生产方法，条件要求严格，产物提取较难，而新发展起来的酶促进反应合成生物表面活性剂，是一种体外生产方法，条件相对粗放，反应具有专一性，可在通常温度和压力下进行，产物易于回收。

（2）分离提取　对大多数细菌分泌形成的表面活性剂的分离提取、产品纯化均有一些类似的方法，如萃取、盐析、渗析、离心、沉淀、结晶以及冷冻、干燥，还有静置、浮选、离心、旋转真空过滤等。下面以 *Acinetobacter* sp. ATCCD 31012 为例简单介绍一下分离萃取、产品纯化这两方面。

当 *Acinetobacter* sp. ATCCD 31012 在特定的培养基中，一定温度和湿度下，通过一定时间的发酵以后，将发酵液慢慢冷却并加入电解质，使发酵液分为两层，取出上层澄清部分，沉淀部分再用饱和电解质溶液清洗，并离心分出上层清亮部分，合并两次的液体部分用硅藻土过滤，将收集起来的沉淀溶于水中，用乙醚萃取后，再用蒸馏水渗析；然后通过冷冻干燥即得到一种属于聚合糖类的生物表面活性剂的粗产品。

（3）粗产品纯化　取一定量的粗产品溶于水中，在室温下加入十六烷基三甲基溴化铵，使其凝聚沉淀，然后进行离心分离，沉淀部分用蒸馏水清洗，再将洗后的沉淀溶于硫酸钠的溶液中，不溶部分用离心方法除去，然后加碘化钾，形成的十六烷基三甲基碘化铵沉淀通过离心除去，所剩的清液部分用蒸馏水渗析，然后通过冷冻干燥得到一种白色固体——纯净的生物表面活性剂。

8.6.2　生物表面活性剂的性质

同一般化学合成的表面活性剂一样，生物表面活性剂分子中也含有憎水基和亲水基团两部分，憎水基一般为脂肪酰基链，极性亲水基则有多种形式，如中性脂的酯或醇官能团、脂肪酸或氨基酸的羟基、磷脂中含磷的部分以及糖脂中的糖基。生物表面活性剂能显著降低表面张力和界面张力。

除此之外，还具有其他特有的性能，如 *Pseudomonas* sp. 产生的鼠李糖脂的乳化性能很好，优于常用的化学合成乳化剂 Tween。而且生物表面活性剂具有良好的抗菌性能，这一点是一般化学合成的表面活性剂难以匹敌的，如日本的实验室从 *Pseudomonas* sp. 得到的鼠李糖脂具有一定的抗菌、抗病毒和抗支原体的性能等。有些生物表面活性剂可以耐强碱、强酸如 *O*-D-海藻糖-6-棒杆霉菌酸酯，在 0.1mol/L 盐酸中 70h 仅有 10% 的糖脂被降解。*Pseudomonas aeruginosa* S_7B_1 产生的类蛋白活化剂在 pH 值为 1.7～11.4 的范围内非常稳定，并且有许多生物表面活性剂耐热性非常好，如果糖脂、蔗糖脂、槐糖脂、酸性槐糖脂、鼠李糖脂等。

另外，由于生物表面活性剂是天然产物，还具有更好的生物降解性。

8.6.3　生物表面活性剂的应用

由于生物表面活性剂有其特殊的性质，因此生物表面活性剂在石油化工方面有着广泛的应用，如国外的许多石油公司都采用了 MEOR（microbial enchanced oil recovery）技术。在 MEOR 技术中，生物表面活性剂起到了非常独特的作用，如由 *Acinetobacter* sp. ATCC 31012 分泌而制备的一种聚合糖类的生物表面活性剂，可以在高浓度盐的环境中，非常有效地将一采、二采后仍遗留在油井中的脂肪烃、芳香烃和环烷烃彻底乳化，同时其本身基本不会被地层中泥沙、砂石所吸收，并且用量非常小，甚至在地下高温环境中仍能发挥其表面活性作用。这种生物表面活性剂在清洗贮油罐、油轮贮仓、输油管道以及各种运油车时也非常有效，首先其用量很小，仅需处理油污垢的千分之一到万分之一，并且最后形成的乳液用通常的物理和化学方法便可破乳，洗下的油可以回收。生物表面活性剂还大量应用于乳化、破乳、润湿、发泡及抗静电等方面。处理炼油厂废水时，若在活性污泥处理池中加入鼠李糖脂，会大大加快正构烷烃的生物降解过程，在油水乳化燃料中又可作为高效乳化稳定剂。生物表面活性剂在纺织、医药、化妆品、食品等工业领域中都能有重要应用。

生物表面活性剂是由微生物代谢分泌出来的，它不同于通常化学合成的表面活性剂，化学合成的表面活性剂具有一定的毒性且不易被生物降解，而生物表面活性剂是完全可以生物降解且基本是无毒的。若将炼油废弃的油作为烃基用来培养微生物，这样既可解决炼油厂的环境污染问题，又可获得非常有使用价值的生物表面活性剂，几乎所有大的石油公司和大的跨国化学公司都在积极地计划发展生物技术，生物表面活性剂的开发是此项发展计划的主要组成部分。

8.7　吉米奇（Gemini）表面活性剂 >>>

Gemini 表面活性剂（又称为双子表面活性剂），是一类结构特殊的低聚表面活性剂，一个分子内含有两个（或多个）亲水基和两个（或多个）疏水基，以及一个（或多个）连接基。能有效降低水溶液的表面张力，具有很低的 Kraft 点，更大的协同效应及良好的钙皂分散性及润湿、乳化等特点。

Gemini 表面活性剂根据离子类型主要分为：阴离子双子表面活性剂、阳离子双子表面活性剂、两性双子表面活性剂和非离子双子表面活性剂四种类型。其结构如下

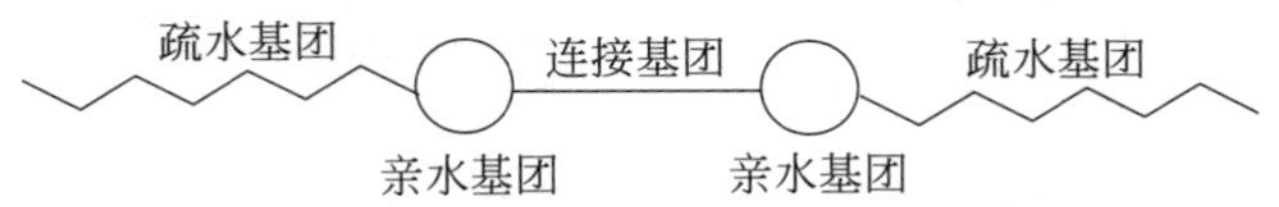

其中，阴离子型有磺酸盐型、硫酸盐型、羧酸盐型和磷酸盐型，阳离子型主要是咪唑、吡啶、喹啉、三唑和三嗪等季铵盐阳离子型，非离子型一般是聚氧乙烯型或从糖类化合物衍生而来，两性型的亲水基团主要由阴离子和阳离子基团组成。

8.7.1 阳离子型 Gemini 表面活性剂

目前，阳离子型 Gemini 表面活性剂的研究报道较多，主要为季铵盐型。阳离子型 Gemini 表面活性剂具有抗静电性、杀菌性、柔软性和可降解性等优良性能，且其结构简单，易分离纯化。因其特殊结构而呈现出的独特性能，是其他表面活性剂所无法替代的。主要可用于皮革加脂剂、固色剂、阳离子柔软剂和有机硅滑爽剂等方面。

（1）咪唑季铵盐阳离子 Gemini 表面活性剂　咪唑季铵盐阳离子 Gemini 表面活性剂结合了传统咪唑类表面活性剂和阳离子 Gemini 表面活性剂的特点，具有更优良的表面活性和杀菌能力，在洗涤、金属防护、医药、石油化工等领域具有重要应用价值。如以咪唑、丙二酸和长链卤代烃等为原料合成的咪唑季铵盐 Gemini 表面活性剂具有优良的杀菌防腐性能，可以作为碳钢缓蚀剂。

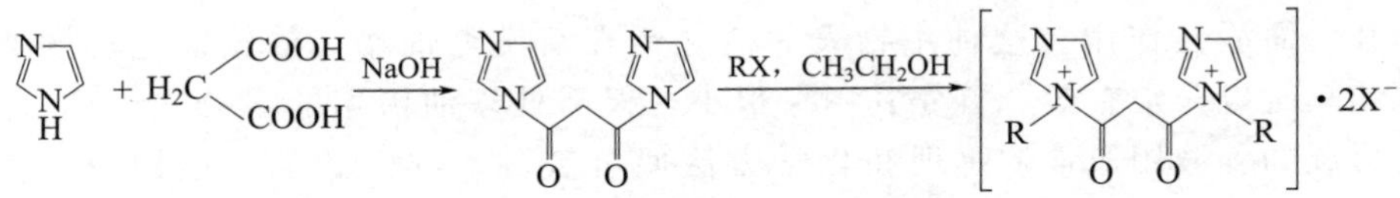
NaOH
RX，CH_3CH_2OH
·2X⁻

R=$C_{11}H_{23}$，$C_{13}H_{27}$，$C_{15}H_{31}$，$C_{17}H_{35}$；X=Cl，Br

（2）吡啶季铵盐阳离子 Gemini 表面活性剂　吡啶季铵盐阳离子 Gemini 表面活性剂的水溶性好，高效杀菌，其 Kraff 点在杂环表面活性剂中最低。在金属防护、日用化工等领域具有重要的应用。如下列以酰胺键为间隔基的吡啶季铵盐阳离子 Gemini 表面活性剂的 cmc 为 $2.3\times10^{-5}\sim1.4\times10^{-3}$ mol/L，具有较好的乳化性和泡沫稳泡性。在浓度为 100mg/L 时，对大肠杆菌和枯草芽孢杆菌的抑菌率均达到 99.99%，合成方法如下

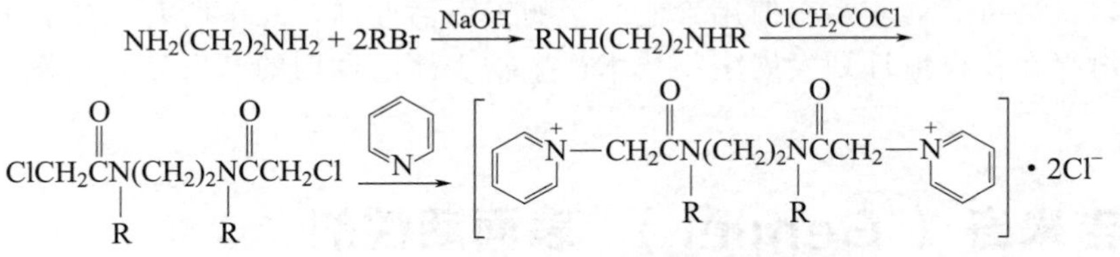
$NH_2(CH_2)_2NH_2$ + 2RBr
NaOH
$RNH(CH_2)_2NHR$
$ClCH_2COCl$
·2Cl⁻

R=C_8H_{17}，$C_{10}H_{21}$，$C_{12}H_{25}$，$C_{14}H_{29}$，$C_{16}H_{33}$

（3）喹啉季铵盐阳离子 Gemini 表面活性剂　喹啉季铵盐阳离子 Gemini 表面活性剂具有优良的缓蚀性能，在石油工业中，特别是在酸化过程中油套管的保护及采油、地面处理系统及回注系统中得到广泛应用。如下面的喹啉季铵盐 Gemini 表面活性剂对 N80 钢片的缓蚀率为 99.79%，达到一级缓蚀标准。

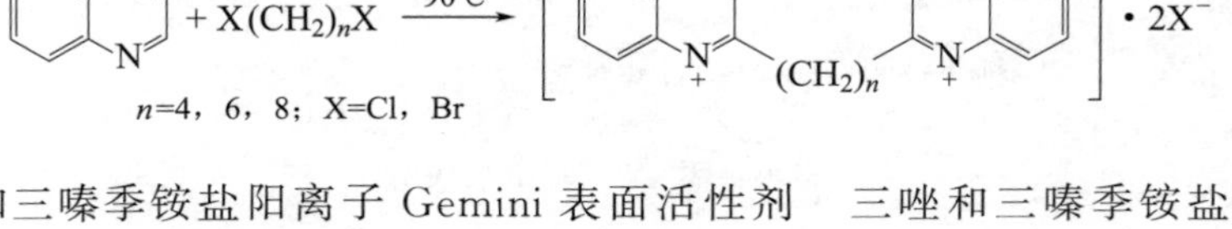
+ $X(CH_2)_nX$
90℃
$(CH_2)_n$
·2X⁻

n=4，6，8；X=Cl，Br

（4）三唑和三嗪季铵盐阳离子 Gemini 表面活性剂　三唑和三嗪季铵盐阳离子 Gemini

表面活性剂是由含三个氮原子的五元和六元杂环进行季铵化反应得到的一种新型表面活性剂，典型的三唑季铵盐阳离子 Gemini 表面活性剂的合成路线如下

$$HCO_2CH_2CH_3 + NH_2NH_2 \longrightarrow HCONHNH_2 \xrightarrow{CH(OCH_2CH_3)_3} HCONHNHCH(OCH_2CH_3)_2$$

$$\xrightarrow{NH_2(CH_2)_nNH_2} \text{(triazole)}-(CH_2)_n-\text{(triazole)} \xrightarrow{RBr} [\ldots] \cdot 2Br^-$$

$R=C_{13}H_{27}$，$C_{15}H_{31}$，$C_{17}H_{35}$；$n=2$，4，6

8.7.2 阴离子型 Gemini 表面活性剂

阴离子型 Gemini 表面活性剂主要有磺酸盐、硫酸酯盐、羧酸盐和磷酸酯盐四大类型。

（1）磺酸盐和硫酸酯盐型 Gemini 表面活性剂　磺酸盐和硫酸酯盐型 Gemini 表面活性剂研发较早，最先被大规模工业化生产。产品水溶性好，原料来源广泛。磺酸盐双子表面活性剂是一类具有阴离子亲水基团的 Gemini 表面活性剂，具有乳化性和润湿性好、界面活性强、与原油配伍性好、在砂岩表面上吸附少、生产工艺简单、成本低、易生物降解等优点，广泛用作洗涤剂、润湿剂、起泡剂、乳化剂及分散剂。一些磺酸盐和硫酸酯盐型 Gemini 表面活性剂的合成方法如下

$$C_6H_5-O-C_6H_5 \xrightarrow{2RX} (R)C_6H_4-O-C_6H_4(R) \xrightarrow[NaOH]{SO_3或ClSO_3H} NaO_3S(R)C_6H_3-O-C_6H_3(R)SO_3Na$$

$$2\,ROH + \text{(epoxide)}-X-\text{(epoxide)} \longrightarrow RO-CH_2CH(OH)CH_2-X-CH_2CH(OH)CH_2-OR \xrightarrow[NaOH]{ClSO_3H} RO-CH_2CH(OSO_3Na)CH_2-X-CH_2CH(OSO_3Na)CH_2-OR$$

$X=O$，OCH_2CH_2O，$O(CH_2CH_2O)_2$，$O(CH_2CH_2O)_3$

（2）羧酸盐型 Gemini 表面活性剂　羧酸盐型 Gemini 表面活性剂原料来自天然，性质温和。所以该类表面活性剂易被生物降解，且具有良好的起泡、乳化、润湿、低毒及去污力强等优势，成为环境友好型表面活性剂，可广泛应用于肥皂、洗发水、化妆品等美体产品，亦可用于分子识别和土壤改良等。可用如下方法合成羧酸盐型 Gemini 表面活性剂

$$NH_2CH_2CH_2NH_2 + 2\,ClCH_2COONa \longrightarrow NaOOCCH_2NHCH_2CH_2NHCH_2COONa \xrightarrow{2C_{11}H_{23}COCl} (NaOOCCH_2)(C_{11}H_{23}CO)NCH_2CH_2N(CH_2COONa)(COC_{11}H_{23})$$

（3）磷酸酯盐型 Gemini 表面活性剂　磷酸酯盐型 Gemini 表面活性剂与天然磷脂有相似结构，容易形成反相胶束、囊泡等缔合结构，有望在生命科学、药物载体等领域得到应用。磷酸酯盐型 Gemini 表面活性剂的 Krafft 点都低于 0℃，其表面活性、水溶性以及形成胶束的能力显著优于含氯表面活性剂。一些磷酸酯盐型 Gemini 表面活性剂可用如下方法合成

$$2\left[CH_3(CH_2)_nCH_2O-\overset{\overset{\displaystyle O}{\|}}{\underset{\underset{\displaystyle O}{\|}}{P}}-O^-\right]^+N(CH_2)_4 \xrightarrow[\text{② NaOH}]{\text{① Br}-C_6H_4-\text{Br}} CH_3(CH_2)_nCH_2O-\overset{\overset{\displaystyle O}{\|}}{\underset{\displaystyle ONa}{P}}-O-C_6H_4-O-\overset{\overset{\displaystyle O}{\|}}{\underset{\displaystyle ONa}{P}}-CH_2(CH_2)_nCH_3$$

8.7.3　非离子型 Gemini 表面活性剂

非离子型低聚表面活性剂是在产量上仅次于阴离子型低聚表面活性剂的重要品种。这类表面活性剂含有能与水生成氢键的醚基、自由羟基等亲水基。按其亲水基结构的不同主要分为聚乙二醇型、多元醇型、聚醚型、配位键型。其表面活性既和链长有关，也和支链有关，当头基的亲水性克服了尾基之间的空间斥力时，在油水界面形成致密层，因此支化非离子型表面活性剂可以显著降低界面张力。非离子型双子表面活性剂主要以醇醚、酚醚型和糖类衍生物居多，广泛应用于医药、造纸、化妆品及皮革等领域，在纳米乳液等领域也有较多应用。如一些聚醚型 Gemini 表面活性剂的合成方法如下

$$C_{10}H_{21}CH_2COOH \xrightarrow[SOCl_2]{Br_2,\ CH_3OH} C_{10}H_{21}CHBrCOOCH_3$$

$$C_{10}H_{21}CHBrCOOCH_3 + HO-C_6H_4-OH \longrightarrow C_{10}H_{21}CH(COOCH_3)-O-C_6H_4-O-CH(COOCH_3)C_{10}H_{21}$$

$$\xrightarrow{LiAlH_4} C_{10}H_{21}CH(CH_2OH)-O-C_6H_4-O-CH(CH_2OH)C_{10}H_{21}$$

$$\xrightarrow{2n\ \text{环氧乙烷}} C_{10}H_{21}CH[CH_2O(CH_2CH_2O)_nH]-O-C_6H_4-O-CH[CH_2O(CH_2CH_2O)_nH]C_{10}H_{21}$$

8.7.4　两性型 Gemini 表面活性剂

两性型 Gemini 表面活性剂具有耐酸、耐碱和耐盐等特性，可在较宽的 pH 范围内使用，与蛋白质共存时不会生成沉淀。在皮革加工过程中，可用作杀菌剂、纤维柔软剂、抗静电剂等。如双季铵羧甲基钠盐两性型 Gemini 表面活性剂比传统的两性表面活性剂具有更高的表面活性。其合成方法如下

$$C_{12}H_{25}N(CH_3)_2 \xrightarrow{HCl} C_{12}H_{25}N(CH_3)_2\cdot HCl + C_{12}H_{25}N(CH_3)_2 \xrightarrow{\text{环氧氯丙烷}}$$

$$C_{12}H_{25}-\overset{+}{N}(CH_3)_2-CH_2CH(OH)CH_2-\overset{+}{N}(CH_3)_2-C_{12}H_{25}\cdot 2Cl^- \xrightarrow[NaOH]{ClCH_2COOH} C_{12}H_{25}-\overset{+}{N}(CH_3)_2-CH_2CH(OCH_2COONa)CH_2-\overset{+}{N}(CH_3)_2-C_{12}H_{25}\cdot 2Cl^-$$

8.8　绿色表面活性剂 >>>

绿色表面活性剂是在传统表面活性剂的基础上进一步发展而来的。绿色表面活性剂比传统表面活性剂对生物体的刺激小，天然温和，易生物降解。在乳化性、洗涤性、

增溶性、润湿性、溶解性和稳定性等方面表现突出，高效去污，配伍性及环境相容性好。

根据在水中的离解性，绿色表面活性剂可分为离子型和非离子型。其中离子型绿色表面活性剂可以根据其离解后的活性成分为三类，即阳离子型、阴离子型和两性型绿色表面活性剂。常见的绿色表面活性剂如下：

8.8.1　氨基酸表面活性剂

氨基酸表面活性剂（AAS）是一类疏水基与一种或多种氨基酸组合而成的表面活性剂。氨基酸可以人工合成，也可以来自蛋白质水解液。氨基酸可以分为酸性氨基酸、碱性氨基酸和中性氨基酸，所衍生出来的氨基酸表面活性剂分别为阳离子型、阴离子型、两性型和非离子型。*N*-酰基氨基酸表面活性剂是由 α-氨基酸与脂肪酰基经过缩合制得，是常见的氨基酸表面活性剂，研究和应用最为广泛。该类表面活性剂具有毒性低、刺激性低、柔和、抗菌性好、配伍广泛以及易于生物降解等优点。近年来，由于良好的表面性能及环境友好和安全性高等优势，氨基酸表面活性剂在食品、医药、化妆品等行业中展现出了广阔的应用前景。

8.8.2　椰油酰胺丙基甜菜碱表面活性剂

烷基甜菜碱是一类应用性能较好的两性表面活性剂。具有良好的洗涤、乳化与润湿等性能。但由于刺激性略高，在个人护理用品的应用中受到一定的限制。酰胺丙基甜菜碱性质温和，应用较为广泛。合成方法为椰子油或脂肪酸与丙二胺在碱性条件下缩合，然后再与氯乙酸钠反应制得酰胺丙基甜菜碱。椰油酰胺丙基甜菜碱为微黄色透明液体，性能温和，泡沫丰富稳定，具有调节黏度及杀菌作用，能增强头发、皮肤的柔软性，可用作洗涤剂、杀菌剂、润湿剂、增稠剂、调理剂及抗静电剂等。由于良好的人体相容性，椰油（或棕榈油）酰胺丙基甜菜碱已被用于香波、浴液、洗面奶、婴儿用品等配方中。

8.8.3　烷基糖苷

烷基多苷（APG）是一类新型非离子表面活性剂，由天然或再生资源的原料（如葡萄糖）与脂肪醇制得。其表面张力低、无浊点、湿润力强、去污力强、HLB 值可调、泡沫丰富细腻、配伍性强、性质温和、无毒无害、广谱抗菌、生物降解迅速彻底、复配协同效应明显，且增稠显著、易于稀释、无凝胶现象、耐强酸强碱。可作为日用化工洗涤剂的主要原料，也用于无磷合成洗涤剂中。

8.8.4　醇醚羧酸盐

1934 年，人们首次合成了用于纺织业的醇醚羧酸钠（AEC）。AEC 不干扰皮肤的水分代谢和抵抗力，是理想的化妆品组分。具有优良的去污力、润湿力和渗透性，发泡力不受水硬度和 pH 的影响；具有良好的钙皂分散力及配伍性能；能显著地降低黏性，是重要的重油降黏剂。作为一类使用安全性高、易生物降解的绿色表面活性剂，其合成工艺主要有羧甲基化法和氧化法两种。羧甲基化法为醇醚在碱性条件下与一氯乙酸反应，真空脱水，分离纯化；氧化法为首先醇醚催化氧化，然后在碱性条件下生成醇醚羧酸盐。

8.8.5 脂肪酸甲酯磺酸钠

脂肪酸甲酯磺酸钠（MES）阴离子表面活性剂，以天然油脂为原料，绿色、环保，是一种性能优良、应用前景广阔的新型表面活性剂。具有安全性高、生物降解性高、去污力强、皮肤刺激性低、泡沫适中、易漂洗、织物洗后柔软、钙皂分散能力强、配伍性好等优点。

8.8.6 脂肪酸甲酯乙氧基化物及其磺酸盐

脂肪酸甲酯乙氧基化物（FMEE）具有生产成本低、低泡易漂洗、对油脂的增溶力强、生物降解性好等特点，是脂肪酸甲酯与环氧乙烷（EO）直接加成制得的。

脂肪酸甲酯乙氧基磺酸盐（FMEEs）是 FMEE 经磺化中和得到的，由于分子中含有乙氧基与磺酸基，所以同时具有非离子与阴离子表面活性剂的特点。具有良好的去污性、分散性、脱脂性，在阴离子表面活性剂产品中净洗力最高，且冬季不凝固。FMEEs 适用于低泡日用洗涤剂和工业清洗剂。

8.8.7 脂肪醇聚氧乙烯醚硫酸盐

脂肪醇聚氧乙烯醚硫酸盐（AES）在亲水基和疏水基中间嵌入了聚氧乙烯链，因此兼具非离子和阴离子表面活性剂的特性，其溶解性、抗硬水性、起泡性和润湿力均优于烷基硫酸盐，并具有刺激性低、溶液透明稳定、黏度易调等优点。目前国内生产 AES 的脂肪醇基本来源于生物油脂，原料天然可再生。

8.8.8 咪唑啉类表面活性剂

咪唑啉类表面活性剂属于改良型和平衡型的两性表面活性剂，可分为羧酸型、硫酸酯型、磺酸型、磷酸酯型等。如羧基型十一烷基羧甲基羟乙基咪唑啉甜菜碱是开发和应用较广的两性咪唑啉表面活性剂。具有对皮肤温和、刺激性小、毒性低、柔软织物、抗静电效果好、生物降解性高等特点，广泛应用于化妆品、高档香波、儿童用洗涤剂、餐具洗涤剂中。同时，由于良好的缓蚀性能、抗静电性能，也可用于织物柔软剂、金属（钢铁）缓蚀剂等产品。

合成方法为脂肪酸与多胺（如 β-羟乙基乙二胺）失水生成咪唑啉环，再在碱性条件下与氯乙酸钠反应。

原料天然、无毒无害、对人体温和、生态毒性小、可自然降解的绿色表面活性剂是未来表面活性剂发展的趋势。随着时代的发展、社会的进步，性能卓越的绿色表面活性剂会被大量地开发及应用。

参考文献

[1] 赵国玺，朱珖瑶．表面活性剂作用原理．北京：中国轻工业出版社，2003.
[2] 徐燕莉．表面活性剂的功能．北京：化学工业出版社，2000.
[3] 刘程，米裕民．表面活性剂性质理论与应用．北京：北京工业大学出版社，2003.
[4] 北原文雄，玉井康腾，等．表面活性剂——物性·应用·化学生态学．孙绍曾，等译．北京：化学工

业出版社，1984.
[5] 张天胜．表面活性剂应用技术．北京：化学工业出版社，2001.
[6] 肖进新，赵振国．表面活性剂应用原理．北京：化学工业出版社，2003.
[7] 曾毓华．氟碳表面活性剂．北京：化学工业出版社，2001.
[8] 沈一丁．高分子表面活性剂．北京：化学工业出版社，2002.
[9] 梁治齐，宗惠娟，李金华．功能性表面活性剂．北京：中国轻工业出版社，2002.
[10] 孙岩，殷福珊，宋湛谦，等．新表面活性剂．北京：化学工业出版社，2003.

第9章 表面活性剂的复配

目前市场上出售的绝大多数商品表面活性剂并不是以单一组分存在，而往往是以混合物的形式存在，造成这种情况的原因主要有以下几种。

① 反应物（原料）不是单一组分，如脂肪酸（原料）往往是几种带有不同长度碳链的脂肪酸的混合物。

② 表面活性剂产品中含有未反应的原料。

③ 产品中夹带副产物。有些反应得不到单一的表面活性剂，如聚氧乙烯的聚合反应就会得到一系列不同聚合度的产物，通过薄层色谱分析可以显示出十几种化合物的斑点。再如α-烯烃的磺化产物是双键位于不同碳原子上的多种烯基磺酸盐、羟基磺酸盐及其他化合物的混合物。

④ 人为地进行混合。利用各类表面活性剂之间的配伍性或相容性，通过几种表面活性剂的混合，可使商品配方或制剂的效果更好，达到改善表面活性剂性能的目的，即表面活性剂的复配。

表面活性剂复配的目的是产生加和增效作用（synergism），也可以叫做协同效应。即把不同类型的表面活性剂人为地混合后，得到的混合物的性能比原来单一组分的性能更加优良，也就是通常所说的“1＋1＞2”的效果。

例如，单一的十二烷基硫酸钠在降低水的表面张力、起泡、乳化及洗涤等性能方面远不如含有少量十二醇等物质的品种。在洗涤剂配方中，也常常加入少量的十二酰醇胺或氧化二甲基十二烷基胺，用以改善产品的起泡性能和洗涤性能。再如，在离子型和非离子型表面活性剂的复配体系中会形成混合胶束，产生加和增效作用，能够提高产品的表面活性，减少表面活性剂的用量。

表面活性剂复配产生的加和增效作用及对其应用性能的改善，已在生产及生活中得到了广泛应用。有关该方面的研究工作受到科研工作者的普遍关注，并取得了大量的研究结果，可为预测表面活性剂的加和增效行为提供理论指导，以便得到最佳复配效果。例如两种表面活性剂混合后是否存在加和增效作用，二者的混合比例应为多少时能够产生最佳的复配效果等。

目前人们对双组分复配体系的基础理论研究较多。在复配体系中，不同类型和结构的表面活性剂分子间的相互作用，决定了整个体系的性能和复配效果，因此掌握表面活性剂分子间相互作用是研究表面活性剂复配的基础。

9.1 表面活性剂分子间的相互作用参数 >>>

表面活性剂的两个最基本性质是表面活性剂的表面（界面）吸附及胶束的形成。因此，加和增效的产生首先会改变体系的表面张力和临界胶束浓度。一般情况下，当两种表面活性剂产生复配效应时，其混合体系的临界胶束浓度（cmc^M）并不等于二者临界胶束浓度（cmc^1 和 cmc^2）的平均值，即

$$cmc^M \neq \frac{cmc^1 + cmc^2}{2} \tag{9-1}$$

而是小于其中任何一种表面活性剂单独使用的临界胶束浓度。例如阳离子和阴离子型表面活性剂的混合体系的临界胶束浓度，比单一表面活性剂溶液的临界胶束浓度降低 1～3 个数量级，造成这种情况的原因就是表面活性剂分子间的相互作用。

复配使用的两种表面活性剂，会在表面或界面上形成混合单分子吸附层，在溶液内部形成混合胶束。无论是混合单分子吸附层还是混合胶束，两种表面活性剂分子间均存在相互作用，其相互作用的形式和大小可用分子间相互作用参数 β 表示。

9.1.1 分子间相互作用参数 β 的确定和含义

在混合单分子吸附层中，表面活性剂分子间的相互作用参数用 β^σ 表示，基于非理想溶液理论和体系的热力学研究，在混合单分子层中存在如下关系

$$\frac{x_1^2 \ln \dfrac{\alpha c_{12}}{x_1 c_1^0}}{(1-x_1)^2 \ln \dfrac{(1-\alpha) c_{12}}{(1-x_1) c_2^0}} = 1 \tag{9-2}$$

$$\beta^\sigma = \frac{\ln \dfrac{\alpha c_{12}}{x_1 c_1^0}}{(1-x_1)^2} \tag{9-3}$$

式中，α 为混合表面活性剂溶液中组分 1 的摩尔分数，则组分 2 的摩尔分数为（$1-\alpha$）；x_1 是混合单分子吸附层（膜）中表面活性剂组分 1 的摩尔分数，则混合单分子层中表面活性剂组分 2 的摩尔分数为（$1-x_1$）；c_1^0、c_2^0 和 c_{12} 分别为两种表面活性剂及其混合物在溶液中的浓度。

对于确定的表面活性剂复配体系，α、c_1^0、c_2^0 和 c_{12} 均为已知数，由公式(9-2) 可以求出 x_1，确定混合单分子吸附层的组成，将 x_1 代入公式(9-3) 便可求出 β^σ。

用类似的方法，根据混合胶束中的关系式(9-4) 和式(9-5)，可以求出混合胶束中两种表面活性剂分子间的相互作用参数 β^M。

$$\frac{(x_2^M)^2 \ln \dfrac{\alpha c_{12}^M}{x_1^M c_1^M}}{(1-x_1^M)^2 \ln \dfrac{(1-\alpha) c_{12}^M}{(1-x_1^M) c_2^M}} = 1 \tag{9-4}$$

$$\beta^M = \frac{\ln \dfrac{\alpha c_{12}^M}{x_1^M c_1^M}}{(1-x_1^M)^2} \tag{9-5}$$

式中，x_1^M 为混合胶束中表面活性剂组分 1 的摩尔分数，则表面活性剂组分 2 在混合胶束中的摩尔分数为（$1-x_1^M$）；c_1^M、c_2^M 和 c_{12}^M 分别为两种单一表面活性剂和在特定组成比例下（有确定的 α 值）混合表面活性剂的临界胶束浓度。

表面活性剂分子间的相互作用参数 β 值和两种表面活性剂混合的自由能相关，β 为负值表示两种分子相互吸引；β 值为正值，表示两种分子相互排斥；β 值的绝对值越大，表示分子的相互作用力越强；而 β 值接近 0 时，表明两种分子间几乎没有相互作用，近乎于理想混合。许多学者通过大量的实验和计算发现，β 值一般在 +2(弱排斥）到 −40(强吸引）之间。表 9-1 是部分表面活性剂分子间相互作用参数。

表 9-1　部分表面活性剂分子间相互作用参数

复配活性剂类型	复　配　物	温度/℃	β^σ	β^M
阴离子-阳离子	$C_8H_{17}SO_4^- Na^+$-$C_8H_{17}N^+(CH_3)_3Br^-$	25	−14.2	−10.2
	$C_{12}H_{25}SO_4^- Na^+$-$C_{12}H_{25}N^+(CH_3)_3Br^-$	25	−27.8	−25.5
阴离子-两性型	$C_{10}H_{21}SO_4^- Na^+$-$C_{12}H_{25}N^+H_2(CH_2)_2COO^-$	30	−13.4	−10.6
阴离子-非离子	$C_{10}H_{21}SO_3^- Na^+$-$C_{12}H_{25}(OC_2H_4)_7OH$	25	−1.5	−2.4
阴离子-阴离子	$C_{15}H_{31}COO^- Na^+$-$C_{12}H_{25}SO_3^- Na^+$	60	−0.01	+0.2
阳离子-非离子	$C_{10}H_{21}N^+(CH_3)_3Br^-$-$C_8H_{17}(OC_2H_4)_4OH$	23	—	−1.8

9.1.2　影响分子间相互作用参数的因素

通过前面给出的数据可以看出，大部分混合体系中，β^σ 和 β^M 为负值，即两种表面活性剂分子间是相互吸引的作用。这种吸引力主要来源于分子间的静电引力，与表面活性剂的分子结构密切相关，并受温度及电解质等外界因素的影响。

（1）离子类型的影响　不同类型的表面活性剂分子之间的相互作用力大小不同，其大小次序为：

阴离子-阳离子＞阴离子-两性型＞离子型-聚氧乙烯非离子型＞甜菜碱两性型-阳离子＞甜菜碱两性型-聚氧乙烯非离子型＞聚氧乙烯非离子型-聚氧乙烯非离子型

由于加和增效产生的概率随着两种表面活性剂分子间相互作用力的增加而增大，因此，与阴离子表面活性剂产生加和增效可能性最大的是阴离子-阳离子和阴离子-两性型表面活性剂复配体系，而阳离子-聚氧乙烯型非离子和阴离子-阴离子复配体系只有在两种表面活性剂具有特定结构时才可能发生加和增效作用。

（2）疏水基团的影响　随表面活性剂疏水基碳链长度的增加，β^σ 和 β^M 变得更负，即绝对值增加，且为负值。当两种表面活性剂链长相等时，混合单分子吸附层中分子间的相互作用参数 β^σ 的绝对值达到最大，即吸引力最强。而混合胶束中的相互作用参数 β^M 则不同，它随两种表面活性剂碳链长度总和的增加而增大。

（3）介质 pH 值的影响　两性表面活性剂在水溶液中的离子类型随介质 pH 值的变化而有所不同。当溶液的 pH 值低于两性表面活性剂的等电点时，活性剂分子以正离子形式存在，通过正电荷与阴离子表面活性剂发生相互作用。因此，当介质的碱性或 pH 值增加，两性表面活性剂逐渐转变为电中性的分子，甚至于负离子，与阴离子表面活性剂的相互作用力降低。

表 9-2 是十二烷基磺酸钠与十二烷基苯基甜菜碱复配表面活性剂，在不同 pH 时分子间相互作用的参数。表 9-2 中可以看出，随着 pH 值的升高，β^{σ} 和 β^{M} 均有所增大，即两种分子之间的吸引作用力减弱。

表 9-2　十二烷基磺酸钠与十二烷基苯基甜菜碱复配体系分子间相互作用参数（25℃）

pH 值	β^{σ}	β^{M}
5.0	−6.9	−5.4
5.8	−5.7	−5.0
6.7	−4.9	−4.4

基于同样的原因，两性表面活性剂本身碱性较低，获得质子能力差，则与阴离子型表面活性剂的相互作用力也较低。例如癸基苯基甲基磺酸甜菜碱的碱性比十二烷基苯基甲基甜菜碱的碱性弱，在 pH 值为 6.6～6.7 时与十二烷基磺酸钠复配，前者的 β^{σ} 为 −2.5，后者为 −4.9。这是因为在这种介质中，后者比前者更易得到质子形成正离子，从而与阴离子表面活性剂的作用力强于前者。

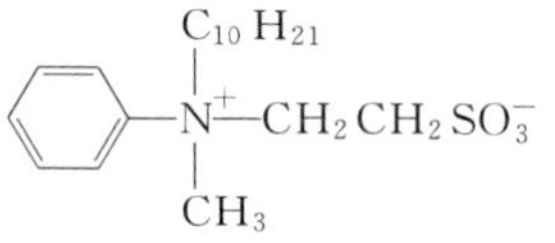

$$C_6H_5-\overset{C_{10}H_{21}}{\underset{CH_3}{N^+}}-CH_2CH_2SO_3^-$$

癸基苯基甲基磺酸甜菜碱

（4）无机电解质的影响　无机电解质会使离子型表面活性剂与聚氧乙烯型非离子表面活性剂混合体系中分子间相互作用力降低，这说明此两类表面活性剂分子间存在着静电力的作用。

（5）温度的影响　通常情况下，在 10～40℃ 范围内，温度升高，分子间相互作用力降低。可见表面活性剂分子间的相互作用参数 β 受很多因素的影响。了解该参数的含义和影响因素后，需要进一步利用它判断两种表面活性剂之间混合后是否存在复配效应，若存在加和增效作用，两者产生最大加和增效时的摩尔比例以及此复配体系的性质。这就是引入分子间作用参数 β 的意义。

9.2 产生加和增效作用的判据 >>>

衡量表面活性剂的活性大小，主要考察其溶液表面张力降低的程度和临界胶束浓度的大小。一般情况下，性能优良的表面活性剂能够在较低的浓度下，使溶液的表面张力下降到很低的程度并形成胶束。经过大量的研究工作，研究人员已经将在上述两种基本现象中产生加和增效作用的条件进行了数学上的表示，这种表示是建立在非理想溶液理论基础之上的。

9.2.1 降低表面张力

在降低表面张力方面，加和增效作用是指使溶液的表面张力降低到一定程度时，所需的两种表面活性剂的浓度之和（$c_1^0+c_2^0$）低于单独使用复配体系中的任何一种表面活性剂所需的浓度。如果这个浓度高于其中任何一种表面活性剂所需的浓度，则说明产生了负的加和增效作用。

根据上述定义和式(9-2)、式(9-3) 所表示的关系，得到在降低表面张力方面产生正加和增效和负加和增效作用的条件。

(1) 正加和增效

条件一：β^σ 为负值，即 $\beta^\sigma<0$；

条件二：$|\beta^\sigma|>|\ln(c_1^0/c_2^0)|$。

(2) 负加和增效

条件一：β^σ 为正值，即 $\beta^\sigma>0$；

条件二：$|\beta^\sigma|>|\ln(c_1^0/c_2^0)|$。

从上述条件二可以看出，要产生加和增效作用，进行复配的两种表面活性剂应尽可能具有相近的 c_1^0 和 c_2^0，即溶液中两种表面活性剂的浓度应尽量相近。当两者浓度相等（即$c_1^0=c_2^0$）时，$|\ln(c_1^0/c_2^0)|=0$，则必然存在正加和增效或负加和增效作用（$\beta^\sigma=0$ 除外）。当两种表面活性剂分子间有吸引作用，即 $\beta^\sigma<0$ 时，可产生正加和增效。此时使溶液表面张力降低到一定程度时，所需要的两种表面活性剂的浓度之和小于单独使用其中任何一种，也可以说表面张力降低的效果高于使用单一表面活性剂。而当两种表面活性剂分子有排斥作用，即 $\beta^\sigma>0$ 时，产生负加和增效作用。

经过进一步推导和计算，可以得到产生最大加和增效作用时，表面活性剂组分 1 占活性剂总量的摩尔分数 α^*，其计算公式为

$$\alpha^*=\frac{\ln(c_1^0/c_2^0)+\beta^\sigma}{2\beta^\sigma} \tag{9-6}$$

此时所需表面活性剂浓度的总和，即混合物的浓度最低，其值 $c_{12,\min}$ 为

$$c_{12,\min}=c_1^0\exp\left\{\beta^\sigma\left[\frac{\beta^\sigma-\ln(c_1^0/c_2^0)}{2\beta^\sigma}\right]^2\right\} \tag{9-7}$$

从以上计算公式可以看出，β^σ 的负值越大，即分子间相互吸引力越大，$c_{12,\min}$ 值越小；β^σ 正值越大，即分子间排斥力越大，则 $c_{12,\min}$越大。

9.2.2 形成混合胶束

当复配体系水溶液形成混合胶束时，临界胶束浓度 c_{12}^M 低于其中任何一种单一组分的临界胶束浓度（c_1^M 和 c_2^M）时，即称为产生正加和增效作用；如果混合物的临界胶束浓度比任何一种单一组分的高，则称产生负加和增效作用。它的产生条件如下。

(1) 正加和增效作用

条件一：β^M 为负值，即 $\beta^M<0$；

条件二：$|\beta^M|>|\ln(c_1^M/c_2^M)|$。

(2) 负加和增效作用

条件一：β^M 为正值，即 $\beta^M>0$；

条件二：$|\beta^M|>|\ln(c_1^M/c_2^M)|$。

那么，产生最大加和增效作用，即混合体系的临界胶束浓度最低时，表面活性剂组分 1 的摩尔分数 α^*可由式(9-8) 计算

$$\alpha^*=\frac{\ln(c_1^M/c_2^M)+\beta^M}{2\beta^M} \tag{9-8}$$

而混合体系的临界胶束浓度的最低值 $c_{12,\min}^{M}$ 为

$$c_{12,\min}^{M}=c_{1}^{M}\exp\left\{\beta^{M}\left[\frac{\beta^{M}-\ln(c_{1}^{M}/c_{2}^{M})}{2\beta^{M}}\right]^{2}\right\} \tag{9-9}$$

9.2.3 综合考虑

将降低表面张力和形成混合胶束综合起来看，正加和增效是指两种表面活性剂的复配体系在混合胶束的临界胶束浓度时的表面或界面张力 γ_{12}^{cmc} 低于其中任何一种表面活性剂在其临界胶束浓度时的表面或界面张力（γ_{1}^{cmc} 和 γ_{2}^{cmc}），相反则产生负加和增效作用。

产生正、负加和增效的条件如下。

（1）正加和增效作用

条件一：$(\beta^{\sigma}-\beta^{M})$ 为负值，即 $(\beta^{\sigma}-\beta^{M})<0$；

条件二：$|\beta^{\sigma}-\beta^{M}|>\left|\ln\frac{c_{1}^{0,cmc}c_{2}^{M}}{c_{2}^{0,cmc}c_{1}^{M}}\right|$。

（2）负加和增效作用

条件一：$(\beta^{\sigma}-\beta^{M})$ 为正值，即 $(\beta^{\sigma}-\beta^{M})>0$；

条件二：$|\beta^{\sigma}-\beta^{M}|>\left|\ln\frac{c_{1}^{0,cmc}c_{2}^{M}}{c_{2}^{0,cmc}c_{1}^{M}}\right|$。

式中，$c_{1}^{0,cmc}$ 和 $c_{2}^{0,cmc}$ 为达到混合体系临界胶束浓度下溶液表面张力 γ_{12}^{cmc} 时所需的两种单一表面活性剂的摩尔浓度，即在 $c_{1}^{0,cmc}$ 和 $c_{2}^{0,cmc}$ 浓度下，溶液的表面张力等于混合物在其临界胶束浓度时的表面张力。

从条件一可以明显地看出，只有当 $\beta^{\sigma}<\beta^{M}$，即混合单分子吸附膜中两种表面活性剂分子间的相互吸引力比混合胶束中分子间的吸引力强时，才能产生正加和增效作用。如果混合胶束中两种表面活性剂分子的排斥力更强，则产生负加和增效作用。

当产生最大加和增效作用时，表面混合吸附层的组成与混合胶束的组成相同，即 $x_{1}^{*}=x_{1}^{M*}$。此时表面活性剂组分 1 的摩尔分数 α^{*} 可通过下面两个公式计算得到

$$\frac{\gamma_{1}^{0,cmc}-K_{1}(\beta^{\sigma}-\beta^{M})(1-x_{1}^{*})^{2}}{\gamma_{2}^{0,cmc}-K_{2}(\beta^{\sigma}-\beta^{M})(x_{1}^{*})^{2}}=1 \tag{9-10}$$

$$\alpha^{*}=\frac{\frac{c_{1}^{M}}{c_{2}^{M}}\times\frac{x_{1}^{*}}{1-x_{1}^{*}}\exp[\beta^{M}(1-2x_{1}^{*})]}{1+\frac{c_{1}^{M}}{c_{2}^{M}}\times\frac{x_{1}^{*}}{1-x_{1}^{*}}\exp[\beta^{M}(1-2x_{1}^{*})]} \tag{9-11}$$

式中，K_1 和 K_2 分别是表面活性剂组分 1 和组分 2 的 γ-ln$c$ 曲线的斜率；$\gamma_{1}^{0,cmc}$ 和 $\gamma_{2}^{0,cmc}$ 分别为两种表面活性剂在其各自临界胶束浓度时的表面或界面张力。

从上面的讨论可以看出，引入分子间相互作用力参数 β 后，可以定性地了解两种表面活性剂分子间的作用情况，是相互吸引还是相互排斥，作用力的强弱如何。经过计算可以判断出两种表面活性剂混合后是否产生复配效应，并可进一步求出产生最大加和增效作用时复配体系的组成，即两种表面活性剂的复配比例，这为表面活性剂复配的应用提供了理论指导。

9.3 表面活性剂的复配体系 >>>

除降低表面张力和胶束的形成外，在实际应用中，表面活性剂还有很多重要的作用，如洗涤作用、发泡作用、增溶作用和润湿作用等。本节将分别介绍不同类型表面活性剂复配体系在各种应用中所起的作用，可以看出，洗涤、发泡和去污等方面的加和增效往往与表面张力降低或胶束形成方面的加和增效存在着一定的关系。

9.3.1 阴离子-阴离子表面活性剂复配体系

十二烷基苯磺酸钠（LAS）是一种常用的阴离子表面活性剂，它与脂肪醇聚氧乙烯醚硫酸酯类阴离子表面活性剂复配会产生加和增效作用，使表面张力降得更低，使洗涤性、去污性以及对酯类的润湿性和乳化性均有提高。

图 9-1 是十二烷基苯磺酸钠与月桂醇聚氧乙烯醚硫酸钠复配后，油-水界面张力与二者浓度的关系曲线。可以看出，在月桂醇聚氧乙烯醚硫酸钠的环氧乙烷加成数 m 为 1、2 和 4 时均产生了加和增效作用，而且随该数值的增加，加和增效作用有所增强，即在 $m=4$ 时，界面张力的降低程度最大。

加入不同比例月桂醇聚氧乙烯醚硫酸钠后，复配体系的去污力和洗净力的变化曲线如图 9-2和图 9-3 所示，它们都存在加和增效作用，比单独使用十二烷基苯磺酸钠的效果好。对比三个图不难发现，出现最大加和增效作用时，复配体系的组成基本固定在一定的范围内，超过这一范围，反而会产生负的加和增效作用。可以说明复配体系的去污和洗净作用的加和增效与其表面或界面张力降低的加和增效存在一定的关系。

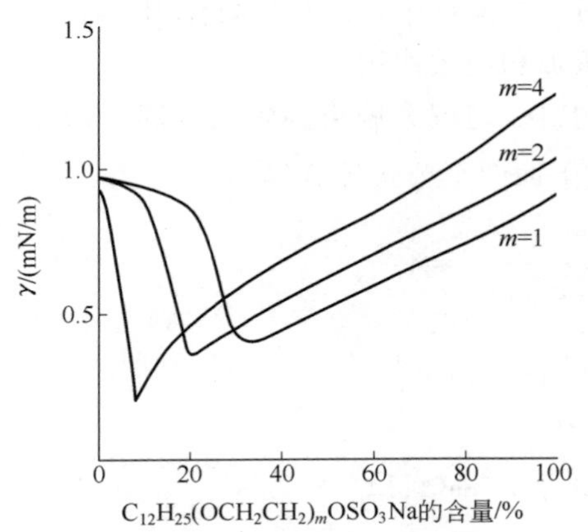

图 9-1 十二烷基苯磺酸钠与月桂醇聚氧乙烯醚硫酸钠复配体系的油-水界面张力

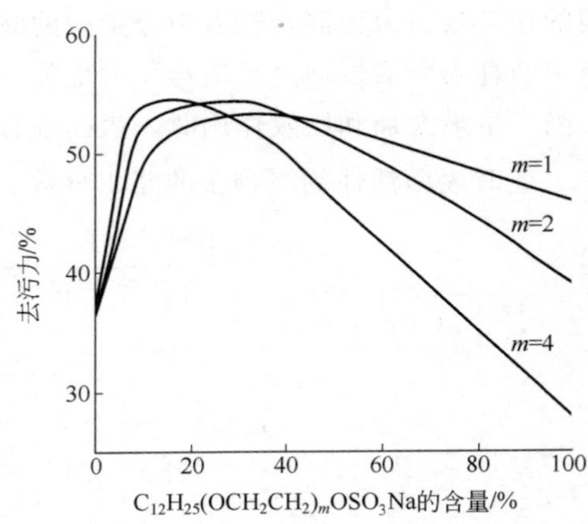

图 9-2 十二烷基苯磺酸钠与月桂醇聚氧乙烯醚硫酸钠复配体系的去污力

此外，阴离子表面活性剂的 Krafft 点是衡量其应用性能的重要指标之一。只有在该温度点以上才能形成胶束，Krafft 点越低，说明表面活性剂的低温溶解性越好，使用范围越广。在硬水中使用十二烷基硫酸钠时，会因为生成钙盐而使其溶解度降低。与不同环氧乙烷加成数的月桂醇聚氧乙烯醚硫酸盐混合使用后，Krafft 点出现不同程度的降低，如

图 9-4所示。

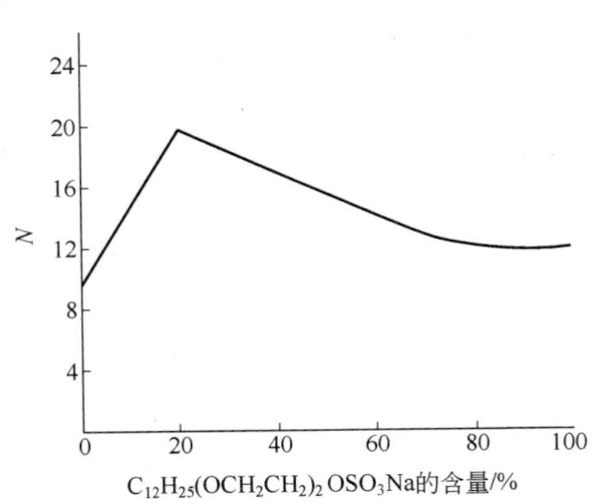

图 9-3　十二烷基苯磺酸钠与月桂醇聚氧乙烯醚硫酸钠复配体系的洗净力

图 9-4　十二烷基硫酸钙与月桂醇聚氧乙烯醚硫酸钙混合表面活性剂的 Krafft 点

需要说明的是，当添加的不是脂肪醇聚氧乙烯醚硫酸酯，而是脂肪醇硫酸酯（$m=0$）时，如添加十二烷基硫酸钠（$C_{12}H_{25}SO_4Na$），则不会产生加和增效作用。因此说，阴离子与阴离子表面活性剂的复配，只有在具有特定的结构时才能产生加和增效作用。

9.3.2　阴离子-阳离子表面活性剂复配体系

阴离子与阳离子表面活性剂分子间的相互作用力较强，它们的复配体系在降低表面张力、混合胶束的形成方面都显示了较强的加和增效作用，在润湿性能、稳泡性能和乳化性能等方面也有较大提高。辛基硫酸钠（n-$C_8H_{17}SO_4Na$）与辛基三甲基溴化铵［$C_8H_{17}N(CH_3)_3Br$］按不同物质的量比复配后，溶液的临界胶束浓度和表面张力如表 9-3 所示。二者按等物质的量（mol）混合所得复配体系的性能如表 9-4 所示。

表 9-3　辛基硫酸钠与辛基三甲基溴化铵复配体系的临界胶束浓度和表面张力

性　　质	$C_8H_{17}SO_4Na$	$C_8H_{17}N(CH_3)_3Br$	1∶1 混合物	1∶10 混合物	10∶1 混合物	50∶1 混合物
cmc/(mol/L)	1.4×10^{-1}	2.6×10^{-1}	7.5×10^{-3}	3.3×10^{-2}	2.5×10^{-2}	5.0×10^{-2}
$\gamma_{临}$/(mN/m)	39	41	—	23	23	25

表 9-4　辛基硫酸钠与辛基三甲基溴化铵复配体系（1∶1）的性能

表面活性剂溶液	在石蜡表面的润湿角①/(°)	气泡寿命②/s	油-水界面上液滴寿命②/s
$C_8H_{17}SO_4Na$ 溶液	—	19	11
$C_8H_{17}N(CH_3)_3Br$ 溶液	100	18	12
1∶1 混合物溶液	16	26100	771

① 表面活性剂溶液浓度为 1×10^{-2}mol/L。

② 表面活性剂溶液浓度为 7.5×10^{-3}mol/L。

再如全氟辛酸钠（$C_7F_{15}COONa$）与辛基三甲基溴化铵的混合物的水溶液，在煤油和正庚烷的表面上均能够很容易地铺展，而这两种表面活性剂自身的水溶液则不会出现如此良好的润湿效果。

目前，阴离子-阳离子复配型表面活性剂已经在纤维和织物的柔软和抗静电处理、泡沫和乳液的稳定等方面得到了较为广泛的应用。但应当注意的是，这两类表面活性剂复配时，容易生成不溶性的盐从溶液中析出，从而失去表面活性，因此应慎重选择表面活性剂的品种。

9.3.3 阴离子-两性型表面活性剂复配体系

研究结果表明，在两性表面活性剂与阴离子表面活性剂的复配体系中，两种活性剂分子的作用方式与介质的酸碱性有关。例如，*N*-(2-羟基十二烷基)-*N*-(2-羟乙基)-*β*-丙氨酸

$$\left(\begin{array}{l} \qquad\qquad\qquad\quad\ \ H \\ \qquad\qquad\qquad\quad\ \ | \\ CH_3(CH_2)_9\underset{\underset{OH}{|}}{CH}CH_2—\overset{}{N^+}—CH_2CH_2COO^- \\ \qquad\qquad\qquad\quad\ \ | \\ \qquad\qquad\qquad\ CH_2CH_2OH \end{array}\right)$$

与十二烷基苯磺酸钠复配时，在 pH≥8.5 时，两性表面活性剂的羧基负离子与阴离子表面活性剂的磺酸基负离子通过 Na^+ 缔合起来；而当 pH<8.5 时，则是前者的季铵阳离子与磺酸基负离子通过离子键发生相互作用。

此外，研究直链烷基苯磺酸钠与十二烷基甜菜碱复配体系在不同组成下的泡沫高度（图 9-5）发现，在一定组成范围内，发泡作用存在正加和增效作用的最大值，初始泡沫高度比单一组分要高，发泡效果较好。而此组成的复配体系在表面张力降低性质上也出现最大加和增效作用。可见，二者存在密不可分的关系。

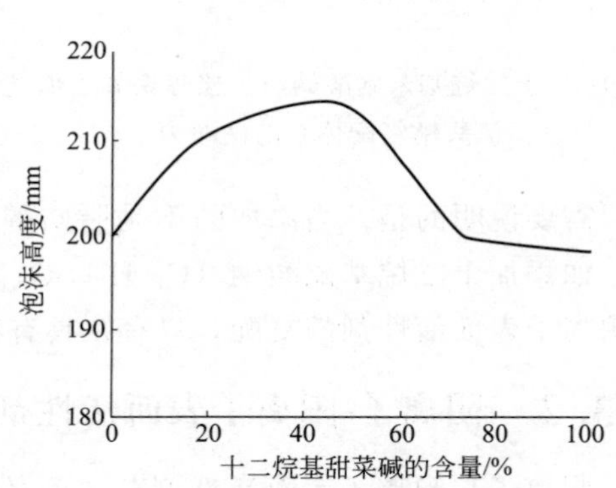

图 9-5 直链烷基苯磺酸钠与十二烷基甜菜碱复配体系的发泡性能

9.3.4 阴离子-非离子表面活性剂复配体系

阴离子与非离子表面活性剂的复配体系既可能提高也可能降低胶束的增溶作用。

例如，在环氧乙烷加成数为 23 的脂肪醇聚氧乙烯醚 [$C_{12}H_{25}(OC_2H_4)_{23}OH$] 非离子表面活性剂的溶液中加入少量十二烷基硫酸钠，可以导致该溶液对丁巴比妥的增溶作用的显著降低，这可能是由于十二烷基硫酸钠在胶束表面聚氧乙烯基中的竞争吸附造成的。

另一方面，十二烷基硫酸钠与失水山梨醇单十六酸酯混合体系的水溶液却对二甲基氨基偶氮苯有更高的增溶作用，而且最大加和增效作用出现在阴离子与非离子表面活性剂的摩尔比为 9∶1 的组成上。

不同增溶效果的出现与两种表面活性剂分子的相互作用和混合胶束的形式有关。一般认为，当非离子表面活性剂的烃链较长、环氧乙烷加成数 *n* 较小时，与阴离子表面活性剂复配容易形成混合胶束；而当烃链较短、环氧乙烷加成数 *n* 较大时，则容易形成富阴离子表面活性剂和富非离子表面活性剂的两类胶束，它们在溶液中共存。脂肪酸钠与脂肪醇聚氧乙烯醚（碳氢链含 12～18

个碳原子，环氧乙烷加成数为 10～40）复配形成的胶束如图 9-6 所示。

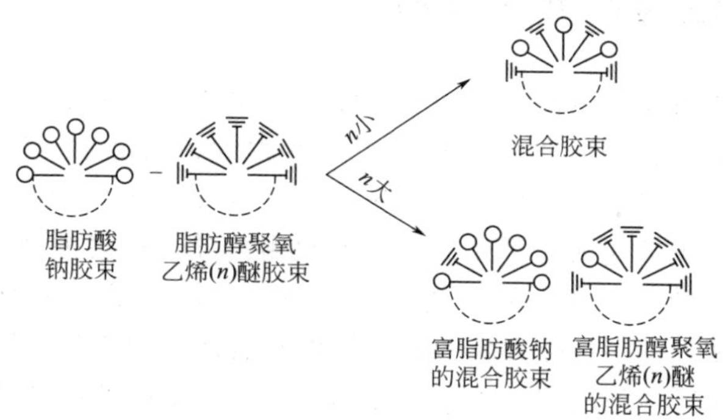

图 9-6 脂肪酸钠与脂肪醇聚氧乙烯醚复配体系中胶束形式

9.3.5 阳离子-非离子表面活性剂复配体系

在阳离子表面活性剂溶液中加入非离子表面活性剂，可以使临界胶束浓度显著降低。例如，十六烷基三甲基溴化铵与壬基酚聚氧乙烯（8）醚［$C_9H_{19}—C_6H_4—(OC_2H_4)_8OH$］复配后的临界胶束浓度与二者浓度的关系曲线如图 9-7 所示。

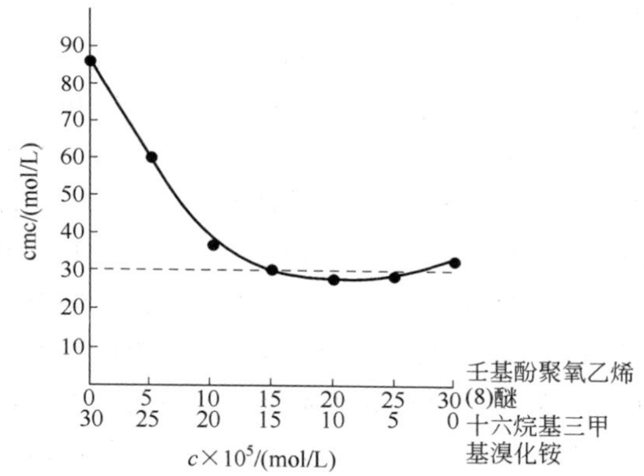

图 9-7 十六烷基三甲基溴化铵与壬基酚聚氧乙烯（8）醚复配体系临界胶束浓度与活性剂浓度的关系

从该图可以看出，随着非离子表面活性剂加入量的增加，混合表面活性剂的临界胶束浓度逐渐降低，并在阳离子与非离子表面活性剂的物质的量（mol）比为 1∶2 时达到最低，而二者以等物质的量（mol）复配时，复合物的临界胶束浓度与壬基酚聚氧乙烯（8）醚临界胶束浓度相近。此类复配体系混合胶束的形成，是阳离子表面活性剂的离子基团与非离子表面活性剂的极性聚氧乙烯基相互作用的结果。

9.3.6 非离子-非离子表面活性剂复配体系

多数聚氧乙烯型非离子表面活性剂的产品本身便是混合物，其性质与单一物质有较大差异。通常疏水基相同、环氧乙烷加成数相近的两种非离子表面活性剂混合时，近乎理想混溶，容易形成混合胶束，其混合物的亲水性相当于这两种物质的平均值。当两种表面活性剂的环氧乙烷加成数和亲水性相差较大时，混合物的亲水性高于二者的平均值，油溶性的品种有可能增溶于水溶性表面活性剂的胶束中。

从上述各类复配体系可以看出，当复配产生正加和增效作用时，将使表面活性剂的各项应用性能得到改善和提高。这方面的实例在表面活性剂的实际应用中还有很多，随着表面活性剂物理化学和复配理论研究的不断深入，该方面的应用将越来越广泛，并在国民经济的各个领域发挥更大的作用。

9.4 表面活性剂的分子模拟

分子模拟是综合利用计算与理论方法和图像可视化技术等对分子的结构和性质进行研究的方法。这种方法根据计算的分子能量衍生得到热力学、光谱学、键合以及化学反应等参数，并将这些数据与化学或生物学性质相关联，定量地获得分子的结构-性能关系。

分子模拟应用于表面活性剂的研究，有助于预测其分子在溶液及界面上的性质和行为，提高新型表面活性剂的设计效率。如果选用的方法适当，分子模拟能够提供 cmc、胶束尺寸、表面张力、表面过剩和一些热力学参数，界面和表面活性剂吸附层的性质，以及普通表面活性剂与高分子表面活性剂或聚合物的相互作用等，甚至能够模拟动态过程，获得实时的分子运动图像。

9.4.1 分子模拟方法简介

目前分子模拟的软件包和程序主要基于分子力学（molecular mechanics，MM）、量子力学（quantum mechanics，QM）、分子动力学（molecular dynamics，MD）和蒙特拉罗（Monte Carlo）等。

（1）分子力学法　也称力场（force field，FF）法。这种方法是基于经典物理学，根据分子的力场，解决分子中各原子的位置和运动问题，并计算体系的能量，可以提供分子的几何结构、能级、反应动力学、光谱和热力学参数，常被用于药物、团簇、生物大分子等的研究。在 MM 方法中，原子被看作是一个一个的球，化学键被看作是连接这些球的弹簧，力和能量的关系满足胡克（Hooke's）定律。而分子的总能量包括键的拉伸、键的弯曲、键的扭转、非键相互作用（如范德华力、静电力）及其组合，各种能量对分子总能量的贡献与核坐标和键长、键角、键转动时的扭转角等内部坐标有关。由于没有考虑电子和原子核，因此 MM 法在分子的光谱性质研究方面无法给出满意的结果。

（2）量子力学法　该法通过求解薛定谔方程来计算能量，其核心是能量算子（哈密顿）和波函数。QM 法考虑了分子中电子和原子核产生的势能的贡献，主要包括电子-原子核吸引作用、电子-电子排斥作用、原子核-原子核排斥作用及动能。通过忽略与原子核贡献相关的因素，可以使方法得到简化。

最为普遍的量子力学计算方法是来自第一性原理的从头算计算法（ab intio method），该法中体系的性质是通过量子理论和质量（m）、电子电荷（e）、光速（c）、普朗克常数（h）等物理常数来计算的。由于从头计算量子力学方法无需进行重要的假设，因此精确度高，但使用的方程较为复杂，求解过程耗时长，常常仅用于小分子的研究。为了节省计算时间而开发的 Hartree-Fock 法和半经验分子轨道计算法（semi-empirical molecularorbital method），引用了一些实验值为参数以取代计算真正的积分项。1999 年诺贝尔物理学奖所颁予的密度泛函理论（density functional theory，DFT）是一种较为精确的量化计算方法。目前应用较为广泛的商业软件 GAUSSIAN 包含了各种量子力学计算方法，使用方便，但也主要适用于结构简单的分子或电子数量较少的体系。

（3）分子动力学模拟（molecular dynamics simulation）　是依据经典的牛顿运动定律和各种力场所发展起来的分子模拟方法。这种方法将粒子假设为刚性球，当粒子发生碰撞时，其间的距离等于其半径之和。通过不断计算碰撞后的新速度、力和位置，获得一个描述动态变量随时间变化的轨迹和路径。其模拟过程通常持续几百皮秒，步长为飞秒（10^{-15}s），从而获得体系的动态与热力学统计信息。

（4）蒙特卡罗模拟（Monte Carlo simulation）　基于随机抽样的原则，根据系统中分子或原子的随机运动生成构型，基于玻尔兹曼因子对所生成的构型进行分析，通过生成的随机数和能量的比较，确定构型的寿命，直到获得最适当的构型。该法与 MD 法的区别是只能计算统计的平均值，无法得到系统的动态信息。

不同的分子模拟方法适用于不同的空间尺度、时间尺度和需要研究的问题。例如，描述原子核与电子的运动规律，应采用量子力学方法，这是分子计算科学最基础的层级。如果计算的出发点是原子或分子之间的相互作用力，而不考虑原子内部的变化，则一般应基于统计力学的理论在原子、分子层级进行计算，也称为统计力学层次。而聚合物和生物大分子以及胶体等某些相对稳定的分子聚集体，其性质既不同于小分子也有别于连续的宏观物质，通常将这一层次称为介观层次，即介于原子、分子层次和宏观层次之间。需要注意的是，虽然可以根据研究对象在不同层次上进行分子模拟研究，但有时各层次之间的相互关联是不能忽略的，需要考虑微观层次中的变化对宏观层次的影响和体现方式。

9.4.2　分子模拟在表面活性剂中的应用实例

有关表面活性剂的分子模拟研究已有很多报道。例如，B. Smit 等用 MD 法模拟了癸烷-水-对烷基苯磺酸钠体系，研究了表面活性剂烷基疏水链的长度（C_9、C_{10}、C_{12}）对界面张力的影响。在模拟过程中，表面活性剂分子被看作是一个似油粒子和一个似水粒子的组合体，两者由一个虎克弹簧相连，似油粒子被持续添加到表面活性剂的链尾部分以增加链长。运用晶格模型，将 256 个似水粒子和 512 个似油粒子分两层排布安放在一个面心立方晶格中，用表面活性剂取代油粒子和水粒子使体系的总粒子数保持恒定。在系统达到平衡后，通过对整个界面积分压力张量的法向和切向分量之差以及根据密度曲线来估计界面张力。每 10 个时间间隔计算一次压力张量和密度数值。在低表面活性剂浓度区域，实验结果和 MD 模拟计算结果表明，疏水效应强烈取决于链长的增加，且实验和理论计算的表面张力值也相当吻合。

Brian C. Stephenson 等将 MD 法模拟与分子热力学理论相结合，研究了表面活性剂胶束化过程，提高了头基和尾基位置不确定的复杂表面活性剂胶束化过程预测的准确度。在 MD 模拟中，表面活性剂的有效头基部分和有效尾链部分由一个表面活性剂分子在油-水界面的平均位置决定；应用对液体体系的全原子优化性能（all-atom optimized performance for liquid systems，OPLS-AA）力场描述表面活性剂分子中每个原子之间的相互作用及其环境。为了得到更准确的结果，从文献中和利用 GROMACS 力场获得了部分表面活性剂的一些附加参数。此外，还采用相应的模型和算法对水分子、范德华力、库仑力及电荷分配等进行了处理。利用上述方法，得到了不同类型表面活性剂的 cmc 和胶束聚集数，包括阴离子表面活性剂十二烷基硫酸钠、阳离子表面活性剂十六烷基三甲基溴化铵、两性表面活性剂十二烷基磷酸胆碱以及非离子表面活性剂十二烷基聚氧乙烷醚等。

Bart R. Postmus 等用 SCF 理论模拟了烷基聚氧乙烯醚非离子表面活性剂在二氧化硅-水界面的吸附和在水溶液中的聚集行为，获得了不同聚氧乙烯链的表面活性剂的平移受限总势能随聚集数的变化，各种表面活性剂的 cmc 随离子强度的变化规律、吸附等温线、链的位置与固体表面之间的关系、临界表面缔合浓度（CSAC）与各种聚集参数之间的关系图，以及不同离子强度和 pH 值下的吸附速率和吸附动力学等。模拟过程中，需要输入的参数和运用的理论包括模拟聚氧乙烯（PEO）分子所需的短程 Flory-Huggins X 参数、小体系热力学理论、模拟胶束用球形晶格、模拟静电势能用 Gouy-Chapman 理论、短程相互作用的 Bragg-Williamns 近似，以及所有状态的水和 PEO 所有触点的 X 参数等。所得模拟数据与实验数据在吸附/解吸转变、涉及表面活性剂的各种平衡以及吸附动力学等方面能够良好地吻合。

参考文献

[1] M. I. 阿什，等．表面活性剂大全．王绳武，摘译．上海：上海科学技术文献出版社，1988.

[2] 北原文雄，玉井康腾，等．表面活性剂——物性・应用・化学生态学．孙绍曾，等译．北京：化学工业出版社，1984.

[3] 李宗石，徐明新．表面活性剂合成与工艺．北京：中国轻工业出版社，1990.

[4] 刘程，米裕民．表面活性剂　性质理论与应用．北京：北京工业大学出版社，2003.

[5] 赵国玺．表面活性剂物理化学．北京：北京大学出版社，1990.

[6] Rosen M J. Surfactarits and Interfacial Phenomena. 2nd ed. New York：Wiley，1989.

[7] Schick M J. Surfactant Science Series. New York：Marcel Dekker，1987.

[8] 徐燕莉．表面活性剂的功能．北京：化学工业出版社，2000.

[9] 程侣柏，胡家振，姚蒙正，等．精细化工产品的合成及应用．大连：大连理工大学出版社，1992.

[10] 宋昭峥，王军，蒋庆哲．表面活性剂科学与应用．2 版．北京：中国石化出版社，2015.

[11] 金谷．表面活性剂化学．合肥：中国科学技术大学出版社，2019.

[12] Rosen M J，Kunjappu J T. 表面活性剂和界面现象．4 版．崔正刚，蒋建中，等译．北京：化学工业出版社，2019.

[13] 崔正刚．表面活性剂、胶体与界面化学基础．北京：化学工业出版社，2019.

[14] Smit B，Schlijper A G，Rupert L A M，et al. Effects of Chain Length of Surfactants on the Interfacial Tension：Molecular Dynamics Simulations and Experiments. The Journal of Physical Chemistry. 1990，94（18）：6933-6935.

[15] Stephenson B C，Beers K，Blankschtein D. Complementary Use of Simulations and Molecular-Thermodynamic Theory to Model Micellization. Langmuir，2006，22：1500-1513.

[16] Postmus B R，Leermakers F A M，Stuart M A C. Self-Consistent Field Modeling of Non-ionic Surfactants at the silia-Water Interface：Incorporating Molecular Detail. Langmuir. 2008，24：3960-3969.